대학교양

지속가능한 사회와 환경

정철, 임수정, 김윤지, 박종근, 이규철, 조성화
남영숙, 이상원, 신지혜, 주형선, 이재영 지음

Σ 시그마프레스

대학교양 **지속가능한 사회와 환경**

발행일 2018년 3월 5일 1쇄 발행

저작권자 환경부
지은이 정철, 임수정, 김윤지, 박종근, 이규철, 조성화
남영숙, 이상원, 신지혜, 주형선, 이재영
발행인 강학경
발행처 (주)시그마프레스
디자인 우주연
편 집 김은실

등록번호 제10-2642호
주소 서울특별시 영등포구 양평로 22길 21 선유도코오롱디지털타워 A401~403호
전자우편 sigma@spress.co.kr
홈페이지 http://www.sigmapress.co.kr
전화 (02)323-4845, (02)2062-5184~8
팩스 (02)323-4197

ISBN 979-11-6226-017-3

이 도서의 국립중앙도서관 출판예정도서목록(CIP)은 서지정보유통지원시스템 홈페이지(http://seoji.nl.go.kr)와 국가자료공동목록시스템(http://www.nl.go.kr/kolisnet)에서 이용하실 수 있습니다.(CIP제어번호 : CIP2018006085)

머리말

유엔의 환경에 대한 관심은 1972년 6월 5일 스웨덴의 스톡홀름에서 '하나뿐인 지구(Only, One Earth)'를 주제로 개최된 유엔인간환경회의에서 전 세계에 환경 문제의 본질을 알리고 이를 해결하기 위해 국제사회가 인간환경선언을 채택한 것에서 출발한다. 회의에서는 인간환경의 보호와 개선은 인류 복지와 경제발전에 영향을 미치는 중요한 과제로서 환경적인 제약을 고려하지 않는 경제발전은 지속불가능하다는 것을 언급함으로써 환경과 지속가능성을 중시하였다. 1982년 세계환경개발위원회에서는 지속가능발전을 '미래 세대가 그들의 필요를 충족시킬 수 있도록 하는 능력을 저해하지 않으면서 현재 세대의 필요를 충족시키는 발전'으로 정의함으로써 지속가능발전의 논의가 전 세계적으로 확산되었다. 이후 유엔은 1992년 리우회의, 2002년 리우+10 회의, 2012년 지속가능발전회의를 통해 지속가능한 사회에서의 환경의 중요성을 천명해 왔다.

2015년 개최된 유엔 개발정상회의에서는 새천년개발목표(MDGs)의 후속 목표로 2016~2030년까지 인류가 도달할 포괄적인 목표로 지속가능발전목표(Sustainable Development Goals, SDGs)를 채택하였다. SDGs는 인류사회가 경제성장 위주의 발전을 추구해 오면서 사회적 통합이나 환경보호 등을 등한시하여 각국이 더 이상 지속가능한 발전이 어렵다는 문제의식에서 출발하였으며, 개발도상국을 포함한 모든 국가에 존재하는 모든 형태의 빈곤과 불평등 감소에 대한 의제로서 사회발전, 경제성장, 환경보호의 세 가지 축을 기반으로 하고 있다.

최근 우리나라 정부는 국민의 건강과 삶의 질을 높이고 지속가능국가로 전환하는 비전과 더불어 국민 건강을 지키는 생활안전 강화, 미세먼지 걱정 없는 쾌적한 대기환경 조성, 지속가능한 국토환경 조성, 신 기후체계에 대한 이행체계 구축 등을 과제로 제시하였다. 이러한 지속가능사회를 살아갈 우리에게 필요한 것은 지역 및 국가,

그리고 지구적 수준에서의 환경, 사회, 경제, 문화 등 상호의존성에 대한 이해와 자신과 타인의 관계성 함양이다. 특히 역사적, 경제적, 사회적, 문화적으로 서로 다른 상황에 처한 지역사회와 국가를 지속가능한 사회로 만들어 가기 위해서는 환경과 지속가능발전에 대한 이해가 필수적이며, 나아가 지역사회와 세계가 직면하고 있는 빈곤, 물, 에너지, 기후변화, 재해, 생물다양성, 문화다양성, 보건위생, 사회적 취약성 등 다양한 문제들을 해결하기 위한 실천 역량의 함양이 요구된다.

이 책에서는 지속가능사회를 살아갈 우리에게 필수적으로 요구되는 지속가능한 사회와 환경에 대한 소양을 함양할 수 있는 기본 개념들과 지역사회, 국가, 지구적 수준에서 요구되는 환경과 지속가능발전의 실천 역량을 기르기 위한 다양한 현장 적용 및 실습 과제들을 담고 있다. 이 책의 내용은 환경과 지속가능발전에 관련된 최신의 이슈들을 주제로 선정함으로써 지속가능한 사회의 환경 변화를 예측하고, 미래를 개척하며, 지속적인 성장이 가능하도록 새로운 대안을 제시할 수 있는 인재 양성을 목적으로 하고 있다. 이 책의 구성은 스스로 혹은 대학 교양 수준에서 환경과 지속가능성에 대해 쉽게 접근할 수 있도록 국내외 환경과 지속가능발전에 대한 대표 사례 탐색과 그에 따른 핵심 질문, 원리 탐구, 문제 탐구, 문제 해결, 현장 적용, 실습 과제 등의 순서로 구성하였다. 대표 사례에서부터 실습과제에 이르기까지 책의 각 부분은 유기적으로 연결되어 학습의 목표를 달성하도록 배열하였으나 책을 이용하는 각자의 목적에 맞게 각 내용을 독자적으로 이용하여도 좋을 것이다.

이 책은 환경과 지속가능발전에 관심이 있는 독자들과 환경 · 지속가능발전교육에 관심이 있는 교육자들을 위한 전문 교재로 활용하거나, 환경 및 지속가능발전에 관한 참고도서로도 활용이 가능하다.

저자들은 국내 대학에서 환경 및 환경교육을 가르치며 환경교육이 나아가야 할 방향에 대해 고민하고 환경교육의 저변 확대를 위해 노력해 왔다. 그간의 경험을 바탕으로 지속가능한 사회와 환경과 관련하여 주제별, 전문분야별 원고를 집필하였다.

저자를 대표하여
대구대학교 정 철

차례

제1장

환경과 지속가능발전

제2장

환경과 사회

제3장

기후변화와 대응

제4장

생물다양성과 생태계

제5장

물과 위생 그리고 적정기술

제6장

지속가능한 에너지

제7장

환경과 문화

제8장

지속가능한 소비와 생산

제9장

지속가능한 도시와 주거

제10장

지속가능한 사회와 교육

제11장

글로벌 거버넌스와 환경권

제12장

환경문제, 쟁점과 프로젝트

대학교양

지속가능한 사회와 환경

세계 환경의 날 세계 환경의 날은 환경에 대한 세계인의 의식을 고취시키고 환경보호를 위한 행동을 촉구하는 유엔의 가장 중요한 날이다. 이 날은 각 개인이 지구를 돌보거나 변화의 행위자가 되기 위한 의미에서 '사람들의 날(people's day)'로도 불린다. (출처 : shutterstock)

제1장

환경과 지속가능발전

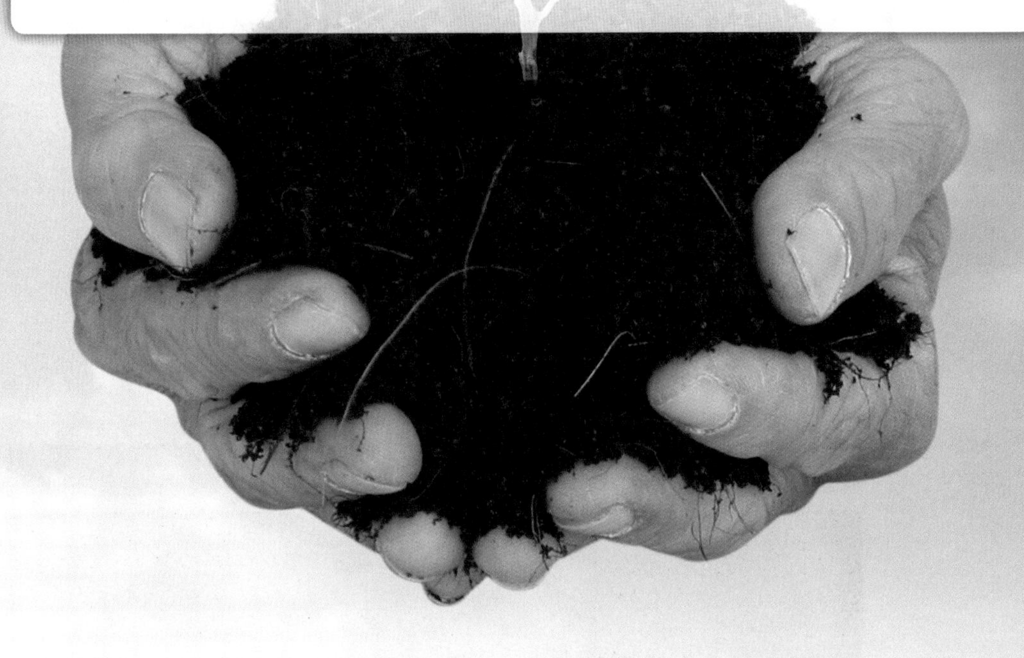

대표 사례

세계 환경의 날

세계 환경의 날(World Environment Day)은 1972년 6월 5일 스웨덴의 수도인 스톡홀름에서 개최된 인류 최초의 세계적인 유엔인간환경회의를 기념하기 위해 제정되었다. 이 날은 인간이 자연을 위해 행동하는 기념일로 지구를 보호하고자 하는 사람들이라면 누구나 지역의 환경정화 활동을 조직하거나, 국가 또는 더 나아가 지구 전체를 위한 활동을 계획해 볼 수도 있으며, 많은 사람들이 참여하는 활동에 동참해 볼 수도 있다. 우리나라에서도 1996년부터 6월 5일 '환경의 날'을 법정기념일로 제정했으며, 1997년 서울에서 유엔환경계획(UNEP) 주최의 '세계 환경의 날' 행사를 개최하였다. 매년 우리나라에서는 환경의 날을 기념하여 국가와 지방자치단체 및 주민들이 환경의 소중함을 일깨우고 환경을 지키기 위한 다양한 행사와 캠페인을 진행하고 있다(www.worldenvironmentday.global).

제22회 세계 환경의 날 기념 행사

그림 1.1 2017년 세계 환경의 날 슬로건은 사람과 자연을 잇는다는 의미인 'Connecting people to nature'로 인간이 자연의 일부라는 사실을 인식하고, 우리가 자연에 얼마나 많이 의존하며 살아가는지 생각해 볼 수 있도록 하였다. 대구광역시 중구에서는 2017년 세계 환경의 날을 맞이하여 국채보상운동기념관 앞에서 기념 행사를 개최하였다. (출처 : 대구중구청 http://www.jung.daegu.kr)

유엔인간환경회의–'하나뿐인 지구'

1972년 6월 5일부터 16일까지 스웨덴의 수도인 스톡홀름에서 '하나뿐인 지구(Only, One Earth)'를 주제로 인류 최초의 세계적인 유엔인간환경회의(UNCHE)가 열렸다(사례 참조). 총 113개 나라와 3개 국제기구, 257개 민간단체가 참여한 이 회의(스톡홀름 회의)를 통해 지구 환경문제가 국제적인 관심사가 되었으며, 회의 결과로 7개의 선언문과 26개의 원칙으로 구성된 '유엔 인간환경선언'이 채택되었다. 원칙 1에서는 "인간은 품위 있고 행복한 생활을 가능하게 하는 환경 속에서 자유, 평등, 그리고 적정 수준의 생활을 가능하게 하는 생활조건을 향유할 기본적 권리를 가지며, 현 세대 및 다음 세대를 위해 환경을 보호, 개선할 엄숙한 책임을 진다."로 명시하고 있으며, 대기, 수질, 토양은 물론 산성비를 포함한 인접국가 간 환경문제, 해양오염, 야생 동식물의 국가 간 거래, 개발과 환경보전의 융합, 과학과 기술, 환경문제에 관한 교육 등 당시의 환경문제 전반에 관한 주제를 폭넓게 다루고 있다.

스칸디나비아 반도 유럽 북부에서 남남서쪽으로 돌출한 반도로 노르웨이, 스웨덴, 덴마크를 가리키며, 경우에 따라 핀란드, 아이슬란드를 포함한다.

사례 스칸디나비아의 산성비 피해

1950년대부터 **스칸디나비아 반도**의 숲과 호수는 영국, 서독 등 유럽 대륙의 공업지대에서 배출된 오염물질로 인해 무성하던 숲이 사라지고 하천과 호수의 물고기가 사라지는 등 심각한 산성비 피해를 입게 되었다. 이에 스웨덴, 노르웨이, 핀란드 등의 국가들은 산성비로 인한 환경문제를 국제적으로 이슈화하였으며, 스웨덴의 유엔 대사는 1968년 유엔경제이사회에서 유엔 주최로 국제환경회의를 열어 산성비 발생 방지 대책 등 지구 환경문제에 대응하기 위해 의견을 교환할 것을 제의하였다. 이에 1972년 6월 5일 스웨덴의 스톡홀름에서 유엔인간환경회의가 개최되었다. 당시 스웨덴은 산성비 피해가 가장 심각했던 국가로 호수 9만개 중 약 4만개가 생물이 살 수 없는 죽음의 호수로 변해가고 있었다. 영국은 이를 계기로 자국 내 석탄 사용을 줄이고 황산화물질 저감 기술을 개발하는 등 대기오염 저감 정책을 추진하였으며, 이러한 결과로 1980년부터 2000년까지 유럽에서 아황산가스 배출량이 56%나 감소하였다.

유럽과 스칸디나비아 국가 (출처 : 구글맵)

유엔인간환경회의는 지구 환경문제에 관한 최초의 국제회의가 되었으며, 회의에서 채택된 인간환경선언은 지구 환경문제를 해결하기 위해 국제사회가 채택한 최초의 선언으로서 지구 환경 논의의 기틀을 제공하였다. 유엔은 이 회의의 개막일을 기념하여 그해 개최된 제27차 국제연합총회에서 6월 5일을 '세계 환경의 날'로 지정하였으며, 지구 환경문제 논의의 중심기구로서 **유엔환경계획**(UNEP)을 설치하였다. 유엔환경계획은 1987년부터 매년 세계 환경의 날을 맞아 그해의 주제를 선정 발표하며, 주최국으로 선정된 국가에서는 전 세계가 당면한 주요 환경문제와 현안들을 사람들에게 알리고, 대중들의 관심을 고취시키기 위해 적극적으로 노력하고 있다. 또한 오존층 보호를 위한 몬트리올의정서를 비롯한 많은 국제환경협약과 지구 환경보전 사업을 수행, 지구환경문제의 해결을 위한 국제적 노력을 주도하는 기구로 발전하였다.

유엔환경계획(UNEP) 환경 분야의 국제적 협력을 촉진하고자 국제연합 총회 산하에 설치된 환경 전담 국제 정부간 기구로 환경 분야에 있어서 국제협력 촉진, 국제적 지식 증진, 지구환경 상태의 점검을 목적으로 한다.

'하나뿐인 지구'는 유엔인간환경회의가 채택한 슬로건으로 도시, 인구 증가, 주택, 천연자원의 합리적 관리, 환경오염, 공업개발과 자연보호 등 모든 국가가 당면하고 있는 인류 공동의 환경문제를 다루고자 하였다. 이 회의를 주도적으로 개최한 선진국들의 주요 관심은 환경오염 악화의 대처와 개발도상국의 인구 증가 문제 해결을 위한 가족계획과 산아제한 등 상대적 빈곤이나 사회복지 조건하에서의 인간과 자연환경에 있었다. 이에 반해 저개발국과 개발도상국의 경우는 절대적인 빈곤과 기아, 생활환경의 열악이라는 인간환경의 근본적인 문제에 직면하고 있었다. 이러한 선진국과 개발도상국 간의 경제발전에 따른 가치관의 차이는 환경문제에 대한 인식의 차이로 이어졌다. 이러한 환경 인식의 차이가 있었음에도 유엔인간환경회의는 전 세계의 대표들이 '하나밖에 없는 지구'를 보호하기 위하여 무엇인가 해야 한다는 취지로 모였으며, 그 결과 행동계획이 결정되었을 뿐만 아니라 세계의 모든 사람들에게 환경문제를 환기시켰으며, 인간환경선언을 채택하게 된 점에서 의미가 있었다. 유엔인간환경선언은 인간환경의 보전과 개선을 위하여 전 세계에 그 시사와 지침을 부여하는 공통의 원칙으로 전문에는 인간환경의 보호, 개선의 중요성, 개발도상국 · 공업국을 가리지 않고 각각의 입장에서 환경보전에 임할 것을 호소하고 있다.

원칙 중에는 "인간은 그 생활의 존엄과 복지를 보유할 수 있는 환경에서 자유, 평등, 적절한 수준의 생활을 영위할 기본적 권리를 갖는다."라는 환경권을 선언하고 있다. 또한 천연자원이나 야생동물의 보호, 유해물질이나 열의 배출규제, 해양오염의 방지, 개발도상국의 개발촉진과 원조, 인구정책, 환경문제에 관한 교육, 환경보전의 국제협력, 핵무기 등 대량파괴 무기의 제거와 파기를 촉구하고 있으며, 다시 환경에 대한 국가의 권리와 책임, 보상에 관한 국제법의 진전 등을 명기하고 있다. 특히 환경교육에 관해서는 원칙 19에서 성인뿐만 아니라 젊은 세대들에 대한 환경문제 교육은 개인, 기업, 지역사회가 환경을 보호하는 사고와 태도를 갖도록 노력해야 하며, 책임 있는 행동을 갖도록 교육시켜야 함을 제시하고 있다.

핵심 질문

1. 사회-경제-환경적 가치가 대립되어 갈등의 상황에 놓인 사례에는 어떤 것들이 있는가?
2. 지속가능한 사회를 위해 개선되어야 할 인류의 과제에는 무엇이 있는가?

원리 탐구

원리 1 환경과 지속가능발전

환경과 발전에 대한 유엔의 관심은 1972년 유엔인간환경회의에서 전 세계에 환경문제의 본질을 알리고 이를 해결하기 위해 인간환경선언을 발표한 것으로 거슬러 올라간다. 이 회의에서는 인간환경의 보호와 개선은 인류의 복지와 경제발전에 영향을 미치는 중요한 과제로서 환경적인 제약을 고려하지 않는 경제발전은 낭비적이고 지속불가능함을 언급함으로써 지속가능성에 대한 표현을 사용하였다.

1980년 **세계자연보전연맹**(IUCN) 회의에서는 '세계보전전략'을 발표했는데, 자연자원의 지속가능한 이용을 통해 생명 부양 시스템을 보전하는 데 일차적인 관심이 있었다. 이와 함께 개발도상국의 농민들이 기아와 빈곤에서 벗어나기 위해서 자연자원을 과도하게 이용하는 현실에 관심을 기울이면서 빈곤과 개발, 환경 사이의 관련성에 주목하였다. 이러한 흐름 속에서 1983년 유엔 총회는 **세계환경개발위원회**(WCED)

세계자연보전연맹(IUCN) 1948년 세계의 자원과 자연을 보전하고자 유엔의 지원을 받아 설립된 세계 최대 규모의 환경보호 관련 국제기구로 적색목록(Red List)과 같은 종의 보전 상태를 기록하는 기관이기도 하다.

세계환경개발위원회(WCED) 1983년 유엔총회가 환경을 보전하면서 지속적인 개발, 즉 지속가능발전을 추구하기 위해 설립한 위원회로 의장의 이름을 따서 '브룬트란트위원회'라고도 하며, 1987년 보고서 출간 후 공식적으로 해산하였다.

우리 공동의 미래 이 보고서는 지속가능발전을 정의하고, 유엔인간환경회의를 통해 다른 환경이슈를 정치적 안건의 전면으로 부각시켜 정치적 의제로서 환경문제를 인식할 수 있도록 하였다.

를 조직하고 2000년 이후까지 지속가능한 발전을 성취하기 위한 장기적 환경전략을 제출해 달라는 요구를 하였다. 이 위원회는 3년여 동안의 활동 결과물로 '**우리 공동의 미래**'를 발간하게 되고 이를 통해 지속가능한 발전에 대한 논의가 국제사회로 확대되었다.

지속가능발전(Sustainable Development)에 대한 정의는 1987년 세계환경개발위원회가 펴낸 '우리 공동의 미래'에 실리면서 널리 알려지게 되었다. 위원회 의장의 이름을 따서 브룬트란트 보고서로도 불리는 이 보고서가 발간되면서 지속가능발전 개념이 처음으로 도입되었으며, 이에 대한 논의가 전 세계적으로 확산되었다. 이 보고서에서는 지속가능발전을 '미래 세대로 하여금 그들의 필요를 충족시킬 능력을 저해하지 않으면서, 현재 세대의 필요를 충족시키는 발전'으로 정의하고 있다(WCED, 1987). 또한 보고서는 사회경제적 발전을 환경이라는 터전 위에서 인류가 축적해 온 자산을 향상시켜 가는 과정으로 인식하고, 개발 혹은 발전을 경제성장의 관점에서 접근하거나 지속가능발전을 환경과 개발 관점에 한정하여 이해하는 것은 지속가능발전 논의에 심각한 오류를 야기할 수 있다는 점을 강조하면서, 환경과 경제 및 사회 각 부문의 상호의존성을 고려한 통합적 발전전략을 수립할 것을 유엔회원국에 권장하였다.

지속가능발전의 개념에서 '지속가능한(sustainable)'이라는 단어를 사용한다는 것은 핵심적인 환경 개념이 대중적인 문화 속에서 일반적으로 통용된다는 것을 의미한다. 따라서 '지속가능한'의 개념이 환경에 좀 더 유익한, 나아가 환경적으로 좀 더 나은 행동을 하는 것에 있다면, 이러한 행동의 변화를 통해 인류가 지속가능해질 수 있을까? 지속가능사회를 살아 갈 우리에게 지역적, 국가적, 지구적 수준에서 환경, 경제, 사회, 문화 등의 상호 의존성에 대한 이해와 자신과 타인의 관계성 함양은 지속가능발전의 이해로부터 출발할 수 있다. 궁극적으로 오늘날 인류가 처해 있는 환경적인 핵심은 인류가 미래의 행복을 손상시키지 않고 현재의 삶을 지속해 갈 수 있을 것인지에 있다.

원리 2 경제성장과 환경문제, 그리고 지속가능발전

1972년 **로마클럽**은 경제성장이 환경에 미치는 부정적 영향을 **'성장의 한계'**라는 보고서로 발간하였다. 이 보고서에서는 종래와 같은 성장논리에 입각한 경제발전이 기존과 같은 추세대로 계속된다면 1972년을 기점으로 100년 안에 인류문명은 자연적 한계에 도달할 것이며, 문명사회는 필연적으로 붕괴할 수밖에 없다고 제시하였다. 보고서에 제시된 문제는 다섯 가지이다. 첫째, 인구 문제로 인구는 계속해서 연 2.1%로 증가하는 데 반해 식량 산출량은 인구 증가율을 따라잡지 못한다. 둘째, 공업 생산은 연 5%씩 증가하는데, 자본재가 없어지는 속도는 공업의 성장 속도보다 훨씬 빠르다. 셋째, 식량 수요의 지수적 성장은 인구 증가의 직접적 결과이기 때문에 지구의 모든 땅이 활용된다 하더라도 결국 인구를 먹여 살릴 식량 생산은 한계에 이를 수밖에 없다. 넷째, 재생 불가능한 자원의 사용 속도는 인구나 공업성장 속도보다 빠르게 증가해 결국 고갈될 수밖에 없다. 다섯째, 인구와 공업 활동의 영향을 받아 지구의 환경오염은 가속화될 수밖에 없다.

로마클럽 저명한 학자와 기업가, 전·현직 유력 정치인 등 52개국 100여 명의 세계 지도자들이 참여해 인류와 지구의 미래에 대해 연구하는 세계적인 비영리·비정부 연구 기관으로 1970년 6월 출범하였다.

성장의 한계 1972년 처음 발간된 '성장의 한계'는 1992년 개정판 '성장의 한계 그 이후'와 초판 출간 30주년을 기념해 2004년 '성장의 한계: 30주년 개정판'을 발간하였다.

로마클럽 보고서의 경제성장에 따른 환경오염의 문제는 1987년 세계환경개발위원회가 제시한 지속가능발전 개념에서 경제성장과 환경문제, 빈곤이 서로 깊이 연관되어 있다는 것과 맥락을 같이한다. 이들 사이의 연관성은 그 이전의 국제회의에서도 제기되었지만, '우리 공동의 미래'를 통해 보다 구체화되었다. 개발도상국은 심각한 경제적 압력에 직면하고 있기 때문에 보유하고 있는 환경자원을 과도하게 개발할 수밖에 없는 실정이며, 저개발국가의 가난하고 굶주린 사람들은 살아남기 위해 토지와 자연자원을 과도하게 착취하게 되고, 고갈된 자원으로 인한 영향 역시 고스란히 받게 되어 빈곤에서 벗어나기 어렵다. 즉 빈곤은 지구 환경문제의 주요 원인이자 결과라고 할

'성장의 한계' 보고서 표지 (출처 : wikipedia)

수 있다. 환경문제와 경제문제는 한편으로는 국가의 사회적 · 정치적 요인과 연결되어 있다. 그 예로 급격한 인구 성장은 지구 환경에 큰 부담을 주는 동시에 삶의 질을 떨어뜨린다. 이러한 인구 성장으로 인한 사회적 · 환경적 문제들은 대부분 소득이 낮은 국가, 특히 생태적으로 불리한 지역에 집중되어 있으며, 또한 여성의 노동 기회나 교육 접근성, 혼인 연령과 같은 사회적 지위와도 밀접하게 연관되어 있다(생각해보기 참조).

생각해보기

지속가능한 인구

환경적 지속가능성과 사회적 지속가능성을 연결시키기 위해 인구를 생각해 보자. 어느 수준의 인간 활동이 환경적으로 지속가능한지를 생각해 볼 때, 그리고 형평성을 위해 이런 활동을 모두에게 공평하게 적용하기 위해 지구에 어느 정도의 사람들이 존재해야 하는지에 대해 질문할 수밖에 없다.

인류가 현재의 생활 방식대로 살아간다면 1년에 필요한 지구는 약 1.7개이다 (국제생태발자국네트워크, 2017) (출처 : shutterstock)

예를 들어, 연간 49억 톤의 이산화탄소와 기타 온실기체에 상당하는 지구온난화 가스(2010년 배출된 490억 톤의 10분의 1)는 인간이 매년 배출할 수 있는 지구온난화 가스의 최대한도가 될 것이다. 따라서 지구의 인구 71억 명에 대한 1인당 지속가능한 배출 수준은 연간 약 690 kg이 된다. 1998년 연구에서 인구와 배출 수준을 활용했을 때, 보츠와나에서 1995년 1인당 1.54톤의 이산화탄소 배출량이 지속가능한 수치였다. 인구를 토대로 한 계산이 항상 생물다양성 등과 같은 모든 자원에 대한 정보를 제공하는 것은 아니지만, 이 방식은 물, 목재, 어류, 그리고 잠재적으로는 식품까지도 1인당 지속가능한 수준을 산출할 수 있다.

이 방식은 인구가 증가함에 따라 지속가능성을 위한 1인당 소비의 한계도 달라질 수 있음을 알게 해 준다. 즉 인구가 증가하면, 우리 각자가 공평하게 소비할 수 있는 대기와 같은 고정된 자원의 몫이 줄어든다는 것이다. 결국 환경적 지속가능성은 적정한 인구의 유지와 동시에 개인의 온실가스 배출과 자원의 소비 수준을 현저하게 줄이는 것이 최선이다.

출처 : Engelman R. (2013). Beyond sustainable. In Worldwatch Institute, State of the World 2013: Is Sustainability Still Possible? Worldwatch Institute.

원리 3 지속가능발전 개념의 역사적 변천

지속가능발전에 대한 논의는 산업혁명 이후 자본주의 시장경제의 세계적인 확산에 따른 이윤 극대화 우선의 경제성장이 인류의 사회와 환경의 균형을 파괴할 것에 대한 우려에서 출발하였다. 이러한 지속가능발전 개념은 1972년 유엔인간환경회의로부터 출발하여 2015년 지속가능발전목표 17개의 제시에 이르기까지 일련의 변천 과정을 통해 추진되어 왔다(그림 1.2).

- 1972년 유엔인간환경회의. 환경보전과 경제성장의 상호 연계성에 주목하고, 지구환경보전을 위한 유엔기구로 유엔환경계획 설치하였다.
- 1982년 세계환경개발위원회. 1987년 '우리 공동의 미래' 보고서에서 지속가능발전을 '미래 세대가 그들의 필요를 충족시킬 수 있도록 하는 능력을 저해하지 않으면서 현재 세대의 필요를 충족시키는 발전'으로 정의하였다.

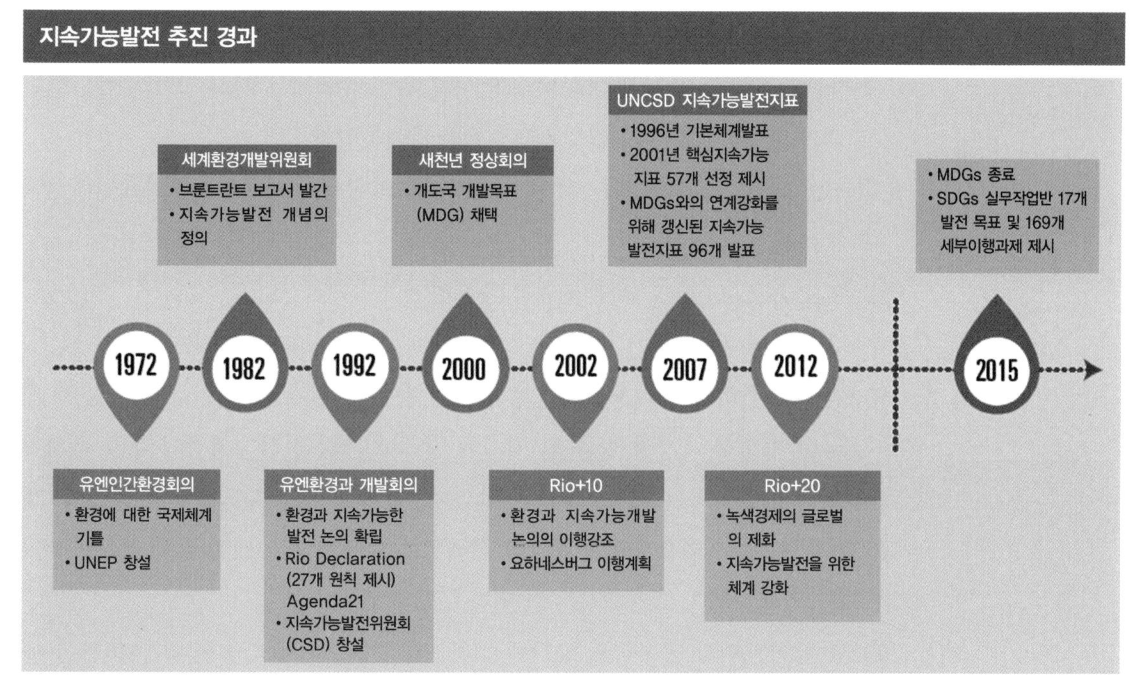

그림 1.2 지속가능발전은 1972년 유엔인간환경회의를 시작으로 1992년 유엔환경개발회의, 2002년 Rio+10회의, 2012년 Rio+20회의를 통해 지속적으로 논의되고 추진되어 왔다. (출처 : 강상인, 2015, UN 지속가능발전목표 (SDGs) 이행, KEI포커스, 3(1). 한국환경정책 · 평가연구원)

- **1992년 유엔 환경개발회의.** '환경과 개발에 관한 리우선언'과 '의제 21'을 채택, 환경적으로 건전하며 지속가능한 발전(Environmentally Sound and Sustainable Development, ESSD)'을 위한 27개 리우 원칙(Rio Principles)을 담은 '리우선언'의 실천계획에 해당하는 의제 21은 주요 이해관계자의 역할, 이행 수단 등 글로벌 지속가능발전의 기본 이행 전략을 제시하였다.
- **2000년 새천년정상회의(Millenium Summit).** 2015년까지 개발도상국의 빈곤퇴치 및 개발을 위한 7개 실천 목표로 구성된 새천년개발목표(Millennium Development Goals, MDGs, 2002~2015)를 채택하였다.
- **2002년 유엔 지속가능발전 세계정상회의(Rio+10).** 빈곤퇴치, 지속가능한 소비 및 생산양식의 변화, 자연자원 관리와 같은 보다 포괄적 실천 주제에 대한 심화된 논의 결과를 담은 '지속가능발전 요하네스버그 선언'과 함께 장기적 관점에서 지속가능발전의 원칙들을 국내 사회경제 및 환경정책 과정에 도입하는 국가지속가능발전전략을 제시하고, 회원 각국이 지속가능발전 관리 체계를 구축할 것을 권장하였다.
- **2012년 유엔 지속가능발전회의(Rio+20).** 유엔 지속가능발전회의는 빈곤퇴치와 지속가능발전 관점의 녹색경제 이행과 이를 위한 유엔기구 강화 방안의 합의문인 '우리가 원하는 미래(The Future We Want)'를 채택하였다.
- **2015년 유엔 개발정상회의.** 유엔 개발정상회의에서는 새천년개발목표(MDGs)의 후속 목표로 17개 목표와 169개 세부 목표로 구성된 지속가능발전목표(Sustainable Development Goals, SDGs, 2016~2030)를 채택하였다.

1992년 브라질의 리우데자네이루에서 열린 유엔 환경개발회의는 지속가능한 개발을 긴급히 추진해 나가야 함을 전 세계에 알리고 개발과 환경쟁점에 대한 국제적 협력이 시작되도록 하는 데 큰 역할을 하였다. 이 회의에서 채택한 리우선언의 '개념'과 '원칙'에서는 "지속가능한 개발을 위해서는 환경보호가 개발의 한 부분이어야 하며, 개발과 분리하여 고려해서는 안 된다."고 천명하고 있다.

2002년 남아프리카 공화국의 요하네스버그에서 열린 지속가능한 발전에 관한 세계정상회의는 1992년 리우 회의에서의 합의 사항들이 얼마나 지켜졌는지를 평가하고 앞으로의 실천을 도모하기 위해 개최되었다. 회의 결과 채택한 선언문에서는 지

유엔환경개발회의(UNCED, 1992)

그림 1.3 리우 회의 또는 지구 정상회의는 1992년 6월 3일부터 6월 14일까지 브라질 리우데자네이루에서 열린 국제회의로, 전 세계 185개국 정부 대표단과 114개국 정상 및 정부 수반들이 참여하여 지구 환경 보전 문제를 논의한 회의이다. (출처 : http://www.un.org)

속가능발전의 중추가 되는 세 가지 영역으로 경제개발, 사회개발, 환경보호의 상호 연계 고리를 강화하고 장려하기 위해 지역은 물론이고 국가적 · 국제적 차원에서 공동의 책임을 질 것을 약속한다고 명시하였다. 또한 'Rio+20'으로 불리는 2012년 유엔 지속가능발전회의는 빈곤퇴치와 지속가능발전 관점의 녹색경제 이행과 이를 위한 유엔기구 강화 방안을 담은 합의문으로 '우리가 원하는 미래'를 채택하였다.

지속가능발전에 대한 국제사회의 논의는 인류의 삶이 환경에 터전을 두고 있으므로 개발과정에서 환경을 고려해야 한다는 인식에 기초한다. 이에 따라 경제 성장주의에서 환경보전과 경제발전의 조화가 필요하다는 지구적 공감대를 반영한 새로운 세계관이 필요했고, 이것이 지속가능발전이라는 용어로 나타났다는 평가도 있다. 지속가능발전의 핵심 개념에는 지속가능발전을 통해서 모든 사람들의 기본 욕구를 충족시키고 더 나은 삶에 대한 열망을 달성할 수 있는 기회를 지구 전체로 확장해야 한다는 의미가 담겨 있다.

원리 4 새천년개발목표와 지속가능발전목표

새천년개발목표

국제개발협력은 1990년대부터 공업화를 통한 경제성장이 국가발전의 핵심으로 생각했던 원조의 여러 부작용들이 나타나면서 인간개발 개념이 중시되었다. 즉 원조로 인해 인권이 침해되는 상황이 발생하면서 국제개발협력이 인권을 중심으로 계획되고 실행되어야 한다는 구체적인 논의 결과, 유엔은 새천년개발목표(Millenium Development Goals, MDGs)를 수립하였다. MDGs는 2000년 9월 유엔 새천년정상회의에서 채택되었으며, 지구상의 빈곤과 불평등을 줄이고 인류의 실제적인 삶을 개선하고자 하는 구상으로 2015년까지 달성하려는 8개 목표와 이를 실천하기 위한 21개 지표로 계획되었으며, 이는 21세기 유엔 주도로 인류의 삶의 질을 높이려는 목표를 잡은 광범위한 발전 계획이었다. 8개 목표와 이를 실천하기 위한 21개 지표는 다음과 같다.

그림 1.4 새천년개발목표는 2000년 유엔 새천년정상회의에서 채택된 새천년정상선언 중 빈곤퇴치와 개발 분야의 목표 달성을 위해 2015년까지 국제 사회가 공동으로 달성해야 할 8개 주요 목표이다. (출처 : 지속가능발전포털 http://ncsd.go.kr)

- 목표 1. 극심한 빈곤과 기아퇴치

  -2015년까지 하루에 1.25달러 이하로 사는 사람들과 굶주림으로 고생하는 사람들의 비율을 절반으로 낮춘다.

  -여성, 남성과 젊은이들에게 괜찮은 일자리를 제공한다.

  -2015년까지 기아에 허덕이는 인구를 반으로 줄인다.

- 목표 2. 초등교육 보편화

  -2015년까지 모든 어린이의 초등학교 졸업을 보장한다.

- 목표 3. 성 평등 촉진과 여성 권익 신장

  -2005년까지 초등학교와 중학교의 성 불균형을 최대한 없애고, 2015년까지 완전하게 없앤다.

- 목표 4. 아동 사망률 감소

  -2015년까지 5세 이하 아동의 사망률을 현재의 3분의 2 수준으로 줄인다.

- 목표 5. 임산부 건강 개선

  -2015년까지 여성의 출산 도중 사망률을 현재의 4분의 3 수준으로 줄인다.

  -2015년까지 출산과 관련된 건강 지키기가 전 세계적으로 확산되도록 한다.

- 목표 6. 에이즈와 말라리아 등의 질병 퇴치

  -2010년까지 모든 에이즈 환자는 치료를 받을 수 있게 한다.

  -2015년까지 에이즈가 더 이상 확산되지 않도록 한다.

  -2015년까지 말라리아 등 주된 질병의 발병을 예방한다.

- 목표 7. 환경의 지속가능성 보장

  -각국의 정책에 지속가능개발의 원칙을 도입하도록 하고, 환경자원의 손실을 줄이도록 권장한다.

  -2010년까지 생태계 다양성 손실을 줄여나가도록 한다.

  -2015년까지 안전한 식수를 마실 수 없는 사람들의 비율을 절반으로 줄인다.

  -2020년까지 최소한 1억 명이 넘는 빈민촌 주민들의 삶을 크게 개선한다.

- 목표 8. 개발을 위한 국제적 협력 증진
  - 국가 차원과 글로벌 차원에서 건전한 통치, 개발, 빈곤 감소 원칙에 부합하는 공개 무역 및 금융 시스템을 확충한다.
  - 최빈국들의 특별한 필요를 우선적으로 다룬다.
  - 육지에 고립되어 있거나 작은 섬들로 이루어진 개발도상국들의 특별한 필요를 다룬다.
  - 개발도상국들의 부채 문제를 포괄적으로 다루며, 선진국들이 개발도상국들에 대한 공적개발원조를 확대해 나간다.
  - 의약 업체들과 협력하여 개발도상국들 내에서 필수 약품들을 적정한 값에 구입할 수 있도록 한다.
  - 민간 부문과 협력하여 새로운 기술, 특히 정보통신 기술의 혜택을 제공한다.

새천년개발목표의 성과

새천년개발목표는 유엔이 주도한 전 세계 역사상 가장 성공적인 빈곤퇴치 계획으로 절대빈곤 상태에 있는 사람들과 개선된 식수에 지속적으로 접근할 수 없는 사람들의 수를 절반으로 감소시키는 것과 같은 목표들을 달성함으로써 중요하고 실제적인 발전을 거두었다. 유엔에서 2015년 발표한 MDGs 최종보고서)에 제시된 주요 내용은 다음과 같다.

새천년개발목표 보고서 2015 (출처 : http://www.un.org/millenniumgoals)

- 절대빈곤층의 감소와 초등교육의 보편화
  - 개발도상지역에서 하루 1.25달러 이하의 소득으로 생활하는 사람들의 비율이 1990년 기준 인구의 47%에서 2015년 14%로 대폭 감소
  - 초등교육 취학률은 2000년 기준 83%에서 2015년 91%까지 개선
- 지속가능한 환경 보장
  - 개량된 식수원을 사용하는 사람들의 비율이 전 세계적으로 1990년 76%에서 2015년 91%로 증가, 26억 명 이상이 위생시설 사용

–1990년 이래 전 세계 이산화탄소 배출은 약 50% 이상 증가(1990년에서 2000년 사이 10% 증가, 2000년에서 2012년 사이 38% 증가)

–2009년 30%의 해양 어류자원이 남획되었고, 생물학적 한계를 벗어남(어류자원 남획 비율이 가장 높은 곳은 대서양, 지중해, 흑해 등으로 50% 또는 그 이상이 안전생물학적 한계를 벗어난 상태)

–생물다양성과 자연자원 등의 보호 및 유지를 위한 육지 및 해양 보호구역의 범위는 1990년 이래로 확대됨(1990년부터 2015년까지 육지 내 보호구역 비율은 8.9%에서 15.2%로, 해양보호 구역은 4.6%에서 8.4%로 상승)

지속가능발전목표

지속가능발전목표(Sustainable Development Goals, SDGs)는 유엔이 2030년까지의 국제사회 발전 방향성 제시를 위해 채택된 의제로, 전 세계가 빈곤퇴치를 위해 2000년부터 2015년까지 달성하기로 설정한 여덟 가지 새천년개발목표(MDGs)의 후속 의제로서 결정되었다. SDGs는 17개 목표와 169개의 세부 목표로 구성되어 있다(그림 1.5).

지속가능발전목표(SDGs)

1 빈곤퇴치
2 굶주림 없게 하기
3 건강하고 질 좋은 삶
4 질 좋은 교육
5 양성평등
6 깨끗한 물과 위생
7 우리가 구할 수 있는 깨끗한 에너지
8 양질의 일자리와 경제성장
9 산업, 혁명 그리고 사회기반시설
10 불평등 해소
11 안정적으로 유지되는 도시와 커뮤니티
12 책임 있는 소비와 생산
13 환경보호에 대한 움직임
14 수자원 보호
15 생태계 보호
16 평화, 정의 그리고 강력한 제도
17 목표에 대한 단결력
SUSTAINABLE DEVELOPMENT GOALS

그림 1.5 지속가능발전목표 17개는 '우리가 사는 세상의 전환: 2030년까지의 지속가능발전의제' 문서에 담겨 있다. (출처 : 지속가능발전 포털 http://ncsd.go.kr)

- 목표 1. 모든 국가에서 모든 형태의 빈곤 종식
- 목표 2. 기아의 종식, 식량안보 확보, 영양상태 개선 및 지속가능 농업 증진
- 목표 3. 모든 사람의 건강한 삶을 보장하고 웰빙 증진
- 목표 4. 모든 사람을 위한 포용적이고 형평성 있는 양질의 교육 보장 및 평생교육 기회 증진
- 목표 5. 성 평등 달성 및 여성 · 여아의 역량 강화
- 목표 6. 모두를 위한 식수와 위생시설 접근성 및 지속가능한 관리 확립
- 목표 7. 모두에게 지속가능한 에너지 보장
- 목표 8. 지속적 · 포괄적 · 지속가능한 경제성장 및 생산적 완전고용과 양질의 일자리 증진
- 목표 9. 건실한 인프라 구축, 포용적이고 지속가능한 산업화 진흥 및 혁신
- 목표 10. 국가 내 · 국가 간 불평등 완화
- 목표 11. 포용적인 · 안전한 · 회복력 있는 · 지속가능한 도시와 거주지 조성
- 목표 12. 지속가능한 소비 및 생산 패턴 확립
- 목표 13. 기후변화와 그 영향을 대처하는 긴급 조치 시행
- 목표 14. 지속가능발전을 위한 해양 · 바다 · 해양자원 보존과 지속가능한 사용
- 목표 15. 육지생태계 보호와 복구 및 지속가능한 수준에서의 사용 증진 및 산림의 지속가능한 관리, 사막화, 대처, 토지 황폐화 중단 및 회보 및 생물다양성 손실 중단
- 목표 16. 지속가능발전을 위한 평화적이고 포괄적인 사회 증진과 모두가 접근할 수 있는 사법제도, 모든 수준에서 효과적 · 책무성 있는 · 포용적인 제도 구축
- 목표 17. 이행수단 강화 및 지속가능발전을 위한 글로벌 파트너십 재활성화

MDGs가 극심한 빈곤을 종식시키기 위한 의제로서 개발도상국을 중심으로 하는 사회발전에 중점을 두고 목표를 설정했던 반면, SDGs는 모든 형태의 빈곤과 불평등 감소에 대한 의제로서 사회발전뿐만 아니라 경제개발과 환경에 대해서도 비중을 두고 있다. 이는 MDGs에서 빈곤을 절대적 빈곤의 개념으로 개발도상국에서 넘어야 할 장벽으로만 다루었다면, SDGs에서의 빈곤은 개발도상국을 포함한 모든 국가에 존재하는 모든 형태의 빈곤과 불평등 감소에 대한 포괄적 개념으로 접근한다는 점에

지속가능발전목표의 다섯 가지 구성요소

그림 1.6 SDGs 17개 목표들은 사람, 지구환경, 번영, 평화, 파트너십의 5P를 근간으로 한다. (출처 : 알기 쉬운 SDGs, 2016)

서 차이가 있다. SDGs는 새로운 개발 의제의 기본 정신이자 키워드로 17개 목표를 사람, 지구환경, 번영, 평화, 파트너십인 5P로 구조화할 수 있다(그림 1.6).

- **사람**(People) : 모든 크기와 형태의 빈곤과 기아의 종식. 모든 인간이 존엄과 평등 및 건강한 환경을 누리며 잠재능력 실현 보장
- **지구환경**(Planet) : 현재와 미래세대의 요구를 충족하기 위한 지속가능한 생산과 소비, 지속가능한 자연자원의 관리 실현, 기후변화에 대한 긴급조치를 통해 지구 보호
- **번영**(Prosperity) : 모든 인간이 번영과 성취의 삶을 누리고, 자연과 조화로운 경제, 사회, 기술의 진보를 보장
- **평화**(Peace) : 공포와 폭력으로부터 자유로운, 평화롭고, 공정하며 포괄적인 사회 육성, 평화를 통한 지속가능발전 달성
- **파트너십**(Partnership) : 가장 가난한 이들과 가장 취약한 이들을 위한 세계적 연대

감을 다지는 지속가능발전 글로벌 파트너십에 입각, 모든 나라, 모든 이해당사자들, 모든 사람들의 참여를 통해 현 아젠다의 이행에 필요한 수단들을 동원

문제 탐구

탐구 1 지속가능발전목표 탐구

지속가능발전목표의 17개 목표는 '사회발전', '경제성장', '환경보호' 세 가지 축을 기반으로 하고 있다(그림 1.6). 목표 1부터 목표 6은 사회발전 영역의 목표로 빈곤퇴치 및 불평등을 해소하고 인간의 존엄성을 회복하고자 한다. 목표 8부터 목표 11은 경제성장을 달성하기 위한 목표로 무분별한 개발을 통한 경제규모의 성장을 의미하는 것이 아니라, 모든 사람들이 양질의 일자리를 통해 적절한 수준의 생계를 유지할 수 있도록 포용적인 경제환경을 구축하고 지속가능한 성장 동력을 만드는 것을 목표로 하고 있다. 목표 7, 12, 13, 14, 15는 극심한 기후변화와 그로 인한 자연재해 발생, 또한 대량 생산과 대량 소비로 인한 환경오염과 지구의 자원 고갈 등으로부터 지구환경을 보호하고 지속가능한 지구를 만들기 위한 목표이다. 목표 16번과 17번은 목표 1~15까지의 목표들을 달성하기 위한 조건 및 방법을 담은 목표로 16번은 정의롭고, 평화로우며 효과적인 제도를 구축하는 것이며, 17번 목표는 이 모든 목표를 달성하기 위한 전 지구적인 협력을 담고 있다(문도운 외, 2016).

목표 1. 모든 형태의 빈곤 종식

빈곤퇴치는 개발도상국의 발전이나 경제성장에 관심을 두고 있는 모든 사람들에게 가장 핵심적인 목표이자 고려대상이며, 빈곤종식은 지속가능발전을 위한 기본적인 전제이다. MDGs에서의 빈곤퇴치는 소득을 기준으로 한 절대빈곤의 타개를 일차적인 목표로 삼은 반면, SDGs에서의 빈곤퇴치는 지속가능성, 즉 취약성을 완화하는 개념을 포함한다(김지현, 2015).

목표 2. 기아의 종식, 식량안보 및 영양개선과 지속가능 농업 강화

세계식량농업기구(FAO) 발표에 따르면, 1990~1992년 전체 인구의 18.6%인 약 10억 명이던 영양결핍 인구는 2015년 10.9%인 7억 9천 명으로 감소하였다. 전 세계 129개국 중 72개 개발도상국을 대상으로 모니터링 한 결과, MDGs 목표 1인 절대빈곤의 감소는 달성한 것으로 나타났으나, 전 세계 인구 9명 중 1명은 여전히 충분한 식량을 얻지 못하고 있는 것으로 보고되었다(FAO, 2015). 세계식량정상회의에서는 식량안보를 모든 국민이 언제든지 본인의 건강과 생활을 유지하기 위해 충분하고, 안정적이며, 영양가 있는 식품에 물리적 · 경제적으로 접근이 가능한 상태로 정의하였다(FAO, 2006). 따라서 식량불안정은 개인에게는 영양결핍과 삶의 질 저하를 가져오지만, 취약계층의 생계 및 경제 역량에 부정적인 영향을 미쳐 국가적 수준에까지 경제적 · 사회적 손실을 야기하는 주된 요인이 되기도 한다(이효정, 2015).

목표 3. 건강한 삶의 보장과 모든 세대에 복지 증진

지속가능발전은 인간이 다음 세대에도 충분히 행복한 삶을 살 수 있도록 필요하고도 충분한 활동을 의미한다. 이러한 지속가능성과 인간을 건강하게 살 수 있도록 해주는 보건의료 활동은 환경, 사회, 경제적 측면과 밀접하게 연결되어 있다. 환경적인 측면에서 보면 취약계층이 밀집해 있는 열대병 위험지역이 기후변화 때문에 점차 확산되고 있으며, 경제적인 측면으로는 빈곤으로 인한 지속가능한 삶의 저하는 중요한 건강결정요인이다(오충현, 2015).

목표 4. 모두를 위한 포용적이고 공평한 양질의 교육 보장 및 평생학습 기회 증진

'모두를 위한'은 모두를 위한 교육(Education for All, EFA)의 정신을 계승한 것으로 이는 SDGs 내에서 교육 분야에 국한되지 않고, 전 차원에서 강조되는 용어이다. '포용적이고 공평한'은 SDGs의 기본 정신으로 그간의 개발이 소수 국가, 소수 계층 및 민족에 편중되었다는 반성으로 전체 목표에서 강조되고 있다. '양질의 교육'은 MDGs가 지나치게 양적 성장에 집중하여 교육의 질이 도외시되었다는 비판에 의해서 새로운 교육 목표 내에서 강조되고 있다. '평생학습 기회'는 MDGs가 개발도상국에 한정된 개발목표였던 데 반면, SDGs는 선진국에도 적용되는 개발목표라는 점에서 차이점이 있다(박수연 외, 2015).

목표 5. 성평등 및 모든 여성과 여아의 역량 강화

MDGs 목표 중 성평등과 여성 역량 강화 분야에서의 성과는 미흡하다. 지난 20년간 전 세계적으로 산모 사망률은 47% 감소하였지만, 3/4까지 감소시킨다는 목표에는 절대적으로 부족하며, 또한 1990년 이래 성인 문해율은 월등하게 개선되었지만, 여전히 여성은 전 세계 성인 문맹자의 2/3를 차지하고 있다. 성차별은 다양한 차별 중에서도 가장 일반적으로 모든 사회에 만연되어 있는 차별로서 남성과 여성 간의 불평등을 야기할 뿐 아니라, 다양한 계층, 소득, 지역, 인종, 민족, 성, 나이, 장애 등에 영향을 주어 사회 내 다층적인 불평등을 야기시킨다(정금나, 2015).

목표 6. 모든 사람들의 식수와 위생시설에 대한 접근성과 관리 능력 확보

2015년 기준으로 6억 6,300만 명이 깨끗한 물의 혜택을 받지 못하며 살고 있다. 이 수치는 깨끗한 물을 계속해서 사용할 수 있는지 여부와 물의 수질 및 식수시설까지의 거리 등을 고려하지 않은 것으로 이를 고려할 경우 식수시설 접근율은 훨씬 떨어진다.

목표 7. 모두를 위한 적정한 가격의 신뢰성 있고 지속가능한 현대적 에너지에 대한 접근성 강화

에너지는 지속가능한 발전과 빈곤퇴치를 위한 필수적인 요소이다. 국제에너지기구(IEA)는 2013년 기준 약 27억 명의 인구는 현대적 에너지를 이용할 수 없으며, 약 13억 명의 인구는 전기가 없는 삶을 살아가고 있는 것으로 추정하고 있다. 또한 약 430만 명은 요리와 난방에 지속가능하지 않은 고형연료를 사용함으로써 실내 오염물질로 인해 호흡기 질환이 유발되어 죽음을 맞이하고 있는 것으로 보고되고 있다.

국제에너지기구에서는 에너지를 크게 전통적 에너지와 현대적 에너지로 구분하고 있다. 전통적 에너지는 고형연료인 나무와 석탄 그리고 가축의 분변 등을 말하며, 고형연료를 얻는 데 일정 노동력이 필요하기는 하지만 전 세계 어디에서든 손쉽게 찾을 수 있는 에너지를 말한다. 현대적 에너지는 디젤, 파라핀, LPG와 같이 액체연료를 포함, 자연의 운동에너지나 열에너지를 변환하여 전기에너지를 얻을 수 있는 재생에너지 등으로 그 종류와 범위가 매우 다양하다. 현대적 에너지로 화석연료인 디젤이 포함되기는 하나, 환경문제를 감안하여 실질적으로는 재생에너지와 같은 친환경 에너지를 현대적 에너지로 보고 있다(기경석, 2015).

[생각해보기]

SDGs에서 고려하는 에너지를 현대적 에너지에 그 범위를 한정시킨 이유를 보건과 환경, 두 가지 측면에서 조사해 보자.

목표 8. 포괄적이며 지속가능한 경제성장과 완전하고 생산적인 고용, 그리고 모두를 위한 양질의 일자리 제공

'포괄적 경제성장'은 양질의 일자리를 만들고 사회 모든 구성 계층(특히 소외된 계층)에게 기회를 제공하면서, 동시에 사회적 부의 재분배, 사회통합, 인간 존엄성, 불평등 해소 등도 고려하며 나아가서는 성장을 의미한다. '지속가능한 경제성장'은 경제 정책과 관련 의사결정에 있어 환경을 고려해야 한다는 개념이다. '완전 고용'은 노동 의지와 능력을 갖추고 취업을 희망하는 사람은 모두 고용이 가능한 상태를 의미하며, '생산적인 고용'은 고용 근로자와 그들의 부양자들이 빈곤하지 않을 정도의 소비가 가능한 수준의 보수를 보장하는 고용을 의미한다. '양질의 일자리'란 생산적이며 공정한 소득을 가져다주는 기회를 수반하며, 안전한 일터뿐 아니라 노동자와 그의 가족들에게 사회적 보호를 제공하고, 개인의 발전을 위한 가능성을 제공하는 일자리이다(이상미, 2015).

목표 9. 회복(복원)가능한 인프라 건설, 포용적이고 지속가능한 산업화 및 혁신 촉진

빈곤퇴치를 위한 수단으로서 성장 지향적인 목표를 제시하고 있는데, 구체적인 전략으로는 인프라 건설과 산업화, 과학기술 혁신을 제시하고 있다.

목표 10. 국내적 또는 국가 간 불평등 경감

불평등은 전 세계적으로 존재하는 미해결과제이며, 전 지구적 빈곤을 해소하고 더불어 잘사는 사회를 구현하기 위해 노력해 온 국제개발협력 역사에서도 오래전부터 논의되어 온 주제이다. 목표 10에서는 개인 또는 그룹에 대한 차별과 격차를 줄이기 위한 내용들을 국내적 불평등과 국가 간 불평등으로 구분하여 제시하고 있다(전명현, 2015).

목표 11. 회복력 있고 지속가능한 도시와 거주지 조성

유엔은 2050년까지 전 세계의 인구 증가율은 지속적으로 증가세를 보이며, 100억 명까지 증가될 것으로 예측하고 있다. 특히 인구 증가는 도시에 집중되는 경향을 보이고 있어 전체 인구 중 도시 거주자의 비율인 도시화율은 지난 2010년 이미 51%를 초과해 2050년에 이르면 전체 인구의 67%가 도시에 거주할 것으로 예측한다. 이러한 급격한 도시화에서 따른 문제는 도시의 지속가능한 성장에 장애인 동시에 시민의 삶의 질을 급격하게 떨어뜨리는 원인이 된다(방설아, 신유승, 2015).

목표 12. 지속가능한 소비와 생산 양식의 보장

지속가능한 소비와 생산은 지속가능발전의 필수적인 요소로 기본적 욕구에 부응하고 생활의 질을 높이되 서비스와 제품의 생애주기에 걸쳐 자연자원과 유해물질의 사용 및 폐기물과 오염물질의 배출을 줄이는 서비스와 제품의 사용 등이 해당한다(김지현, 2015).

목표 13. 기후변화와 대응

기후변화정부간협의체(IPCC) 제5차 종합평가보고서는 기후시스템이 온난해지고 있다는 것은 자명한 사실이며, 대기와 해양은 따뜻해지고 눈과 빙하의 양은 줄어들고 해수면은 상승하였고, 온실가스 농도는 증가하였음을 보고하였다. 이러한 온실가스 증가의 주요 원인으로 인간 활동이 지목되고 있다(이찬우, 2015).

목표 14. 지속가능한 발전을 위한 대양, 바다, 해양자원의 보호와 지속가능한 이용

유엔은 1982년 해양법에 관한 유엔협약을 체결하여 해양오염 투기에 대한 전 지구적 차원의 포괄적 협약을 체결하였으며, 2012년 여수박람회를 계기로 대양협약을 제안해 기존 유엔해양협약 및 기타 국제규범의 이행강화를 촉구하고 유엔 차원의 해양 보호 노력을 천명하여, 관련 논의가 SDGs 해양관련 의제로 이어졌다(장봉희, 조정희, 2015).

목표 15. 육상 생태계의 보전, 복원 및 지속가능한 이용 증진, 지속가능한 숲 관리, 사막화와 토지 파괴 방지 및 복원, 생물다양성 감소 방지

세계자연기금(WWF)에 따르면 지난 35년간 전 세계 야생생물의 1/3이 멸종했고, 이 중 60%가 빈곤한 열대지역에서 발생한 것으로 보고되었다(WWF, 2010). 자연의 수용 한계를 극명하게 보여 주는 지표가 생물종의 멸종인데, 생물학자들은 20세기 후반에 들어와서 멸종 속도가 이전 세기보다 1,000~10,000배가 빨라져서 6,500만 년 전 공룡의 멸종 이후로 가장 빠른 속도로 생물종이 멸종해 가고 있다고 우려하고 있다(이민호, 전성우, 2015).

목표 16. 지속가능발전을 위한 평화롭고 포용적인 사회 촉진, 사법 접근성 확보, 모든 차원에서 효과적이고 신뢰할 수 있는 포용적인 제도 구축

평화란 폭력 및 분쟁과 상반되는 개념으로 '평화'는 지속가능발전을 위한 환경 조성을 촉진하는 요인인 반면, '폭력 및 분쟁'은 지난 MDGs의 주요 달성을 방해한 가장 큰 장애요인 중 하나로서, SDGs에서 반드시 해소해야 할 요소로 이해된다(김수진, 2015).

목표 17. 이행수단과 글로벌 파트너십 강화

2015년 이후 SDGs 목표 설정에 있어서 공적개발원조의 범위를 넘어선 혁신적인 개발 재원 마련에 대한 중요성은 점차 강조되고 있다. 2008년 글로벌 금융위기 이후 선진국들의 공적개발원조 규모는 감소 추세를 보였으며, 이에 따라 보다 혁신적이고 창의적인 방식의 개발협력 사업 추진 방식이 각광을 받게 되었고, 이를 위한 공공 및 민간 재원 동원의 중요성이 강조되고 있다(박예린, 박인혜, 2015).

문제 해결

해결 1 기후변화의 대응

1988년 이전까지 기후변화 문제는 과학자들이나 시민단체 등 주로 비정부 영역에서 논의되었으나, 과학자들이 기후변화 문제의 심각성을 널리 알리면서 전 지구적 문제로 인식되기 시작하였다. 대기 중의 이산화탄소량은 19세기 이후 산업혁명 시기에 인간이 탄소에 기반을 둔 경제활동이 증가하면서 지구에 자연적으로 저장되는 속도보다 훨씬 빠르게 증가하고 있다. 대기의 이러한 변화는 지구 환경과 사회시스템에 심각한 영향을 주지 않는 한 관심을 받지 않을 것이다. 문제는 이산화탄소가 지구의 온도를 조절하는 데 중요한 역할을 담당하는 온실가스 중 하나라는 사실이다. 지구온난화는 지구의 기후와 기상 패턴의 변화를 유발할 것이며, 지구 전체 생태계에 심각한 피해를 초래할 것으로 예측되고 있다. 따라서 대기 중의 이산화탄소와 기타 온실가스 배출을 변화시키지 않을 경우, 지구시스템은 되돌릴 수 없는 상태로 변하게 될 것이다. 전 세계적으로 온실가스 배출은 증가세에 있으며, 온실가스 배출량 증가를 억제하기 위해서는 국내 및 국제사회 차원의 강력하고 조직적인 행동이 필요하다.

1988년 국제사회는 유엔환경계획과 세계기상기구(WMO)의 지원을 받아 '기후변화 정부간협의체(IPCC)'를 창립하고, 1992년 유엔 환경개발회의에서 유엔기후변화협약(UNFCCC)을 채택하였다. 기후변화협약의 목표는 '인간이 기후 체계에 위험한 영향을 미치지 않을 수준으로 대기 중의 온실가스 농도를 안정화시키는 것'에 두었다. 이후 온실가스 감축 의무를 구체적으로 이행하기 위해 탄소를 포함한 모든 온실가스의 배출 감축을 법적으로 구속할 수 있는 교토의정서라는 국제협정을 도출했다.

교토의정서는 1997년 12월 11일 일본 교토에서 개최된 지구온난화 방지 제3차 당사국 총회에서 채택되었으며, 2005년 2월 16일 발효되었다. 이 의정서를 인준한 국가는 이산화탄소를 포함한 여섯 가지 **온실가스**의 배출 감축 목표를 지정하고 있으며, 2008년부터 2012년까지의 기간 중에 선진국 전체의 온실가스 배출량을 1990년 수준보다 적어도 5.2% 이하로 감축할 것을 목표로 하고 있다. 우리나라는 개발도상

온실가스 지구온난화를 일으키는 원인이 되는 대기 중의 가스 형태의 물질로, 이산화탄소(CO_2), 메테인(CH_4), 아산화질소(N_2O), 수소플루오린화탄소(HFCs), 과플루오린화탄소(PFCs), 육플루오린화황(SF_6), 삼플루오린화질소(NF_3, 제2차 공약기간에 추가) 등이 있다.

국으로 분류되어 온실가스 감축 의무는 없으며, 대신 공통의무인 온실가스 국가통계 작성 및 보고 의무는 부담하게 되었다. 교토의정서는 세계에서 가장 많은 온실가스를 배출하고 있었던 미국이 의정서를 비준하지 않았으며, 캐나다는 제1차 공약기간 후 탈퇴하였으며, 일본, 러시아, 뉴질랜드는 제2차 공약기간(2013~2020)에는 참여하지 않겠다는 의사를 밝혔다. 교토의정서에 서명한 유럽연합 조약국은 1990년에서 2004년 사이에 탄소 배출을 2.6% 줄인 반면, 서명하지 않은 미국의 배출은 약 20% 늘었다. 기후변화에 대응하는 행동의 상당수는 매우 지역적이고 체계적이지 못한 행동들이 실제로 도시의 탄소 배출을 줄이는 데 기여하였다(사례 참조).

2015년 12월 프랑스 파리에서 개최된 제21차 유엔기후변화협약 당사국총회(COP21)에서는 2020년 이후 새로운 기후변화 체제 수립을 위한 최종합의문으로 '파리협정'을 채택했다. 교토의정서가 주요 선진국에만 온실가스 감축 의무를 지운 반면, 파리협정은 195개 당사국 모두 지켜야 하는 첫 세계적 기후 합의로 지구 평균 온도의 상승폭을 산업화 이전과 비교해 2°C보다 낮은 수준으로 제한하며 섭씨 1.5°C까지 제한하는 데 노력하는 것으로 합의하였다. 선진국은 경제 전반에 걸쳐 온실가스 배출량의 절대량을 감축해야 하며, 개발도상국에 재원을 지원하고 기술을 이전하는 등 추가 의무도 부담한다. 반면, 개발도상국에게는 경제 전반에 걸친 감축 방식을 사용하도록 권장한다.

해결 2 지속가능한 소비

소비와 생산 활동에서 지속가능한 패턴을 수립하고 유지하는 것은 지속가능발전에서 강조되는 필수 요소 중 하나로 볼 수 있다. 자연자원의 과도한 사용, 토지 황폐화, 화석연료의 높은 의존도 등 생산과 소비 과정에서의 지속불가능성이 가속화되고 있다. 따라서 전 세계적인 지속가능발전을 위해서는 정부뿐만 아니라 사회의 생산과 소비 양식의 근본적인 변화가 필요하다. 전 세계적으로 음식물쓰레기가 증가한다는 것은 음식물에 대한 수요가 높아진다는 것을 의미하며, 전자쓰레기 과잉 발생은 소각에 따른 유독물질 발생, 지하수 오염, 자원 고갈 등 다양한 환경문제를 유발한다. 이러한 지속불가능의 해결에는 지속가능한 소비의 실천이 중요하다(사례 참조).

사례 소유에 대한 가치의 변화

1980년대를 되돌아보면, 우리는 신형 자동차, 자전거, 앨범 등의 소유를 꿈꾸었다. 그러나 최근 젊은 층 사이에서 소유에 대한 생각이 서서히 변하고 있다. 자동차, 휴대폰, 음악, 소프트웨어 등 어떤 것이든 소유보다는 경험에 더 가치를 두는 젊은이들이 많아지고 있다는 점이다.

이러한 현상은 개발도상국에서 소유하고 싶은 물건을 손쉽게 구할 수 있을 정도로 풍요로워지고 있기 때문이거나, 물건들이 헌 것이 되었을 때 관리하는 책임감이 높아지기 때문일 수 있다. 또는 세계화가 진행되면서 소유에 대한 차별성이 점점 낮아지거나 직접적인 소유보다는 경험을 하는 것에 더 의미를 두기 때문일 수도 있다.

소유에 대한 이러한 가치의 변화는 지구에 도움이 되는 것일까? 자동차 동호회 회원이라면 올바른 방향으로 변화하고 있다는 확신을 쉽게 가질 수 있다. 우리 모두가 카셰어링(car sharing) 회원이라면 아마도 세계는 자동차를 더 적게 소유하게 될 것이다.

그러나 다른 경우를 생각해 보면 반드시 긍정적이지만은 않다. 예를 들어, 음악이나 영화의 음원 스트리밍서비스 증가는 매년 수많은 CD, LP, DVD 생산량 감소를 야기하였다. 인터넷 연결에 필요한 컴퓨터, 휴대폰, 그리고 이들을 운영할 기반 시설의 수요를 고려하면 환경적으로 도움이 되는 것일까?

개인적인 소유를 줄이는 것은 환경적으로 도움이 될 수 있다. 그러나 환경적 이점을 최대화하기 위해서는 구입하는 물건들이 어떻게 만들어지고 업그레이드나 재활용되는지, 수리할 수 있는지, 오래 사용할 수 있는지 등을 아는 소비자로서의 자세를 갖추어야 한다. 예를 들면, 아이픽스잇(iFixit)에서 평점 7점을 받은 오래된 노트북을 가지고 있을 경우, 평점 7점은 사용자가 스스로 수리하고 업그레이드해서 사용할 수 있다는 의미이다. 그러나 새로운 모델의 신제품 평점은 1점으로, 평점 1점은 배터리나 저장장치의 수명이 다하면 버려야 한다는 의미이다. 만약 두 제품이 성능이 향상된 화면을 제외하고는 똑같은 사양으로 판매될 경우, 어떤 제품을 구입하겠는가? 모두가 화면이 3mm 더 얇아진 신제품을 구입한다면, 친환경적인 옵션을 갖춘 구형 제품은 판매가 줄어 시장에서 사라지게 될 것이다.

마이크로칩의 성능이 매 2년마다 두 배로 증가한다는 무어의 법칙이 있다. 이는 시간이 흐를수록 기술력은 급속도로 성장한다는 의미로 기술의 발달이 제품의 빠른 노후화를 늦출 수 있는 해결책이 될 수 있음을 의미한다. 제품의 소유에서 이용으로의 가치가 변화하고, 컴퓨터나 휴대폰 같은 제품들이 여러 기능을 수행하게 되면서 우리는 지속가능한 사회로 발전할 수 있을 것이다.

소비자로서 우리는 새로운 제품을 구입할 때 줄이고, 고치고, 다시 사용하고, 재활용하는 4Rs(Reusing, Repairing, Reducing, Recycling)를 실천하고 확산할 수 있도록 지속가능한 소비를 해야 할 책임의식을 가져야 한다.

출처 : Golding, M. (2014). Changing Worlds? TUNZA, Vol 40. UNEP.

TUNZA 한국어판 TUNZA는 유엔환경계획(UNEP)에서 2003년부터 매년 4회씩 계간으로 발행하고 있는 청소년/어린이 환경잡지로 유엔환경계획 한국위원회는 우리나라 청소년의 국제 환경이슈에 대한 관심과 인식을 높이고, 참여를 이끌어 내고자 창간호부터 한국어판을 출간 중이다. (출처 : http://www.unep.or.kr)

현장 적용

적용 1 유네스코 볼런티어 프로젝트

유네스코 볼런티어 프로젝트(UNESCO Volunteer Project)는 평화와 지속가능발전, 환경과 인권 보호 등 유네스코가 추구하는 이념들을 청년 · 대학(원)생들이 직접 고민하고, 해결방안을 찾아 프로젝트를 만들고, 실천해 볼 수 있도록 지원하는 사업이다. 이 프로젝트에 관심이 있는 전국 기존 청년 · 대학(원)생 동아리 혹은 프로젝트를 위해 구성된 팀은 누구나 지원할 수 있다. 만 18세에서 30세 사이의 청년 · 대학(원)생이라면 자유롭게 참가할 수 있으며(지도/자문 교수 위촉), 프로젝트의 목적, 독창성, 실천가능성, 성실성, 지역사회 연계, 파급효과를 선발기준으로 두고 있다.

사례 2016 유네스코 볼런티어 프로젝트 대상 : 사람과 자연의 동행

배경 및 목적

생물다양성은 생명의 궁극적인 원천이며 인간과 생태계의 생명부양시스템을 유지하는 필수적인 자원이다. 하지만 현재 생물다양성은 개발 및 오염에 의해 심각한 위험을 받고 있다. 생물은 모두 상호작용을 하며 살아가기 때문에 한 종의 멸종이 자연계 전체에 영향을 주는 심각한 문제를 초래할 수도 있다. 그럼에도 불구하고 많은 사람들이 멸종의 문제에 대해 나와는 상관없는 이야기라고 생각한다. 우리는 생물다양성의 문제를 전라남도 신안군 가거도의 모습과 교육활동을 통해 알리고자 한다.

프로젝트 내용

에코브릿지는 자연과 사람의 통로가 되어 생물다양성 감소와 생태계 보전의 문제에 대해 알리고자 했다. 전라남도 신안군 가거도 탐방을 통해 사람과 자연이 어떻게 공존하는지 카메라에 담아 가거도 생물 사진전을 개최하고 생물다양성과 멸종위기종을 알리는 다큐멘터리를 제작하는 한편, 멸종위기종에 대한 인식개선을 위한 캐릭터 제작, 학생들을 대상으로 한 생물다양성 교육, 활동을 추진했다. 생태계 보전이라는 주제를 무겁게 가져가지 않고 보다 사람들이 쉽고 친밀하게 주제를 접할 수 있게 하는 프로젝트로 구성하였다.

출처 : 2016 유네스코 볼런티어 프로젝트 보고서, 유네스코 한국위원회

실습 과제

과제 1 쟁점 간의 연관성 탐구

이 활동은 오늘날 세계 속에서 인류가 직면한 사회적 · 경제적 · 환경적 문제들 간의 관계를 탐색하기 위한 것이다. 그림은 지구상의 아홉 가지 중요한 쟁점들을 순서 없이 나열한 것이다.

[실습 과정]

1. 아래 아홉 가지 쟁점들 중에서 가장 관련성이 높다고 생각하는 두 가지 쟁점을 선택하여 두 쟁점끼리 선으로 이어보자. (예를 들어, '인구'와 '질병과 영양실조' 간에 선으로 연결할 수 있음)

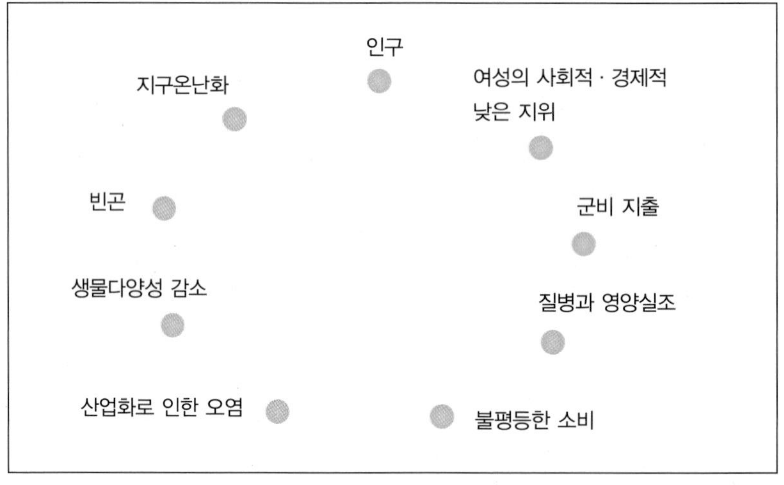

출처 : UNESCO TLSF

2. 두 가지 쟁점이 어떤 점에서 관련되었다고 생각하는지 그 이유를 설명해 보자.
3. 두 가지 쟁점 중에서 한 가지 쟁점을 선택한 후, 이 쟁점과 관련되었다고 생각하는 또 다른 쟁점으로 선을 이어보자. 그리고 쟁점 간의 연관성을 설명해 보자.
4. 나머지 쟁점들 사이에 가능한 모든 연결선을 이어 보고, 얼마나 많은 연결선을 그

렸는지 다른 사람들과 비교해 보자.

5. 쟁점 간의 연결 중에서 가장 중요한 연결이 있는가? 있다면 무엇이며, 그렇게 생각한 이유는 무엇인지 설명해 보자.
6. 이 활동을 통해 알게 된 점은 무엇인지 적어 보자.

과제 2 지속가능성 탐구 : 고갈이냐, 지속이냐

이 활동은 지속가능성의 개념을 탐구하기 위한 것으로 재료로는 바둑알이나 사탕을 이용할 수 있다.

[실습 과정]

1. 참가자를 4모둠으로 구분하고, 모둠별로 바둑알 16개씩을 받는다.
2. 게임의 규칙은 다음과 같다.
   - 바둑알은 귀중한 재활용 자원으로 이 자원은 게임의 매 회 마지막에 보충된다.
   - 각 모둠원은 매 회 자유롭게 바둑알을 가져간다.
   - 반드시 매 회 1개 이상의 바둑알을 가져와야 살아남을 수 있다.
3. 각 모둠 중 한 명은 매 회 모둠원이 가져간 자갈 개수를 기록해야 한다.
4. 매 회 마지막에 각 모둠은 바둑알이 얼마나 남았는지 세고, 남은 개수와 동일한 수를 보충한다.
5. 3~4회 진행한 후, 모둠 내에서 한 명이라도 살아남지 못한 경우가 있는지 조사한다.

[실습 결과]

1. 마지막 진행 후 모든 모둠원은 자신의 모둠에 어떤 변화가 있는지 공유한다.
   - 우리 모둠의 모든 사람이 살아남았는가?
   - 어떤 모둠이 가장 많은 바둑알을 가지고 있는가?
   - 바둑알이 계속 보충되는 한 모두에게 충분한 바둑알을 언제나 가질 수 있다고 확신하는 모둠이 있는가?
   - 그 모둠은 어떻게 그렇게 할 수 있었는가? 어떤 전략이 사용되었는가?

- 그 모둠에는 리더가 있는가? 있다면 모둠원들은 그의 말을 존중했는가?
- 그 모둠은 의사소통 없이도 '바둑알의 지속가능성'에 도달할 수 있었을까?

2. 참가자 전원이 1인당 소유한 바둑알의 개수를 비교해 보자.
   - 누가 가장 많은 자갈을 차지하였는가? 그 사람은 어떤 방법을 사용하였는가?
   - 이 방법이 다른 사람의 생존을 방해하지는 않았는가?
   - 실생활에서 이런 종류의 욕심을 본 적이 있는가?
3. 전 지구적 규모에서 자원은 어떻게 관리될 수 있을지 제안해 보자.
4. 우리 공동의 자원인 대기를 고려해 볼 때, 자동차와 공장의 이산화탄소 배출은 온실효과를 유발하고, 지구 생태계를 교란시킨다. 개인이 가져간 바둑알은 배출한 이산화탄소량을 의미한다. 대기는 어떻게 관리될 수 있는지 제안해 보자.

서울의 풍경 인간은 개발 행위를 통해 자연환경과 도시환경을 끊임없이 변화시켜 왔다. 그로 인해 윤택한 삶을 누릴 수 있게 되었지만, 그 부작용으로 예기치 못한 환경문제도 발생하고 있다. 도시의 지속가능한 발전을 위해 우리 사회는 어떠한 노력을 기울여야 할까? (출처 : shutterstock)

제2장

환경과 사회

대표 사례

서울시 미세먼지 대토론회

최근 미세먼지로 인한 피해가 심각한 환경문제로 대두되고 있다. 계절을 불문하고 집 밖을 나가기 전에는 미세먼지 수치를 확인하는 것이 당연한 일이 되었다(그림 2.1). 마스크는 생활필수품이 되었고 공기청정기나 공기정화식물에 대한 관심이 급증하고 있지만, 미세먼지를 감당하기에는 역부족이다. 사람의 건강뿐만 아니라, 미세먼지로 외부 활동이나 소비 활동이 위축되며 관광, 유통 등 산업 전반에 심각한 피해를 끼치고 있다. 정밀한 공정이 중요한 반도체, 디스플레이, 자동차 등의 산업군에서도 미세먼지로 인한 피해가 발생하고 있다.

우리의 삶에 이렇게 심각한 피해를 끼치고 있는 미세먼지란 무엇인가? 먼지란 대기 중에 떠다니거나 흩날려 내려오는 입자상 물질을 말하는데, 석탄 · 석유 등의 화

미세먼지 수치가 높은 날의 거리 모습

그림 2.1 미세먼지에 의한 피해가 심각해지고 있다. 이와 같은 환경문제에 대응하기 위해서는 다양한 사회 구성원들이 공동의 노력을 기울여야 한다. (출처 : shutterstock)

미세먼지 크기 비교표

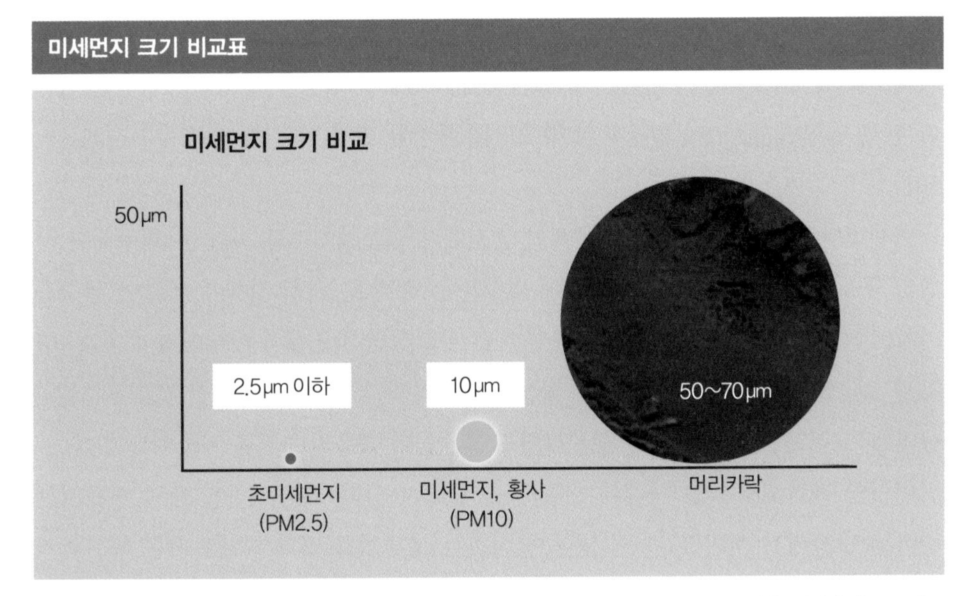

그림 2.2 미세먼지는 지름이 10μm보다 작은 미세먼지(PM10)와 지름이 2.5μm보다 작은 미세먼지(PM2.5)로 나뉜다. PM2.5는 사람의 머리카락 지름(50~70μm)의 약 1/20~1/30에 불과할 정도로 매우 작다. (환경부, 2016)

석연료를 태울 때나 공장 · 자동차 등의 배출가스에서 많이 발생한다고 알려져 있다. 먼지는 입자의 크기에 따라 50μm 이하인 총먼지(Total Suspended Particles, TSP)와 입자크기가 매우 작은 미세먼지(Particulate Matter, PM)로 구분할 수 있다. 미세먼지는 다시 지름이 10μm보다 작은 미세먼지(PM10)와 지름이 2.5μm보다 작은 미세먼지(PM2.5)로 나뉜다. PM2.5는 사람의 머리카락 지름(50~70μm)의 약 1/20~1/30에 불과할 정도로 매우 작다(그림 2.2). 따라서 일반 먼지는 코털이나 입안의 점액질 등으로 걸러지지만, 미세먼지는 사람의 폐에 고스란히 쌓이게 된다. 이러한 이유에서 세계보건기구(WHO)는 미세먼지를 1군 발암물질로 지정하였다.

그렇다면 미세먼지는 어디서, 어떻게 발생하는 것일까? 미세먼지는 크게 굴뚝 등의 발생원에서부터 고체 상태의 미세먼지로 나오는 경우(1차적 발생)와 발생원에서는 가스 상태로 나온 물질이 공기 중의 다른 물질과 화학반응을 일으켜 미세먼지가 되는 경우(2차적 발생)로 나눌 수 있다.

석탄 · 석유 등 화석연료가 연소되는 과정에서 배출되는 황산화물이 대기 중의 수증기, 암모니아와 결합하거나, 자동차 배기가스에서 나오는 질소산화물이 대기 중의 수증기, 오존, 암모니아 등과 결합하는 화학반응을 통해 미세먼지가 생성되기도

하는데 이것이 2차적 발생에 속한다. 특히 2차적 발생이 매우 중요한 미세먼지 발생원으로 이야기되는데, 그 이유는 수도권만 하더라도 화학반응에 의한 2차 생성 비중이 전체 미세먼지(PM2.5) 발생량의 약 2/3를 차지할 만큼 매우 높기 때문이다(환경부, 2016).

미세먼지로 인한 피해는 환경문제인 동시에 사회문제이기도 하다. 사회문제란 사회의 구조적 결함이나 모순으로 인해 발생하는 문제로, 사회 전체에 심각한 영향을 미치며, 해결 또한 특정 개인의 노력이 아닌 사회적인 차원에서 이루어져야 한다. 따라서 오늘날 발생하는 환경문제의 해결방법을 찾기 위해서는 정부와 지방자치단체, 산업계, 그리고 시민들을 포함하는 사회 구성원들이 공동의 노력을 기울여야 한다.

먼지와 관련해서 다음 사례에 주목해 볼 필요가 있다. 2017년 5월 27일 서울시는 광화문 광장에서 시민 3,000여 명이 참여하는 토론회를 열고 미세먼지를 해결하기 위한 아이디어를 모았다(그림 2.3). 그리고 이 자리에서 나온 시민 의견을 토대로 대기질 개선 10대 대책을 발표했다. 서울시의 미세먼지 10대 대책에 의하면, 미세먼지가 심한 날에는 차량 2부제를 자율적으로 도입하고, 출 · 퇴근시간 대중교통요금이 면제된다. 또한 미세먼지에 취약한 노약자를 보호하기 위해 미세먼지 기준을 강화

서울시 미세먼지 대토론회

그림 2.3 2017년 5월, 광화문 광장에서 시민들이 미세먼지를 줄이기 위한 아이디어를 제안했다. (출처 : shutterstock)

한 '서울형 초미세먼지 민감군 주의보'도 생긴다. 이와 같은 대책이 얼마나 실효성을 갖게 될지, 또 미세먼지 저감에 얼마나 효과를 거둘 수 있을지는 계속해서 지켜보아야 할 것이다. 그러나 시민들이 미세먼지를 줄이기 위한 아이디어를 제안하고, 지자체가 이를 구체적인 대책으로 발전시켰다는 점에서 사회 구성원 간의 대화와 소통을 통해 환경문제의 공동 해결을 모색한 의미 있는 사례로 볼 수 있다.

서울시 미세먼지 10대 대책

1. 미세먼지를 재난으로 규정하고 공공 시민건강 보호조치 강화
2. 미세먼지 건강취약계층을 위한 '서울형 초미세먼지 민감군 주의보' 신규 도입
3. 미세먼지 선제적 대응을 위한 '서울형 비상저감조치' 시행
4. 시민참여형 차량 2부제 실시 및 출·퇴근 시간대 대중교통요금 무료화
5. 자동차 친환경등급제 적용을 통한 서울 도심 내(4대문 안) 공해차량 운행 제한
6. 노후 건설기계 저공해화 및 친환경 건설기계 사용 의무화
7. 서울시 건축물 친환경보일러·저녹스버너 보급 의무화
8. 대기질 개선 유망기업 발굴 R&D 지원 및 연구 확대
9. 동북아 4개국 주요도시와의 환경외교 강화—'동북아 수도협력기구' 설치
10. 정부·지자체 대기질 공동협력 확대

핵심 질문

1. 환경 정의를 실현하는 지속가능한 발전은 어떠한 모습일까?
2. 도시의 환경을 더 아름답고 살기 좋게 만들기 위해 우리가 할 수 있는 행동은 무엇인가?

원리 탐구

원리 1 환경의 의미와 환경문제의 특성

환경이란 무엇일까? 협소한 의미의 환경은 자연환경을 뜻하며, 우리 주변에서 쉽게 볼 수 있는 공기, 물, 흙, 동식물 등이 이에 해당한다. 환경을 이러한 의미로 정의하였을 때, '환경문제'란 무엇인지 생각해 본다면, 머릿속에는 무분별한 벌채로 사막화되어 가는 광활한 토지의 풍경이나 얼음이 녹아내려 슬픈 표정을 짓고 있는 북극곰의 모습 같은 것들이 떠오를 것이다. 이와 같이 자연환경에서 발생한 환경문제는 매우 중요하며, 시급히 해결해야 할 인류의 공동과제이다. 그러나 환경의 범위는 자연환경에 한정되지 않는다. 넓은 의미에서 환경은 '우리를 둘러싼 모든 것'이다. 특히 현대 사회의 급격한 도시화, 산업화로 인해 환경의 범위는 주택, 도로, 공장 같은 인공환경이나 생활환경으로까지 확대되었다. 따라서 대규모 아파트 건설, 도심 재개발, 고속도로 확장, 원자력 발전소의 신규 건설 등 다양한 종류의 개발을 둘러싼 **환경갈등**도 중요한 환경문제가 되었다.

환경갈등 환경문제를 둘러싸고 서로 다른 입장을 가진 당사자들이 대립, 충돌하여 합의에 이르지 못한 상태를 말한다. 도시 개발은 경제적인 이해관계뿐만 아니라 사안에 대한 가치관이 엇갈리는 경우가 많은 까닭에 환경갈등이 발생하기 쉽다.

모든 환경문제는 곧 사회문제라고 볼 수 있다. 특히 우리는 전 지구적인 환경문제와 함께 우리의 일상생활과 직접적인 관련이 있는 가까운 환경문제에 대해서도 주목할 필요가 있다. 그리고 문제의 원인이나 해결 방법 등은 대상이 되는 환경 그 자체에만 집중해서는 제대로 분석할 수 없다. 사회와 문화에 대한 폭넓은 이해를 통해 환경문제에 접근해야 문제에 대한 정확한 분석이 가능하다. 예를 들어 도시의 환경문제 중 하나인 생활 소음에 대해 알아보고자 할 때, 소리와 소음의 과학적 특성에 대한 분석만으로는 소음에 대해 충분히 이해하기 어렵다. 소음을 충분히 이해하려면 몇 데시벨(dB) 이상의 소리가 소음에 해당하는지뿐만 아니라, 도시 거주자가 소리를 소음으로 느끼는 심리적인 원인, 최근 들어 소음에 대한 민원이 증가하게 된 사회문화적인 원인 등에 대한 분석이 함께 이루어져야 한다. 또 소음의 발생과 증가가 사회적인 문제라면, 소음 저감 역시 개인적 차원을 뛰어넘어 공동체 차원에서 함께 노력해야 할 필요가 있다.

우리나라의 도시에서 보이는 개발을 둘러싼 갈등뿐만 아니라 지구촌 곳곳의 사례에서 확인할 수 있듯이 지구의 수용 범위를 뛰어넘는 인간 활동은 다양한 문제를 일으킨다. 인간의 이기심이 사회 구성원 간의 갈등을 불러일으키고, 결과적으로 환경을 악화시키는 경우는 여러 사례를 통해 확인이 가능하다. 이와 같은 문제는 환경과 인간의 관계, 환경과 사회의 관계에 대한 분석과 이해를 통해 풀어갈 수 있다. 더 나아가서 인류의 지속가능발전을 위해서 우리는 환경을 배려하는 기술, 환경과 공존하는 개발을 추구해야 한다.

[생각해보기]

최근 내가 사는 지역에서 이슈가 되는 환경갈등의 사례는 무엇인가?

원리 2 동서양의 환경관

우리 조상들은 '까치밥'이라고 해서 수확기에 나무 위의 과일을 전부 따지 않고, 까치 같은 새들이 먹을 수 있도록 가지 끝에 감 몇 개를 남겨 놓았고, 정월 대보름에는 찰밥과 나물, 약식을 지어 먹고 남은 것들을 지붕이나 담장, 나무에 올려두어 새들이 먹게 하였다. 또 산길을 걸을 때는 성긴 조직의 짚신을 신어 개미 같은 작은 벌레들이 다치지 않게 하였다고 전해진다. 예로부터 전해져 내려오는 민속 문화를 통해 우리 조상들이 인간 이외의 생물을 배려하고, 환경을 소중히 여겨왔다는 것을 알 수 있다.

자연과 공존을 추구하는 환경관은 우리나라의 전통사회뿐만 아니라, 시대와 지역을 뛰어넘어 곳곳에서 확인할 수 있다. 원시사회에서 발견되는 전통적인 세계관에 따르면 세계는 살아 있는 유기체, 땅은 생명체를 길러 주는 어머니였다. 땅과 자연을 생명을 가진 존재로 인식하던 사고는 북미 인디언 사회에서도 확인할 수 있다. 1885년, 미국의 14대 대통령인 프랭클린 피어스는 북미 인디언 '수와미족'의 시애틀 추장에게 인디언의 땅을 미국 정부에 팔라고 요청했다. 이에 대해 시애틀 추장은 땅과 자신들의 유기적 연관성을 주장하는 답신을 보냈다(생각해보기 참조). 이처럼 인간과 자연의 공존을 추구하는 사고는 아메리카 원주민뿐 아니라 지구상에 존재하는 많은 종교와 전통사회에서도 발견된다. 잘 알려져 있듯이 불교에서는 살생을 금지하고 있으며, 힌두교에서는 인간과 기타 세계를 유기적으로 여겨 구분 지을 수 없다고 보고 있다. 전통사회에서는 자연이 주는 혜택과 위협이 인간의 삶에 직접적으로 영향

생각해보기 **북미 인디언 추장의 답서**

다음의 글은 1855년 미국 피어스 대통령의 토지판매 요구에 대한 시애틀 추장의 답서 일부이다. 글을 읽고 당시 북미 인디언들의 자연관에 대하여 생각해 보자.

어떻게 감히 하늘의 푸름과 땅의 따스함을 사고팔 수 있습니까? 우리의 소유가 아닌 신선한 공기와 햇빛에 반짝이는 냇물을 당신들이 어떻게 돈으로 살 수 있다는 것입니까? 이 땅의 모든 것은 우리 종족에게는 거룩한 것입니다. 아침 이슬에 반짝이는 솔잎 하나도, 냇가의 모래톱도, 빽빽한 숲속의 이끼 더미도, 모든 언덕과 곤충들의 윙윙거리는 소리도 우리 종족의 기억과 경험 속에서 성스러운 것입니다.

우리는 땅의 한 부분이고, 땅 또한 우리의 한 부분입니다. 향기로운 꽃들은 우리의 자매이고, 사슴, 말, 커다란 독수리는 모두 우리의 형제입니다. 거친 바위산과 초원의 푸름, 말의 따스함, 그리고 사람은 모두 한 가족입니다. 산과 들판을 반짝이며 흐르는 물은 우리에게 그저 단순한 물이 아닙니다. 물속에는 훨씬 깊은 의미가 담겨 있습니다. 그것은 우리 조상들의 피입니다. 깊고 해맑은 호수는 우리 종족의 역사와 기억을 되새겨줍니다. 강은 우리의 형제로서 우리의 목을 적셔 줍니다. 강은 우리의 카누를 받쳐 주고 우리의 자식을 키웁니다.

출처 : Henry A. Smith. 1987.10.29. "Chief Seattle's Letter." Seattle Sunday Star.(노진철, 2015에서 재인용)

을 미쳤기 때문에, 사람들은 자연을 존중하며 자연과 더불어 살고자 하였다.

원리 3 환경과 사회, 그리고 윤리

환경사회학과 환경윤리학

환경사회학이란 물리적 환경과 사회(사회조직과 인간의 사회적 행동) 간의 상호작용에 관한 연구라고 할 수 있다(박재묵, 2015). 환경사회학의 뿌리는 고전사회학자인 에밀 뒤르켐(Emile Durkheim)과 1920~1930년대 시카고대학을 중심으로 형성된 인간생태학(human ecology)에 있다고 알려져 있다(Humphrey & Buttel, 1995). 그러나 근대적 환경문제에 대한 사회학적인 대응의 성격을 띤 환경사회학은 그보다 훨씬 짧은 약 30여 년의 역사를 가지고 있다(박재묵, 2015). 환경사회학의 역사는 비교적 짧은 편이지만, 환경문제가 심각해지고 다양해지는 현대 사회에서 환경과 사회의 관계에 대한 관점을 제시하는 새로운 학문으로 자리 잡게 되었다.

한편, 환경윤리(environmental ethics)란 인간과 인간 이외의 모든 대상을 포함하는 자연환경에 대하여 인간이 가져야 할 윤리에 대해 탐구하는 철학의 한 영역이다. 다시 말해 환경윤리란 환경에 대해 어떻게 생각하고 행동할 것인지를 정하는 규범이며, 인간이 환경과 어떠한 관계를 맺으며 살아가야 하는지를 생각하게 하는 나침반과 같다. 환경윤리는 인간이 자연을 향해 갖는 오만함이 환경파괴를 불러일으켰다는 반성에서 시작되었는데, 이러한 환경윤리를 학문적인 차원에서 분석하고 탐구하는 학문이 환경윤리학이다.

환경과 관련된 세계관의 유형과 흐름

인간을 자연의 중심에 두는 관점을 인간중심주의(anthropocentrism)라고 한다. 인간중심주의 관점은 인간을 자연의 일부로 보지 않고, 자연을 소유하고 지배하는 자로 여기며 자연은 인간에게 혜택을 주기 위하여 존재하는 것으로 간주한다. 자연은 그 대상이 숲이든 물이든 간에 인간에게 쓰임새가 있거나 의미 있는 존재가 될 때 비로소 가치를 갖는다는 주장이다. 이와 대비되는 개념으로는 비인간중심주의가 있다. 그 가운데 하나인 생물중심주의(biocentrism)는 모든 생물체에 가해진 행위의 영향에 주목한다. 생물중심주의의 관점에서 생물은 그 자체로 고유한 가치를 지니고 있으므로, 육식, 동물 실험, 동물 학대 등은 비윤리적인 것으로 이해된다. 여기서 한발자국 더 나아가 규범의 대상을 자연계의 무생물로까지 확대하면 생태중심주의(ecocentrism)의 관점이 된다.

환경을 대하는 인간의 태도를 고찰하여 환경윤리학에 새로운 시각을 제시한 학자로는 린 화이트 주니어(Lynn White Jr.)가 있다. 그는 1967년 사이언스지에 '우리 시대 생태 위기의 역사적 기원(The Historical Roots of Our Ecologic Crisis)'을 발표하여, 현재의 생태 위기의 뿌리가 인간중심주의적인 기독교의 자연관에 있음을 주장하였다(Lynn, 1967). 이 문제는 기독교를 기본으로 하는 서양 사회에 큰 충격을 던져 다양한 차원에서 논의가 이루어지는 계기가 되었다. 이후 환경문제의 근원이 기독교의 교리에 있는지 아닌지에 대해서는 의견이 엇갈렸으나 린 화이트 주니어의 주장이 인간중심주의에 대한 반성으로 이어지는 계기가 되었음은 분명하다.

1970년대 이후 미국을 중심으로 환경윤리학이 본격적으로 논의되기 시작하였을 당시 주로 논쟁이 된 테마는 '자연의 가치'였다. 자연을 도구적으로 이용하는 것이 아니라 자연 그 자체로부터 가치를 찾아야 한다는 주장이 제기되었다. 즉 자연의 본질적인 가치를 추구하는 이들은 인간중심주의적인 자연의 가치에서 탈피하여 비인간중심주의적인 사고를 기초로 하는 새로운 자연의 가치를 주장하였던 것이다. 그 후 환경윤리학에서는 인간중심주의로부터의 탈피와 비인간중심주의의 주장에 대한 검토가 중심 과제가 되어 왔다. 그것은 인간 이외의 생명이나 생태계에 대한 배려, 윤리, 동물의 권리(자연권) 부여라는 문제에서 시작하여, 야생 자연의 가치 문제에 이르기까지 다양한 테마로 발전하였다.

환경에 대한 논의가 심화되면서, 기존의 환경주의가 인간의 입장에서 환경을 보호해야 한다고 주장했다면 여기에서 한 발자국 더 나아가, 인간도 환경을 구성하는 존재에 지나지 않으므로 환경에 보다 근본적으로 접근해야 함을 주장하는 생태주의(ecologism) 담론이 등장하게 된다. 이와 관련해 영국의 정치학자 앤드루 돕슨(Andrew Dobson)은 인간 사회와 자연의 관계에 대해 근본적인 문제를 제기하고 이에 답변하는 다양한 정치적 이데올로기를 생태주의라고 표현한다. 즉 생태주의란 현대적 공업화 이후 등장하게 된 환경 위기, 특히 전 지구적인 환경 위기의 원인이 무엇인지, 이것을 어떻게 극복할 것인지에 대한 다양한 정치적 입장과 이념을 의미한다. 생태주의의 특징은 전통적인 환경주의보다 더 근본적이고 급진적인 방법으로 환경문제를 바라본다는 데 있다. 예를 들어 환경보호라는 주제를 두고, 생태주의는 환경보호와 관련한 사회적 · 정치적 생활 양식의 근본적인 변화를 전제하는 반면, 환경주의는 현재의 사회적 · 정치적 생활 양식을 변화시키지 않고서도 환경을 잘 관리하면 환경문제를 해결할 수 있다고 본다. 관리주의적 시각 혹은 환경(개량)주의적 시각에 가깝다(이상헌, 2011).

레이첼 카슨

그림 2.4 미국의 해양생물학자 겸 작가인 레이첼 카슨은 『침묵의 봄』에서 화학 농약의 무분별한 이용으로 인해 발생할 수 있는 위험을 경고하였다. (출처 : http://www.rachelcarson.org)

인류의 생태 위기를 고발한 저작들

1962년 출간된 레이첼 카슨(Rachel Carson)의 저서 『침묵의 봄』은 자연환경에 대한 서양의 사고가 결정적인 전환을 맞게 된 계기로 손에 꼽힌다(그림 2.4). 이 책의 저자 레이첼 카슨은 펜실베이니아 주의 시골 마을에서 태어나 펜실베이니아여자대학에서 영문학을 전공하였으나, 3학년 때 전공을 동물학으로 바꾸게 된다. 이후 존스홉킨스대학에서 동물학 석사 학위를 받았다. 카슨은 『침묵의 봄』에서 화학 농약의 무분별한 이용으로 인해 발생할 수 있는 잠재적 위험을 경고하였다. 디클로로디페닐트리클로로에탄이라는 유기 염소 계열의 농약인 DDT는 전쟁 중에 말라리아를 억제하기 위하여 처음으로 사용되었는데, 해충뿐만 아니라 조류와 어류를 포함한 다른 동물들도 죽게 만든다. 카슨은 DDT와 같은 농약이 인간까지 위협하게 될 것이며, 해충을 박멸하려다가 조류들을 죽게 하여 '침묵의 봄'을 만들 것이라고 경고하였다(Carson, 1962). 카슨은 농약 제조 업체들로부터 조직적인 공격을 받았지만, 인간 역시 다른 생태계와 마찬가지로 똑같은 피해를 입을 수밖에 없는 자연계의 일부라는 사실을 주장하며, 자연을 바라보는 인간의 시각을 바꿔야 함을 지속적으로 역설하였다. 결과적으로 『침묵의 봄』은 환경오염 논쟁을 촉발하여 1969년 미국이 국가환경정책법을 제정하는 계기가 되었고, 이후 전 세계적인 환경운동의 확산에 기여했다고 평가받는다.

적정기술 그 기술이 사용되는 사회 공동체의 정치적·문화적·환경적 조건을 고려해 해당 지역에서 지속적인 생산과 소비가 가능하도록 개발된 기술을 말하며, '인간의 얼굴을 한 기술'이라는 별칭이 있다. 대표적인 적정기술 제품으로는, 식수 환경이 열악한 곳에서 사용 가능한 휴대용 정수 빨대 라이프스트로(LifeStraw)가 있다.

환경을 바라보는 인간의 각성을 주장한 또 다른 책으로는 로마클럽의 기획 보고서『성장의 한계』가 있다. 이 보고서는 1972년 로마클럽의 경제학자 및 기업인들이 경제성장과 과학에 대한 비판의 일환으로 발표하였다. 크게 다섯 가지 요인, 즉 산업화, 자원 고갈, 오염, 식량생산, 인구 성장 등의 현상을 분석하여, 현재의 성장 추세가 변하지 않는 한, 앞으로 100년 안에 성장의 한계에 도달할 것이라고 경고하였고, 1970년대 이후 환경오염에 대한 세계적인 관심을 증폭시키는 데 결정적인 역할을 하였다고 평가받는다.

영국의 경제학자 에른스트 슈마허(Ernst Schumacher)가 쓴 『작은 것이 아름답다』 역시 생태 위기를 지적하는 저서로 전 세계에 큰 파장을 일으켰다(그림 2.5). 슈마허는 가치체계의 근본적인 변화 없이 환경문제를 해결할 수 없다고 주장하였다. 이에 따라 새로운 발전 방향으로 생태계를 배려한 소규모의 비용이 들지 않는 중간기술을 제시하였다(Schumacher, 1973). 중간기술이란 자원재생과 지역 에너지의 활용을 도모하는 동시에 지역의 고용관계까지 배려하는 기술로, 근대기술의 대안이라고 할 수 있다. 슈마허의 중간기술은 이후 **적정기술**(appropriate technology) 개념으로 발전하게 된다.

에른스트 슈마허

그림 2.5 경제학자 에른스트 슈마허는 『작은 것이 아름답다』라는 책을 통해 생태계를 배려하는 기술의 중요성을 역설하였다. (출처 : http://www.centerforneweconomics.org)

문제 탐구

탐구 1 환경 정의 운동의 시작

특정 지역이나 사람들이 환경오염이나 자연 재해로 인한 피해를 더 많이 입게 되는 현상을 환경 부정의(environmental injustice)라고 한다. 1970년대 이후, 쓰레기 처리 시설이나 폐기물 매립장 등 오염물질을 처리하는 시설들이 주로 흑인 거주지와 저소득 계층 거주지에 몰려 있다는 연구 결과가 발표되며 미국 사회에 큰 충격을 주었다. 이러한 불평등에 반대한다는 뜻에서 환경 정의(environmental justice) 운동이 발생하였다.

특히 1982년 미국 노스캐롤라이나 주 워런카운티에서 발생한 화학폐기물 처분장을 둘러싼 저항 운동을 계기로 환경 정의 운동이 확산되었다. 가난한 아프리카계 미국인이 주로 거주하는 이 지역에 발암 물질인 폴리염화바이페닐(Polychlorinated Biphenyl, PCB) 매립건설 계획이 발표되었고, 이에 반대하여 주민들이 6주간 반대 시위를 진행하였다. 500명 이상의 시위자가 체포되는 등 격렬한 반대 시위에도 불구하고 처분장은 정부의 계획대로 건설되었다. 그러나 미국의 환경 정의 운동의 도화선이 된 워런카운티의 항의 시위는 일반 대중뿐만 아니라 정책입안자들에게 사회경제적인 지위나 인종 때문에 특정 지역에 불공평한 시설이 세워져서는 안 된다는 경각심을 일깨워 주는 계기가 되었다.

이후에도 미국 각지에서 유해 물질을 둘러싼 환경오염 사례가 보고됨에 따라 환경 정의 운동은 계속되었다. 주민과 시민단체, 전문가들의 노력에 힘입어 미국 정부는 환경청에 환경정의국을 설치하기에 이르렀고, 정부 정책에 환경 정의를 반영하여 공정한 법과 정책을 개발하고 시행하고자 하였다.

다인종 사회인 미국의 경우, 주로 환경 인종주의(environmental racism)에 기인하는 환경 부정의 사례가 다수 보고되어 왔다. 환경 인종주의란 인종과 주거 환경이 밀접하게 연관된다는 주장이다. 가난한 유색 인종은 위험하고 불결한 지역에 거주하며, 부유한 백인보다 더 많은 환경 피해에 노출되고 있을 뿐 아니라 지역사회에 영향을 미치는 환경 관련 의사결정에서 조직적으로 소외되는 경향이 있다는 내용이다.

최근에는 기후변화, 지구온난화 문제가 국제 사회의 해결 과제로 대두되며 기후

인도양 남쪽의 섬나라 몰디브

그림 2.6 아름다운 빛깔의 바다가 유명한 몰디브는 지구온난화로 인한 해수면 상승으로 수몰 위기에 처해 있다. (출처 : shutterstock)

허리케인 카트리나로 인해 부서진 미국 뉴올리언스 지역의 주택

그림 2.7 사회적 약자는 기후변화에 있어서도 큰 피해를 입게 된다. (출처 : shutterstock)

정의(climate justice)와 같은 개념도 만들어졌다. 가난한 나라, 그리고 여성, 어린이, 농민, 원주민 등의 사회적 약자는 기후변화에 있어서도 큰 피해를 입을 수밖에 없다. 에너지를 대량으로 소비해 온 나라는 이미 산업화가 진행된 나라들임에도 가장 먼저 피해를 보는 것은 투발루나 몰디브와 같은 해안국이다(그림 2.6). 기후변화로 인한 피해는 같은 나라 사람이라도 사회 · 경제적인 약자에게 더욱 치명적이다. 2005년 허리케인 카트리나가 휩쓸고 지나간 미국 뉴올리언스 지역에서는 2,000명 이상의 인명 피해가 발생하였는데, 피해자 대부분이 노약자나 가난한 사람이었다(그림 2.7). 한국에서도 폭염에 취약한 이들이 건강한 성인보다는 지하 주택에 사는 노약자 혹은 폐쇄된 공간에서 일하는 노동자들이라는 점은 매년 여름마다 반복되는 보도를 통해 쉽게 접할 수 있는 사실이다.

[생각해보기]

기후 정의의 실현을 위해 우리가 취할 수 있는 행동에는 무엇이 있을까?

탐구 2 우리나라의 환경 정의 운동

한국의 환경 정의 운동의 시작은 1998년으로 알려져 있다. 1992년에 열린 유엔환경개발회의의 영향으로 경제정의실천시민연합의 부설 기구로 만들어진 환경개발센터가 1998년 독립하며 '환경정의시민연대'(현재는 '환경정의')로 이름을 바꾸고, 토지, 대기, 물, 먹거리 등 다양한 분야에서 환경 정의와 관련된 활동을 전개하였다. 이 단체에서 주도한 대표적인 운동 가운데 하나가, 난개발로 인해 녹지가 훼손되고 있었던 경기도 용인시의 '대지산 살리기 운동'이다. 이 단체의 활동가는 17일간 나무 위에 텐트를 치고 시위를 하며 대지산 살리기를 호소하였다. 이 운동에 동참한 시민 200여 명이 1만 원씩 약 2,000만 원을 모아 대지산 중턱에 330m^2(약 100평)의 토지를 구입했다고 한다. '대지산 땅 한 평 사기 운동'으로 명명한 이 운동은 **내셔널 트러스트**(National Trust)의 국내 첫 사례가 되었다.

내셔널 트러스트 보존가치가 있는 아름다운 자연이나 문화유산을 지키기 위하여 시민들이 자발적으로 땅을 사들여 영구 보존하는 형태의 문화 환경 운동으로 영국에서 시작되었다.

한편, 혐오시설의 입지를 둘러싼 환경 부정의 사례 역시 다수 보고되어 왔다. 쓰레기 매립장이나 소각장을 둘러싼 사례가 가장 대표적이다. 대도시에서 배출되는 쓰레기를 처리하기 위하여 사회적 취약 계층이 살고 있는 도시 외곽 지역이나 농촌지역에 매립장이나 소각장 건설 계획을 세우게 되고, 이에 해당 지역주민들은 강하게 반발

부안군 주민들의 핵폐기장 건설 반대운동

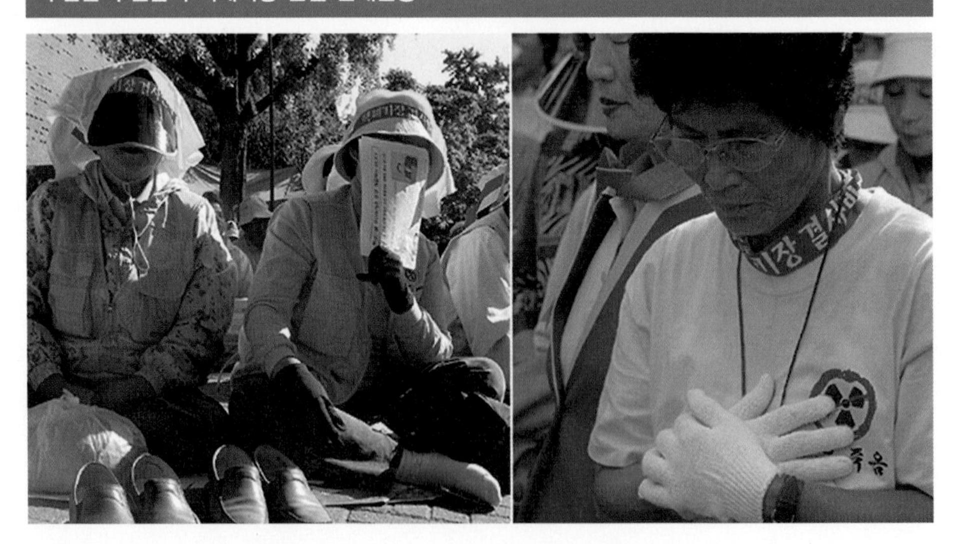

그림 2.8 부안 주민들은 치열한 반핵 운동을 전개하며 핵폐기장 유치계획의 백지화를 요구하였다.
(출처 : 환경운동연합 http://kfem.or.kr)

하여 반대 운동을 펼치는 사례가 많다. 이 같은 사례를 지역 이기주의를 의미하는 님비 현상(Not In My Backyard, NIMBY) 혹은 바나나 현상(Build Absolutely Nothing Anywhere Near Anybody, BANANA; 어디에든 아무것도 짓지 마라)이라고 비난하는 목소리도 존재하지만, 지역주민이 자신이 사는 지역의 정책을 결정하는 일에서 제외되어 일방적인 희생을 감수해야 한다면 저항의 움직임이 발생할 수밖에 없다.

대표적인 사례로는 2003년에 발생한 전라북도 부안군 위도 핵폐기장 건설을 둘러싼 반대운동이 있다. 의사결정 과정에 주민 참여를 배제한 채, 부안군수가 독자적인 핵 폐기장 유치 신청을 진행하여 지역주민들의 거센 반발을 불러일으켰다(그림 2.8). 치열한 반핵 운동이 계속되었고, 촛불집회, 학생 등교 거부 운동, 고속도로 점거 등이 이어졌다. 유치계획의 백지화를 요구하는 부안군민과 계획 강행을 원하는 정부 사이의 팽팽한 대립은 해를 넘겨 2004년 부안군 주민 찬반 투표의 실시로 이어졌다. 이 투표에서 92%의 주민이 핵폐기장 건설을 반대함에 따라, 2005년 9월 정부는 부안에 핵 폐기장 건설을 포기하게 되었다. 찬성과 반대로 나누어져 반목했던 지역사회에 남은 갈등의 상처는 컸다.

탐구 3 도시 개발을 둘러싼 환경 부정의 사례

환경 부정의의 사례는 도시에서도 쉽게 찾아볼 수 있다. 무분별한 규제완화와 지역사회를 배려하지 않는 개발 계획에 의해 지역의 생활 환경이 악화되거나, 마을의 모습이 급격히 변하고, 그 결과 기존의 주민들이 쫓겨나듯 마을을 떠나게 되는 사례가 그것이다. 특히 최근에는 많은 관광객들이 찾으면서 인기 있는 관광지가 되어 임대료가 치솟고 그 결과 영세 상인들이 떠나게 되는 젠트리피케이션(gentrification) 현상을 쉽게 볼 수 있다. 젠트리피케이션은 영국의 신사계급인 젠트리(gentry)에서 파생된 용어로, 1964년 영국의 사회학자 루스 글라스(Ruth Glass)가 노동자들이 주로 사는 낙후지역에 중산층이 이주해 오면서 지역이 활성화되는 현상을 설명하려고 처음 사용했다. 그러나 최근에는 외부인이 유입되면서 본래 거주하던 원주민들이 비싼 임대료에 밀려나는 부정적인 의미로 사용되는 경우가 많다.

서울 종로구의 북촌 지역은 도심 속의 한옥마을, 문화예술의 거점지역으로 널리 알려지면서 국내외 관광객 방문이 끊이지 않았으나 방문자가 증가할수록 임대료가

북촌 한옥마을

그림 2.9 서울의 대표적인 관광지인 북촌 한옥마을은 관광객이 급증하며 임대료 상승 등의 문제가 생겨나고 있다. (출처 : shutterstock)

서울시 종로구 이화마을의 '잉어 계단'

그림 2.10 몰려드는 관광객들로 인해 불편을 겪게 된 주민들이 마을의 상징이었던 '물고기 계단'의 그림을 훼손하고 낙서를 하는 사건이 발생했다. (출처 : shutterstock)

치솟았다. 높은 임대료를 감당하지 못한 원주민들은 결국 이주하게 되고, 천편일률적인 프랜차이즈 업체만 범람하게 되었다. 북촌이 가지고 있었던 고유한 지역 정체성이 훼손되어 버린 것이다. 이와 같은 양상은 인근의 서촌이나 홍대, 해방촌, 성수동 등 이른바 '뜨는 지역'에서 유사하게 나타난다. 서울뿐만 아니라 인기 있는 관광지가 된 곳에서는 이러한 현상을 쉽게 발견할 수 있다. 주거지역이 관광지화되면서 원주민이 이주하는 현상을 투어리스티피케이션(touristification)으로 설명하기도 한다. 임대료의 상승과는 관계없이 관광객의 증가로 인한 물가 상승, 주차난, 소음 등으로 인해 발생하는 일이라는 점이 젠트리피케이션과의 차이점이다(그림 2.9).

다채로운 벽화들로 연일 관광객의 발길이 끊이지 않았던 종로구 이화마을에서는 관광객에 의한 생활 피해를 호소하던 주민들에 의해 벽화가 훼손되고 담벼락이 낙서로 칠해지는 일이 발생했다(그림 2.10). 몰려드는 관광객에 의한 원주민의 불편과 고통이 드러난 단적인 사례라고 볼 수 있다.

지금까지 설명한 환경 정의의 개념은 지속가능발전목표와도 궤를 같이한다. 이 책의 제1장에서 구체적으로 소개되고 있듯이 유엔은 2015년 17개의 지속가능발전목표(SDGs)를 설정하여 2030년까지 이행하는 것을 목표로 하고 있다. 여기에는 169개의 세부 목표와 230개의 지표가 포함된다. SDGs는 경제, 사회, 환경을 모두 포괄하는 지속가능한 발전을 추구한다. 이것은 특정 국가, 지역, 성별, 세대만의 발전이 아닌 누구의 희생도 존재하지 않는 우리 모두의 더 나은 삶을 의미한다.

탐구 4 대규모 개발로 인한 영향과 피해

개발은 인간의 삶을 쾌적하고 윤택하게 만들어 준다. 건축물이나 사회기반시설을 늘려감으로써 우리의 생활이 편리해졌음은 부정할 수 없는 사실이다. 그러나 자연의 수용능력을 뛰어넘는 대규모 개발은 동식물과 자연, 그리고 인간 사회에 예기치 못한 영향을 미치기도 한다.

동식물과 자연의 피해

경부고속철도 금정산-천성산 관통 사업과 '도롱뇽 소송'

경부고속철도 2단계 사업 중 대구-부산 신선을 건설하기 위해 금정산-천성산 구간(26.3km)을 터널로 통과하는 사업으로, 천성산 터널 공사 반대 운동을 계기로 널리 알려졌었다. 고속철도는 곧은 철로를 필요로 하는 까닭에 산과 계곡을 뚫어 터널을 내게 되었고, 이에 환경단체와 시민들은 공사로 인해 심각한 환경 파괴가 발생할 것을 지적했다. 이 공사에 대해 불교계와 환경단체는 무제치늪, 화엄늪 등 보존가치가 높은 습지와 지하수가 고갈될 위험이 높고 자연생태계에도 심각한 악영향이 우려된다며 노선변경을 주장하였다.

공사를 둘러싸고 다툼이 계속되던 2003년 9월 정부가 기존 노선을 고수하기로 결론을 내리자, 환경단체와 불교계는 천성산 도롱뇽을 원고로 하는 '공사착공 금지 가처분 소송'(일명 '도롱뇽 소송')을 제기하였다. 깨끗한 자연을 대표하는 꼬리치레도롱뇽은 1급수의 청정한 지역에서만 산다고 알려져 있다(그림 2.11). '도롱뇽 소송'은 동식물이 법정 다툼의 주체로 등장한 사법사상 초유의 사건으로 큰 화제를 모았으나, 2006년 대법원은 자연물인 도롱뇽의 당사자 능력을 인정할 수 없다고 하여 소를 각하했다. 2003년 12월부터 천성산 구간의 공사가 시작되었고, 7년이 지난 2010년 11월 동대구부터 부산까지 고속철이 개통되었다.

대규모 개발 행위로 인해 동식물의 서식 환경이 크게 바뀌는 경우가 많아 개발 반대 운동과 관련된 재판에서 동물을 원고로 하여 소송을 진행하는 경우가 있다. 군산

1급수에서만 사는 꼬리치레도롱뇽

그림 2.11 1급수에서만 산다고 알려진 꼬리치레도롱뇽은 천성산 터널 분쟁 당시 재판의 원고가 되었다. (출처 : http://www.nibr.go.kr/species)

천연기념물 검은머리물떼새

그림 2.12 천연기념물 검은머리물떼새는 군산 복합 화력발전소의 건설을 둘러싼 분쟁 당시 재판의 원고가 되었다. (출처 : http://www.nibr.go.kr/species)

복합 화력발전소의 건설을 둘러싸고 검은머리물떼새가 원고가 된 사건도 있었으나, 검은머리물떼새 역시 당사자 능력을 인정받지 못하였다(그림 2.12). 그러나 미국의 경우, 법원이 자연물의 원고적격을 인정한 사례가 있다. 하와이 주정부가 희귀새 빠리야(palilla) 서식지에서 사냥하는 사람들을 위해 많은 야생 염소와 양 개체를 유지하는 결정을 내리자, 환경단체 '시에라 클럽'이 빠리야와 함께 공동원고로 소송을 제기했다. 1979년 법원은 빠리야의 원고적격을 인정하였다.

인간의 생업에 미치는 영향

새만금 간척 사업과 맨손어업의 몰락

대규모 개발은 농어촌 지역에서 자연이 주는 혜택을 이용하여 생업을 영위해 왔던 주민들의 삶의 모습을 크게 바꾸어 놓기도 한다. 새만금 간척 사업이 대표적인 예이다. 새만금 간척 사업이란 전라북도 부안에서 군산을 연결하는 33.9km의 방조제를 축조하여 간척 토지와 호소를 조성하는 국책 사업이다. 1991년 시작된 이 사업은 현재도 진행 중이며 2020년 완공 예정이다. 이 사업은 생태환경을 변화시켰을 뿐만 아니라 원주민들의 생활도 크게 바꾸어 놓았다. 국내 환경단체 활동가 모임인 '새만금 시민생태조사단'은 지난 10년간 새만금 생태환경을 모니터링한 결과 갯벌은 사라지고 육지화된 초지대가 형성돼 다양한 변화가 감지되었다고 보고했다. 특히 조사단은

갯벌을 걷는 맨손어업 종사자

그림 2.13 새만금 간척 사업이 진행되면서 생태 환경이 크게 변화되어 맨손어업 종사자들은 생업에 큰 피해를 입게 되었다. (출처 : shutterstock)

원주민들의 삶이 크게 피폐해지고 있다고 밝혔다. 조사단 관계자는 새만금 방조제 끝막이 공사 이후 맨손어업은 몰락했고(그림 2.13), 어선어업은 위기에 직면했다고 설명하며, 맨손어업층은 임시직 노동자로, 어선어업층은 영세 자영업자 등으로 전환되고 있다고 분석했다(박용근, 2013).

지역사회와 커뮤니티의 해체

도쿄도 후타코타마가와의 재개발 반대 운동과 주민 커뮤니티 해체

대규모 개발은 지역의 건축물, 도로 등의 하드웨어를 변화시킬 뿐만 아니라 눈에 보이지 않는 인간관계나 주민들의 삶 자체를 변화시키기도 한다. 도쿄도 세타가야구 후타코타마가와 지역의 사례를 살펴보자. 후타코타마가와는 하천이나 낮은 산과 조화를 이루며 개발되어 온 지역으로, 도쿄 도심과 가까우면서도 비교적 풍부한 자연환경이 남아 있다는 점에서 주거지로서 인기가 높았다. 하지만 2000년대 들어 이 지역의 11.2ha에 이르는 토지에 대기업의 주도로 초고층 맨션 3동을 포함하는 대규모 재개발 사업이 진행되었다. 마을의 모습을 크게 바꾸어 놓는 대규모 개발이었다.

주변 지역주민들은 고층 건물에 의한 경관 파괴, 교통 체증의 증가, 홍수 피해의

재개발 반대 운동이 벌어진 일본 후타코타마가와의 주택가

ⓒ임수정

그림 2.14 주민들이 마을 곳곳에 재개발 반대 깃발을 세워두었다.

위험성 증가 등을 이유로 재개발 반대 운동을 벌였다(그림 2.14). 주민 가운데 한 사람은 재개발로 인해 이주하게 된 이들과 재개발지 주변 지역의 주민인 자신들과의 '인연이 끊어지는 것, 오랜 시간에 걸쳐 어렵게 만들어진 커뮤니티가 해체되는 것'이 재개발에 의한 피해라고 설명하였다. 재판에 의해 인정받을 수 있는 피해는 주로 객관적 · 가시적 · 정량적인 것이 많아 커뮤니티의 해체와 같은 주민 감각의 피해는 사법부나 행정기관에 호소하여 구제받기가 쉽지 않다(任修廷, 2014). 우리는 개발 문제를 바라보는 관점을 넓혀서 대규모 개발이 인간의 삶에 어떠한 영향을 미칠 수 있는지 복합적으로 이해하고 해석할 필요가 있다. 지속가능한 발전을 위해서는 지역사회와 거주자들의 삶을 배려하는 개발 행위가 이루어져야 하는 것이다.

문제 해결

일본에는 건축 · 개발을 둘러싼 토지소유자와의 갈등을 미연에 방지하고, 문제가 발생했을 경우에 이를 원만하게 해결하기 위해 노력하는 주민 활동의 사례가 있다. 이들은 구체적인 건축 계획이 확정되기 전에 토지소유자와의 협의를 꾀한다.

해결 1 건축 · 개발을 둘러싼 사전 협의

일본의 수도 도쿄에서 30km가량 떨어져 있는 마치다시에 위치한 타마가와학원 지역에서는 A대학이 기숙사를 건설하면서, 건물의 용도가 기숙사라는 것이 정해지기도 전부터 토지이용과 관련해 지역주민들과 협의해 온 사례가 있다. 기본적으로 법률 위반 사항이 없다면 토지소유자가 자유롭게 토지를 이용하여 건물을 지을 수 있는 것은 일본도 우리나라와 마찬가지이다. 따라서 건축물을 둘러싼 토지소유자와 지역주민 간의 사전협의는 일본 내에서도 매우 드문 일이다. 왜 A대학은 지역주민들과 협의를 통해 기숙사를 지은 것일까?

타마가와학원 지역은 산을 깎아 마을을 만들었기 때문에 주택 대부분이 구릉지의 경사면에 건설되어 있으며, 단독 주택과 중저층의 맨션이 많은 편이다. 또 광활한 자연공원, 작은 숲, 소규모 농지가 지역 곳곳에 점재하고 있어 풍부한 자연환경이 남아 있는 조용한 교외 주택지로 알려져 있다. 이 지역에는 2000년대 초반부터 마을의 경관과 자연환경을 지키기 위해 마을 만들기 활동을 벌여 온 '타마가와학원 지역의 경관을 지키는 모임'이라는 단체가 존재하였다. 이 단체의 주민들은 A대학이 토지를 계약하자마자 교섭을 시작하여 A대학이 계약한 토지에 존재하였던 연구소 건물의 높이와 규모를 넘지 않을 것, 천연기념물인 참매가 서식하는 현재의 자연환경을 가능한 한 남기는 것을 전제로 계획할 것 등을 A대학에 요청하였다. A대학은 오랫동안 지역 경관을 가꾸어 온 주민들을 존중하여 협의 요청을 흔쾌히 받아들였다. 양자 간의 협의는 지역 조례에 의한 설명회보다 빠른 단계에서 이루어진 자율적인 행위로 건축 · 개발의 현장에서는 매우 드문 일이었다. 수차례의 협의 끝에 2014년 3월 기숙사의 준공을 맞이하였고 건물의 규모는 원래 있었던 건물보다 5~7m 낮아진 지상 3

타마가와학원 지역에 위치한 A대학 기숙사

그림 2.15 주민과 토지소유자 간의 수차례에 걸친 협의 끝에 2014년 3월 지역 환경을 배려한 형태의 기숙사가 완공되었다.

층이 되었다. 또 야생 조류의 충돌을 피하기 위해 창문에 구조물을 설치하였고 기존의 수목은 가능한 한 남겨두어 지역 환경과 조화로운 건축물이 완공되었다(그림 2.15).

이러한 결과는 A대학과 지역주민이 사전 협의라는 공동 행위를 통하여 사실상 토지를 공동으로 이용한 것을 의미한다. 그 배경에는 지역의 아름다운 숲과 환경을 지키기 위해 끊임없이 노력해 온 주민 조직의 열성적인 활동과 지역사회의 규범을 이해하여 환경이라는 가치를 자신들에게도 이익으로 받아들인 사려 깊은 토지소유자의 배려가 존재한다. 이를 통해 지역의 양호한 환경이라는, 양자가 함께 누릴 수 있는 공동 이익이 만들어졌다. 그리고 우리는 여러 주체 간의 사회적인 실천을 통해 만들어진 지역의 토지를 현대적인 의미의 공동자원으로 이해할 수 있다(임수정, 2016).

우리나라에도 이해 당사자 간의 협의를 통해 개발을 둘러싼 갈등의 해결책을 찾은 사례가 존재한다. 2003년 충북 청주시 서원구 원흥이방죽의 두꺼비 산란지가 택지개발로 사라질 위기에 놓이자 시민환경단체들은 원흥이생명평화회의를 구성하고 보존운동에 나섰다. 개발을 둘러싸고 토지공사와 시민단체가 대립하였으나 2004년 11월, 토지공사가 생태공원 조성 안에 합의하면서 택지개발 이익금 중 일부를 두꺼비 생태공원 공사비로 책정하였다. 2006년 12월 두꺼비 생태공원이 완공되었고, 현재는 학생들의 생태교육에 활용되고 있다. 개발과 보존의 논란 속에서 상생의 타협점을 찾게 된 사례라고 할 수 있다.

해결 2 공동자원으로서의 도시

생물학자 개럿 하딘(Garrett Hardin)이 1968년 사이언스지에 발표한 "공유지의 비극"을 통해 공유지(commons)의 존재가 널리 알려졌다. 하딘은 목초지를 이용하는 구성원이 개인의 이익만 극대화할 경우, 공동체가 파괴되고 공유지가 유지되지 못할 것이라고 주장하였다(Hardin, 1968). 하딘의 연구를 계기로 1970년대 말부터 공유지에 대한 관심이 커졌고, 공유지가 어떠한 원리로 만들어지고, 유지되며, 사라지는지를 분석하는 연구가 활발히 이루어졌다.

특히 2009년 노벨 경제학상을 수상하기도 한 엘리노어 오스트롬(Elinor Ostrom)은 "공유의 비극을 넘어"라는 실증연구를 총괄한 저작을 통해 공동자원이 파괴되지 않고 유지되는 세계의 여러 사례들을 조사하여 그 조건을 분석하였다(그림 2.16). 오스트롬이 발견한 성공 사례들의 공통된 원칙은 우선 자원을 공유할 수 있는 이들이 분명하게 정해져야 하고 자원 풀의 경계 또한 명확해야 한다는 점이다. 또 자원의 사용 규칙과 제공 규칙이 현지 상황을 잘 반영해야 한다. 뿐만 아니라 자원 사용 규칙의 영향을 받는 이들이 의사결정에 참여하는 것이 중요하며, 자원 사용의 규칙을 위반하는 이들이 나타날 수 있으므로 감시활동과 위반에 대한 제재가 필요하다. 이 제재에도 단계를 매겨서 처음에는 작은 벌칙이 부과되지만 위반이 반복되면 큰 벌칙이 부과된다. 마지막으로 사용자와 관리자들을 위한 분쟁해소 장치가 마련되어야 하며, 공동자원 관리는 외부 당국에 의해서도 승인받아야 한다(Ostrom, 1990). 엘리노어 오스트롬의 연구는 공동자원에 대한 정부나 시장 이분법적 접근에 대해 새로운 시각을 제시하였다고 평가받는다. 견고한 자치 공동체가 자원을 효율적이고 지속가능하게 관리할 수 있음을 사례연구를 통해 보여 준 것이다. 오스트롬의 공동자원 연구는 자연자원의 관리뿐만 아니라, 공동체에 의한 현대 도시의 지역 관리에도 큰 시사를 던져준다(그림 2.17).

엘리노어 오스트롬

그림 2.16 정치경제학자 엘리노어 오스트롬은 견고한 자치 공동체가 자원을 지속가능하게 관리할 수 있음을 사례연구를 통해 주장하였다. (출처 : http://www.nobelprize.org)

스페인 북부 바스크 지방의 목초지

그림 2.17 수세기 전부터 공동체가 지속 가능하게 공동자원을 관리해 온 사례들이 세계 곳곳에 존재한다. (출처 : shutterstock)

[생각해보기]

내가 사는 지역에 오래전부터 지역 구성원들이 함께 이용해 온 공동자원에는 무엇이 있을까?

현장 적용

적용 1 지역사회를 변화시키는 활동들

우리 지역의 자연환경과 지역사회에 존재하는 커뮤니티를 알아가며, 공동체의 문제를 해결하거나, 더 나은 방향으로 바꾸어 갈 수 있는 활동을 진행하는 이들이 있다. 다음의 현장 적용 사례들을 살펴보고, 우리가 사는 도시를 더 살기 좋은 곳으로 만들기 위해 우리가 할 수 있는 활동을 생각해 보자.

서울시 마포구 소금꽃마을의 커뮤니티 매핑

공정여행 생산자와 소비자가 대등한 관계를 맺는 공정무역(fair trade)에서 따온 개념으로, 착한여행, 책임여행이라고도 한다. 여행으로 인한 환경오염, 문명 파괴, 낭비 등을 반성하고 어려운 나라의 주민들에게 조금이라도 도움을 주자는 취지에서 탄생하였다.

소금꽃마을이란 마포구 염리동 일대를 이르는 별칭으로, 조선시대에 이 지역에서 소금장이 열리고 소금상인이 모여 살던 데에서 유래하였다. 밀집주택의 재개발이 진행되고 있는 이 마을에서는 지역 내에 위치한 숭문중학교 학생들이 주축이 되어 마을 지도를 제작하였다. 소금꽃마을 커뮤니티 지도는 **공정여행**(fair travel)의 정신을 담아 마을 내에 위치한 다양한 커뮤니티(마을기업, 생협, 도서관, 주민 동아리의 거점 등)들을 소개하는 지도이다(그림 2.18). 이 활동을 통해 학생들은 마을에 어떠한 자원이 있고, 자랑거리가 있는지를 확인할 수 있고, 마을의 주인이 마을에서 살고 있는 자신들이라는 것도 느낄 수 있다. 또 마을에 존재하는 많은 커뮤니티들이 함께 손잡고 살기 좋은 마을을 만들기 위해 노력하고 있다는 것도 알 수 있다. 이렇게 만들어진 지도는 마을 방문객들에게는 마을을 안내하는 길잡이가 되고, 숭문중학교의 신입생들에게는 학교 주변의 다양한 시설을 확인할 수 있는 안내서가 되고 있다.

소금꽃마을 커뮤니티 지도

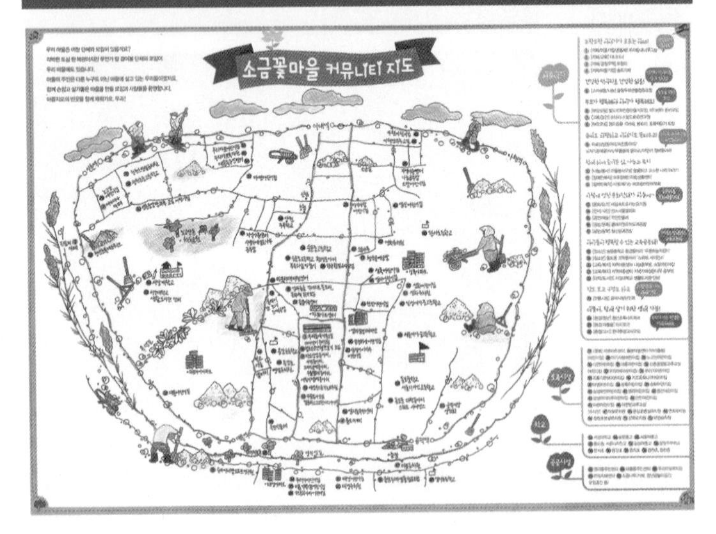

그림 2.18 숭문중학교 학생들은 소금꽃마을의 커뮤니티 지도를 제작했다.

서울시 동작구 상도동 청년들이 만든 마을 잡지

동작구 상도동은 가파른 언덕길이 많고, 주택이 빼곡하게 늘어선 지역이다. 이 상도동에 살고 있는 청년 9명이 자신들의 이야기를 담은 상도동 마을 잡지 1호 〈상도동 그 청년〉을 발간했다. 사진을 찍고 글을 써서 잡지로 만드는 데 석 달이 걸렸고, 디자인부터 편집 교열, 출판까지 모든 과정을 청년들이 스스로 진행했다(그림 2.19). 마을잡지 2호는 〈상도동 그 가게〉라는 제목으로 간행되었는데, 상도동에 있는 가게들을 하나씩 골라 주인과 인터뷰를 해서 만들었다(그림 2.19). 이들은 정겨운 동네에서 평생 살고 싶은 마음을 담아 자신들이 느끼는 상도동의 매력을 글과 사진으로 소개하고 있다.

지역문제 탐구를 위한 '한산도 공동우물을 찾아서' 프로젝트

경남 통영시 한산면에 위치한 한산중학교는 전교생 20명의 작은 학교이다. 이 학교의 동아리 '한비야'는 한산도 마을에서 '역사적 가치가 있음에도 방치된 공동우물들은 유지될 수 있을 것인가? 대안은 없는가?'라는 질문을 바탕으로 프로젝트를 진행하였다. 학생들은 지역주민들과의 면담을 통해 한산도에 어떠한 문제가 있는지를 조

회의 중인 상도동 청년들

〈상도동 그 가게〉 표지

그림 2.19 상도동 청년들은 지역사회와 주민들을 직접 취재해서 마을 잡지를 발간했다.

'한비야' 학생들이 제작한 한산도 우물지도

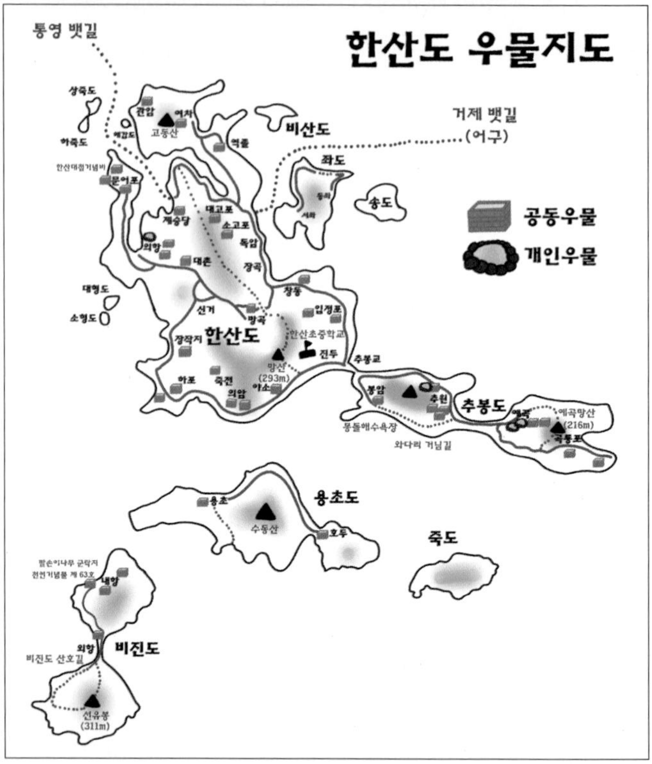

그림 2.20 학생들은 프로젝트를 통해 섬 지역에서 물을 절약해야 하는 이유를 체득하게 되었고, 자신들이 사는 지역의 쟁점을 탐구할 수 있었다. (출처 : 2013년 전국환경탐구대회 '한비야' 결과 보고서(사단법인 환경교육센터 · 삼성엔지니어링 꿈나무 푸른교실 제공))

사하여 '우물 탐사 활동을 통한 지역사회 및 환경문제 해결'을 꾀하였다. 그리고 한산도의 쟁점을 발굴, 선택하는 과정에서 우물지도와 광역상수도 지도를 제작하였다(그림 2.20). 이 프로젝트를 통해 '한비야'의 학생들은 섬 지역에서 물을 절약해야 하는 이유를 체득하게 되었고, 자기 지역을 이해하는 프로젝트 과정을 통해 전통생태지식의 소중함과 한산도에 대해 자부심을 느낄 수 있게 되었다. 학생들이 스스로 자기 지역의 쟁점을 발굴, 선택하고, 조사, 면담, 탐구, 토론 등을 통해 대안까지 제시해 낸 쟁점조사학습의 사례인 동시에 자기 지역을 더 살기 좋은 곳으로 만들기 위한 시민 실천 활동의 좋은 사례라고 할 수 있다.

실습 과제

과제 1 우리 마을 공정여행 프로그램 만들기

지역기반 공정여행(Community Based Tourism, CBT)의 의미를 참고하여 주민들의 삶을 배려하면서도 친환경적인 여행이 가능할 수 있도록 마을의 관광 자원을 찾아보자.

지역기반 공정여행
공정여행에서 한 발 더 나아가, 지역주민들이 여행지의 선정과 기획부터 여행 기획자와 함께하는 여행을 말한다. 여행 중에는 해당 지역의 시설과 서비스를 이용하므로 방문자들의 소비 활동은 지역 경제의 바탕이 된다. 지나치게 소비적이고 획일적인 기존의 여행 형태와 차별화된 여행으로 환경적 · 사회적으로 지속가능한 발전이 가능하다.

우리 마을의 관광 자원(예시)

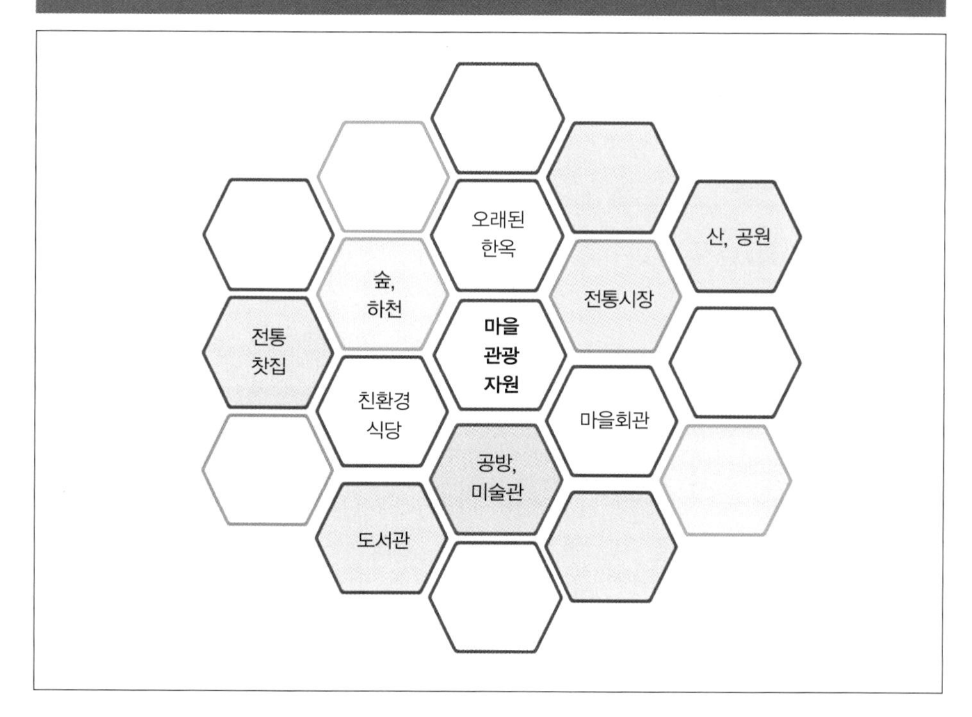

각자가 생각한 관광 자원을 발표해 보고, 모둠별로 다음과 같은 공정여행 프로그램표를 만들어 보자.

우리 마을 공정여행 프로그램(예시)

시간	프로그램	내용
10:30~11:00	도착 및 집결, 환영인사	마을의 상징이 되는 나무 앞에 모여 인사를 나누고, 마을 이름의 유래와 역사에 대해 소개
11:00~12:00	마을 숲, 하천 산책	마을 숲과 하천을 안내하고 고유의 생물종을 소개
12:00~13:00	친환경 식당에서 점심 식사	마을 주민들이 운영하는 식당에서 친환경 유기농 음식을 대접
13:00~14:00	마을 공방 방문	주민이 운영하는 공방에서 체험 프로그램 진행
14:00~15:00	전통시장 방문	우리 마을 어르신들이 수확한 농산물을 판매하는 전통시장 안내
15:00~14:30	인사와 일정 종료	마을 공정여행을 마치며 어떤 점이 좋았는지, 혹은 아쉬웠는지 이야기 나누기

과제 2 모의 토론

최근 학교와 지역사회에서 벌어진 다양한 환경갈등의 사례를 이야기해 보고, 토론의 논제를 정해 보자.

토론 논제(예시)

학교 앞 차도를 확장해야 한다.

현재 학교 정문 앞의 도로는 왕복 2차선인데 교직원과 학생들의 차량과 학교 주변 상점 이용 차량이 뒤엉켜 혼잡스러운 경우가 많다. 따라서 차량 이용자들 사이에서 학교 정문 앞 차도의 확장을 요구하는 목소리가 생겨나고 있다. 그러나 차도를 넓히기 위해서는 인도의 폭을 줄일 수밖에 없는 상황이라 도로 확장을 반대하는 학생들도 존재한다.

지역 균형 발전을 위해 ㅇㅇ마을 개발이 우선되어야 한다.

ㅇㅇ마을은 그동안 개발에서 소외되어 지역주민들로부터 상업 시설, 문화 체육 시설 등이 부족하다는 문제점이 제기되어 왔다. 따라서 지역 균형 발전을 위해서는 ㅇㅇ마을 개발이 최우선 과제라는 주장이 힘을 얻고 있으나, 일부 주민들은 효율적인 도시 개발을 위해서는 이전부터 개발이 진행 중인 ㅁㅁ지역 중심으로 계속해서 개발이 진행되어야 한다는 입장을 펼치고 있다.

교통 혼잡을 줄이기 위하여 △△산에 터널을 설치해야 한다.

△△산 인근에 아파트 단지가 새로 생기며 도심으로 향하는 차량의 통행량이 많아졌다. 도심으로 가는 길목에는 △△산이 위치하고 있는데, 여기에 터널을 설치해서 증가하는 교통수요를 해결해야 한다는 주장이 제기되고 있다. 이러한 주장에 지역주민들과 환경단체는 주거환경과 자연환경의 악화를 걱정하며 터널 건설 반대 운동을 펼치고 있다.

다음의 토론 개요서를 활용하여 찬성과 반대로 입장을 나눈 후, 모둠별로 토론해 보자.

모둠 토론 개요서 양식

논제		
우리측 입장(찬반)		
입론	우리측 입론	
	상대측 입론	
반론	우리측 반론	
	상대측 반론	
재반론	우리측 재반론	
	상대측 재반론	

기후변화로 위기에 처한 북극곰 북극의 기후온난화는 세계 평균보다 2배 빠르게 진행되어 해빙이 녹으면서 북극곰의 서식지가 부족하고 사냥할 수 있는 기간이 줄어들고 있다. 2050년경에는 서식지의 42%가 감소하고 북극곰의 개체 수는 3분의 2가 사라질 것으로 예측된다. (출처 : shutterstock)

제3장

기후변화와 대응

대표 사례

Earth Hour : 지구촌 전등 끄기 캠페인

Earth Hour는 민간자연보호단체인 세계자연기금(World Wide Fund for nature, WWF)에서 기후변화의 위험성을 인식하고 탄소 배출량을 감소시키기 위한 목적으로 시작한 환경운동 캠페인으로 전 지구적으로 매년 3월 마지막 주 토요일에 1시간 동안 전등을 끄는 행사를 벌인다(그림 3.1). 호주 시드니에서 2007년 3월 31일 오후 8시 30분부터 한 시간가량 각 가정과 기업이 소등하여 기후에 어떠한 변화로 나타나는지 보여주기 위해 시작된 이후 전 세계적으로 실시하고 있다. 우리나라는 2012년 3월 31일 '60분간 불을 끄고 지구를 쉬게 하자'는 주제로 캠페인에 참여하여 서울에서 공공기관, 남산타워, 63빌딩, 국회, 백화점, 호텔, 일반 가정 등 총 63만여 개의 불을 소등해 23억

Earth Hour 캠페인에서 촛불을 나누는 모습

그림 3.1 1시간 동안 전등을 끄고 가족과 친구, 지인들에게 Earth Hour를 알려 그 시간을 함께 보내거나 온라인을 통해 전 세계 사람들과 더불어 캠페인에 참여하며 우리가 한 시간을 어떻게 보내는가에 따라 지구에서 일어나는 작은 기적을 이야기한다. (출처 : shutterstock)

원의 에너지를 절약하였다. 전등을 끄고 생각을 켜는 한 시간은 우리가 에너지를 어떻게 그리고 얼마나 쓰고 있는지 평소의 생활 습관을 되돌아보는 순간이고 지구와 인류의 조화로운 공존을 생각해 보는 지구를 위한 시간이며 기후변화에 대응하여 실천을 시작하는 한 시간이다. 캠페인의 목표는 1시간을 넘어서 1년 365일 매일매일 Earth Hour를 실천하는 것이다. 정부, 기업, 시민 등 사회 구성원 모두가 지속가능한 저탄소 경제와 저탄소 사회를 실현하기 위해 매일 매시간을 Earth Hour로 생각하며 기후변화에 경각심을 갖고 적극적으로 대응하여 행동으로 옮겨야 하는 그때가 바로 지금이다.

전등을 끄고 한 시간 동안 할 수 있는 일, 10가지

1. 촛불 만찬에 친구를 초대하세요.
2. 어둠 속에서도 보드게임을 얼마나 잘하는지 확인해 보세요.
3. 캠핑 장비를 꺼내세요. 텐트를 치고 전등이 없었던 옛날이야기를 나눠 보세요.
4. 숨바꼭질을 해 보세요. 깜깜한 곳에서 하면 조금 힘들 거예요.
5. 촛불을 켜고 페인트칠과 뜨개질 등 손재주를 발휘하는 공예에 도전해 보세요.
6. 산책을 하세요. 우리가 살고 있는 지구의 하늘을 바라보세요.
7. 누워서 휴식을 취하세요. 한숨 주무세요.
8. 기존 전구를 환경 친화적인 에너지 절약 전구로 바꿀 수 있는 좋은 기회네요.
9. 가전제품의 전원까지 모두 껐다면 냉동실에 있는 아이스크림을 먹어 치우세요.
10. 지구촌 한 시간 전등 끄기 웹사이트를 방문해 보세요.

핵심 질문

1. 기후변화로 인해 지구에 나타나는 현상들은 무엇인가?
2. 기후변화에 대응하고 적응하기 위해서 우리는 무엇을 해야 할까?

원리 탐구

원리 1 기후 소양

과학 소양, 환경 소양, 기후 소양

과학 소양 과학적 개념과 과정에 대한 지식과 이해 및 사고방식

환경 소양 환경 시스템을 이해하고 유지 · 회복 · 향상시키는 행동 능력

기후 소양 기후변화의 원인과 결과에 대한 과학적 · 공익적 이해 능력

과학 소양(Science Literacy)은 개인의 의사결정과 사회 문화적 활동 그리고 경제적 생산 등에 필요한 과학적 개념과 과정에 대한 지식 및 이해로 정의되고 과학 · 기술 · 사회를 살아가는 모든 구성원들에게 필수적으로 필요한 이해와 사고의 방식으로 설명된다. **환경 소양**(Environmental Literacy)은 환경에 대한 공감적 시각, 책임 있는 환경 행동, 환경 시스템의 건강성을 이해하고 유지 · 회복 · 향상시키기 위한 행동을 적절하게 취하는 능력 등으로 정의된다. 또한 모든 사람을 위한 교육의 한 측면으로 개인이 사회의 구성원으로서 기여하는 데 필수적인 요소로 작용하며 책임 있는 시민으로서 살아가는 데 필요한 능력을 강화시켜 주는 역할을 한다.

기후 소양(Climate Literacy)은 기후과학 소양(Climate Science Literacy)이나 기후변화 소양(Climate Change Literacy)과 같은 의미로 통용된다. 환경 소양의 좁은 의미로 이해될 수도 있으나 기후변화로 인해 발생하는 다양한 현상들을 과학적 개념으로 인식하고 과학적으로 이해할 수 있는 능력을 말하며, 기후변화의 원인과 결과에 대한 과학적 이해와 더불어 다음 세대에 대한 공익적 이해를 모두 포함하는 능력을 의미한다.

기후 소양의 내용과 원리

미국과학진흥협회(AAAS)의 과학기술문화 사업으로 진행되고 있는 '프로젝트 2061'은 미국 국민 전체의 과학 소양을 향상시키기 위한 목적으로 유치원에서 고등학교까지 K-12 교육 공동체를 위한 글로벌 연구 프로그램이다. 기후 소양을 과학의 명제적 지식을 포함하여 인간과 기후 시스템의 관계에 대해 구체적으로 알고 있으며 에너지의 적절한 이용 방법을 알고 활용하는 것으로 설명한다. 기후 소양을 교육하기 위한 내용은 다음과 같다.

- 지구의 생명체는 기후에 의해 형성되고 기후에 의존하는 동시에 기후에 영향을

미친다.

- 인간은 관찰과 모델링을 통해 기후 시스템을 이해할 수 있다.
- 태양은 지구 에너지의 근원이다.
- 지구의 기상과 기후 시스템은 지권, 수권, 빙권, 그리고 대기권 사이의 복잡한 상호작용의 결과로 결정된다.
- 지구의 기상과 기후는 시간이나 공간에 따라 다르다.
- 최근에 나타나는 기후변화는 인간의 활동에 의한 경우가 많다.
- 지구의 기후 시스템은 인간의 결정에 의해 영향을 받는데, 인간의 결정에는 사회적 · 경제적 가치가 모두 포함되며 복잡하다.

기후 소양이 있는 사람은 지구 기후 시스템의 필수 원리를 이해하고 기후와 기후변화에 관한 의사소통이 가능하고 기후에 대하여 과학적으로 신뢰할 만한 정보인지 여부를 평가할 수 있는 능력을 갖고 있으며 기후에 영향을 미치는 행동을 고려하여 책임 있는 의사결정을 내리는 사람이다. 기후 소양을 갖춘 시민의 속성은 다음과 같다.

- 기후변화의 개념, 사실, 이론적 원리에 대한 지식을 갖고 있으며 이러한 지식을 활용할 수 있는 능력
- 기후변화에 대처하고 적응하기 위한 노력
- 기후변화에 취약한 집단을 배려하고 미래 세대에 대한 책임을 인정하는 책임감
- 기후변화 문제에 대한 해결 능력과 의사결정을 할 수 있는 능력
- 기후와 기후변화로 야기된 사회 문제에 대해서 올바른 가치관을 갖고 합리적 의사결정을 내릴 수 있는 능력

원리 2 기후 개념

기후 시스템

기상(weather)은 수 시간에서 수일에 걸쳐 임의의 시간과 장소에서 나타나는 대기의 상태를 말하며 날씨나 일기라는 용어와 동일한 의미로 사용된다. **기후**(climate)는 수년

기상 수 시간에서 수일에 걸쳐 나타나는 대기의 상태

기후 수년 이상(30년 정도)의 장기간에 걸쳐 나타나는 일기에 대한 통계

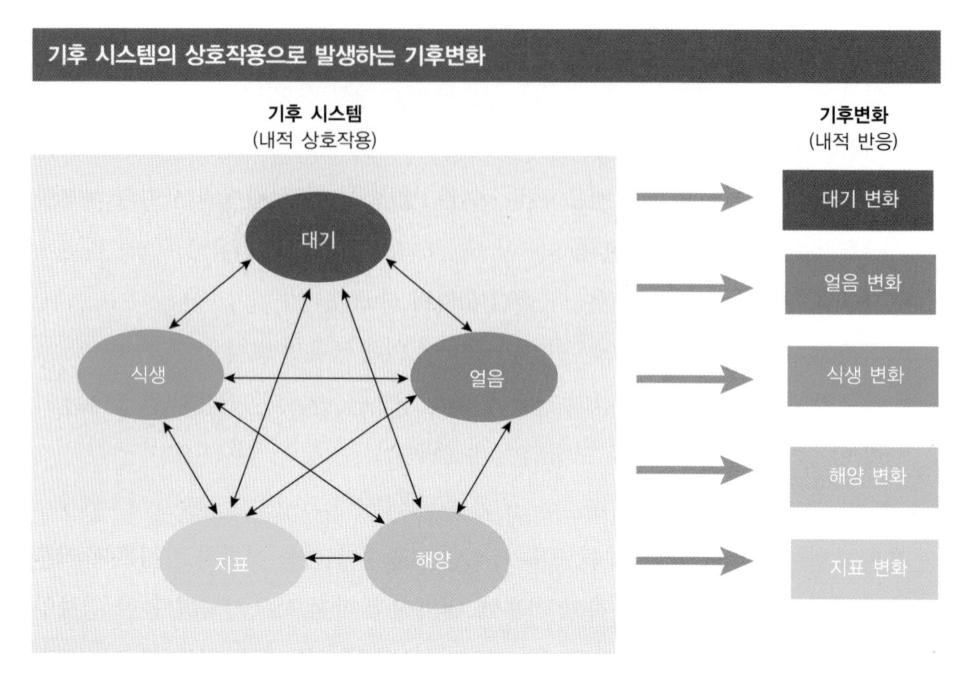

그림 3.2 지구 기후 시스템의 복잡성을 단순화하면 기후변화를 일으키는 소수의 인자가 기후 시스템의 내적 구성요소(공기, 물, 얼음, 지표, 식생) 사이에서 상호작용을 하고 그 결과가 측정가능한 기후 반응으로 나타난다.
(출처 : 지구의 기후변화, 2015)

이상(보통 30년 정도)의 장기간에 걸쳐 임의 장소에서 나타나는 일기에 대한 통계로 단순한 평균값이 아니라 극한값의 발생을 포함하여 대기 상태의 변동과 같은 정보를 포괄적으로 의미한다. 따라서 기후는 온도, 강우량 또는 강설량, 적설과 얼음, 풍향과 풍속을 비롯한 여러 기후 요소들로 측정되는 특정 지역 평균 조건의 광범위한 합성물로 볼 수 있다. **기후 시스템**(climate system)은 대기권, 수권, 빙권, 암석권, 생물권의 5개 영역으로 구성되고, 이들 사이에서 일어나는 에너지와 수증기 등 물질의 상호교환 작용을 통해 연결되어 있어 최종적으로 기후를 결정하는 열역학적 시스템을 의미한다(그림 3.2).

기후 시스템 대기권, 수권, 빙권, 암석권, 생물권 사이에서 일어나는 에너지와 물질의 상호 교환 작용을 통해 기후를 결정하는 열역학적 시스템

자연적 · 인위적 기후 인자

피드백(feedback) 이론은 대기는 태양복사와 지구복사 사이의 에너지 균형에 의해 유지되고 있으며, 어떤 원인에 의해 그 균형이 깨지면 복잡한 일련의 과정을 거치면서 변화한다는 이론으로 양과 음의 피드백으로 빙하기와 간빙기의 기후를 반복하고 있다. 양(+)의 피드백은 한 가지 사건이 일련의 과정을 거치면서 그 사건을 더욱 증폭시

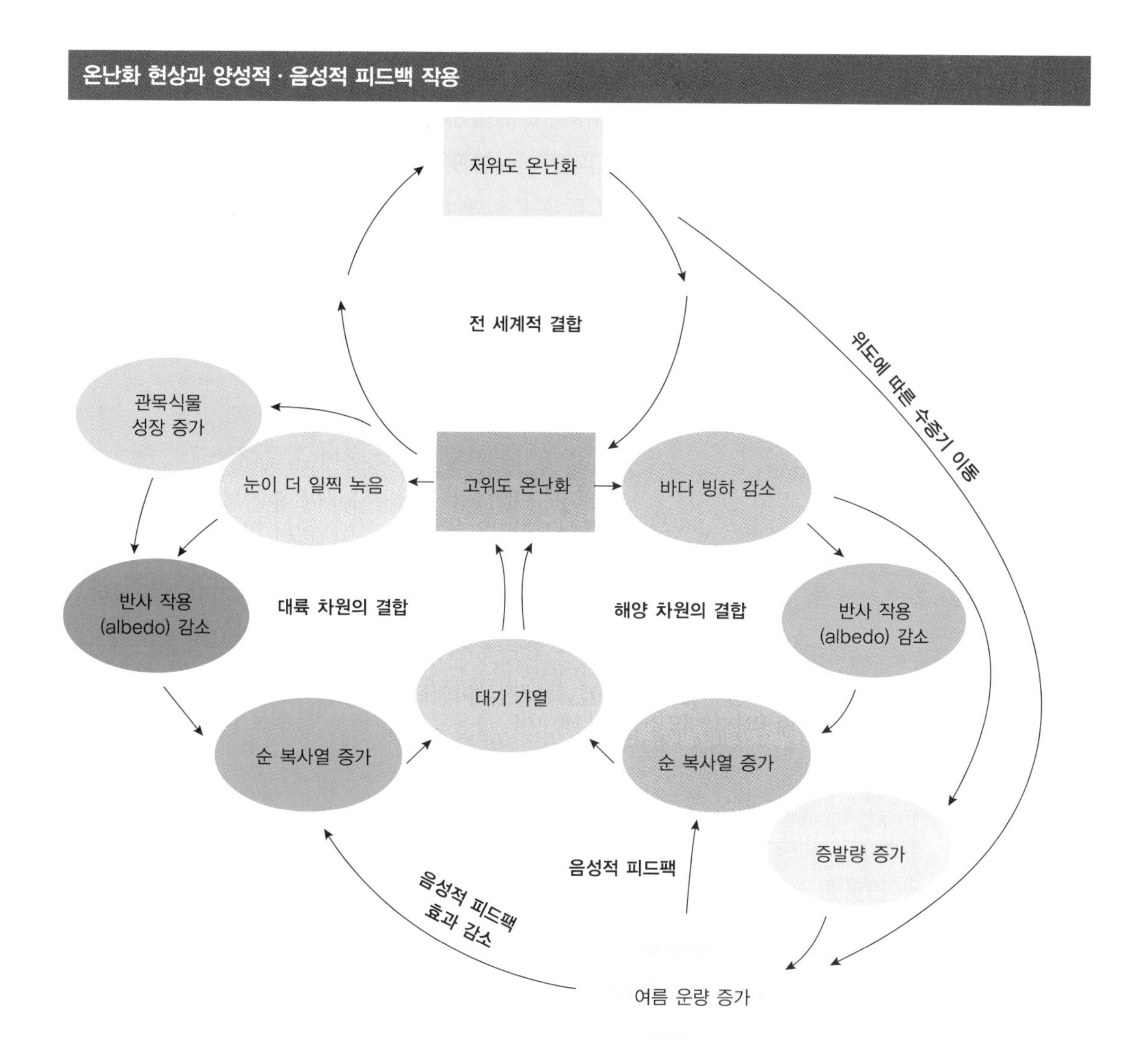

그림 3.3 온난화로 해빙과 적설 면적이 감소하면 눈과 얼음의 반사율이 높기 때문에 태양복사열 흡수가 증가되어 온난화에 기여하므로 양(+)의 피드백이 발생한다. 온난화로 운량이 증가하면 구름의 태양복사열 반사율이 높기 때문에 온난화에 반대 방향으로 음(−)의 피드백이 발생한다. 그러나 구름은 지표로 하강 방사되는 장파장의 지구복사열 또한 증가시키므로 음(−)의 피드백 효과를 감소시키는 측면도 있다. (출처 : 지구환경전망보고서, 2008)

키는 현상이고, 음(−)의 피드백은 그 사건을 억제시키는 현상이다(그림 3.3).

역사시대 이후 화전과 생활을 위한 불의 사용부터 산업혁명 이후 선진국에 의한 화석연료의 무분별한 소모와 최근 개발도상국의 산업화에 따른 다량의 에너지 소모는 지구의 복사 평형을 깨뜨려 기후변화를 야기하였다. 이산화탄소와 메테인 등

이산화탄소와 기온변화의 상관 관계

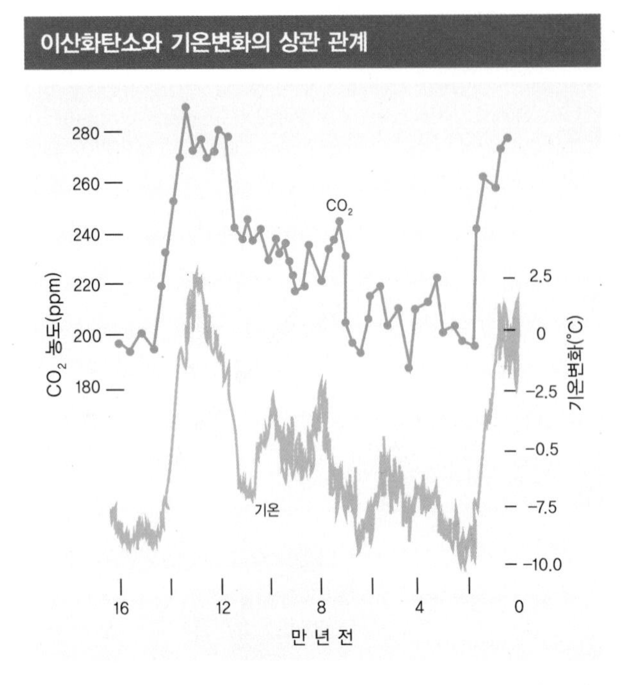

그림 3.4 Vostok 관측소에서 수집한 남극 얼음 벌판 속의 기포를 분석하고 산소 동위원소 분석으로 기온을 산출한 결과, 지난 16만 년에 걸쳐 이산화탄소 수준이 기온변화와 상관관계하에 변화되어 왔음이 밝혀졌다. (출처 : 대기환경과학, 2001)

의 온실기체는 마치 온실의 유리와 같은 역할을 하여 태양으로부터 들어오는 단파 복사는 투과시키면서 지구로부터 방출되는 장파 복사는 선택적으로 투과시키지 않음으로써 지구 복사 에너지를 우주 공간으로 빠져나가지 못하게 막는 보온 작용인 **온실효과**(greenhouse effect)를 일으켜서 기온을 상승시킨다(그림 3.4). 석탄, 석유, 천연가스 등의 화석연료에서 초과 방출되는 이산화탄소의 50~55%가 광합성에 의해 또는 해양으로 흡수되고 나머지는 대기 중에 그대로 남는데, 산업혁명 이후 화석연료에 의한 이산화탄소 증가가 뚜렷하다(그림 3.5).

벌채에 의한 기후변화는 지역적 규모이지만 열대우림 지역의 산림을 파괴하면 산림

온실효과 태양의 단파 복사는 통과시키고 지구의 장파 복사는 방출시키지 않음으로써 지구에 일어나는 보온 작용

인류 활동으로 방출되는 이산화탄소

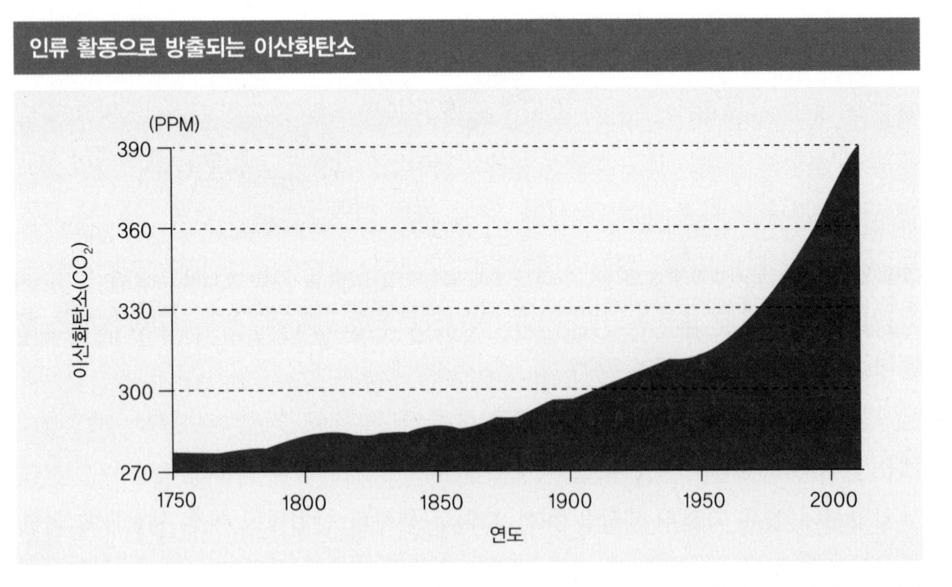

그림 3.5 세계 인구는 지난 1900년 16억 명에서 현재 73억 명으로 크게 증가했고 에너지에 대한 수요는 화석연료 사용으로 충당해 왔으나 이로 인해 대기 중 이산화탄소 농도 증가와 지구 온난화라는 대가를 치르고 있다. (출처 : 세계자연기금, 2016)

벌채로 남겨진 흔적

그림 3.6 인류의 활동과 이에 수반되는 자원의 이용은 20세기 중엽 이후 가파르게 증가했고 열대우림의 손실로 인한 영향이 전 지구적 차원에서 위기로 인식되고 있다. (출처 : shutterstock)

사막화로 변해 가는 땅

그림 3.7 자연이 인류발전의 영향을 처리하는 데는 한계가 있는데 인류가 토지로 이용하기 위해 변형시킨 결과 인류의 발전과 성장을 지탱하는 환경의 상태가 악화되고 있다. (출처 : shutterstock)

을 통해 대기 중의 이산화탄소가 제거되고 산소가 공급되기 때문에 산림의 파괴가 곧 이산화탄소의 증가를 의미하므로 전 지구적 규모로 기후에 영향을 미친다(그림 3.6). 농작물을 경작하기 위해 농지를 확장하거나 가축을 사육하는 인간 활동에 의해 사막 주변 지역이 급격히 황폐화되면서 비 사막이 사막으로 바뀌어 사막 지역이 확장되는 현상을 사막화라고 한다. 방목과 목축, 농사를 위한 지면 상태의 변형은 식생의 분포와 다양성에 영향을 미치고 지면 알베도와 증발률과 바람과 같은 기후 인자에 변화를 일으켰다(그림 3.7).

문제 탐구

탐구 1 기후변화 현상

온도 상승과 생물의 종말

북극의 기후변화는 세계 평균의 약 2배 속도로 온난화가 진행되어 빙하가 녹고 남아 있는 빙하의 두께도 얇아져서 북극곰의 서식지가 줄어들고 있다(그림 3.8). 겨울의 결빙이 늦어지고 봄의 해빙이 일찍 찾아와 얼음이 얼어 있는 기간이 짧아져 얼음 위에서 사냥할 수 있는 기간도 줄어들었다. 식량이 부족해지면서 어른 북극곰의 생명만 위협받는 것이 아니라 어미의 사냥 실력에 의지해서 살아야 하는 어린 곰이 다음 사냥철까지 버티지 못하는 상황이 벌어지고 있다. 빙하가 현재 속도로 계속 감소할 경우에 북극곰의 서식지로 적합한 면적은 21세기 중반까지 42%나 감소할 것으로 보이며 북극곰의 개체 수는 3분의 2가 줄어들 것으로 예측된다.

남극에서 집단으로 서식하는 아델리펭귄은 얼음의 양이 감소하면서 군집의 개체 수가 줄어들거나 일부 군집은 완전히 사라지고 있다(그림 3.9). 얼음 아래와 물의 표면 사이에는 조류가 있고 이 조류를 크릴새우가 먹고 다시 이 크릴새우를 펭귄이 먹는

빙하 용융으로 서식지가 줄어드는 북극곰

그림 3.8 용융되면서 얇아진 빙하가 이동하여 북극곰이 떠내려가거나 익사하는 사례가 늘어나고 얼음굴이 무너져 새끼곰이 악천후와 포식자의 위협에 노출되고 있으며 먹이를 찾기 위해 인간에게 접근하면서 위험이 증가한다. (출처 : shutterstock)

빙하 용융으로 먹이가 줄어드는 아델리펭귄

그림 3.9 기온이 상승하고 대기 중의 수증기량이 증가하여 예전보다 많은 눈이 내려 환경이 변하면서 펭귄의 알이 바다에 빠지고 부화한 새끼들이 익사하며 군집 개체수가 줄어들거나 완전히 사라지고 있다. (출처 : shutterstock)

수온 상승으로 나타난 산호의 백화 현상

그림 3.10 수온 상승으로 스트레스를 받은 산호는 먹이를 공급해 주고 석회질 외골격에 색깔이 나타나게 하는 역할을 하던 황록공생 조류를 밖으로 내보내면서 백화가 발생하고 조류가 다시 세포조직으로 들어가지 못하면 산호는 고사하게 된다. (출처 : shutterstock)

기후변화로 멸종한 황금두꺼비

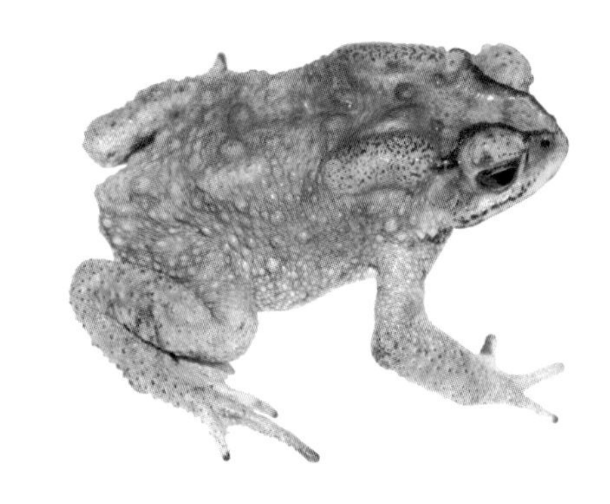

그림 3.11 1970년대 이후로 기온이 급상승하면서 공기가 건조해지고 안개도 흔치 않으며 구름도 훨씬 높은 고도에서 형성되어 습한 운무림의 생태계 조건이 무너졌고 양서류의 피부에 악영향을 미치는 균류 감염 등의 질병을 유발한 것으로 추정된다. (출처 : shutterstock)

먹이사슬이 형성되어 있는데, 기온이 상승하여 얼음이 적어지면서 조류의 양이 줄어들고 연차적으로 크릴새우의 양이 줄어들어 펭귄들도 굶을 수밖에 없게 되었다.

산호는 18~30°C에서만 서식하는 종으로 수온이 1°C만 상승해도 스트레스를 받아 영양물질과 화려한 색깔을 만들어 주는 결합이 무너지면서 공생 조류를 방출하기 시작하고 석회암 골격이 드러나는 백화 현상이 심각해지면 결국 죽게 된다(그림 3.10). 기온이 매우 높았던 1998년에 백화 현상으로 호주, 인도양, 플로리다, 카리브해, 홍해 등지에 산호초 무덤이 생겨났다. 산호초는 이산화탄소를 석회암의 형태로 저장시키는 중요한 역할을 담당하고 있기 때문에 산호초의 규모가 줄어들면 기후변화에 악영향을 미치게 될 것이다.

황금두꺼비는 기후변화로 인해 멸종한 첫 번째 동물종으로 알려졌다(그림 3.11). 두꺼비는 기온 상승과 자외선 노출에 매우 예민하여 서식지가 제한되어 있는데, 기온이 상승하면서 구름은 이전보다 훨씬 높은 고도에서 형성되고 안개의 생성도 쉽지 않아 숲 속의 공기가 건조해지며 습한 생태계 조건이 무너진 것이다. 이러한 환경 변화가 축축한 피부로 호흡하는 황금두꺼비의 피부에 심각한 문제를 일으켰고 곰팡이균의 감염과 같은 질병을 유발하여 50종의 양서류 중에서 20종이 황금두꺼비와 함께 이미 멸종하였다.

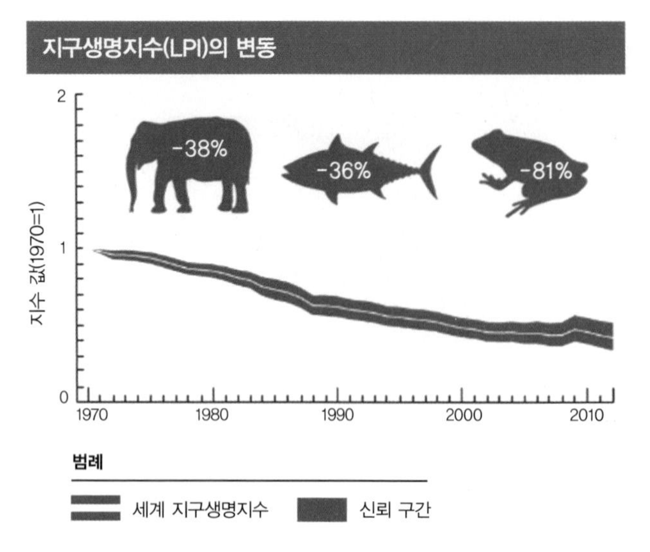

그림 3.12 1970년에서 2012년 사이에 척추동물의 개체군 풍토가 전체적으로 58%(오차범위 48~66%)나 감소하여 불과 40년 만에 척추동물의 개체군 크기들이 절반 이상 줄어들었으며 이는 매년 평균 2%씩 감소하고 있음을 보여 준다. 흰 선은 지수 값을, 주위의 음영 표시는 95% 신뢰 구간을 나타낸다. (출처 : 세계자연기금, 2016)

지구생명지수(Living Planet Index, LPI)는 세계 각지의 척추동물(포유류, 조류, 어류, 양서류, 파충류) 3,706종 14,152개의 개체군 정보를 수집하고 시간에 따른 변화를 계산하여 생물의 다양성 수준을 측정하는 지표로 지구의 생태적 상황을 보여준다(그림 3.12). 1970~2012년 사이에 척추동물이 58%나 감소하여 불과 40년 만에 절반 이상 줄어든 상태다. 육상 생물이 38% 감소하였고 해양 생물이 36% 감소하였으며 담수 생물은 81% 감소한 것으로 나타났는데, 현재 추세가 계속된다면 2020년에 척추동물의 개체 수는 1970년 대비 67%까지 감소할 것으로 예측된다(세계자연기금, 2016).

지구생명지수 다양한 척추동물들의 개체군 정보를 수집하여 시간의 추이에 따라 평균 개체군 풍토의 변화를 계산함으로써 생물다양성 수준을 측정하는 지표

해수면 상승과 군소도서국의 침몰

1901년부터 2010년까지 세계 평균 해수면이 19cm 상승했다. 수온이 높아지면서 열팽창이 발생하고 빙하와 만년설이 녹아 바다로 흘러들어 해수면이 상승하게 되는 것이다. 유엔 기후변화정부간협의체(IPCC) 기후변화 보고서에서 현재와 같은 속도로 온실가스가 증가하면 2100년에는 현재보다 63cm 높아질 것이고 온실가스 억제 정책이 실현되더라도 현재보다 47cm 높아질 것으로 예상하였다. 또한 미국국립과학원은 지구온난화로 인한 해수면 상승 폭이 매년 약 2.74mm에 이르러 기존의 연구 결과보다 상당히 심각하며 해수면 상승 속도가 점점 더 빨라지고 있다고 지적하였다.

2015년 12월 파리에서 열린 제21차 유엔 기후변화협약 당사국 총회에서 몰디브, 투발루, 파푸아 뉴 기니 등 작은 섬나라들로 구성된 군소도서국연합은 해수면 상승으로 수십 년 내에 세계지도에서 사라질 위기라며 절박함을 호소하였다(그림 3.13). 투발루의 전 총리인 콜리아 타라케는 온실가스 배출과 그에 따른 지구온난화 문제를 '죽느냐 사느냐의 문제'라며 목소리를 높였다. 남태평양에 위치한 투발루는 9개의

2014년 '세계 환경의 날' 포스터

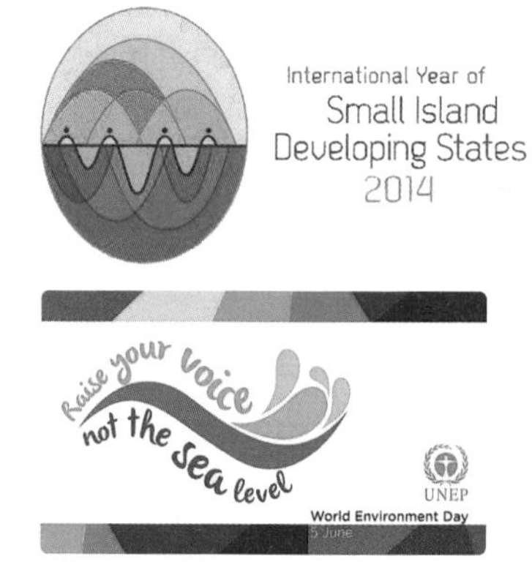

그림 3.13 6월 5일 세계 환경의 날은 환경에 대한 대중 의식과 정치적 참여를 제고하는 유엔의 가장 주요한 매개체가 되었으며 유엔 총회의 결의안에 따라 2014년은 군소도서개도국가의 해로 지정되었고 기후변화에 초점을 맞추었다. (출처 : 유엔환경계획)

해수면 상승으로 침몰하는 투발루

그림 3.14 남태평양 한가운데 위치한 투발루와 같은 군소도서개도국은 기후변화의 최전선에 놓여 홍수 및 폭풍 해일로부터 극심한 고통을 겪고 있으며 바다에 잠겨 가는 고향을 뒤로 하고 주변 국가로의 이민을 추진하고 있다. (출처 : shutterstock)

아름다운 산호섬으로 이루어져 있는데, 이 섬들은 평균 해발 고도가 3m 정도로 낮고 평평한 지형이라 바닷물이 조금만 불어나도 섬이 잠겨버린다(그림 3.14). 해수면이 상승하면서 현재 9개의 섬들 중에서 2개는 이미 바닷속으로 가라앉았고 나머지 섬들도 50년 이내에 모두 바닷속으로 사라질 위험에 처해 있다. 또한 주민들이 마시는 지하수에 바닷물이 섞여 마실 물이 점점 줄어들고 농작물과 코코넛 나무도 소금기 때문에 죽어가고 있다.

탐구 2 한국의 현재와 미래

생태계의 변화

제주도를 대표하는 한라봉은 기온이 상승하면서 북쪽으로 확대되어 현재 전남 보성, 담양, 순천, 나주 등의 남해안에서 재배되고, 감귤은 전남 완도와 여수, 경남 거창 등의 지역에서 생산되고 있다. 제주도에서는 아보카도, 용과, 구아바, 파파야 등의 아열대 과일들을 재배하고 있으며 망고는 서귀포를 중심으로 재배 농가가 늘면서 생산량도 증가하고 있다(그림 3.15). 복숭아는 주산지였던 경북 지역의 재배 면적이 감소하고 강원, 경기, 충북 지역의 재배 면적이 증가하면서 재배지가 북상하고 있다. 사과

제주도에서 떠나는 한라봉과 자리 잡는 망고

그림 3.15 제주도에서만 재배하던 한라봉은 북쪽으로 재배 지역이 이동되면서 더 이상 제주도의 특산물이라 부를 수 없게 되었다. 반면 아열대 지역에서 생산되는 망고와 같은 고급 과일들의 재배 면적이 늘어나면서 제주도에서는 농가의 소득도 높아지고 있다.
(출처 : shutterstock)

는 주로 경상도에서 재배되었으나 강원도와 산간 지역으로 재배지가 변화되면서 전체적인 재배 면적이 절반 정도 감소하였다. 기후변화는 농작물이 재배되는 지역의 환경을 바꾸어 농업에 직접 영향을 줄 뿐만 아니라 병충해 발생에 변화를 일으키고 토양의 비옥도를 다르게 하면서 농업에 간접적인 영향을 미치고 있다.

영화 〈죠스〉의 주인공 백상아리가 백령도 앞바다에 등장하여 점박이물범(천연기념물 331호, 환경부 멸종위기 2급)의 생존을 위협하고 있다(그림 3.16). 아열대 지역에 서식하는 백상아리는 서해안의 여름철 수온이 20°C를 넘어섰기 때문에 백령도에 나타난 것으로 알려졌다. 점박이물범은 3월 말~11월 말까지 백령도에서 지내다가 겨울이 되면 중국의 얼음바다로 이동하여 번식하는데, 수온이 상승하면서 여름에는 백상아리가 천적으로 등장하였고 겨울에는 바다가 얼지 않아서 새끼를 낳아 기르기 어려워졌다.

국립수산과학원에 따르면 우리나라 근해에서 가장 많이 잡힌 물고기는 1920년대 참조기, 명태, 고등어, 정어리, 멸치 순이었으나 2000년대에는 민어, 강달이, 오징어, 갈치, 고등어 순으로 변화하였다. 동해에서는 과거에 한류성 어류인 명태가 가장 많이 잡혔지만 수온이 상승하면서 난류성 오징어가 대표적 어종이 되었다. 제주도 남쪽 바다에는 아열대 지역에 서식하는 대형 문어와 대형 가오리가 출현하고 있으며, 부산 다대포항 인근의 남형제섬에는 아열대성 산호류 10여 종이 군락을 이루었

서해안에 출몰하는 백상아리와 사라지는 물범

그림 3.16 문화재청의 천연기념물이며 환경부 멸종위기 2급 생물로 지정되어 있는 점박이물범은 서해안에 약 1,000마리 정도 분포하고 백령도에 약 350마리 정도 살고 있는데 아열대 지역에서 서해안으로 이동해 오는 백상아리에게 잡아먹히면서 위기를 맞고 있다.
(출처 : shutterstock)

고 자리돔과 벵에돔 같은 아열대성 어류들도 서식하고 있다.

한국의 기후변화

한국의 평균 기온은 1954~1999년 사이에 10년마다 0.23°C씩 상승하였으나 2001~2010년 사이에는 매년 0.5°C 상승하여 온난화가 뚜렷하게 나타났다. 6개 대도시(서울, 인천, 강릉, 대구, 목포, 부산)의 평균 기온은 1912~2000년대 사이에 1.7°C 상승하여 전 지구의 평균 기온 상승률인 0.74°C보다 2배 이상 높았다(그림 3.17). 겨울이 한 달 정도 짧아졌고 여름이 매우 길어졌으며 혹한 지수는 줄어드는 반면 혹서 지수는 증가하고 있다.

한국의 평균 수온은 1968~2009년 사이에 1.31°C 상승했으며 동해가 1.39°C, 서해가 1.29°C, 남해가 1.24°C 높아졌는데, 지난 100년 동안 지구 전체의 평균 수온이 0.5°C 상승한 것에 비하면 매우 심각한 상황이다. 또한 한반도의 해수면 상승률은 전 세계 평균 대비 1.3~2배 높으며 제주도는 3배나 높다. 해수면 상승으로 해안가에 발생하는 침식과 범람으로 인해서 해안 도시에 거주하는 한국 인구의 1/4 이상과 해당 지역의 산업, 기반 시설, 생태계까지 위험에 노출되어 있다.

제주도는 1924~2009년 사이에 연평균 기온이 1.6°C 상승하였고 열대야 일수는 3배 이상 증가하였으며 영하 일수는 80% 감소하였다. 수온은 1924년 이후 연평균

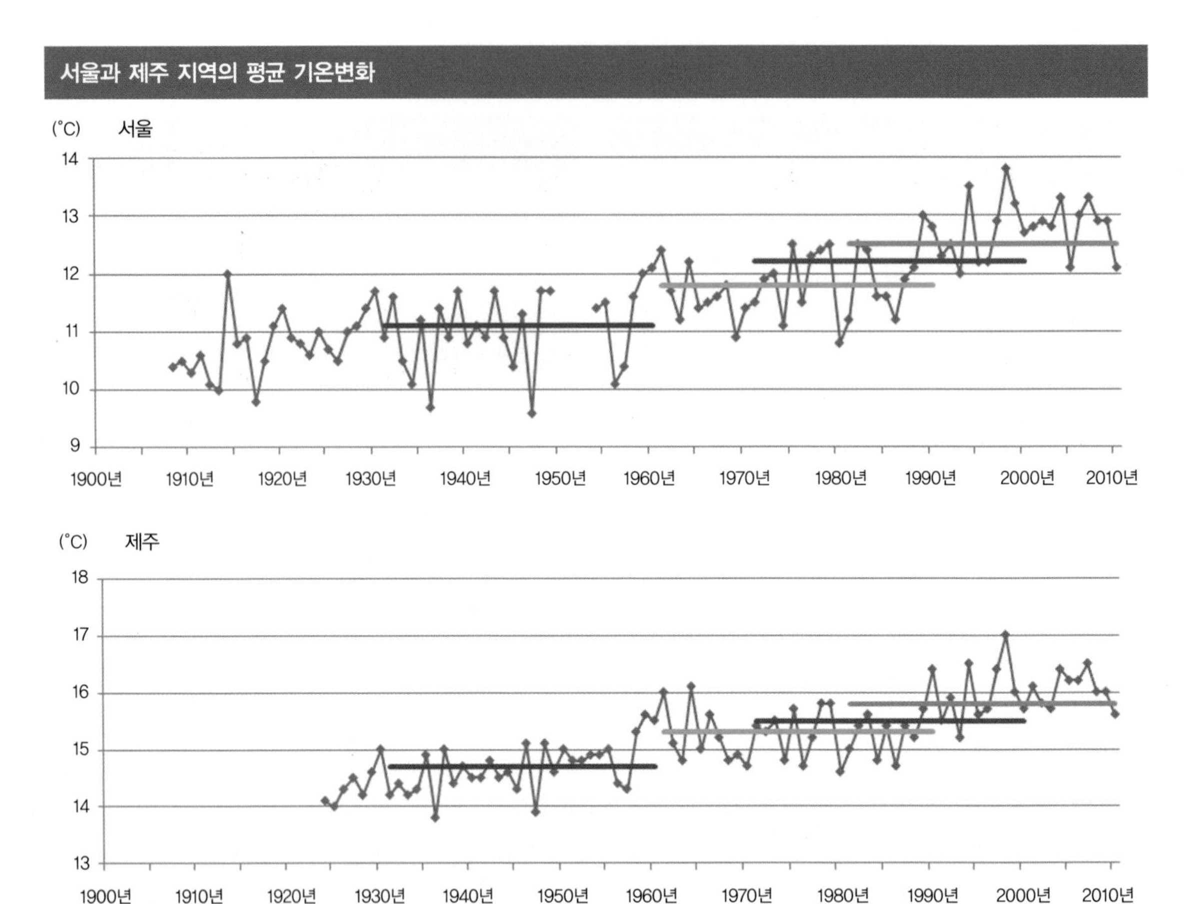

그림 3.17 우리나라에서는 평균 기온뿐만 아니라 최저 기온과 최고 기온도 상승하고 있다. 또한 봄꽃의 개화 시기가 빨라지고 여름철의 무더위인 혹서 관련 지수는 증가하고 있는 반면 겨울철의 극심한 추위인 혹한 관련 지수는 줄어들고 겨울의 길이가 한 달이나 짧아진 것으로 분석되고 있다. (출처 : 기상청)

0.01°C씩 상승하였으며 해수면은 1961~2003년 사이에 약 22cm 높아졌다. 기상학에서는 5일 동안의 평균 기온이 5°C 이하로 내려가지 않으면 계절상 겨울로 보지 않는데, 국립기상연구소에서는 제주도의 겨울이 사라지는 현상을 한반도가 아열대 기후로 바뀌어 가는 증거로 보고 있다.

문제 해결

해결 1 탄소 발자국

지구는 1970년대까지만 해도 인류가 소비하는 양보다 더 많은 자연 자원과 서비스를 생산할 수 있었다. 인류에게 필요한 자원을 공급하고 인류 활동으로 인한 배출물(예 : 화석연료 사용으로 발생되는 이산화탄소)을 흡수하는 생산성 있는 토지의 면적을 생태 용량으로 추산한다. 지난 반세기 동안 인류는 지구가 재생할 수 있는 것보다 더 많은 양의 생태 자원과 서비스를 사용하고 있으며 인구 증가로 인해 1인당 생태 용량은 줄어들 수밖에 없다(그림 3.18). 지구가 한 해 동안 재생할 수 있는 자원보다 인간이 소비하는 수요가 초과하여 생태 적자가 발생하는 날을 '**지구 생태 용량 초과의 날**(Earth Overshoot Day)'로 규정하는데, 2000년에는 10월 4일이었으나 2017년에는 8월 2일로 매년 그 날짜가 앞당겨지고 있다. 현재 인류의 수요를 충당하기 위해서는 1.7개의 지구가 필요하며 우리나라 사람들의 자원 소비 방식을 충족시키기 위해서는 8.8개의

지구 생태 용량 초과의 날 지구가 한 해 동안 재생할 수 있는 양보다 자연에 대한 인류의 수요가 초과하게 되는 날

지구 전체의 생태 용량과 생태 발자국

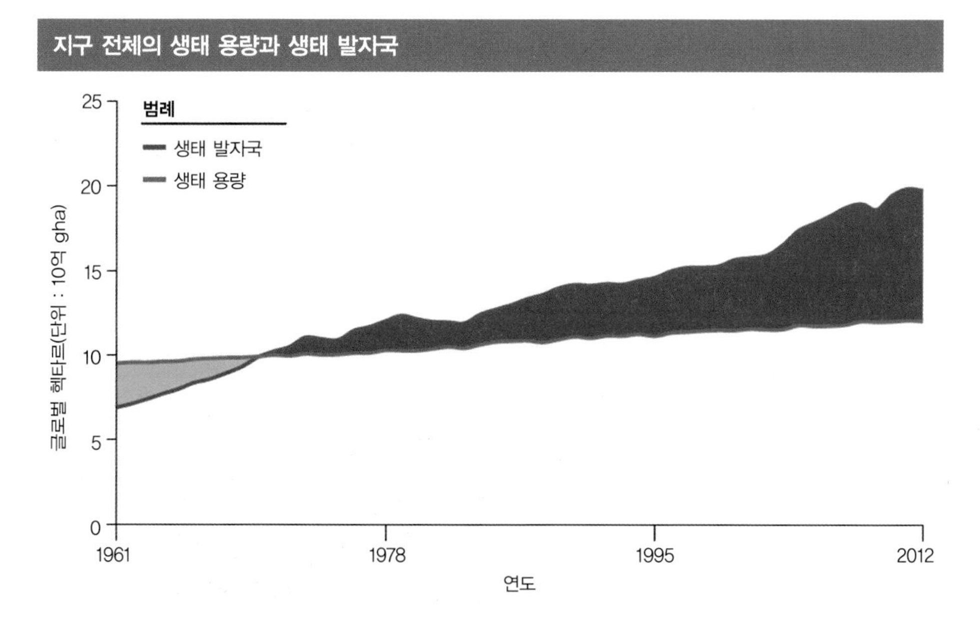

그림 3.18 세계의 생태 용량 총량은 농업 생산성 향상으로 1961년 이래로 소폭 증가하였으나 인구 증가로 더 많은 사람들이 생태자원과 서비스를 공유할 수밖에 없어 1인당 생태 용량은 줄어든 셈이다. 지난 반세기 동안 인류는 지구가 재생할 수 있는 것보다 더 많은 양의 자원과 서비스를 사용하여 인류의 생태 발자국은 지구의 생태 용량을 초과해 왔다. (출처 : 세계자연기금, 2016)

그림 3.19 전 세계 사람들이 각 국가의 생활 방식대로 살아간다고 가정하여 1년에 필요한 지구의 개수를 계산한 결과, 현재 인류의 수요는 1.7개의 지구가 필요하며 한국 사람들의 자원 소비 방식대로 세계 사람들이 생활하려면 3.4개의 지구가 필요하다. (출처 : Global Footprint Network, 2017)

한국이 필요하다(그림 3.19).

생태 발자국은 자연에 대한 인간의 수요를 측정하여 인간이 소비하는 자원을 생산하고 폐기물을 흡수하는 데 필요한 면적으로 농경지, 목초지, 산림, 어장, 시가지, 탄소 발자국으로 구분하며 생물학적 생산성을 지닌 토지와 바다의 규모를 측정하는 통계 도구이다(그림 3.20). 생태 발자국 중에서 가장 큰 비중을 차지하며 또한 가장 빠르게 증가하고 있는 부분은 탄소 발자국으로 1961년에 43%였으나 2012년에는 60%로 증가하였다. 탄소 발자국은 화석연료와 전기 및 에너지 사용으로 배출된 이산화탄소를 포집하는 데 필요한 토지의 면적으로 해양이 흡수하는 양 이외에 장기적 탄소 흡수가 가능한 산림에 대한 수요를 말하며 산불과 목재 채취로 발생되는 이산화탄소 배출량도 포함하여 계산한다. 인간의 활동이나 인간이 운영하는 기관에 의해 배출되는 탄소의 양을 나타내면서 화석연료 사용으로 지구에 가하는 부담이 어느 정도인지 알려주는 지표가 된다.

한국의 국토 면적은 세계 105위에 불과하지만 생태 용량의 수요는 국토 생태계 재생 능력의 8배를 초과하고 있다. 1인당 생태 용량은 1961년 1.3gha(글로벌 헥타

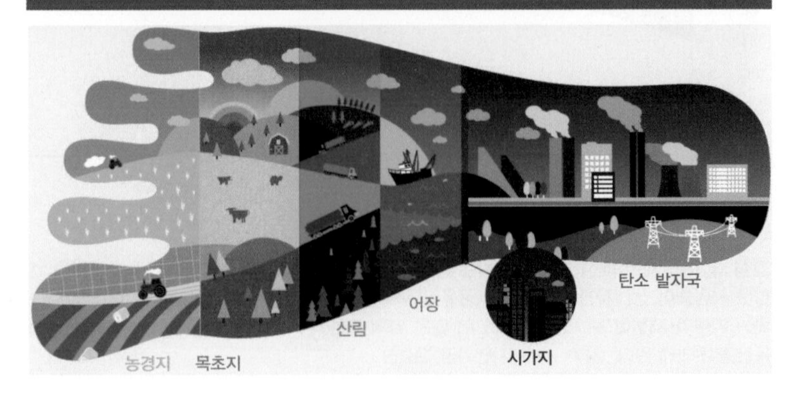

그림 3.20 생태 발자국은 식물을 원재료로 하는 식품과 섬유 제품, 축산물과 수산물, 임산물, 도시 기반 시설을 위한 공간, 화석연료 연소 시 배출된 이산화탄소를 흡수하기 위한 산림 등에 대한 인류의 수요를 측정한다. 한 국가의 생태 발자국은 해당 재화 또는 서비스의 생산지가 국내든 국외든 상관없이 모든 수요를 고려하여 추산한다.
(출처 : 한국 생태 발자국 보고서, 2016)

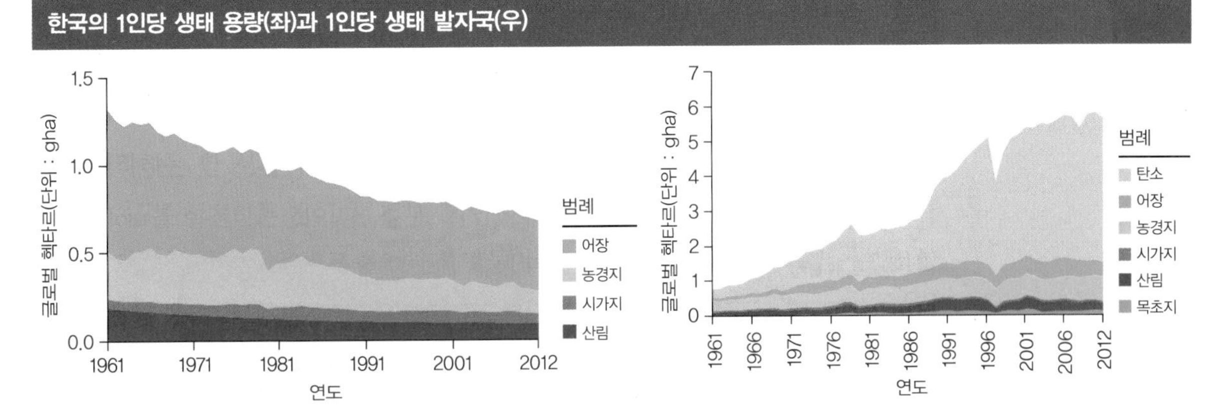

그림 3.21 한국의 농산물, 특히 쌀 생산량이 감소하면서 농경지 생태 용량이 크게 감소하게 되었는데 한국인은 1인당 평균 생태 용량의 8배가 넘는 생태 발자국을 남기고 있다. 한국의 1인당 생태 발자국에서 가장 큰 비율을 차지하는 것은 탄소 발자국으로 전 세계적인 추세와 같으며 농경지 발자국과 어장 발자국이 낮은 비율로 그 뒤를 따른다. 불과 50여 년 만에 생태계가 재생할 수 있는 공급량과 수요의 간극이 급속도로 증가하면서 한국의 생태 적자 규모는 약 5배나 증가하였다. (출처 : 세계자연기금, 2016)

르 : 해당 연도 생물학적 생산성의 세계 평균에 대비하여 환산한 면적)에서 2012년에는 0.7gha로 감소하였다. 반면 1인당 생태 발자국은 1961년 0.8gha에서 1980년 2.3gha, 1990년 3.6gha, 2000년 5.1gha, 2012년에는 5.7gha로 무려 7배 이상 증가하였으며 세계 평균 생태용량 지수인 1.7gha의 3배를 넘어 세계 20위를 기록하였다(그림 3.21). 한국의 탄소 발자국은 1961년에 전체 생태 발자국의 29%였으나 2012년에는 73%를 차지하여 엄청난 증가율을 보였다. 또한 한국 인구는 전 세계의 0.7%에 불과하지만 이산화탄소 총량의 1.7%를 배출하여 세계에서 여덟 번째로 탄소 발자국이 큰 국가로 밝혀졌다(그림 3.22).

지구에서 매년 방출하고 있는 이산화탄소는 3.5ppm 이상 280억 톤 정도로 이 중에서 110억 톤이 자연계로 흡수되고 나머지 170억 톤은 매년 대기 중에 쌓이고 있다. 이산화탄소 배출량을 세계 65억 인구로 나누면 1인당 이산화탄소 배

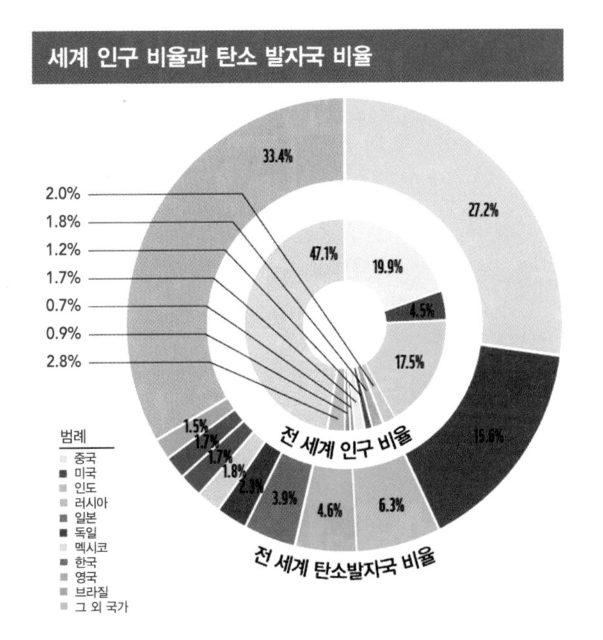

그림 3.22 탄소 발자국이라는 용어는 인간의 활동이나 인간이 운영하는 기관에 의해 배출되는 탄소의 양을 약칭하는 데 자주 사용되며 생태 발자국에서 탄소가 차지하는 부분이다. 바깥쪽 원은 전 세계 탄소 발자국에서 각 국가가 차지하는 비율을 나타내며, 안쪽 원은 각 국가가 세계 인구에서 차지하는 비율을 나타낸다. (출처 : 세계자연기금, 2016)

출량이 4.2톤 정도로 계산되는데 나라마다 1인당 이산화탄소 배출량의 차이가 매우 크다. 세계 인구의 4%를 차지하는 미국은 전 세계 온실가스의 4분의 1 정도를 배출하고 있으며 이 값은 전 세계 인구의 80%를 차지하는 다수 국가들의 배출량과 맞먹는 엄청난 양이다.

해결 2 탄소 지역 정책

탄소세는 국민과 기업이 탄소 배출을 줄이는 생활 방식을 선택하도록 강제하겠다는 의도로 국가가 행사하는 정책 수단이다. 도로 통행료를 부과하면 승용차를 덜 타게 되고 항공유에 세금을 부과하면 비행기 요금이 올라서 비행기를 덜 타게 될 것이라는 생각이다. 직접 부과하는 탄소세에는 환경을 보전하고자 재생에너지 개발에 필요한 재원을 마련하기 위해서 걷는 세금과 기후변화에 대응하고자 사람들의 행동과 습관을 변화시키기 위해서 걷는 세금의 두 가지 종류가 있다.

탄소 배급제는 전 세계 모든 나라가 동일하게 1인당 이산화탄소 배출권을 가져야 한다는 생각으로 개인에게 모두 똑같은 탄소 할당량을 지급한다. 개인에게 연간 탄소 할당량 정보가 기록된 스마트카드가 지급되고 전기 요금을 내거나 승용차 휘발유를 구입하거나 비행기 표를 끊으면 일정량이 차감되며 남은 양은 타인에게 판매하는 방식으로 거래할 수도 있다. 정부는 탄소 배급을 전체적으로 운영하고 감독하며 개인, 조직, 기관에 할당량을 어느 정도로 배급할 것인지 결정하는 중요한 역할과 책임을 담당한다. 탄소 할당량은 국가의 온실가스 감축 목표 달성을 위해 과거 실적과 미래 전망을 분석하여 감축량을 결정하고 매년 조금씩 줄여간다.

탄소 중립(상쇄)은 이산화탄소를 배출하고 나서 이를 상쇄하여 중립으로 만들겠다는 생각이다. 예를 들어 해외여행을 하고 죄책감을 느낀 소비자는 집에 돌아와서 자신이 비행기를 탄 결과로 배출된 이산화탄소량을 계산하여 탄소 상쇄 쇼핑몰에서 나무 심는 프로젝트에 돈을 지불한다. 이처럼 이산화탄소를 배출했지만 나무를 심었기 때문에 결국 상쇄되어 대기 중에 이산화탄소를 하나도 늘리지 않았다는 주장이다. 유엔에서도 교토의정서에서 청정개발체제 방식으로 탄소 상쇄를 공식적으로 인정하고 있다.

탄소 거래제는 이산화탄소 배출량을 직접 규제하는 대신 가스 배출권을 탄소 시장에서 사고팔게 하는 제도이다. 국제 탄소 시장은 교토의정서에서 산업 국가들이 온실가스 감축 단위를 서로 사고팔 수 있도록 하여 선진국이 개발도상국으로부터 그것을 사들이면 자국의 감축 목표 달성에 기여하는 것으로 계산한다는 데 국제적 합의가 이루어졌다. 한국에서도 온실가스 배출권 거래제를 전국 단위에서 시행하고 있으며 세계은행의 탄소 금융팀에 의하면 2008년 한 해 동안 탄소 시장에서 3억 3,700만 이산화탄소 환산량이 거래되어 탄소 배출권 거래 시장이 자리를 잡은 것으로 판단되고 있다.

해결 3 탄소 국제 협약

1989년 유엔의 후원으로 출범한 유엔 기후변화정부간협의체(IPCC)는 유엔환경계획의 지원으로 지구 전체의 환경에 대한 종합보고서를 발간한다. 2007년에 발표한 IPCC 4차 보고서에서는 지구의 기후 시스템이 온난화되었다고 강조했으며 2014년에 발표한 IPCC 5차 보고서에서는 지구 온도가 산업화 이전 대비 2°C 이상 상승하면 인류에 심각한 위협이 될 것이라고 경고하였다. 1992년 6월 브라질 리우에서 열린 유엔환경개발회의에서는 지구온난화가 범국제적인 문제라는 것을 인식한 세계 정상들이 이상기후 현상을 예방하기 위한 목적으로 지구온난화를 야기하는 화석연료 사용을 제한하자는 원칙을 정하면서 유엔기후변화협약을 채택하였다(그림 3.23).

교토의정서(Kyoto Protocol)는 1992년 브라질 리우 유엔환경회의 기후변화협약과 1995년 독일 베를린의 기후변화협약 제1차 당사국총회에서 채택된 협약을 이행하기 위해 1997년 일본 교토에서 열린 제3차 당사국총회(COP3)에서 만들어진 국가 간 이행 협약이다. 교토의정서를 인준한 국가는 온실가스의 배출량을 감축해야 하고 배출량을 줄이지 않는 국가에 대해서는 무역에서 불이익을 받는 비관세 장벽을 적용하기로 합의하였으며 온실가스 배출권을 상품으로 사고팔 수 있도록 하였다. 그러나 러시아, 일본, 뉴질랜드는 의무감축을 거부하였고 미국과 캐나다는 교토의정서를 탈퇴하였으며 최대 온실가스 배출국인 중국과 인도는 개발도상국으로 분류되어 감축 의무가 부과되지 않으면서 실효성이 없었다. 한국은 개발도상국이라 온실가스 배출 감축 의무가 유예된 상태지만 2020년까지 온실가스를 전혀 감축하지 않을 경우 대비 30%를 감축하기로 선언하며 자발적 감축에 동참하였다.

교토의정서 지구온난화를 규제하고 방지하기 위한 유엔의 기본 협약인 기후변화 협약에 따른 온실가스 감축 목표의 구체적 이행 방안

미국 뉴욕에 위치한 국제연합(UN) 본부

그림 3.23 유엔기후변화협약(UNFCCC)에 190여 개의 당사국이 가입하면서 기후변화에 대한 관심을 전 세계에 알리는 계기가 되었으며, 매년 당사국총회(COP)를 개최하여 온실가스 감축 수준과 방식을 결정하는 등 기후변화와 관련한 세계 최고의 의사결정 기구로 자리 잡았다. (출처 : shutterstock)

교토의정서에서는 온실가스를 이산화탄소(CO_2), 메테인(CH_4), 아산화질소(N_2O), 과플루오린화탄소(PFCs), 수소플루오린화탄소(HFCs), 육플루오린화황(SF_6)의 여섯 가지 물질로 규정하고, 선진국의 탄산가스 감축 의무 이행을 신축적으로 운용하기 위해 배출권거래제도(emission trading, ET; 온실가스 감축 의무가 있는 국가가 당초 감축목표를 초과 달성했을 경우 여유 감축쿼터를 다른 나라에 팔 수 있도록 한 제도), 공동이행제도(joint implementation, JI; 선진국 기업이 다른 선진국에 투자해 얻은 온실가스 감축분의 일정량을 자국의 감축실적으로 인정받을 수 있도록 한 제도), 청정개발체제(clean development mechanism, CDM; 선진국 기업이 개발도상국에 투자해 얻은 온실가스 감축분을 자국의 온실가스 감축실적에 반영할 수 있게 한 제도)를 적용하였다.

파리협정 2020년 만료 예정인 교토의정서를 대체하는 신 기후체제로 2020년 이후의 기후변화 대응을 담은 기후변화협약

파리협정(Paris Agreement)은 2015년 12월 12일 파리에서 열린 제21차 유엔기후변화협약 당사국총회(COP21)에서 195개 당사국이 채택한 '신 기후체제(Post 2020)' 협정으로 교토의정서가 만료되는 2020년 이후에 대체하여 적용할 새로운 기후협약이다(그림 3.24). 교토의정서에서는 선진국만 온실가스 감축 의무가 있었지만 파리협정에서

는 세계 온실가스 배출량의 90% 이상을 차지하는 195개 당사국 모두가 감축 목표를 지켜야 하고 선진국, 개도국, 극빈국 등 전 세계 모든 국가에 적용되는 보편적인 첫 기후 합의라는 역사적 의미를 갖는다. 선진국은 개발도상국의 기후변화 대처를 돕는 데 2020년부터 매년 최소 1,000억 달러(약 118조 원)를 지원하기로 약속하였으며 다양한 형태의 국제 탄소시장 매커니즘에 대한 합의가 이루어졌다.

산업화 이전 대비 지구 평균기온 상승을 2°C보다 상당히 낮은 수준으로 유지하고 1.5°C 이하로 제한하기 위한 노력을 추구하는 것을 목표로 온실가스 배출량을 단계적으로 감축하여 이번 세기 후반에는 이산화탄소 순 배출량을 0으로 만들고자 한다. 온실가스 감축 목표를 국가가 자발적으로 결정하는 국가결정기여를 제출하는데, 차별적 책임 원칙에 따라 선진국은 감축목표 유형으로 절대량 방식을 유지하고 개발도상국은 자국 여건을 감안해 절대량 방식과 배출 전망치 대비 방식 중 채택하도록 하였다. 국가별 온실가스 감축량은 자발적 감축 목표를 그대로 인정하되 2020년부터 5년마다 상향된 목표를 제출하고 정기적 이행 상황과 달성 경과의 보고를 의무화하며 국제사회의 종합적 이행 점검 시스템을 도입한다는 원칙에 합의하였으나 국제법적 구속력은 부여하지 못했다는 한계를 갖는다. 한국은 2030년의 목표연도 배출전망치(BAU, 특별한 감축 노력을 하지 않을 경우에 예상되는 배출량) 대비 37%를 감축 목표로 제출하였다.

2015년 파리협정 포스터

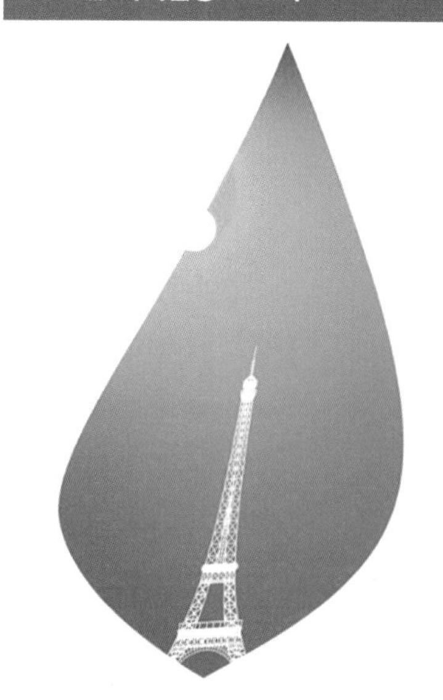

그림 3.24 195개 당사국이 파리협정을 채택했지만 55개국 이상, 글로벌 배출량의 총합 비중이 55% 이상에 해당하는 국가 비준이라는 두 가지 기준을 충족해야 공식적으로 발효된다. 미국은 2017년 6월 1일 파리협정을 탈퇴하였으며 협정에 소극적인 다른 나라들이 도널드 트럼프 대통령의 탈퇴 선언에 힘입어 줄줄이 빠져나오는 도미노 현상이 나타난다면 파리협정 자체가 유명무실해질 가능성도 있다. (출처 : 유엔환경계획)

현장 적용

적용 1 탄소 다이어트

서울시에서는 온실가스를 줄이기 위한 자발적 시민 참여 프로그램 '에코마일리지'를 진행하고 있다. 에코마일리지란 에코(eco, 친환경)와 마일리지(mileage, 쌓는다)의 합성어로 친환경을 쌓는다는 의미를 표현한다. 에코마일리지 누리집(ecomileage.seoul.go.kr)에 회원 가입하여 고객 정보를 입력하면 매달 전기, 수도, 가스 사용량을 관리할 수 있고, 6개월 주기로 이전 사용량과 비교하여 적립되는 마일리지로 친환경 제품을 구매할 수 있다. 지속가능한 저탄소 사회를 만들어 가는 한 사람의 시민으로서 적극적으로 참여하여 에코마일리지를 활용해 보자.

학교와 직장에서 실천하는 탄소 다이어트

- 실내 적정온도(여름 26~28℃, 겨울 18~20℃)를 준수한다.
- 고효율의 32W 형광등은 40W보다 20~35%의 절전 효과가 있다.
- 형광등기구에 고조도 반사갓을 설치하여 실내조도를 높인다.
- 창가 측은 자연광에 의하여 조도가 높기 때문에 개별 소등한다.
- 밝기를 자동 감지하여 점 · 소등하는 장치를 부착해서 불필요한 조명은 끈다.
- 한낮과 심야, 외출 시에는 조명기기를 소등하고 타이머를 설치하여 자동 소등한다.
- 컴퓨터 절전을 생활화하여 대기 시간에는 절전 모드로 작동하도록 한다.
- 스크린세이버에도 전력이 소모되므로 쓰지 않을 때는 반드시 모니터를 끈다.
- 프린터와 스캐너 등은 사용한 후에 코드를 뽑아둔다.
- 멀티 탭을 책상 위로 올려서 외출 시나 불필요할 시에 전원을 차단한다.
- 하교 1시간 전에 냉난방기의 작동을 멈추어 에너지 소비를 막는다.
- 엘리베이터를 격 층 운행하고 가까운 층은 걸어 다니면서 사용을 줄인다.
- 엘리베이터는 가능한 많은 사람이 탑승하도록 닫힘 버튼을 누르지 않는다.

표 3.1 탄소 다이어트 다이어리

		체크 내용	CO_2 (g)	실천 강도				
				매우 긍정	긍정	보통	부정	매우 부정
1	수도 사용	샤워기를 사용하지 않고 물을 욕조에 받아서 이용한다.	371					
2		욕조 물이 식기 전에 들어갔다.	126					
3		목욕 후에 욕조에 남은 따뜻한 물을 세탁에 사용한다.	7					
4		샤워 물은 계속 틀어 놓지 않았다.	70					
5		샤워 시간을 1일 1분 짧게 한다.	74					
6		물을 틀어 놓은 채 사용하지 않았다.	16					
7	전기 사용	여름 냉방 설정온도를 26℃에서 28℃로 2도 높인다.	83					
8		겨울 난방 설정온도를 22℃에서 20℃로 2도 낮춘다.	96					
9		냉방(에어컨 등) 이용을 1시간 줄인다.	26					
10		냉장고의 문을 금방 닫는다.	17					
11		전기밥솥의 보온을 하지 않는다.	37					
12		사용하지 않는 온수 세정 변기의 뚜껑을 닫는다.	15					
13		컴퓨터 이용을 1시간 줄인다.	13					
14		다른 일을 할 때는 TV를 끈다.	40					
15		사용하지 않을 때는 콘센트에서 플러그를 뽑는다.	59					
16		방을 나갈 때는 전등을 끈다.	22					
17		주전원을 꺼서 대기 전력을 절약한다.	7					
18	자동차 사용	공회전 시간을 5분 줄인다.	63					
19		가속이 적은 운전을 한다.	73					
20		도보, 자전거, 버스, 지하철을 이용한다.	330					

(계속)

표 3.1 탄소 다이어트 다이어리(계속)

		체크 내용	CO_2 (g)	실천 강도				
				매우 긍정	긍정	보통	부정	매우 부정
21	설치교체	낡은 에어컨을 절전형으로 바꾼다.	104					
22		낡은 냉장고를 절전형으로 바꾼다.	132					
23		백열전구를 전구형 형광램프로 바꾼다.	45					
24		태양광 발전기를 신규로 설치한다.	670					
25		태양열 온수기를 신규로 설치한다.	408					
26		급탕기를 고효율(CO_2 냉매 히트 펌프형)로 바꾼다.	607					
27		냉장고를 벽과 적절한 간격을 두고 설치한다.	19					
28	쇼핑·쓰레기처리	에코백을 준비하여 비닐봉지를 받지 않는다.	48					
29		과대 포장하지 않은 물건을 구입한다.	142					
30		젖은 손을 닦을 때 휴지를 사용하지 않는다.	8					
31		물통을 휴대하고 페트병 사용을 줄인다.	6					
32		플라스틱은 재활용한다.	52					
33		친환경 상품과 재활용 상품을 사용한다.	23					
34		지역의 쓰레기 분리수거 방식을 따른다.	115					
35		샴푸나 화장실 세제 등은 적당량을 사용한다.	90					
36		밥과 반찬을 남기지 않고 모두 먹는다.	16					

출처 : 함께 모여 기후변화를 말하다, 2016 / 에코마일리지 ecomileage.seoul.go.kr

실습 과제

과제 1 나의 탄소 발자국

탄소 발자국 점검하기

탄소 다이어트 다이어리(현장 적용 방안, 36가지)를 활용하여 내가 실천하고 있는 탄소 다이어트 항목을 점검하고 절약한 이산화탄소(CO_2)의 양을 구해 보자(표 3.1).

탄소 발자국 계산하기

에코마일리지 누리집(ecomileage.seoul.go.kr)의 탄소 배출량 계산기에서 전기, 수도, 가스 사용량으로 내가 방출한 이산화탄소(CO_2)의 양을 계산해 보자(그림 3.25).

[미리 준비하기] 지난달에 사용한 전기, 수도, 가스 사용량/아파트 관리비 고지서

탄소 배출량 계산기의 입력 화면과 출력 화면

아래의 조건을 입력해주세요.

에너지 사용달	선택하세요
가족수	선택하세요
주거형태	선택하세요
주택면적	선택하세요
전기사용량	kwh
수도사용량	m^3
가스사용량	m^3

? 계산하기

나의 에너지 사용량

나의 전체 탄소배출량은?

구분	전기(kwh)	수도(m3)	가스(m3)
탄소배출량(kgCO2)	-	-	-

에너지 절약 회원분들의 에너지 사용량

구분	이번달 사용량	탄소배출량(kgCO)
전기(kwh)	-	-
수도(m3)	-	-
가스(m3)	-	-
합계		-

그림 3.25 스마트폰으로 에코마일리지 홈페이지(ecomileage.seoul.go.kr)에 접속하여 '탄소 배출량 계산기'에 지난달 사용한 전기, 수도, 가스 사용량을 입력하면 나의 탄소 배출량이 계산되어 나온다. (출처 : 에코마일리지)

과제 2 모의 법정 토론

토론 주제

기후변화에 대응하기 위해서 우리는 무엇을 해야 할까?

몰디브의 사례

'죽기 전에 반드시 가봐야 할', '지구상에서 가장 아름다운', '베스트 허니문 여행지' 등은 아시아 남부 인도양에 위치한 몰디브의 수식어이다(그림 3.26). 몰디브는 1,190여 개의 작은 산호섬들로 이루어져 있고 그중 사람이 살고 있는 섬은 200여 개로 오염되지 않은 환경과 풍부한 해양 생태계를 갖고 있으며 주 수입원은 관광업이다. 최고 해발 고도가 2m에 불과한 군소도서국인 몰디브는 지구온난화로 해수면이 상승되는 바람에 점점 바닷속에 잠기고 있으며 2100년경에는 완전히 사라질 것으로 예측된다.

바닷속으로 사라지는 몰디브

그림 3.26 2009년 11월 17일, 몰디브에서는 해저 각료회의가 개최되었다. 바닷속에서 산소통을 매고 서로 손짓을 주고받으며 회의를 진행하여 '국제사회 이산화탄소 배출 삭감 촉구 결의안'을 의결하고, "몰디브는 현재 지구온난화 재앙의 최전선에 있다. 이것은 세계 전체의 문제다."라고 국제사회에 당부하며 대통령은 결의안에 방수펜으로 서명하였다. (출처 : shutterstock)

모둠 구성원의 역할

국가별

역할	입장	토론자
진행자	중립적으로 지구온난화 문제를 해결하는 역할	
미국, 캐나다	1인당 탄소 방출량이 가장 높은 선진국	
중동, 호주	석유와 석탄을 보유하고 수출하는 국가	
인도, 중국	많은 인구로 탄소 방출량이 증가하는 국가	
한국	경제 부문의 탄소 방출량이 많은 개발도상국	
몰디브	해수면 상승으로 피해를 입는 군소도서국	

직업별

역할	입장	토론자
진행자	중립적으로 지구온난화 문제를 해결하는 역할	
정치인	기후 문제의 사회적 합의를 이끌어야 하는 정당	
기업인	석유와 석탄을 이용하여 이윤을 추구하는 기업	
환경과학자	기후변화의 원리와 현상을 연구하는 과학자	
환경운동가	지구온난화를 사회적 이슈로 활동하는 운동가	

세대별

역할	입장	토론자
진행자	중립적으로 지구온난화 문제를 해결하는 역할	
할아버지	과거, 온실기체를 무제한 방출했던 세대	
아버지	현재, 지구온난화를 진행시키고 있는 세대	
아들, 손자	미래, 기후변화의 피해를 입게 될 세대	

1. 국가별, 직업별, 세대별 역할 중에서 선택하여 모둠별로 토론해 보자.
2. 기후변화에 대응하기 위한 나의 의견을 정리하여 발표해 보자.

지구의 다양한 생물 생물의 다양함은 인류에게 의학, 약학, 음식, 목재 등 경제적 가치와 여가, 관광 같은 미학과 문화적 가치를 제공한다. 또한 습지, 산호초, 열대우림, 곤충과 수분, 세균과 분해와 같은 생태적 가치도 가지고 있다. 중요한 것은 생물종은 그 존재 자체로 가치가 있다는 것을 잊지 말아야 한다.
(출처 : shutterstock)

제4장

생물다양성과 생태계

대표 사례

IUCN 적색목록(레드 리스트Red List)

세계자연보전연맹(International Union for the Conservation of Nature, IUCN)은 1963년부터 야생생물의 멸종을 방지하고 생물다양성을 보전하기 위해 멸종위험이 높은 생물을 선정하고 있다. 이들 종의 분포 및 서식 현황을 수록한 자료집을 발간하고 있다(그림 4.1). 1966년에 처음 발간한 자료집 표지가 붉은색이어서 적색자료집(Red Data Book)이라고 부른다. 적색자료집을 발간하기 위해서는 세계자연보전연맹이 규정하는 범주(categories)와 기준(criteria)에 따라 적색목록(Red List)을 작성해야 한다. 범주와 기준은 종의 보전 상태를 평가할 때 객관성과 투명성을 통해 사용자의 이해를 돕는다. 이 중에서 위급(CR), 위기(EN), 취약(VU)의 세 부류를 합해 멸종 우려(threatened)라고 한다.

적색목록에서 사용하는 범주와 기준

- **절멸**(Extinct, EX) : 개체가 하나도 남아 있지 않음
- **야생 절멸**(Extinct in the Wild, EW) : 자연 서식지에서는 절멸한 상태로 보호 시설 또는 원래의 서식지역이 아닌 곳에서만 인위적으로 생존하고 있음
- **위급**(Critically Endangered, CR) : 야생에서 절멸할 가능성이 대단히 높음
- **위기**(Endangered, EN) : 야생에서 절멸할 가능성이 높음
- **취약**(Vulnerable, VU) : 야생에서 절멸 위기에 처할 가능성이 높음
- **준위협**(Near Threatened, NT) : 가까운 장래에 야생에서 멸종 우려 위기에 처할 가능성이 높음
- **관심 대상**(Least Concern, LC) : 위험이 낮고 위험 범주에 도달하지 않음
- **정보 부족**(Data Deficient, DD) : 멸종 위험에 관한 평가 자료 부족
- **미평가**(Not Evaluated, NE) : 아직 평가 작업을 거치지 않음
- **지역절멸**(Regionally Extinct, RE) : 지역 내에서 잠재적인 번식 능력을 가진 마지막 개체가 죽거나 지역 내 야생 상태에서 사라짐

우리나라에서 발간한 적색자료집

그림 4.1 세계자연보전연맹(IUCN)은 1963년부터 멸종위험이 높은 생물을 선정하여 분포 및 서식 현황을 수록한 자료집을 발간하고 있다. 1966년 처음 발간한 자료집 표지가 붉은색이어서 적색자료집이라고 부른다.
(출처 : NIBR 한반도의 생물다양성 https://species.nibr.go.kr)

- 미적용(Not Applicable, NA) : 지역 수준에서 평가하기가 부적절한 것으로 간주되는 분류군

IUCN 적색목록의 종은 보호 대상이거나 멸종위기 상태를 나타내 지구적인 지표로 받아들여진다. 처음에 적색목록 평가는 단순히 종의 멸종위기 상태를 진단하는 것이었으나, 현재는 보호정책 지원, 종의 분포 현황과 변화 및 보호활동에 필요한 기본적인 정보도 제공한다. 적색목록의 목적은 보전의 시급성과 범위를 일반 대중과 정책 결정자에게 전달하여 생물 멸종을 막는 데 함께 참여하도록 하는 것이다.

우리나라는 2011년부터 적색자료집 발간사업을 착수하였다. 2011년도에 조류, 양서·파충류, 어류에 대한 적색목록이 발간되었고, 2012년도에는 포유류, 관속식물, 곤충, 연체동물에 대한 적색목록을 발간하였다. 우리나라에서 개체가 하나도 남아 있지 않은 절멸한 종은 바다사자 1종이며, 지역절멸한 종은 포유류 5종을 비롯해 총 12종이다. 멸종우려종은 포유류 14종을 비롯해 533종에 이른다. 세계적색목록(www.iucnredlist.org., 2017)에 따르면 절멸한 종은 844종, 야생절멸한 종은 68종이며, 멸종우려종은 23,000종이 넘는다.

핵심 질문

1. 왜 우리는 생물과 생태계를 보전해야 하는가?
2. 생물다양성은 왜 중요한가?

원리 탐구

원리 1 생물다양성

생물다양성은 생태계가 제공하는 생명의 기초이며 필수적인 서비스이다. 그것은 농업, 임업, 수산업 및 관광업을 포함한 모든 활동 분야에서 사람의 생계와 지속가능한 발전의 근본이다. 생물다양성 손실을 방지하는 것은 우리의 삶과 복지에 투자하는 것과 같다. 지구에 존재하는 생물종은 현재 약 170만 종으로 식물 28만 종, 척추동물 5만 종, 곤충 75만 종으로 알려져 있다. 보고되지 않은 생물을 포함하면 500만에서 3,000만 종까지로 추정된다. 우리나라 생물은 모두 10만여 종으로 추정하고 있으며, 2016년 기준 47,000여 종이다.

생물다양성의 의미

생물다양성이란 육상 · 해상 및 그 밖의 수중생태계와 이들 생태계가 부분을 이루는 복합생태계 등 모든 분야의 생물 간의 변이성을 말한다. 이는 다음과 같이 종 간의 다양성, 생태계의 다양성 및 종 안에서의 다양성을 포함한다.

종 풍부도 생태계나 군집에 살고 있는 종의 수

종 균등도 군집 안에서 한 종의 상대 풍부도

- **생물종 다양성** : 생물다양성의 가장 기본적인 요소로 미생물을 포함한 동물과 식물 등 모든 생명체의 다양성이다. 생물종 수가 얼마나 많은지를 표현하는 **종 풍부도**와 상대적인 생물종당 개체수의 개념인 **종 균등도**로 표시할 수 있다.
- **생태계 다양성** : 생명체가 지구상에 자리 잡고 있는 환경의 다양성, 육상 및 수중 생태계의 다양성으로 생물다양성 보존의 핵심이다. 서식지의 다양성과 복잡성

은 생물종의 풍부함을 이끈다.

- **유전자 다양성** : 한 종 또는 한 개체군 안에서 유전물질의 다양성이다. 유전적 변이는 변화하는 환경에서 생물이 살아남을 수 있는 더 많은 기회를 제공한다. 만약 개체군 크기가 심하게 감소될 경우 유전자 다양성도 제한된다. 유전자 다양성이 극히 제한되면, 종은 환경 변화 및 전염병 등에 취약성을 보인다. 이를 유전자 병목현상(genetic bottleneck)이라 한다.

생물다양성이 제공하는 것

생물다양성의 손실은 인류의 생존을 위협하는 요인이다. 인류는 음식물, 의약품 및 산업 생산물을 생물 또는 그 구성 요소에서 얻어오고 있다. 특히 현대 이전의 의약품은 모두 식물과 동물에 의존해 왔다. 현재에도 식물의 성분을 활용한 많은 의약품이 있으며, 대부분의 항생제를 미생물에서 발견하였다. 농업에서 품종과 유전자의 다양성은 농업 생산력을 늘리기 위한 필수 요소이다. 자연환경으로 배출된 환경오염물질은 **자정작용**에 의하여 정화되고, 물과 토양을 비롯한 대기는 생물의 생존에 안정적 환경을 제공하는 순환이 일어난다.

자정작용 오염된 물이나 토양 따위가 저절로 깨끗해지는 작용

- **생물다양성이 인류에게 제공하는 경제적 가치** : 식량, 목재, 섬유, 에너지, 원료, 산업화합물, 약품 등 일 년에 수백조 원의 가치를 제공한다.
- **생물다양성이 환경에 제공하는 조절적 가치** : 대기 및 물의 질을 보존, 토양의 비옥도 유지, 폐기물 수용, 작물과 삼림의 병충해 조절 등 지구에 사는 생물종에게 필수적인 요소이다.
- **생물다양성이 생태계에 제공하는 존재적 가치** : 일부 생물종은 생태계 유지에 핵심적인 역할을 한다. 높은 생물다양성은 회복력이 우수하고 변화에 보다 잘 적응하며 주요한 환경 변화에도 잘 견딜 수 있는 군집을 만든다.

생물다양성이 중요한 기본적인 두 가지 이유는 종의 이익에 기초하여 인류를 위해 생물다양성을 보존한다는 것과 생물종 그 자체의 내재적 가치가 있기 때문이다. 인간중심적 가치인 실용주의적 가치로는 다음과 같은 것이 있다. 의학 및 약학, 음식과 목재 등 경제적 가치, 여가 및 관광 같은 미학적 가치, 원시 부족과 같은 문화

적 가치, 그리고 습지, 산호초, 열대우림, 곤충과 수분, 세균과 분해와 같은 생태적 가치 등이다. 생물종은 그 존재 자체로 가치가 있다는 것이 내재적 가치이다. 이를 심층 생태주의(deep ecologism)라 하며, 생태계와 생물 가치를 통합해서 고려해야 한다.

생물다양성을 위협하는 것

페름기 고생대의 마지막 시대. 약 2억 9,000만 년 전부터 2억 4,500만 년 전까지의 시기이다.

트라이아스기 중생대의 첫 시대. 약 2억 4,500만 년 전부터 약 2억 1,000만 년 전까지의 시기이다. 파충류, 암모나이트, 겉씨식물이 번성하고 포유류가 나타났다.

오존층 오존을 많이 포함하고 있는 대기층. 지상에서 20~25 km의 상공이며 인체나 생물에 해로운 태양의 자외선을 잘 흡수한다.

지구에서 생명이 출현한 이래 다섯 번의 대멸종이 있었다. 그중 2억 5,000만 년 전의 **페름기－트라이아스기** 대멸종이 가장 심각하여, 생물종의 95%가 멸종되었다. 원인을 두고 여러 가설이 있지만 시베리아의 대규모 화산분출설이 가장 신빙성이 있다. 대규모 화산분출로 인한 이산화탄소를 비롯한 가스 방출은 오존층을 파괴하고 지구 온난화를 가중시켰다. 결국 육지와 해양 기온 상승, 물 부족, **오존층** 파괴, 토양오염, 산성비 등에 의하여 생물은 수만 년에 걸쳐 멸종되었다.

현재 인류의 활동은 지구상에 있는 모든 생물을 위협하고 있다. 멕시코와 미국의 공동연구에 따르면, 척추동물 2만 7,600여 종 중 약 32%가 개체수가 감소하고 있다. 리처드 리키와 로저 르윈은 현재를 제6의 멸종시대라고 경고한다. 인구의 증가, 산업 활동에 의한 오염과 기후변화, 생물 서식지의 파괴, 대단위의 농업과 축산업, 생물의 인위적 이동으로 인한 외래종 등 이 모든 것이 생물다양성을 위협하고 있다. 이 모든 것은 인류의 활동이다.

원리 2 생물군계

생물군계(biome)는 지구상에서 유사한 기후 환경에 따라 지역을 구분하는 경우, 그 기후 지역에 분포하는 식물과 동물의 군집을 모두 포함하는 가장 큰 생물의 군집이다. 지구는 부분적으로 유사한 생물 및 비생물적 환경 요인 때문에 광범위한 지역에 걸쳐 전형적인 생태계를 구성한다. 이러한 주요 생태계를 생물군계라고 한다(그림 4.2). 생물군계는 초본, 관목, 교목의 여부, 상록성 침엽수와 낙엽성 활엽수의 구분, 기후 등과 같은 요인에 의해 결정된다.

생물군계는 육상과 수서 생물군계로 구분할 수 있다. 육상 생물군계의 기본적인 유형은 삼림, 초원, 사막, 툰드라이다. 수서 생물군계는 물에 염분이 없는 담수 생물

그림 4.2 유사한 기후 환경과 분포하는 식물 및 동물의 군집에 따라 지역적으로 구분하여 생물군계라 한다. 연한 녹색으로 표시된 열대림이 남아메리카, 아프리카, 남아시아의 적도 부근에 분포함을 알 수 있다. 북극 근처에 진한 녹색으로 표시된 침엽수림은 지구상에서 가장 넓은 육상 생물군계이다. (출처 : shutterstock)

군계와 염분이 있는 해수 생물군계로 구분한다.

육상 생물군계 : 삼림

삼림은 나무가 우점하는 식생의 군집이다. 나무는 줄기나 가지가 목질로 된 여러해살이 식물로, 나무가 많이 우거진 숲을 삼림이라고 한다. 삼림은 지구 육지 표면의 약 30%을 차지하며, 나무의 종류에 따라 열대림, 온대림, 침엽수림으로 구분한다.

열대림은 적도 부근 지역으로 위도 10°N에서 10°S 사이 지역으로 연중 따뜻하고 매일 비가 내린다. 월평균 온도 18°C 이상, 월 최소 강우량 60 mm 이상이 되어야 한다. 연평균 강우량은 2,500 mm에서 4,500 mm 사이이다. 열대림은 남미의 아마존 분지, 동남아시아, 서아프리카의 콩고 분지와 기니 만 주변으로 지표면의 6% 정도이다. 이곳은 알려진 동식물의 50% 이상이 있을 정도로 생물다양성이 높지만 단일 우점종이 없다는 특징이 있다. 영장류의 90%가 열대림에 서식한다. 말레이시아 반도의 저지대 열대림에서는 10km²의 면적에 7,900여 종이 산다. 그러나 토양에 무기물이 부족하고 유기물의 축적이 없어, 한 번 훼손되면 복구가 어렵다.

온대림은 지구의 남북으로 위도 23°에서 50° 사이 지역으로 강수량이 충분하고 사계절의 변화가 뚜렷하다. 나무는 낙엽 활엽수림 또는 온대 상록수림이다. 나무 아래에는 풀, 고사리와 이끼 등이 있어 동물상이 다양하다. 대형 포유류부터 설치류, 도마뱀과 같은 파충류, **절지동물** 등이 있다. 토양에는 유기물이 풍부하여 농업에 적합하고, 훼손 후 회복 속도가 빠르다. 북미 동부지역, 아시아, 유럽, 남미의 안데스 산맥 남부 등이 해당된다.

절지동물 몸이 작고 좌우 대칭이며, 체절이 있다. 각 마디에 관절이 있는 부속지가 있고 겉껍질은 딱딱하여 외골격을 이룬다. 갑각강, 거미강, 노래기강, 지네강, 바다거미강으로 나눈다.

침엽수림은 타이가(taiga) 또는 한대림이라 하며 북아메리카, 아시아, 유럽의 북극 부근이다. 지구에서 가장 넓은 생물군계로 지구 표면의 11%이다. 계절 변동이 심한 대륙성 기후로 짧은 여름과 긴 겨울을 지니며, 알래스카와 시베리아 중앙 지역은 여름과 겨울의 계절 온도차가 100°C에 달한다. 따라서 식물상은 제한적이고, 동물상은 독특하다. 식물은 소나무, 가문비나무, 전나무 등이고, 동물은 순록, 말코손바닥사슴, 곰 등 대형포유류가 서식한다. 식물에 의한 생산력은 온대림보다 낮다.

지중해성 관목지대

상록관목과 **경엽식물**이 우점하는 지중해성 생태계로 숲은 아니다. 여름에 비가 거의 내리지 않아 빈번한 화재가 발생하며, 겨울에 연강수량의 65%가 내린다. 관목지대에 서식하는 식물의 일부는 화재가 발생해야 씨앗이 발아할 수 있다. 동물상은 복잡하다. 지중해 지역, 북미 서부, 칠레 중부, 남아프리카 케이프 지역, 호주 남서부 등에 분포한다.

경엽식물 작고 견고하며 두껍고 질긴 잎을 가진 식물을 통틀어 이르는 말. 지중해 지방, 호주, 남아프리카 등지에 분포한다. 올리브와 유칼립투스가 경엽식물이다.

육상 생물군계 : 초원

초원은 풀이 나 있는 들판으로 초본 식물 위주로 이루어진 식물 군락이다. 습기가 많으면 저온이고, 온도가 높으면 건조하여 삼림을 이룰 수 없는 환경 조건이다. 열대 지역의 초원은 열대 초원 또는 사바나(savanna)라고 하며, 온대 지역의 초원은 대륙에 따라 이름이 다르다.

사바나는 건기가 뚜렷한 열대와 아열대 지방에서 발달하는 초원이다. 키가 큰 볏과 식물로 이루어진 초원에 수목이 드문드문 나 있어 탁 트인 경관을 이룬다. 연강수량이 20mm에서 1,000mm 사이로 건기와 우기가 뚜렷하게 구분된다. 계절적 강우는 동물과 식물의 생물다양성에 제한을 두기 때문에 열대림의 생물다양성보다 낮다.

온대초원은 대륙의 중위도 중앙지역에 분포한다. 기단이 해안 환경에서 대륙 내부로 이동하면 강수량은 감소하여 초지가 발달한다. 토양에 유기물 함량이 높아 농업에 적합하다. 인간이 선호하는 생물군계로 인간에 의해 농지 등으로 많이 훼손되었다. 전 세계에 걸쳐 여러 지역이 있으며, 대륙에 따라 이름이 다르다. 중앙아시아-스텝(steppe), 북아메리카 중서부-프레리(prairie), 남아메리카 남부-팜파스(pampas), 아프리카 남부-벨트(velt)라 한다.

육상 생물군계 : 사막

사막은 연 강수량 250mm 이하로 식생이 보이지 않거나 적고, 인류 활동도 제약을 받는 지역이다. 지구 표면의 1/10 이상으로 위도 15도에서 30도 사이의 열대수렴대의 고기압 지대에 주로 분포한다. 형성되는 원인에 따라 열대 사막, 해안 사막, 내륙 사막, 한랭지 사막으로 나눈다. 온대지역에서 사막은 **비그늘** 지역 또는 해양성 공기가 통과하지 않는 내륙 지역에 위치한다. 남아메리카의 경우는 차가운 해류에 의한 건조한 해안 지역에 사막이 형성된다. 사막에 서식하는 식물과 동물은 가뭄을 회피하거나 내성을 지닌다. 일반적으로 일년생 식물은 발아 후 수 주일 안에 씨앗을 맺는다. 다년생 식물은 생리과정이 느려 장수한다.

비그늘 산맥이 습한 바닷바람을 가로막고 있어 비가 내리지 않는 지역. 바람이 산비탈을 타고 위로 올라가면서 해안의 평지와 산 경사면에는 비가 내린다. 따라서 산을 넘어온 바람은 건조하므로 산 너머 지역에는 비가 적게 내리는 비그늘이 생긴다.

육상생물군계 : 툰드라

툰드라(tundra)는 북위 60도 이상의 북극해 연안에 분포하는 넓은 벌판으로 연중 대부분은 눈과 얼음으로 덮여 있다. 짧은 여름 동안에 지표의 일부가 녹아서 이끼류와 **지의류**가 자란다. 스칸디나비아반도 북부에서부터 시베리아 북부, 알래스카 및 캐나다 북부에 걸쳐 침엽수림 지대의 북쪽에 위치하며 남반구에는 없다. 연강수량은 150mm 이하이다. 식물과 동물은 모두 종 다양도가 낮다. 광합성을 할 수 있는 기간은 3개월로 짧아 느리게 생장하며 영양생식이 많다. 무척추동물을 비롯한 나그네쥐, 순록, 사향소 등을 볼 수 있다.

지의류 균류와 조류의 공생체. 균류는 조류를 싸서 보호하고 수분을 공급하며, 조류는 동화 작용을 하여 양분을 균류에 공급한다. 나무껍질이나 바위에 붙어서 자라는데 열대, 온대, 남북극으로부터 고산 지대까지 널리 분포한다.

수서 생물군계

염분을 기준으로 담수, 해수 및 기수 생물군계로 구분한다. 일반적으로 염분 농도가 0.5% 이하이면 담수, 10% 이하는 기수라 한다. 10% 이상은 해수이다.

담수 생물군계는 물이 고여 있는 정수 환경과 흐르는 유수 환경으로 구분한다. 유수 환경에는 강과 하천이 있다. 상류는 수온이 낮고 빠르게 흐른다. 중류는 수온이 높아지며 조류(algae)의 성장이 많아진다. 하류는 유속이 느려지고 정수 환경의 특징이 나타나며, 바닥에는 퇴적물이 쌓인다. 정수 환경에는 호수, 연못, **늪**, 습지, **소택지** 등이 있다. 다양한 수중 식물과 동물을 볼 수 있다. 또한 홍수가 발생하면 강의 범람에 대한 완충지대 역할도 한다.

늪 땅바닥이 우묵하게 뭉떵 빠지고 늘 물이 괴어 있는 곳. 진흙 바닥이고 침수 식물이 많이 자란다.

소택지 늪과 연못으로 둘러싸인 습한 땅

맹그로브 아열대나 열대의 해변이나 하구의 습지에서 자라는 관목과 교목을 통틀어 이르는 말. 조수에 따라 물속에 잠기기도 하고 나오기도 한다.

기수 생물군계는 담수와 해양의 전이지대로, 강어귀, 해수 소택지, **맹그로브**(mangrove) 숲 등이 있다. 강어귀는 강물이 바다로 흘러가는 지역으로 다양한 물고기와 조개가 서식한다. 그러나 현재는 인류에 의한 개발과 부영양화 현상 등으로 서식지 훼손이 심각하다.

해양 생물군계는 지구 지표면의 70%를 차지한다. 육지와 가까운 연안 해역과 대양 해역으로 구분할 수 있다. 연안 환경에는 연안대, 조간대, 산호초 등이 있다. 산호초는 열대지역에 나타나며, 생물종이 육상의 열대림과 비교할 정도로 다양하다. 대양 해역은 근해역과 원해역으로 구분하며, 수심 200m까지의 해역을 근해역이라 한다. 우리나라 기상청에서는 한반도를 중심으로 동해는 20km, 서해는 40km 밖의 바다를 원해역이라 한다.

해양 생물이 사는 구역은 수심과 빛의 투과량을 기준으로 구분할 수 있다. 빛이 있는 지역은 유광대라고 하며 수심이 최대 150m에서 200m 범위로 광합성이 가능하다. 빛이 없는 수심 구역을 무광대라 한다.

원리 3 핵심종과 깃대종

핵심종

핵심종(keystone species)은 한 생태계의 균형을 유지하는 데 핵심 역할을 하는 종으로 개체수에 비해 군집에 큰 역할을 한다. 핵심종의 역할은 서식지를 만들거나, 생물종 사이의 상호작용에 관여한다. 핵심종을 제거하면 생태계가 변하기 시작하여 종 다양도가 급격히 낮아진다.

새로운 서식지를 만드는 핵심종의 좋은 예로는 산호와 해달이 있다. 산호는 산호 표면의 복잡한 구조로 인해 많은 종류의 생물이 산호 표면과 산호 사이에서 살 수 있도록 한다. 오쿠리나(*Oculina*)라는 산호 군체에는 300종 이상의 무척추동물이 서식하는 것으로 알려져 있다. 북서 태평양 연해에서 발견되는 해달 또한 핵심종이다. 해달은 성게를 먹고, 성게는 대형 해조류인 켈프를 먹는다. 켈프는 미역과 비슷하고 바다에서 나무 역할을 한다. 켈프 숲은 많은 어류, 조류, 해양포유류, 갑각류, 무척추동물에게 서식지를 제공한다(그림 4.3).

아프리카 사바나에 사는 아프리카 코끼리도 핵심종이다. 이들은 주로 나무를 먹고 사는 동물이다. 나무가 적어지면 초본의 생장에 유리하다. 초본의 생장은 다른 초식동물에게 유리하게 작용한다. 코끼리의 서식 유무에 관한 야외 실험 결과, 코끼리가 서식하는 지역은 초본식물과 조류의 종 다양성이 그렇지 않은 지역보다 높았다. 또한 코끼리의 파괴적인 섭식행위는 곤충과 소형포유류에게 도움이 된다(그림 4.4).

캘리포니아 샌타카탈리나섬 주변의 켈프 숲

그림 4.3 대형 해조류인 켈프 숲은 다양한 생물종에게 서식지를 제공한다. 켈프를 먹이로 삼는 성게는 해달의 주요 먹이원이다. 해달의 모피는 우수하기 때문에 20세기 초까지 사람들을 해달을 사냥하였다. 해달의 감소는 폭발적인 성게의 증가로 이어졌고, 켈프 숲도 사라졌다. (출처 : shutterstock)

사바나의 아프리카 코끼리 가족

그림 4.4 사바나의 아프리카 코끼리는 관목과 교목의 뿌리를 뽑고, 줄기를 분질러서 먹는 파괴적 섭식자이다. 그러나 이런 먹이 행동에 의해 소형포유류, 조류, 곤충의 먹이 활동에 도움이 된다. 또한 초본의 증가는 사바나의 대형 초식동물에게도 이익이 된다. (출처 : shutterstock)

깃대종

깃대종(flagship species)은 특정 지역의 생태 · 지리 · 문화적 특성을 반영하는 상징적인

우리나라 국립공원별 깃대종

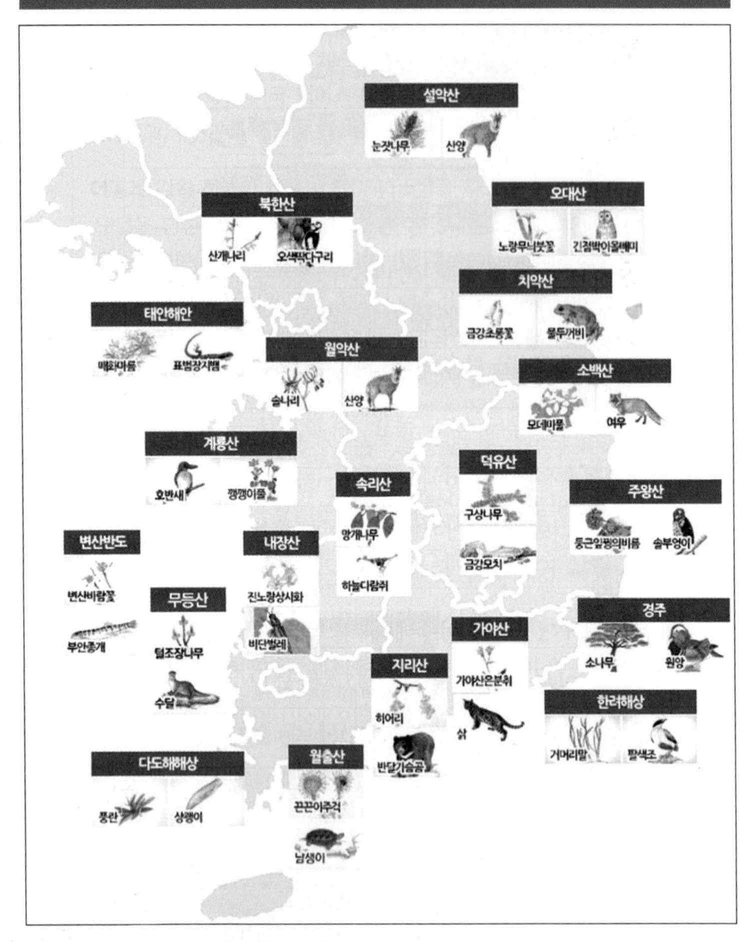

그림 4.5 21개의 국립공원에서는 39종의 야생 동식물을 깃대종으로 지정하여 관리하고 있다. (출처 : 국립공원관리공단)

야생 동식물로 환경보전의 정도와 환경복원의 증거가 된다. 깃대종이 사라져도 그 생태계가 파괴되는 것은 아니다. 깃대종을 선정하는 목적은 자연환경 보전에 사회적 공감대를 형성하여 자연보전에 참여를 유도하기 위함이다. 또한 지역을 대표하는 종을 선정하여 보호 및 관리를 통해 서식지 안정화를 이룬다.

우리나라에서는 2007년부터 국립공원별로 식물과 동물에서 각각 1종씩 깃대종을 지정하고 있다(그림 4.5). 이외에도 생태경관보전 지역이나 지방자치단체별로 깃대종을 선정하여 관리하고 있다. 강원도 홍천 '열목어'와 김천시 '은행나무', 거제도 '고란초', 울산광역시 '각시붕어', 부천시 '복사꽃' 등이 깃대종으로 선정되어 있다.

깃대종 선정기준

- 생태 · 문화 · 사회적으로 지역을 대표할 수 있는 종
- 국민이 중요하고 보호할 가치가 있다고 인식하는 종
- 멸종위기종 · 천연기념물과 같은 법정 보호종
- 생물자원 가치가 우수하여 보전이 필요한 종
- 대상 종을 통해 자연환경의 변화를 판단할 수 있는 종

문제 탐구

탐구 1 서식지 파괴

서식지 파괴는 생물다양성에 가장 위험한 요소이다. 2012년에 70억을 돌파한 인구는 계속 증가하고 있다. 인구 증가와 그에 따른 자원 및 에너지 수요의 증가는 다른 생물종을 위기에 몰아넣고 있다. IUCN에 따르면 서식지 질의 저하와 파괴는 멸종위기종 중 조류의 86%, 포유류의 86%, 양서류의 88%를 위협한다. 과학계에 따르면 인류는 매년 90,000 km^2의 열대우림을 훼손한다. 말레이시아, 인도네시아, 파푸아 뉴기니 등의 동남아 국가에서 팜유 농장 건설을 위해 열대우림을 파괴한다. 이곳의 가장 큰 피해자는 수마트라섬과 보르네오섬에 서식하는 오랑우탄으로, 앞으로 10년 또는 다음 세기까지 살아남을지 장담하지 못한다. 아마존 열대우림은 브라질을 비롯해 남아메리카 8개국에 걸쳐 750만 km^2로 세계 최대의 열대우림이다. 이 또한 농업과 소 사육 등에 필요한 목초지를 확보하려는 방화와 불법 벌목으로 훼손되고 있다.

서식지를 파괴 또는 위협하는 인류의 활동을 정리해 보자. 대표적으로는 농업과 축산업이 있다. 농업과 축산업은 자연을 인간의 필요에 따라 인위적으로 개조한 생태계이다. 자연 생태계인 초지, 습지 및 삼림의 개발은 야생 동식물의 감소로 이어진다. 목재와 펄프 생산, 광산 개발을 위한 삼림 파괴는 숲에 의존해 살아가는 생물종을 하루아침에 파괴하는 행위이다. 이외에도 댐 건설과 같은 수자원 개발, 여가 및 야외 활동, 산업화로 인한 각종 오염물질, 산불에 의한 교란 등도 서식지 파괴와 훼손을 하는 인류의 활동이다. 특히 벌목, 도로 건설, 댐의 건설 등에 의해 연속적이고 하나였던 서식지가 여러 개의 작고 고립된 서식지로 분할되는 현상이 발생한다. 이를 서식지 파편화 또는 조각화라 한다. 서식지의 중심지와 가장자리는 환경이 다르고 생물종도 다르다. 이를 가장자리 효과라고 한다. 서식지가 작게 분할되면 중심 생활환경의 질이 저하되며, 이는 생물종의 감소로 이어진다.

서식지 훼손이 생물군집에는 어떠한 영향을 미칠까? 생물종 한 종 차원에서는 개체군의 감소가 발생한다. 또한 멸종위기종의 경우는 멸종에 이를 수도 있다. 지역 생태계 차원에서는 생물종의 감소, 즉 종풍부도의 감소가 이어질 것이다.

탐구 2 외래종

외래종 또는 외래생물이란 다른 나라에서 인위적 또는 자연적으로 유입되어 그 본래의 원산지 또는 서식지를 벗어나 존재하게 된 생물을 말한다. 환경부에서는 국내에 유입될 경우 생태계 등에 위해를 미칠 우려가 있는 종을 '위해우려종'으로 지정하여 관리하고 있다. '생물다양성 보전 및 이용에 관한 법률'에서는 국내에 유입되어 생태계에 미치는 위해가 큰 외래종을 '생태계 교란생물'이라 한다.

생태계 교란생물

생태계 교란생물은 환경부령으로 정하며 기준은 다음과 같다. 그 종류는 동물 6종과 식물 12종으로 표 4.1과 그림 4.6에 제시하였다.

- 외래생물 중 생태계의 균형을 교란하거나 교란할 우려가 있는 생물
- 외래생물에 해당하지 아니하는 생물 중 특정 지역에서 생태계의 균형을 교란하거나 교란할 우려가 있는 생물
- 유전자의 변형을 통하여 생산된 유전자변형 생물체 중 생태계의 균형을 교란하거나 교란할 우려가 있는 생물

생태계 교란생물의 관리

황소개구리는 2000년대 중반에 전국에서 황소개구리 포획을 하여, 개체수가 많이 줄어들었다. 현재에는 일부 지역에서만 퇴치 사업을 하고 있다. 자연적으로 육식성 어류, 물새, 수달 등에 의해 황소개구리 개체군이 조절되며, 특히 가물치가 서식하면 황소개구리가 현저하게 줄어든다.

붉은귀거북은 제주도를 포함한 국내 하천, 호수 및 저수지에 분포하고 있다. 애완용 거북으로 적합하여 전 세계에 보급되었고, 우리나라에서도 애완용으로 기르다가 자연에 버려지거나, 종교 행사로 방생하여 전국에 확산되었다. 현재 붉은귀거북을 방생하면 2년 이하의 징역 또는 1천만 원 이하의 벌금에 처해진다. 붉은귀거북을 직접 포획하거나 산란기인 4월부터 7월 사이에 모래 토양에 산란지가 확인되면 제거하는 방법이 있다. 또한 방생 금지에 대한 홍보를 지속적으로 해야 한다.

표 4.1 우리나라 환경부 지정 생태계 교란생물

역할	국명	학명
포유류	뉴트리아	*Myocastor coypus*
양서류 파충류	황소개구리	*Lithobates catesbeianus*
	붉은귀거북속 전종	*Trachemys* spp.
어류	파랑볼우럭	*Lepomis macrochirus*
	큰입배스	*Micropterus salmoides*
곤충류	꽃매미	*Lycorma delicatula*
식물	돼지풀	*Ambrosia artemisiifolia*
	단풍잎돼지풀	*Ambrosia trifida*
	서양등골나물	*Eupatorium rugosum*
	털물참새피	*Paspalum distichum* var. *indutum*
	물참새피	*Paspalum distichum*
	도깨비가지	*Solanum carolinense*
	애기수영	*Rumex acetosella*
	가시박	*Sicyos angulatus*
	서양금혼초	*Hypochaeris radicata*
	미국쑥부쟁이	*Aster pilosus*
	양미역취	*Solidago altissima*
	가시상추	*Lactuca scariola*
	갯줄풀	*Spartina alterniflora*
	영국갯끈풀	*Spartina anglica*

파랑볼우럭과 큰입배스는 우리나라 호수, 저수지, 하천의 중하류 및 농수로까지 퍼져 있다. 제주도에서도 분포가 확인되었다. 파랑볼우럭과 큰입배스가 동시에 서식하는 수역은 큰입배스가 파랑볼우럭을 먹이로 삼아 개체군이 더욱 증가한다. 현재 환경부와 지방자치단체에서 낚시대회, 인공산란장을 이용한 알 제거, 외래어종 수매 등 다양한 방법으로 개체수 조절을 하고 있다. 가물치를 이용한 생물학적 관리 방안도 고려되고 있다.

설치류인 뉴트리아는 먹이섭식과 굴파기로 피해를 주고 있다. 분포 지역은 부산, 함안, 밀양, 창녕 등 낙동강 하류에 집중되어 있다. 뉴트리아 개체수를 줄이기 위해 직접 포획하는 방법과 서식처를 봉쇄하는 방법이 쓰인다. 포획은 총기보다는 포획 틀을 이용하고 있다. 뉴트리아 굴이 발견되면 돌 등으로 채워 막는 것도 좋은 방법이다.

생태계 교란 식물은 개화기 이전인 5월부터 제거해야 한다. 일부 식물은 꽃이 피

우리나라 환경부 지정 생태계 교란동물

뉴트리아

황소개구리

붉은귀거북

파랑볼우럭(블루길)

큰입배스

꽃매미

그림 4.6 우리나라에 유입되어 생태계에 미치는 위해가 큰 외래종을 생태계 교란생물이라 하고, 그 종류는 환경부령으로 정한다. 동물은 포유류인 뉴트리아를 비롯하여 6종, 식물은 돼지풀을 비롯하여 14종이 있다. (출처 : shutterstock, 환경부 http://www.me.go.kr)

면 알레르기 문제로 접근이 어려우며, 일찍 꽃이 핀 개체에서 예상보다 빠르게 종자를 맺는 경우도 있다. 농지나 그 주변에서는 필요에 따라 제초제를 사용해도 되나, 자연생태계에서는 사용하지 않는 것이 좋다. 한 번 제거된 곳은 종자가 땅속에 묻혀 있는 경우가 많아 수년간 집중적으로 관리해야 한다. 다시 발생하는 것을 방지하기 위해 제거 후 고유 식물을 식재하도록 한다.

탐구 3 대서양 대구의 남획

대구는 입이 커서 대구(大口)라 하며 대구과에 속하는 식용 물고기이다(그림 4.7). 대부분 북반구 차가운 바닷물에 서식하며 200여 종이 있다. 살이 희고 담백하고 크기가 커서 동서양 가릴 것 없이 인기가 좋다. 상업적 가치가 있는 대구 종류로는 대서양 대구, 해덕 대구, 폴락 대구, 파이팅 대구 그리고 태평양 대구 등이 있다. 대구의 수명은 20년에서 30년이다. 알을 많이 낳는 어류로 크기에 따라 알의 수가 달라진다. 크기가 1m 정도가 되면 약 300만 개, 1.3m이면 900만 개까지 낳는다고 한다. 이 알의 대부분은 다른 생물의 먹이 자원이 된다. 부화 후 2주 정도가 되면 플랑크톤과 크릴 등을 먹으며, 3주가 되면 크기가 4cm 정도로 바닥으로 이동하여 생활한다.

대구와 인류 역사

유럽 지역에서의 대구는 대서양 대구(Atlantic cod, *Gadus morhua*)이다. 한국에서 잡히는 대구는 태평양 대구(Pacific cod, *Gadus macrocephalus*)이다. 대서양 대구의 평균 무게는 11.5kg, 크기는 최대 1.8m까지 자란다. 대구 살은 기름기가 없어 말려서 보존하기가 쉽다. 8세기 이후 급격한 인구 증가로 인한 식량이

대서양 대구(Atlantic cod, *Gadus morhua*)

그림 4.7 유럽 지역에서 잡히는 대서양 대구는 맛이 좋아 옛날부터 인류 역사와 함께 하였다. 바이킹의 항해, 미국의 독립전쟁, 20세기의 대구 전쟁도 대구와 관련되어 있다. (출처 : shutterstock)

부족해진 바이킹이 대서양을 건너 아메리카 대륙까지 항해가 가능한 것도 말린 대구 덕분이었다. 옛 기록에 의하면, 바다에 물 반 고기 반이라서 대구의 번식기에는 바다가 하얗게 변했고 양동이로 대구를 잡았다고 한다. 대구가 너무 많이 잡혀 식용으로 먹고도 남아 갈아서 비료로 사용하거나 구덩이를 메꾸는 데 사용했을 정도다. 이후 대구는 산업과 전략적으로 매우 중요한 식량자원이 되었다.

아메리카의 발견도 크리스토퍼 콜럼버스 이전에 바스크족 어부들이 먼저 발견했다는 설이 있다. 스페인 지역의 바스크족 어부들은 대구를 많이 잡아와서 팔았는데, 그 장소는 비밀이었다. 현재에 와서 바스크족의 어장이 북아메리카의 뉴펀들랜드 연안지대인 것으로 알려졌다.

18세기에 영국은 북아메리카 식민지에 대해 설탕과 차에 세금을 부여하고 대구 무역을 제한하였다. 이에 반발하기 시작한 것이 미국 독립전쟁을 일으킨 원인 중 하나이다. 20세기에는 아이슬란드와 영국이 일명 대구 전쟁(Cod War)이라는 군사적 충돌을 세 차례나 벌였다. 대구 전쟁은 1950년대부터 1970년대까지 북대서양에서 대구를 중심으로 어업권과 관련되어 양국이 충돌한 전쟁이다.

대구의 남획

그랜드뱅크스는 뉴펀들랜드섬 남동쪽에 발달한 대륙붕이다. 차가운 래브라도 해류와 따뜻한 멕시코 만류가 만나면서 풍족한 어장을 이룬다. 이탈리아 태생의 탐험가인 존 캐벗은 15세기 말 캐나다 근해의 얕은 바다에 있는 그랜드뱅크스 어장을 발견하여 보고하였다. 그러자 많은 유럽 어부들이 고기를 잡기 위해 대서양을 건너 그랜드뱅크스로 몰려들었고, 대구의 포획량은 급증하였다.

19세기에 일부 유럽 사람은 청어를 비롯한 어류가 고갈될지도 모른다는 우려를 나타냈다. 하지만 1883년에 국제 어업박람회에서 영국의 토머스 헉슬리 교수는 어종의 수는 상상할 수 없을 만큼 많고, 인간이 포획하는 양은 무시해도 될 만한 양이라고 했다. 따라서 대구 어장을 비롯한 대형 어장이 고갈될 염려가 없다고 발표하였다. 이러한 견해는 19세기 중반에 기업적 어로 활동이 등장하기 전까지는 맞는 것처럼 보였다.

저인망 바다 밑바닥으로 끌고 다니면서 깊은 바닷속의 물고기를 잡는 그물

1925년에 미국의 클래런스 버드사이(Clarence Birdseye)는 생선 급속 냉동 기술을 개발하였다. 이후 어업은 디젤 기관을 장착한 **저인망** 어선을 사용하여 대구를 포획하여

냉동 저장하여 시장으로 공급할 수 있었다. 이는 대구 수요의 급격한 증가로 이어졌다. 그랜드뱅크스에서 남획의 본격적 시작은 1951년 영국 어선부터 시작한다. 길이 85m에 적재량이 2,600톤의 세계 최초로 냉동 창고를 갖춘 저인망 어선이 등장하였다. 배에는 기계로 거대한 그물을 끌어올릴 수 있었고, 갑판 아래에는 생선 가공 장치와 냉동기가 있었다. 또한 이 배는 어군 탐지기를 사용하였기에 밤낮을 가리지 않고 물고기 떼를 찾아 몇 주 동안 물고기를 포획할 수 있었다. 이와 비슷한 수백 척의 배가 등장하면서 시간당 200톤의 물고기를 잡았다.

1980년대에도 그랜드뱅크스에서 조업을 하는 초대형 저인망 어선은 계속 늘어났다. 과학계에서는 대구가 고갈될 위기에 처해 있다고 경고하였지만, 수만 명이 어장에 의존해 살아가고 있었고, 정치가는 외면하였다. 1992년에 과학계에서 지난 30년 동안 대구의 개체 수의 98.9%가 감소했다고 발표하였다. 그랜드뱅크스에서 대구 어업은 금지되었지만 때는 이미 늦었다. 특히 대서양 대구는 수명이 25년쯤 된다. 그랜드뱅크스 어장에서 어업이 금지된 지 이제 한 세대가 겨우 넘어가고 있다. 대구 개체군의 원상복구에는 상당한 시간이 더 필요하다. 캐나다 정부는 1992년 발효한 그랜드뱅크스에서의 대구 조업 금지조치를 2026년까지로 연장한다고 발표했다. 미국은 1994년에 조지스뱅크의 일부 해역에 조업 금지조치를 내렸고, 현재는 일부에서만 엄격하게 어획량 할당제로 조업을 허용하고 있다.

저인망 어선의 또 다른 문제점은 물고기만 남획하는 것이 아니라, 바다 밑의 모든 생태계를 훼손시킨다는 점이다. 바닥까지 훼손된 바다는 쉽게 복원되지 않는다. 생태계가 다행히 복원된다고 하더라도 대구가 살기 좋은 서식지로 된다는 보장도 없다.

한국에서의 대구 남획과 복원

한국에서 대구 어획량은 1950년대부터 줄기 시작하여 1980년대까지만 해도 연 4,000~5,000톤이었다. 그러나 1990년대에 어획량은 300~600톤 정도로 줄었다. 1990년대 중반에는 큰 대구 한 마리에 30여만 원을 호가하기도 했다. 다행히 1986년부터 시작한 대구 인공 수정란 방류 사업에 힘입어 2001년부터 어획량이 계속 늘어나 2010년에는 어획량이 1만 톤 정도로 예전의 어획량을 회복하고 있다.

문제 해결

해결 1 보호구역

자연 서식지와 야생의 미개척 지역은 경제와 정치적 힘의 압력에 따라 훼손의 위협을 받는다. 훼손을 방지하는 방법은 보호구역을 설정하는 것이다. 보호구역은 일반적으로 자연 또는 천연보호구역이라 한다. 식물, 동물, 지질학적 또는 특별한 가치가 있는 것의 중요성을 인정하여 보존 관리와 연구의 기회를 제공하기 위해 설정한다.

보호받는 육지는 전 세계의 남극을 제외하고 6.4%이다. 우리나라는 '자연환경보전법'에 따라 생태 · 경관보전지역과 '자연공원법'에 따라 자연공원을 지정하여 관리하고 있다. 이는 자연생태계와 자연 및 문화경관 등을 보전하고 지속가능한 이용을 도모함을 목적으로 한다.

람사르 협약

람사르 협약은 자연자원과 서식지의 보전 및 현명한 이용에 관한 최초의 국제협약이다. 물새 서식 습지를 보호하기 위한 것으로 1975년 12월에 발효되었다. 이 협약의 정식명칭은 '물새 서식지로서 특히 국제적으로 중요한 습지에 관한 협약(the convention on wetlands of international importance especially as waterfowl habitat)'으로 1971년 2월 2일 이란의 람사르에서 채택되었다.

협약의 목적은 현재와 미래에 있어서 습지의 점진적인 침식과 손실을 막는 것이다. 이는 습지가 경제적, 문화적, 과학적 및 여가적으로 큰 가치를 가진 자원으로, 한 번 훼손되면 회복될 수 없기 때문이다.

우리나라는 1997년 7월에 101번째로 이 협약에 가입하였다. 협약 가입 당시에 람사르 습지 목록에 등재한 곳이 강원도 인제군 대암산 용늪이다. 습지의 등록은 습지보전법 제9조에 따라 환경부에서 지정하고 있다. 2016년 12월 기준 22개 지역으로 면적은 191.627 km^{2}이다. 2016년 12월 기준 세계 가입 국가는 169개국이며 지정습지는 2,247개다. 면적은 215,051,273 ha(**헥타르**)이다.

헥타르 10,000 m^{2}에 해당하는 넓이로, 한 변이 100 m인 정사각형의 면적과 같다. 보통 산이나 밭의 땅 넓이를 재는 데 쓰인다.

우리나라 보호구역의 지정

우리나라에서 생태 · 경관보전 지역으로 지정하는 기준은 다음과 같다. 1) 자연 상태가 원시성을 유지하고 있거나 생물다양성이 풍부하여 보전 및 학술적 연구가치가 큰 지역, 2) 지형 또는 지질이 특이하여 학술적 연구 또는 자연경관의 유지를 위하여 보전이 필요한 지역, 3) 다양한 생태계를 대표할 수 있는 지역 또는 생태계의 표본지역, 4) 그 밖에 하천 · 산간계곡 등 자연경관이 수려하여 특별히 보전할 필요가 있는 지역으로서 대통령령이 정하는 지역 등이다.

대암산 용늪

그림 4.8 대암산 용늪은 이탄층이 잘 보조된 산지습지이다. 삿갓사초 같은 습지식물과 기생꽃, 산골조개, 호랑나비 등 종 다양성이 풍부하여 학술적 가치가 높다. 환경부는 1989년에 생태계 보전지역, 1997년에 람사르 협약 습지, 1999년에 습지보호지역으로 지정하였다. (출처 : 환경부 원주지방환경청 http://www.me.go.kr)

자연공원은 자연풍경지를 보호하고, 적정한 이용을 도모하여 국민의 보건휴양 및 정서생활의 향상에 기여함을 목적으로 지정하여 관리하는 공원이다. 환경부장관이 지정하는 국립공원과 지방자치단체장이 지정하는 도립공원, 군립공원이 있다. 지정 기준은 자연생태계의 경우 보전상태가 양호하거나, 멸종위기 야생 동식물, 천연기념물 등이 서식해야 한다. 자연경관과 문화경관은 경관이 수려하거나 문화적 가치가 있어 보전할 필요가 있어야 한다.

해결 2 수산 자원과 지속가능한 수확

수산업은 인류가 생계를 잇는 중요한 수단이다. 수천 년간 인류가 물고기와 수산물을 먹어 왔다는 것은 패총을 보면 알 수 있다. 패총은 전 세계에 해안에서 발견된다. 현재 수산업은 중요한 산업이고 미래에도 마찬가지다. 풍부한 수산 자원이 있고 어업을 할 수 있는 수역을 어장이라 한다. 그러나 1970년대에 페루의 멸치 어장이 붕괴하였고, 1990년대에는 대서양의 그랜드뱅크스 어장이 붕괴되었다. 붕괴의 원인은 남획이었지만 해양 오염과 기후변화도 영향을 미쳤을 것이다. 어장의 붕괴는 더 이상 지역적 문제가 아닌 전 지구적 문제로 등장하였다.

전 세계 어장의 미래 생산성을 보장하기 위해서는 생태계의 건강성 회복과 함께 어장의 과학적 관리가 필요하다. 어장 관리의 목표는 어류 자원의 생산성을 유지하면서 어획량이 얼마인지를 추정하는 것이다. 지속가능한 어장을 유지하려면, 과학적 근거를 사용한 규제와 위반자에 대한 강력한 처벌이 필요하다. 첫 번째는 어획 금지이다. 1982년 국제포경위원회는 상업적 포경에 대한 휴지 선언을 하였다. 두 번째는 어업에 대한 규제이다. 생물의 크기, 암컷 어획 금지, 어업기간 제한, 어망과 그물의 종류 등 어구 제한 등이 있다. 세 번째는 어획량을 할당하는 것이다. 어장에 대한 할당과 독점권을 제공하여 자율적으로 어장을 보호하게 한다.

양식업은 현대 수산업에서 그 비중이 점차 높아지고 있다. 그러나 가두리 양식 같은 방법은 인근 해양에 오염을 가중시키는 문제점이 있다. 오염을 줄이는 방식으로 양식 방법을 개발하고 발전시켜야 한다. 이러한 방법으로는 어류, 전복, 미역과 조가비의 연합 양식과 같은 통합적 다단계 단계 양식, 인공습지와 같은 육상기반 양식 시스템, 맹그로브 숲을 활용한 새우 양식 등이 있다.

해양 보호구역의 설정으로 해양 생태계와 생물종의 보호는 어장의 생산성과 안정성을 높인다. 또한 강과 하천의 복원, 댐의 제거 등을 통해서 생물다양성을 높일 수 있다.

현장 적용

적용 1 우리 주변의 야생 동식물 알아보기

우리나라에 기록된 생물종은 2016년 12월 기준 47,000여 종이다(그림 4.9). 아직 기록되지 않은 종을 포함하면 약 10만 종으로 추정하고 있다. 종(species)에 대한 개념은 관점에 따라 다양하다. 생물학적 종의 정의는 '교배가 이루어지고 그 자손이 대대로 유지되는 집단'이다.

우리나라에서 국가가 지정하여 관리하는 생물이 있다. 이 중 생태계교란 야생생물에 대해서는 문제 탐구 2에서 학습하였다. 이외에도 멸종위기 야생생물, 보호대상

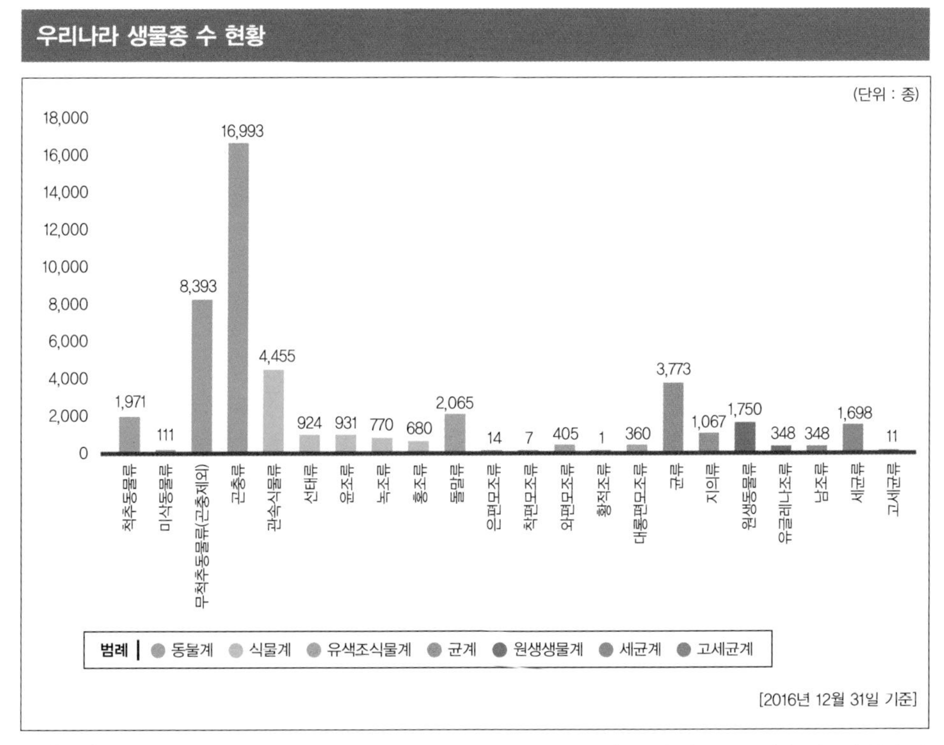

그림 4.9 우리나라에서 곤충까지 포함하여 동물은 27,000여 종으로 생물종의 약 58.4%이다. 나무와 풀과 같은 식물은 4,000여 종으로 약 9.5%이다. 이외에도 이끼, 곰팡이, 원생생물, 세균까지 모두 포함하면 47,000여 종이다. (출처 : 국가생물다양성 정보공유체계)

해양생물, 천연기념물 중 동물 및 식물, 희귀식물과 특산 식물 등 별도로 분리하여 관리하는 생물이 있다(그림 4.10).

멸종위기 야생생물은 자연적 또는 인위적 위협요인으로 인하여 개체 수가 현격히 감소하거나 소수만 남아 있어 가까운 장래에 절멸될 위기에 처해 있는 야생생물로 I급과 II급으로 구분하여 관리하고 있다. 희귀식물은 자생생물 중 개체수와 자생지가 감소되고 있어 특별한 보호와 관리가 필요한 식물이며, 특산 식물은 자생생물 중 우리나라에만 분포하는 식물이다.

우리나라 국가기관별 국가보호종 현황

환경부	해양수산부	문화재청	산림청
멸종위기 야생생물	보호대상 해양생물	천연기념물	희귀식물
야생생물 보호 및 관리에 관한 법률	해양생태계의 보전 및 관리에 관한 법률	문화재보호법	수목원 · 정원의 조성 및 진흥에 관한 법률
246종	77종	70종	571종

그림 4.10 우리나라에서는 각 부처별로 관련법에 따라 생물종을 보호 및 관리하고 있다. 환경부는 멸종위기 야생생물을 '야생생물보호 및 관리에 관한 법률'에 따라 246종을 관리하고 있다. 해양수산부, 문화재청 및 산림청에서도 관련 법률에 따라 해양생물, 천연기념물, 희귀식물을 관리하고 있다. (출처 : NIBR 한반도의 생물다양성 http://sptcies.nibr.go.kr)

실습 과제

과제 1 우리나라에서 보호하는 야생생물 알아보기

우리나라에서는 보호가 필요한 생물을 법률에 근거하여 국가보호종으로 지정하여 관리한다. 국가보호종은 야생생물 보호 및 관리에 관한 법률 제2조 제2호에 따른 멸종위기 야생생물, 해양생태계의 보전 및 관리에 관한 법률 제2조 제11호에 따른 보호대상 해양생물, 문화재보호법 제25조 제1항에 따른 천연기념물 중 동물과 식물, 수목원 정원의 조성 및 진흥에 관한 법률 제2조 제4호에 따른 희귀식물 및 제2조 제5호의 특산식물 등이다.

멸종위기 야생생물이란 자연적 또는 인위적 위협요인으로 인하여 개체 수가 현격히 감소하거나 소수만 남아 있어 가까운 장래에 절멸될 위기에 처해 있는 야생생물이다. 현재 멸종위기 야생생물 I급과 멸종위기 야생생물 II급으로 나누어 관리한다.

- **멸종위기 야생생물 I급** : 자연적 또는 인위적 위협요인으로 인하여 개체 수가 많이 줄어들어 멸종위기에 처한 야생생물이다. 현재 51종이 지정되어 있다.
- **멸종위기 야생생물 II급** : 자연적 또는 인위적 위협 요인으로 개체 수가 크게 줄어들고 있어 현재의 위협요인이 제거되거나 완화되지 아니할 경우 가까운 장래에 멸종위기에 처할 우려가 있는 야생생물이다. 현재 195종이 지정되어 있다.

자생력을 상실한 멸종위기 야생생물은 서식지 보전과 함께 적극적인 증식과 복원이 필요하다. 우리나라에서는 2004년 지리산 반달가슴곰을 시작으로, 월악산 산양과 여우 등을 복원하고자 진행하고 있다. 반달가슴곰 복원사업은 많은 시행착오를 거치면서 자연정착이 이루어짐에 따라 방사된 곰들이 자체적으로 증식되고 있다. 식물의 경우는 2007년부터 멸종위기 식물원을 북한산 등에 조성하여 전국에 16개소를 복원하였다.

1. 법제처의 국가법령정보센터 홈페이지(http://www.law.go.kr)를 방문한다.

2. 야생생물 보호 및 관리에 관한 법률을 찾아 내용을 숙지한다.
3. 환경부의 한반도 생물다양성 홈페이지(https://species.nibr.go.kr)를 방문하여 멸종위기 야생생물 I급과 II급을 알아본다.
4. 생물다양성 홈페이지 또는 관련 자료를 통해 종 복원사업에 대해 조사한다.
5. 관심이 있거나 우리 지역에 있는 생물을 자세히 알아보고 그 모습과 생태, 보전 노력 등을 정리한다.

과제 2 우리나라의 보호구역 알아보기

우리나라는 '자연환경보전법'에 따라 생태 · 경관보전 지역과 '자연공원법'에 따라 자연공원을 지정하여 관리하고 있다. 자연공원의 분류로는 국립공원, 도립공원, 군립공원 및 지질공원이 있다. 국립공원은 우리나라의 자연생태계나 자연 및 문화경관을 대표할 만한 지역이다. 표 4.2는 우리나라 국립공원의 지정현황이다.

1. 국립공원관리공단 홈페이지(http://www.knps.or.kr/mcorporation), 국립자연휴양림관리소(http://www.huyang.go.kr) 등을 방문한다.
2. 국립공원관리공단의 생태관광 프로그램, 국립공원 탐방로, 휴양림 정보 등을 조사한다.
3. 주말 또는 방학 기간에 가족 또는 친구와 즐길 수 있는 자연과 함께하는 계획을 세운다.

표 4.2 우리나라 국립공원 지정현황

지정 순위	공원명	위치	공원구역		비고
			지정 년 월 일	면적(km²)	
1	지리산	전남 · 북, 경남	67.12. 29.	483.022	
2	경주	경북	68.12. 31.	136.550	
3	계룡산	충남, 대전	68.12. 31.	65.335	
4	한려해상	전남, 경남	68.12. 31.	535.676	해상 408.488
5	설악산	강원	70. 3. 24.	398.237	
6	속리산	충북, 경북	70. 3. 24.	274.766	
7	한라산	제주	70. 3. 24.	153.332	
8	내장산	전남 · 북	71. 11. 17.	80.708	
9	가야산	경남 · 북	72. 10. 13.	76.256	
10	덕유산	전북, 경남	75. 2. 1.	229.430	
11	오대산	강원	75. 2. 1.	326.348	
12	주왕산	경북	76. 3. 30.	105.595	
13	태안해안	충남	78. 10. 20.	377.019	해상 352.796
14	다도해상	전남	81. 12. 23.	2,266.221	해상 1,975.198
15	북 한 산	서울, 경기	83. 4. 2.	76.922	
16	치 악 산	강원	84. 12. 31.	175.668	
17	월악산	충북, 경북	84. 12. 31.	287.571	
18	소백산	충북, 경북	87. 12. 14.	322.011	
19	변산반도	전북	88. 6. 11.	153.934	해상 17.227
20	월출산	전남	88. 6. 11.	56.220	
21	무등산	광주, 전남	13 .3. 4.	75.425	
22	태백산	강원, 경북	16 .8. 22.	70.502	
	계		**22개소**	**6,726.298**	**육지 : 3,972.589** **해면 : 2,753.709**

[2017년 2월 기준]

인간에게 중요한 물 인간이 환경과 더불어 살아가는 데 물은 매우 중요하다. 물은 생명체의 근원이며 인간이 문명을 이룩하고 건강한 삶을 사는 데 반드시 필요하다. 물에 대한 접근성, 깨끗한 물의 확보, 물과 관련된 위생적인 환경과 개인 보건 활동은 사람이 최소한 누려야 할 기본 권리이다. (출처 : shutterstock)

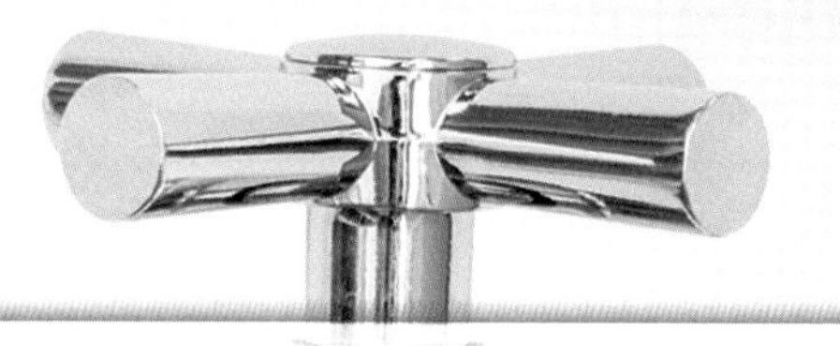

제5장

물과 위생 그리고 적정기술

대표 사례

물 부족과 수인성 질병으로 고통받는 지구촌 아이들

물 부족, 지구의 물은 어디에?

우리가 사는 지구에는 태평양, 대서양, 인도양이라는 커다란 3개의 바다가 있다. 이 외에도 지구상에는 수많은 크고 작은 강과 호수가 도처에 널려 있다. 그래서 지구에 물이 부족하다는 이야기를 들을 때면 언뜻 이해가 되지 않는다. 망망대해라는 표현처럼 끝없이 펼쳐진 바다의 모습을 상상하면서 '지구의 3분의 2가 물인데 도대체 왜 물이 부족하다고 하는 것일까?'라는 의문을 갖는다. 그러나 한 번 더 자세히 생각해 보면 우리가 눈으로 볼 수 있는 물은 지구의 표면을 둘러싸고 있으므로 '지구의 3분의 2가 물이다'라는 표현보다는 '지구 표면의 3분의 2가 물로 덮여 있다'는 표현이 더 정확할 것이다. 그림 5.1에서 볼 수 있듯이 지구와 지구를 둘러싼 물을 부피로 나타내 보면 지구의 물이 왜 부족한지 쉽게 이해가 된다.

국제연합아동기금 전쟁피해 아동의 구호와 저개발국 아동의 복지 향상을 위해 설치된 국제연합 특별기구

지구와 물

그림 5.1 지구를 구성하는 육지와 물을 부피로 표시한 그림이다. 지구의 3분의 2가 물로 덮여 있다고 하면 물이 풍족하다는 생각이 들겠지만 그림에서 보듯이 부피로 나타내 보면 지구의 물은 풍족하지 않다. (출처 : USGS 자료)

그나마도 대부분의 물이 인간이 사용할 수 없는 바닷물이며 실제 인간이 사용 가능한 담수(freshwater)는 고작 2.5%밖에 되지 않는다(그림 5.2). 그러나 이 2.5% 담수의 대부분(67.8%)도 극지방에 얼음 형태로 존재한다. 이 또한 인간이 사용하기에 적합하지 않다. 그러므로 실제 인간이 접근 가능하며 사용 가능한 물은 매우 미미한 수준으로 항상 물은 부족할 수밖에 없는 것이다.

수인성 질병으로 고통받는 지구촌 아이들

국제연합아동기금(UNICEF)의 물과 보건 · 위생 프

지구에 존재하는 물의 구성비

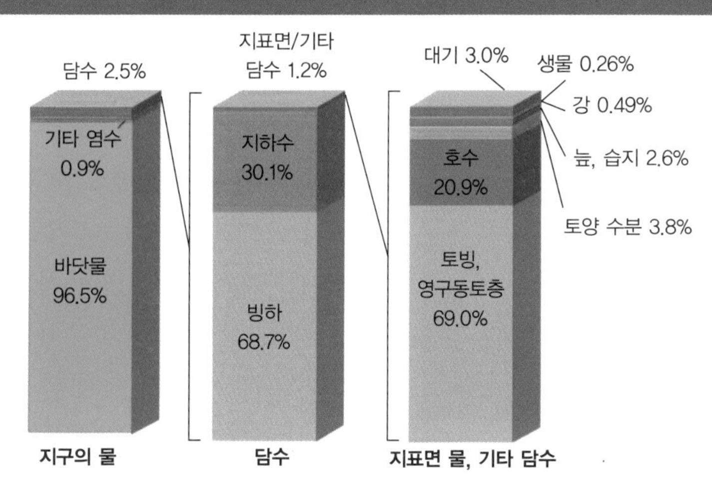

그림 5.2 지구에 존재하는 대부분의 물은 인간이 사용할 수 없는 바닷물이며, 인간이 사용 가능한 담수는 약 2.5%밖에 되지 않는다. 그나마도 대부분이 얼음 형태로 존재한다. (출처 : USGS 자료)

로그램 운영 자료에 의하면, 전 세계적으로 5세 미만의 어린이 약 2,000여 명이 매일 설사 등의 질병으로 사망하고 있다고 한다. 이들 중 약 1,800명의 사망 원인이 물 부족, 오염된 물, 그리고 열악한 위생 환경과 연관되어 있다(그림 5.3). 우리는 이런 종류의 기사나 글들을 종종 접하지만 실제 어느 정도 심각한 상황인지 쉽게 인식하지 못한다. 인공지능, 무인 운송수단, 자율주행, 3D 프린터, 빅데이터 등 점점 첨단화되어 가는 **4차 산업혁명** 시대를 사는 우리는 물 부족과 질병으로 죽어가는 아이들의 통계 수치가 쉽게 피부로 와 닿지 않는다. 집에서는 깨끗한 수돗물이 콸콸 나오고, 바로 집 앞 편의점에만 가도 널려 있는 것이 생수인데 왜 마실 만한 깨끗한 물이 없어서 하루에 1,800명의 어린이가 죽는다는 것인지 이해하기가 쉽지 않다. 그렇다면 다음과 같은 기사가 오늘 저녁 뉴스에 나왔다고 상상해 보자.

"오늘 하루 지구촌에서 5세 미만의 어린이들

4차 산업혁명 인공지능기술, 사물인터넷, 빅데이터 등 정보통합기술의 융합으로 이뤄지는 차세대 산업혁명

쓰레기 더미의 어린이

그림 5.3 전 세계적으로 5세 미만의 어린이 약 2,000여 명이 매일 설사 등의 질병으로 사망하고 있다. 이들 중 약 1,800명의 사망 원인이 물 부족, 오염된 물, 그리고 열악한 위생 환경과 연관되어 있다. (출처 : shutterstock)

사고로 전복된 스쿨버스

그림 5.4 지구상의 어린이들 중 많은 어린이들은 이런 사고가 아닌 물 부족과 오염된 물로 인한 질병으로 사망하고 있다.
(출처 : shutterstock)

을 가득 태운 20인승 유치원 버스 90대가 사고로 인해 어린이 1,800명 전원이 사망했습니다"(그림 5.4).

아마도 이런 뉴스가 보도된다면 전 세계는 경악을 금치 못할 것이다. 왜 죄 없는 어린이들이 교통사고로 죽었는지, 살릴 수 있는 방법은 없었는지, 앞으로 이러한 사고의 재발을 막기 위해 우리는 어떻게 해야 하는지 등 엄청난 사회적 파장이 일어날 것이다. 그러나 실제 우리가 살고 있는 이 지구에서 물 부족과 오염된 물, 그리고 열악한 보건 · 위생 환경으로 인해 매일 1,800명의 어린이들이 죽어가고 있다는 사실은 큰 주의를 끌지 못하고 있다. 물 부족과 오염된 물, 그리고 열악한 보건 · 위생 환경으로 인해 사망하는 5세 미만 어린이들의 약 절반이 인도, 나이지리아, 콩고민주공화국, 파키스탄, 그리고 중국 등 5개국의 어린이들이다. 특히 이들 나라 중에서도 인도(24%)와 나이지리아(11%)에서 많은 어린이들이 사망한다. 이러한 나라들은 많은 인구수에 비해 물 공급 시설이 부족하여 물에 대한 접근성이 매우 열악한 지역이며, 또한 보건과 위생 관련 시설들도 상당히 부족하다. 여러 자료에 의하면 깨끗한 물을 공급받지 못하는 약 7억 8,300만 명의 인구 중 1억 2,000만 명 정도가 중국에 살고 있으며, 인도와 나이지리아에 각각 9,700만 명과 6,600만 명이 살고 있다고 한다. 국적, 성별, 인종, 빈부 등 모든 요건을 불문하고 전 세계 모든 어린이들은 우리에게 소중한 어린이들이며 지구촌에 살고 있는 인류의 미래이다. 그러므로 우리는 부족한 물을 전 인류가 효과적으로 나누어 사용할 수 있도록 효율적인 수자원 관리를 위해 노력해야 할 것이다. 또한 지구촌의 이웃들 모두가 깨끗한 물을 마실 수 있도록 서로 고민하고 문제를 해결해 나가야 하며, 아울러 보건과 위생 관련 시설들을 확대 · 보급하고, 보건과 위생 관련 교육을 통해 지속적으로 위생적인 환경을 유지할 수 있도록 해야 할 것이다.

국내총생산량(GDP) 한 나라의 영역 내에서 가계, 기업, 정부 등 모든 경제 주체가 일정기간 동안 생산한 재화 및 서비스의 부가가치를 시장가격으로 평가하여 합산한 것

그림 5.5는 세계 182개국의 1인당 **국내총생산량**(Gross Domestic Product, GDP)과 기대수명과의 관계를 나타낸 그래프이다. 색깔은 그 국가가 포함된 대륙을 나타내고(예 :

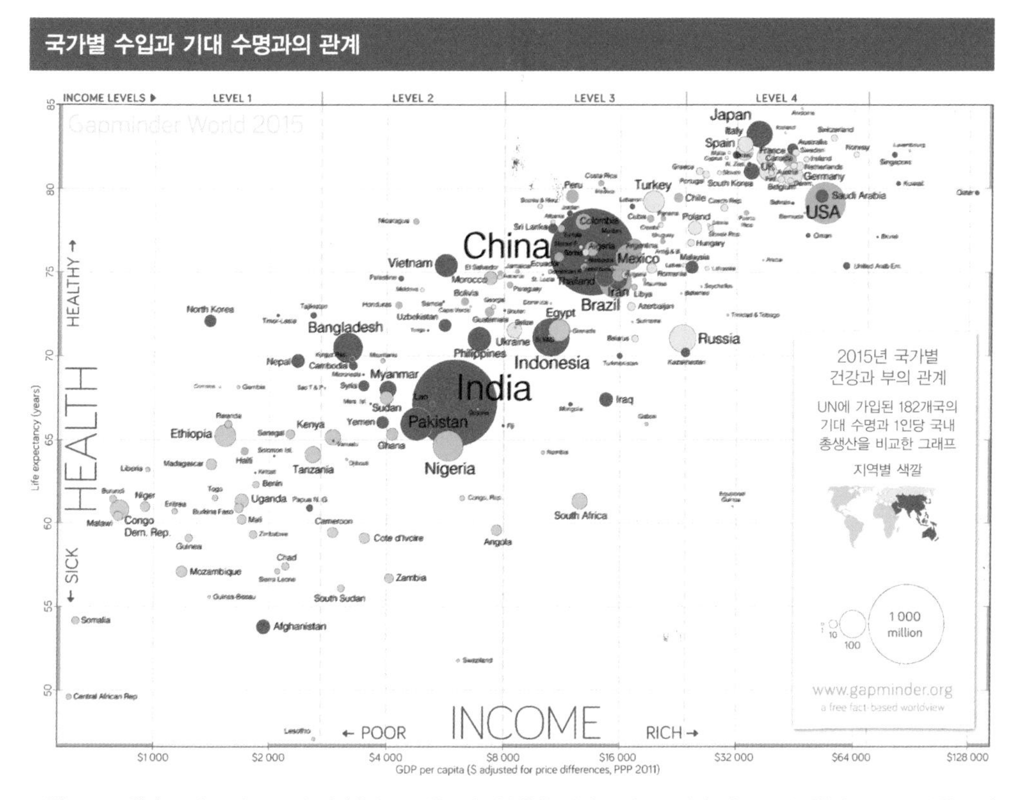

그림 5.5 원의 크기는 인구를, 가로(X)축은 수입을, 세로(Y)축은 기대 수명, 즉 건강 정도를 의미한다. 주로 부유한 국가일수록 더 건강한 삶을 살고 있으며 수입이 적은 가난한 나라일수록 건강하지 못하다는 것을 알 수 있다. (출처 : https://www.gapminder.org)

붉은색은 아시아), 원의 크기는 인구를, 가로(X)축은 수입을, 그리고 세로(Y)축은 기대 수명, 즉 건강 정도를 의미한다. 주로 부유한 국가일수록 더 건강한 삶을 살고 있으며 수입이 적은 가난한 나라일수록 건강하지 못하다는 것을 알 수 있다. 즉 부의 수준과 기대 수명은 밀접한 정비례 관계에 있음을 볼 수 있다. 여러 자료들에 따르면 대부분 어린이들이 물 부족, 질병 등으로 인한 사망자이며 피해자라고 한다. 결국 국가의 부의 수준 격차, 물 공급과 물 접근성의 불균형, 오염된 물, 수자원 관리와 수처리 시설의 부족, 그리고 열악한 보건, 위생 환경 등이 모두 밀접한 연관이 있음을 알 수 있다.

핵심 질문

1. 물 부족과 열악한 보건 위생 환경으로 고통받는 지구촌 이웃들의 문제를 어떻게 해결할 수 있을까?
2. 적정기술이란 무엇이며, 우리는 적정기술을 이용하여 지구촌 이웃들의 문제 해결에 어떤 도움을 줄 수 있을까?

원리 탐구

원리 1 물

물의 정의

물은 산소 1개와 수소 2개로 된 물 분자가 서로 간에 수소결합으로 이루어진 물질이다. 일반적으로 표준 온도와 압력(섭씨 25°C, 1기압)에서 무색 투명하고, 맛과 냄새가 없는 액체이며 자연계에서 바닷물, 강물, 지하수, 빗물, 온천수, 수증기, 눈, 그리고 얼음의 형태로 도처에 존재한다. 지구의 지각이 형성된 이후 물은 액체, 기체, 고체의 세 가지 상태로 존재해 왔다. 물은 지구에 생명체가 탄생하게 된 근원이며, 아울러 지구의 생명체가 생명 활동을 하며 살아가는 데 반드시 필요한 물질이기도 하다.

물은 지구에서 끊임없이 순환하게 되는데 이를 물의 순환이라고 한다(그림 5.6). 물의 순환은 기본적으로 태양열에 의해 이루어지는데, 바다와 육지의 물이 태양열에 의해 증발되고 이러한 수증기 형태의 물이 대기 중에 머무르거나 바람에 의해 이동한다. 그러다가 응결되어 구름으로 변하고 다시 비나 눈의 형태로 바다와 육지로 돌아오게 된다. 육지로 내려온 물이 호수, 강, 지하수 등을 통해 다시 바다로 흘러 들어가게 되고, 일부 눈은 빙하가 되어 수십 년에서 수천 년간 순환되지 않기도 하지만 결국 녹아서 증발하거나 바다로 되돌아간다. 이러한 물의 순환을 통해 지구의 물은 바다나 육지, 그리고 대기 중에 존재하게 된다.

물의 순환

그림 5.6 지구에서 물이 순환하는 과정을 나타낸 그림으로 바다와 육지의 물이 태양열에 의해 증발되어 수증기 형태의 물이 되고, 대기 중의 수증기가 구름이 되고 다시 비와 눈의 형태로 지구 표면으로 돌아온다. 그 물은 지하수로 흘러들거나 강과 호수 등 지표수를 통해 바다로 흘러간다. 이 물은 다시 수증기가 되어 대기 중으로 돌아가는 순환 과정을 거친다. (출처 : shutterstock)

생명과 탄생의 근원

물은 생명체의 근원이다. 지구의 표면이 굳어진 이후 대기 중 수소와 산소의 화학 작용으로 수증기가 생성되었고 응축되어 물이 생성되고 바다와 강과 호수 등이 생성되었다. 약 35억 년 전 물에서 최초의 생명체가 탄생하고 이로부터 다양한 생명체가 진화했다. 인류는 주요 물길 주변에서 거주하며 인류의 주요 대표 문명들을 탄생시켰다. 메소포타미아 문명은 티그리스강과 유프라테스강, 고대 이집트 문명은 나일강, 황하 문명은 황하강 유역에서 번성하게 되었다.

우리가 오리엔트 문명이라 부르는 이집트와 메소포타미아 문명은 기원전 3000년 전후에 국가가 성립되었다. 기름진 초승달 지대라고 불리는 지역이 고대 오리엔트 문명의 모태가 된 지역인데 바로 이 티그리스강과 유프라테스강 유역에서 메소포타미아 문명이 시작되었고, 나일강 유역에서 이집트 문명이 시작되었다. 황하 문명은 황하강 유역에서 나타난 중국의 고대 문명으로 양쯔강 유역에서 태동한 양쯔강 문명과 더불어 중국의 대표적인 고대 문명이다. 한반도 지역에서 번성한 고대 국가들 역시 압록강, 한강, 낙동강 등 주요 강 유역에서 발생하여 번성하였다. 고구려는 기원전 37년 주몽이 압록강의 지류인 동가강 유역에 건국하였고, 백제는 온조에 의해 한강 유역에서, 가야와 신라는 낙동강 유역에서 건국하여 번성하였다.

고대 국가가 주요 강 유역에서 번성한 이유는 물에 대한 접근성이 유리했기 때문이라고 볼 수 있다. 주로 농경, 목축 사회였던 초기 고대 국가는 수렵과 채집을 했던 생활에서 벗어나 정착 생활을 하며 농경에 필요한 수자원을 주요 강 유역에서 충분히 확보할 수 있었을 것이다. 또한 주요 강 유역의 기름진 토양에서 보다 많은 수확을 할 수 있으므로 이러한 유역에 정착한 사람들의 국가가 주변 지역에 비해 강한 국력을 갖게 되고 전쟁에서 승리할 수 있었을 것이다.

고대 국가들뿐만 아니라, 오늘날 세계의 주요 강대국과 번성한 대형 도시들을 보

문명과 도시

메소포타미아 문명 유적

이집트 문명 유적

서울

싱가포르

그림 5.7 인류의 주요 문명들과 대도시들은 주요 물길 주변에서 번성했다. (출처 : shutterstock)

면 이들 역시 대부분 강을 중심으로 발전하였음을 쉽게 알 수 있다. 우리나라의 수도인 서울은 한강을 중심으로 발전하였으며, 지방의 대도시들 역시 주요 강을 중심으로 발전하였다. 독일은 라인강을 중심으로 주요 도시들이 발전하고 있고, 싱가포르는 강을 중심으로 발전한 국가는 아니지만 바다에 인접하여 물에 대한 접근성이 비교적 좋은 국가로, 계획적인 수자원 관리를 통해 짧은 시간에 부유한 국가로 성장한 대표적인 도시라 할 수 있다. 즉 국가와 도시의 발전은 물에 대한 접근성, 그리고 이러한 수자원을 얼마나 효율적으로 잘 관리하고 국민과 시민들에게 물을 풍요롭게 지속적으로 공급할 수 있는지에 따라 좌우된다고 할 수 있다.

원리 2 물과 건강

물은 인체의 신진대사에 매우 중요한 물질로서 우리 체중의 약 50~70% 정도를 차지하고 있다. 물은 혈액의 약 90%를 차지하며, 근육의 경우 약 70%, 뼈의 경우 약 25%가 물로 구성되어 있다. 일반적으로 체내의 물 중 1%만 부족해도 수분 부족에 따른 자각 증상이 나타나며, 체내의 물 중 20% 정도를 잃으면 생명을 잃을 수도 있다. 이렇게 물은 생명 유지에 필수적이기 때문에 사람들은 수분 부족을 막기 위해 지속적으로 물을 섭취해야 한다. 인간은 지속적으로 안전하게 마실 물과 생활용수, 그리고 농업용수 등을 끊임없이 개발해 왔다. 특히 생활에 필요한 물이나 마실 물의 경우 깨끗한 물을 확보하는 것이 인간의 건강과 위생에 필수적인 것이라는 것을 오래전부터 알고 있었다.

사람이 강이나 호수의 물을 그대로 마시지 않고 끓여 마시거나 적절한 처리를 해서 마시는 이유는 인간의 건강과 위생이 매우 중요한 삶의 요소이기 때문이다. 깨끗한 물을 얻기 위한 인류의 노력은 수처리의 역사를 통해서 간단히 알아볼 수 있다. 기원전 2000년경 고대 그리스인들과 산스크리트인들은 미생물에 대한 지식은 없었으나 더러운 물을 그대로 마시면 안 된다는 것을 알았기 때문에 물을 끓여 마시거나 모래나 자갈을 이용하여 불순물을 걸러 마셨다. 기원전 1500년경 이집트인들은 화학물질을 이용한 불순물을 응집시키는 수처리 기술을 가지고 있었으며, 이러한 기록은 람세스 2세의 무덤 벽화로 그려져 있다. 기원전 7세기경 아시리아인들은 먼 곳의 물을 이동시킬 수 있는 수로를 건설하였으며, 이를 이용하여 수십 킬로미터 떨어진 곳으로부터 물을 끌어와 사용했다. 근래에 들어서 1700년대에 울이나 스펀지, 숯을 이용한 최초의 수처리 필터 방식이 사용되었으며, 수도관이 건설되었다. 1854년 영국의 과학자 존 스노우는 콜레라 전염병 발생 원인이 오염된 하수였다는 것을 밝히고 이를 처리하기 위해 염소를 이용한 소독을 시도하여 현재 우리가 수처리 과정에서 미생물을 소독하기 위해 사용하는 염소 소독의 새로운 길을 열었다. 1800년대 후반부터 수인성 질병을 예방하기 위해 이러한 염소 소독 방식이 전 세계적으로 확산되었다.

마시는 물의 처리와 더불어 중요한 것은 하수의 처리이다. 이는 가정에서 발생하는 생활하수나 산업발전에 따라 발생하는 산업폐수 등 오염된 물을 적절히 하수 처리하여 하천이나 호수로 방류하는 것을 말한다. 이렇듯 충분한 물을 확보하고 이를 깨끗하게 관리하여 안전하게 마시는 것이 인류의 위생과 건강에 있어 매우 중요한 일이다. 이처럼 물은 인류의 건강에 큰 영향을 미치기 때문에 사회 개발과 관련된 여러 쟁점 사항들과 명백한 관계를 맺고 있다. 따라서 물 관리를 위해서 적절한 사회제도와 관리가 뒷받침되어야 함은 명백하다.

안전하게 마실 물이 없다면 인간은 생존할 수 없다. 콜레라 등의 다양한 질병의 발생은 물에 존재하는 수인성 병원성 미생물에 의한 것이다. 안톤 밴 류벤호크에 의해 발명된 현미경으로 미생물을 관찰하기 전까지 인간은 미생물의 존재를 과학적으로 증명하지 못했고 이에 대해 무지했다. 여러 미생물 중 물로 인해 전파되는 미생물을 수인성 미생물이라고 하고, 이들 중 질병을 일으키는 미생물을 병원성 미생물이라고 하여 '수인성 병원성 미생물(waterborne microbial pathogens)'이라고 한다. 이러한 수인성 병원성 미생물에 의해 발생하는 수인성 질환은 사람의 사망 사례의 가장 흔한 원인이며, 개발도상국의 경우 많은 사람들이 이로 인해 고통받고 있다. 그러나 이러한 수인성 질환의 대부분은 간단한 위생 시설과 보건 위생 습관만으로도 설사 질환이나 수인성 전염병을 예방할 수 있다. 또한 적절한 수처리를 통해 수질을 깨끗하게 하여 수인성 질환을 예방하고 적절한 물 관리를 통해 모기 서식지나 번식지의 증가를 차단함으로써 말라리아 등의 질병 발생률을 낮출 수 있다. 또한 충분한 물의 확보는 식량생산에 필수적이다. 적절한 물관리를 통한 식량생산의 증가는 인간의 영양실조를 예방할 수 있고, 영양상태가 충분한 사람은 그렇지 못한 사람보다 질병으로부터 좀 더 자유로워져, 보다 건강한 삶을 영위할 수 있다.

원리 3 수인성 질환

미생물이나 화학 물질 등에 의해 오염된 물을 마시거나 사용함으로써 발생하는 다양한 질병들을 수인성 질환이라고 한다. 가장 대표적으로 오염된 물을 마시고 배탈이 나는 경우 등의 가벼운 질환도 있지만 장염, 식중독, 설사에 의한 탈수 등 제대로 관리받지 못할 경우 환자가 사망하는 심각한 수인성 질환도 있다. 표 5.1은 주요 수인성 병원성 미생물들과 관련된 질병의 예이다.

오염된 물, 공중 위생 시설 등의 부족 그리고 열악한 개인 위생 관련 질환으로 사망한 경우를 보면, 대부분 설사와 관련된 질환이다. **세계보건기구**(WHO)에 따르면, 물 웅덩이 등을 서식지로 살아가는 모기에 의해 매개되는 질병인 말라리아로 인해 매년 약 100만 명의 인류가 사망하고 있으며, 이 중 상당수는 사하라 이남 아프리카 지역에 거주하고 있는 5세 미만의 어린이라고 한다. 또한 전 세계적으로 약 20억 명의 사람들이 **주혈흡충증**(schistosoma) 등의 기생충에 감염되어 약 300만 명이 질병으로 고통받고 있다.

세계보건기구 보건과 위생 분야의 국제적인 협력을 위하여 설립한 유엔 전문 기구

주혈흡충증 주혈흡충에 의해 발생하는 기생충성 질병. 주로 물속에 있는 주혈흡충의 유충이 피부를 뚫고 침입한 후에 감염이 일어난다.

표 5.1 주요 수인성 병원성 미생물과 관련 질병들

병원체	관련 질병	건강 위해도	먹는 물 잔류성
세균(Bacteria)			
캠필로박터 종	설사, 장염	높음	보통
여시니아 엔테로콜리티카	설사, 반응성관절염	높음	높음
대장균, 장출혈성 대장균 등	급성 설사, 혈리, 장염	높음	보통
멜리오이도시스균(*Burkholderia pseudomallei*)	유비저(멜리오이도시스, melioidosis)	높음	증식 가능
레지오넬라균	급성 호흡기 질환, 레지오넬라증	높음	증식 가능
비결핵성 마이코박테리아	폐질환, 피부감염	낮음	증식 가능
녹농균	폐, 비뇨기, 신장 등에 감염. 염증과 패혈증의 원인	보통	증식 가능
살모넬라 엔테리카(혈청형 Typhi)	장티푸스, 파라티푸스, 기타 살모넬라증	높음	보통
기타 살모넬라	장염, 반응성관절염	높음	증식 가능

(계속)

표 5.1 주요 수인성 병원성 미생물과 관련 질병들(계속)

병원체	관련 질병	건강 위해도	먹는 물 잔류성
쉬겔라 종	세균성 적리, 세균성 이질	높음	낮음
비브리오 콜레라	장염, 콜레라	높은	낮음~높음
헬리코박터 피로리	만성 위염, 궤양, 위암	낮음	보통
바이러스(Virus)			
아데노바이러스	장염	높음	높음
엔테로바이러스	장염	높음	높음
A형 간염 바이러스	간염	높음	높음
E형 간염 바이러스	간염, 유산	높음	높음
로타바이러스	장염	높음	높음
사포바이러스	급성 바이러스성 장염	높음	높음
아스트로바이러스	설사	높음	높음
노로바이러스	장염	높음	높음
원생동물(Protozoa)			
가시아메바 종	아메바성 수막뇌염, 각막염, 뇌염	높음	증식 가능
작은 와포자충(*Cryptosporidium parvum*)	와포자충증	높음	높음
크립토스포리디움 카예타넨시스	설사	높음	높음
이질 아메바(*Entamoeba hystolytica*)	아메바성 이질	높음	보통
람블편모충(Giardia intestinalis)	설사	높음	보통
파울러자유아메바(Naegleria fowleri)	뇌에 감염. 원발성아메바뇌척수막염	높음	온수에서 증식 가능
톡소포자충(Toxoplasma gondii)	톡소플라스마증, 유산, 기형아	높음	높음
기생충(Helminth)			
메디나충(Dracunculus medinensis)	메디나증	높음	보통
주혈흡충	주혈흡충증, 열, 오한, 근육통, 간 손상, 콩팥 손상 등	높음	낮음

수인성 바이러스 질환

일반적으로 수인성 세균에 의한 질환을 예방하기 위한 수질 관리의 미생물 지표로 총대장균군과 일반세균 등을 지표 세균(microbial indicator)으로 관리한다. 우리나라의 일반적인 수처리는 혼화-응집-침전-여과-소독 등의 공정으로 오염물질을 처리하고 있으며, 이 공정 중 주로 소독(염소 소독) 공정을 통해 미생물을 처리하고 있다. 선진국의 경우 이 같은 일반적 정수처리 공정을 통해 미생물을 거의 완벽하게 제어하고 있다. 그러나 병원성 세균이 수처리 과정에서 안전하게 관리되고 있음에도 선진국에서조차 종종 수인성 질병이 지속적으로 발생하는 원인은 일반적인 세균에 비해 소독내성이 강하거나 여과를 통해 제거가 어려운 바이러스에 의한 감염사고인 것으로 밝혀지면서 먹는 물의 수처리와 수질 관리에 있어 수인성 바이러스에 대한 관심이 높아지고 있다. 수인성 바이러스는 장관계(enteric) 질병을 일으키는 주요 원인중 하나이다. 이들 바이러스에 감염된 환자의 분변은 많은 양의 바이러스를 포함하고 있다. 이러한 바이러스가 제대로 처리되지 않고 물로 유입되면 심각한 오염을 일으키며, 이러한 바이러스가 물을 통해 인체를 감염시킬 경우 사람에게 장염, 심근염, 뇌수막염 등 다양한 질병을 일으킬 수 있다.

바이러스의 사전적 의미는 '동물, 식물, 또는 세균에서만 증식할 수 있는, 크기가 작고 성분이 간단한 감염성 병원체'이다. 바이러스는 지름이 약 20~250nm 정도로 매우 작으며, 유전물질(DNA 또는 RNA)이 단백질로 둘러싸인 간단한 구조이다. 바이러스는 숙주의 외부에서는 단순한 지방, 단백질, 그리고 핵산의 덩어리로 생명체라고 할 수 없는 상태로 존재한다. 그러나 이들 바이러스가 증식이 가능한 **숙주세포** 안으로 들어가게 되면 숙주의 대사기작을 이용하여 증식한다. 수인성 바이러스는 대부분 먹는 물이나 음식을 통해 입으로 감염되며, 주로 중추신경계 마비, 설사, 무균성 수막염, 포진성 구혈염, 호흡기 질환, 안질환, 신장염, 간염, 췌장염, 선천성 기형 등 다양한 질병을 일으킨다. 2006년 국내에 급식 관련 식중독 이슈를 일으켜서 잘 알려진 노로바이러스 역시 수인성 바이러스 중 하나이다(그림 5.8). 미국 등 선진국과 더불어 우리나라 역시 수도법에서 장관계 바이러스를 관리하고 있다. 현재까지 약 140여 종 이상의 수인성 바이러스가 알려져 있다.

숙주세포 기생 생물이 감염할 수 있는 세포. 세균과 같은 단세포 생물에서부터 고등생물의 특정한 세포에 이르기까지 다양하며, 기생 생물의 종류에 따라 감염할 수 있는 세포가 제한되어 있다.

노로바이러스

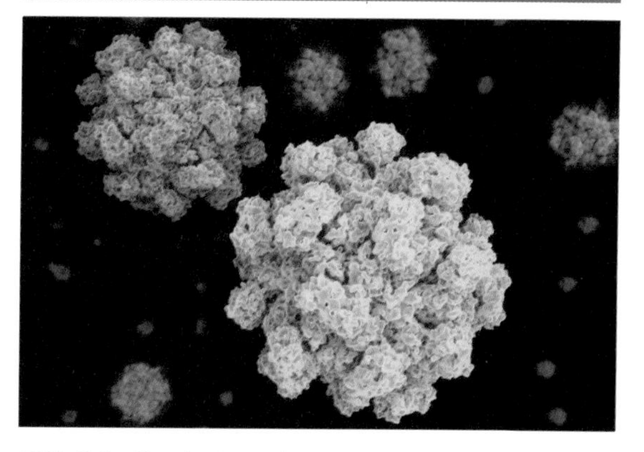

그림 5.8 한국의 경우 장염, 식중독 등을 일으키는 대표적 수인성 바이러스인 노로바이러스에 의한 식중독이 자주 발생한다. 특히 2005년과 2006년에 발생한 제주도 수학여행 학생들의 집단 식중독과 경기도 지역 학교에서 발생한 집단 식중독 발생의 원인이 바로 이 노로바이러스에 의한 것이었다. (출처 : shutterstock)

매개체 감염 질환

수인성 미생물들은 물을 통해 직접 인체에 감염하지만, 매개체 감염 질환(vectorborne diseases)은 물이 병원체의 서식지와 번식지로서 역할을 하는 경우이다. 이러한 매개체 감염 질환의 대표적인 예로 말라리아, 필라리아, 뎅기바이러스, 일본 뇌염 바이러스, 주혈흡충 등이 있다(표 5.2).

말라리아

말라리아는 플라스모디움(*Plasmodium*)이라는 말라리아 원충에 의해 유발되는 질병으로 세계적으로 연간 약 3억 명 이상의 인구가 이 질환을 앓고 있다. 말라리아를 일으키는 말라리아 원충은 얼룩날개 모기류(*Anopheles* species)에 속하는 암컷 모기에 의해서 주로 전염된다. 이 얼룩날개 모기가 알을 낳고 유충이 번식할 수 있는 주요 서식지가 물이다. 특히 수자원을 개발하기 위해 사람들이 건설한 시설들이 이들 모기의 주요

표 5.2 4대 매개 감염질환에 취약한 전 세계 인구의 추산

추정치	말라리아 (백만 명)	필라리아 (백만 명)	일본 뇌염 (백만 명)	주혈흡충 (백만 명)
위험에 노출된 전 세계 인구	>2,000	>2,000	1,900	779
관개설비 근처에 거주하면서 위험에 노출되어 있는 전 세계 인구	851.3	213	180~220	63
댐 근처에 거주하면서 위험에 노출되어 있는 전 세계 인구	18.3	–	–	42
도시지역 근처에 거주하면서 위험에 노출되어 있는 인구(개선된 위생 관련 서비스에 접근할 수 없는 경우)	–	395	–	–
댐 및 관개설비 근처에 거주하면서 위험에 노출되어 있는 인구(사하라 이남 아프리카 지역)	9.4	–	–	39
댐 및 관개설비 근처에 거주하면서 위험에 노출되어 있는 인구(사하라 이남 아프리카 지역 제외)	860.3	–	–	66
댐 및 관개설비 근처에 거주하면서 위험에 노출되어 있는 인구(서태평양 지역)	–	–	92(관개지역) 36(쌀 관개지역)	40
댐 및 관개설비 근처에 거주하면서 위험에 노출되어 있는 인구(동남아시아 지역)	–	–	132(관개지역) 167(쌀 관개지역)	–

서식처가 되고 있다. 물론 말라리아라는 질병이 단순히 물이 있다고 발생하고 유행하지는 않는다. 주요 서식처가 될 수 있는 물과 더불어 적절한 기후, 번식을 위한 생태 · 생물학적 조건, 말라리아 병원체의 감염 능력, 해당 지역 사람들의 행동 패턴 등 다양한 요인이 복합적으로 갖춰져야 발생한다. 그러나 말라리아 매개체인 모기의 번식은 물과 환경을 관리하는 방식과 연관이 있는 것이 명백하므로 이러한 말라리아 매개체인 모기가 번식할 수 없도록 주변을 관리하고 개발해야 한다.

필라리아

말라리아와 유사하게 필라리아 역시 모기에 의해 매개되는 매개체 질병의 하나이다. 필라리아 기생충은 세계적으로 약 1억 4,000만 명에게 감염되어 있고, 4,000만 명 이상이 만성 질환에 시달리고 있다. 필라리아 감염자의 약 40% 정도가 인도에 살고 있으며, 약 30%는 아프리카 지역에 거주하고 있다. 일반적 자연환경에서 필라리아 성충은 수년을 살지만 마이크로 필라리아는 3~36개월 생존하며, 이들 필라리아 질병의 임상 증상은 비교적 천천히 나타난다. 필라리스의 매개체인 모기 역시 말라리아 모기와 유사하게 막힌 배수구나 하수구, 고여 있는 오염된 물에서 서식한다. 따라서 적절한 위생활동과 더불어 모기의 서식지를 최소화하기 위한 주변 환경 관리 사업은 이러한 필라리아충의 감염 위험을 낮추는 데 많은 도움이 된다.

뎅기열

뎅기열은 가장 중요한 세계적인 모기 매개체 질환으로 그 원인은 뎅기 바이러스(dengue virus)이고 주로 고열을 동반하는 급성 열성 질환이다. 지난 약 50년 동안 뎅기열 발병건수는 약 30배 정도 증가하였다. 뎅기열은 약 100여 개국의 25억 명 이상의 사람들에게 노출되어 있으며 주로 어린이들에게 50만 건의 뎅기열이 발생하고, 이들 중 약 2만여 명이 사망하고 있다. 뎅기열은 뎅기 바이러스를 가지고 있는 모기가 사람을 무는 과정에서 사람에 감염된다. 이 모기는 아시아, 남태평양 지역, 아프리카, 아메리카 대륙의 열대지방과 아열대지방에 분포하며, 주로 집 주위의 비가 고인 버려진 플라스틱 컨테이너, 폐타이어 등에 생긴 물웅덩이에서 애벌레가 서식하고, 주로 낮에 활동한다. 이러한 모기들이 서식할 수 있는 오염된 물 환경을 개선할 수 있는 위생활동 등을 통해 뎅기열의 확산을 막을 수 있다.

원리 4 적정기술

적정기술(appropriate technology)이란 기술이 사용될 지역의 정치, 문화, 환경 등 다양한 조건을 고려할 때 지속적으로 생산과 소비가 가능해야 하며, 궁극적으로 인간의 삶과 질을 향상시킬 수 있는 기술이다. 독일의 경제학자인 슈마허가 1965년에 적정기술을 처음 주창한 이후 세간의 많은 관심을 받았으나 저개발국에 대한 무조건적 기부, 향후 지속 효과에 대한 비판 등에 부딪혔다. 최근 적정기술은 현지 상황에 적절하고 에너지 및 자원을 낭비하지 않으며, 사람을 먼저 생각하고 삶의 질을 궁극적으로 높일 수 있는 인간중심의 기술로 재평가되고 있다. 대표적인 적정기술 사례로는 많은 사람들에게 '생명의 빨대'로 알려진 '라이프스트로', 수동식 물 공급펌프, Q-드럼 등이 있으며, 우리나라의 적정기술로는 G-saver라고 하는 축열기, 정수처리장치인 웰스프링, 그리고 한국수자원공사 연구진이 개발한 '체온을 이용한 총대장균군 검사 키트' 등이 있다(그림 5.9).

적정기술의 성공 여부는 현지 실정에 맞는 적절한 눈높이의 기술 개발과 함께, 기술 필요성에 대한 인식 전환 교육에 달려 있다고 할 수 있다. 이러한 노력을 통해 기술을 전파하고 그들 스스로 개선시킬 수 있게 만들어 주는 것이 중요하다. 적정기술

한국의 적정기술들

G-saver

웰스프링

그림 5.9 G-saver는 우리나라에서 개발하여 현재 몽골에 보급 중인 난방보조기로, 대표적인 적정기술이다. 난로의 열원이 약해져도 G-saver에 축적된 열이 온기를 지속시켜 난방 효과를 더 좋게 해 준다. 웰스프링은 물을 깨끗하게 만들어 주는 간이 필터 여과형 정수 장치이다.

의 개발 분야는 에너지, 건축, IT, 보건, 식품, 물 등 매우 다양하다. 특히 물 분야는 최근 세계적 물 안보 이슈와 더불어 적정기술 분야에서도 매우 각광받고 있는 분야 중 하나이다. 물을 확보하기 위한 무동력 펌프의 개발, 빗물 저장 기술이나 물을 이동하기 위한 관로 기술, 이와 더불어 안전하게 먹을 수 있는 물을 확보하기 위한 수처리 기술, 배변 등을 깨끗하게 처리하거나 비료화시킬 수 있는 하수처리 관련 적정기술 등이 그 동안 물 관련 적정기술 분야에서 많은 관심을 받아왔다.

라이프스트로

일명 생명의 빨대로 불리는 이 기술은 다양한 물 관련 적정기술 중 대표 사례이다. 라이프 스트로는 빨대형 정수장치로 제품 한 개로 약 700~1,000리터의 물을 깨끗하게 수처리하여 마실 수 있다. 이 제품은 저개발국뿐만 아니라 일상생활에서도 오염된 물을 처리하여 마실 수 있어 등산, 캠핑, 재난 시 등에 사용가능하며, 현재 전 세계적으로 널리 보급되어 있다. 최근에는 우리나라 기업에서도 유사한 형태의 제품(멤브레인펜)을 개발하여 시판 중이다. 개인용 빨대형 외에도 가정용 필터 등 여러 명이 사용할 수 있는 다양한 형태의 제품이 시판되고 있다. 단점으로는 가격이 비싸다는 점, 건조될 경우 제품이 제대로 수처리 성능을 발휘할 수 없으므로 보관이 어렵다는 점, 상온에 보관할 경우 미생물의 재성장 우려가 있어 오염이 잘된다는 점, 그리고 사용 시 일반 빨대와 달리 강한 흡입력을 필요로 한다는 점 등이 있다.

세라믹 필터

그림 5.10 세라믹 도기 제품이 갖는 공극을 이용하여 물속의 오염물질을 걸러내는 정수 장치로 탁질 제거에는 효과적이나 수인성 질병을 일으키는 미생물을 제거하는 데는 한계가 있다. (출처 : http://www.cdc.gov)

세라믹 필터

세라믹 필터란 이름 그대로 세라믹 도기로 이루어진 정수 장치이다(그림 5.10). 세라믹 도기 제품이 갖는 공극을 이용하여 물속의 오염물질을 걸러내는 정수 장치로 탁질 제거에는 효과적이나 수인성 질병을 일으키는 미생물을 제거하는 데는 한계가 있는 것으로 알려져 있다. 이러한 세라믹 필터의 단점을 보완하기 위해서는 먼저 오염된 이물질 등 탁질을 세라믹 필터로 제거한 후 염소 소독제 등을 이용하여 추가 수처리 후 음용수로 활용 가능하다.

와르카 타워

그림 5.11 공기 중의 수분으로부터 물을 모을 수 있는 장치로 새벽에 풀잎에 이슬이 맺히는 과학적 원리에서 착안하였다. (출처 : http://wdo.org)

와르카 타워

최근 적정기술 사례인 와르카 타워(Warka tower)는 타워(탑) 형태의 구조물로 공기 중의 수분을 응집시켜 물을 만드는 장치이다(그림 5.11). 간단히 설명하자면, 비교적 저렴한 대나무, 왕골 등 얇은 나무와 양파망 같은 실 형태의 섬유 구조물로 제작이 가능하며, 물이 부족한 지역에서 공기 중으로부터 물을 얻을 수 있는 장치로 새벽에 식물 등에 이슬이 맺히는 과학적 원리에서 착안한 기술이다. 공기 중의 수분으로부터 얻은 물이기 때문에 탁질이 거의 없는 비교적 깨끗한 물이라 할 수 있으나 수인성 질병을 일으키는 미생물이 있을 수 있으므로 염소 소독 등의 처리를 통해 수인성 미생물을 제거한 후 음용해야 할 것이다.

[생각해보기]

소외된 이웃들은 왜 물 부족, 오염된 물, 그리고 질병으로 고통받고 있을까?

문제 탐구

탐구 1 물

2010년까지 깨끗한 물 목표를 달성하겠다는 새천년개발목표(MDGs)에도 불구하고 6억 6,000만 명의 사람들이 깨끗한 식수를 이용할 수 없다고 한다. 도시지역과 농촌지역 사람들 사이에 물에 대한 접근성의 차이, 즉 물에 대한 불평등한 접근성은 그 격차가 많이 줄었지만 여전히 큰 격차가 있다. 식수로 안전한 물을 마시지 못하는 사람 10명 중 8명은 사하라 이남 아프리카 지역의 농촌에 거주하고 있고, 이보다 더 열악한 사람들은 아직도 강이나 호수의 처리되지 않은 지표수를 먹는 물로 사용하고 있어 매우 위험한 상황에 직면해 있다. 따라서 농촌지역으로 깨끗한 물을 공급하도록 하는 것은 여전히 정부와 관계 기관들에게는 도전해야 할 목표이다. 또한 물 공급이 이루어진다고 해도 물의 공급과정과 집안 내에서 보관 과정이 제대로 이루어지지 않을 경우 물이 오염되고 이 역시 위험하며, 인간이나 가축의 배설물에 의한 식수원의 오염 역시 설사 등 수인성 질병의 원인이 되고 있다.

탐구 2 위생 시설

보건 위생 시설 등 깨끗한 환경은 어린이들의 생존과 발달에 필수적이다. 전 세계적으로 24억 명의 사람들(인구의 3명 중 1명꼴)이 개선된 위생 시설을 사용하지 못하고 있다(그림 5.12). 약 9억 4,600만 명의 사람들(인구의 7명 중 1명꼴)이 화장실 등 위생 시설이 아닌 곳에서 **열린 배변**을 하고 있으며, 이들 중 약 90%가 농촌지역에 거주한다. 열린 배변을 하는 인구의 약 75%가 인도, 인도네시아, 나이지리아, 에티오피아, 파키스탄에 거주하고 있다. 인간의 배변에는 많은 양의 미생물이 포함되어 있으며, 특히 설사 환자의 배변에는 위험한 수인성 병원성 미생물이 다량 포함되어 있다. 열린 배변 활동에 의해 오염된 물은 콜레라, 장티푸스, 간염, 소아마비, 설사, 영양부족 등의 질병을 유발하므로 매우 위험하다(그림 5.13).

열린 배변 분뇨를 별도로 모을 수 있는 시설이 갖추어진 닫힌 공간의 위생 시설이 아닌 산, 들판, 논, 밭, 숲, 강, 호수 등 열린 공간에서 배변하는 것을 의미한다.

생활하수에 의해 오염된 아프리카 마을

그림 5.12 하수 위생 시설이 없어 분뇨 등 생활하수에 의해 오염된 아프리카 마을 (출처 : shutterstock)

설사의 주요 원인

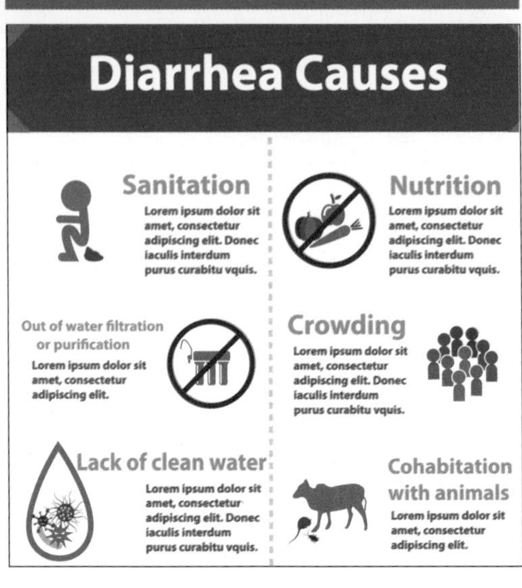

그림 5.13 설사는 주로 미생물에 의해 오염된 물을 적절한 처리 없이 마시거나 설사 관련 질병에 걸린 사람들과의 접촉에 의해 발생한다. (출처 : shutterstock)

탐구 3 보건 위생

5세 미만의 어린이들이 깨끗한 물, 위생 시설, 보건 위생 등으로 충분히 예방 가능한 물과 관련된 설사 질환 등으로 사망하고 있다. 그러나 비누로 손 씻기 같은 간단한 위생 활동으로도 사람의 손에 있는 미생물을 제거할 수 있으며, 설사 횟수의 50%까지 줄일 수 있다(그림 5.14). 열악한 보건 위생으로 인한 설사 등 질병으로 고통받는 어린이들은 영양 섭취가 잘 안 되므로 영양결핍 상태가 지속될 수 있다. 즉 설사와 영양결핍의 지속적인 악순환이 발생한다. 또한 지속적인 설사를 하는 사람들이 열린 배변을 하게 되면 지속적으로 주변 환경을 오염시키게 된다. 또한 영양실조 상태의 어린이는 면역 체계가 나빠지므로 다시 설사에 걸릴 확률이 높아지고 이러한 어린이는 설사 외에도 다른 신체적인 결함이나 인지 기능의 결함 등을 초래하는 발달장애를 가질 수도 있다. 2014년 자료에 의하면, 5세 미만의 어린이 약 1억 5,900만 명(어린이 4명 중 1명꼴)이 발달장애를 앓고 있다. 기타 수백만 명의 어린이들이 콜레라, 말라리아, 트라코마, 주혈흡충증 등 수인성 또는 위생 관련 질병으로 인해 아프거나 장애

사람 손의 다양한 미생물

그림 5.14 사람의 손에는 많은 미생물이 살고 있다. 손을 깨끗하게 씻는 간단한 개인위생 활동이 많은 질병을 예방할 수 있다. (출처 : shutterstock)

를 가지고, 이로 인해 고통받고 있다.

탐구 4 깨끗한 물과 개선된 위생 시설에 대한 접근성의 불균형

가난한 지역의 수백만 명의 어린이들은 세계 다른 지역에서 물과 위생에 관련된 여러 가지 노력으로 많은 개선이 되었음에도 불구하고 여전히 깨끗한 물과 위생 시설을 사용할 수 없다. 즉 깨끗한 물과 위생 시설에 대한 접근성에서 불평등이 존재하고 있다는 사실은 명백하다. 다양한 원인이 있겠으나, 부의 불균형, 인종, 민족, 성별 등에 의해 전 세계 어린이들이 깨끗한 물과 위생 시설에 대한 접근성에서 불평등을 겪고 있으며, 특히 여성과 소녀들이 이러한 불균형의 피해를 가장 많이 겪고 있다고 알려져 있다. 많은 지역의 소녀들이 주로 물을 길어 와야 하는 가정의 일 때문에 학교에 가지 못하고 있어 교육에 대한 접근성에서도 제한을 받고 있다.

실제 45개 개발도상국의 10가구 중 7가구에서 여성들과 소녀들이 물을 길어 오는 역할을 주로 한다. 또한 학교에 생리를 위생적으로 관리할 안전한 공간이 없어서 불편을 겪고 있으며, 일부 문화권에서는 여성들의 바깥 출입이 제한됨에 따라 화장실에 대한 접근성도 어려워져 위생적으로 매우 열악한 환경에 처해 있다.

탐구 5 물과 기후변화

지진해일 해저에서 일어나는 지진이나 화산 폭발 등 급격한 지각 변동으로 인해 해일이 발생하는 현상으로 쓰나미라고도 한다.

최근 이슈가 되고 있는 지구의 기후변화로 인해 가뭄, 홍수, 태풍, **지진해일** 등 물과 관련된 자연 재해가 빈번히 발생하고 있고, 이로 인해 많은 사람들이 고통을 겪고 있다(그림 5.15). 기후변화로 인한 가뭄은 해당 재난 지역에 극심한 물 부족 현상을 일으킨다. 홍수, 태풍, 지진해일 등의 자연 재해는 해당 지역의 위생 관련 시설을 파괴할 뿐만 아니라 오염원의 범람을 초래하여 수질 오염의 원인이 되며, 물이 빠진 후 대규모의 전염병이 발생할 수도 있으므로 해당 지역들에 거주하는 성인뿐만 아니라 수백만 명의 어린이들의 생명을 위협하고 있다. 가뭄과 홍수에 취약한 지역에 약 6,000만 명의 어린이들이 살고 있어 이러한 지역에 지속가능한 수자원에 대한 공평한 접근성 확보 및 위생 개선이 매우 필요한 실정이다.

자연 재해로 폐허가 된 마을

그림 5.15 가뭄, 홍수, 태풍, 지진해일 등 물과 관련된 자연 재해가 빈번히 발생하고 있고 이로 인해 많은 사람들이 고통을 겪고 있다. (출처 : shutterstock)

문제 해결

해결 1 깨끗한 물의 확보

인간에 의한 환경 파괴와 오염, 무분별하고 과도한 수자원의 사용, 그리고 기후변화 등은 우리에게 이미 부족한 수자원을 더욱 부족하게 만들어 세계의 일부 지역에서는 물에 대한 접근성 자체가 희박한 곳도 있다. 인간은 기본적인 삶을 영위하기 위해 개인 또는 가정이나 마을에서 적당한 거리에 접근 가능한 양질의 수자원이 있어야 하고, 그렇지 않을 경우 수자원의 개발이 필요하다. 이러한 접근 가능한 수자원은 또한 지속 가능해야 하며 개발 비용이 낮아야 하고 안전하게 마실 수 있는 물이어야 한다. 깨끗한 물의 확보, 공중위생 시설과 개인위생을 위한 여러 노력은 인간이 오랫동안 지속해 온 것으로 앞으로도 이러한 노력은 계속되어야 한다. 이러한 여러 노력들은 근본적으로 지구상에 소외된 지역이나 개발도상국들의 질병 발생률과 사망률을 지속적으로 감소시킬 수 있다.

저비용의 지하수 개발, 빗물 저장 시설의 확대 보급, 우기에 빗물을 저장하여 건기에 사용할 수 있는 기술의 개발 등이 깨끗하고 접근 가능하며 지속가능한 수자원을 위해 필요한 해결책이 될 수 있다. 기본적으로 물에 대한 접근 가능성이 이미 확보된 지역에서는 안전하게 마실 수 있는 깨끗한 물의 확보가 중요하다. 따라서 기본적으로 오염물질이나 해로운 물질이 자연을 오염시키지 않도록 해야 할 것이다. 생활 하수나 공장 폐수 등이 그대로 방류되지 않도록 하수 관리나 하수 처리 시설의 보급이 필요하다. 아울러 깨끗한 물을 공급할 수 있도록 마을 단위의 소규모 수처리 시설과 저비용의 가정용 수처리 장치의 확대 보급도 필요하다. 또한 산, 습지, 강, 호수 등 자연 생태계를 보존하고 유지하는 노력 또한 필요할 것이다. 이와 더불어 물 관련 적정기술과 연계한 수자원의 개발과 수처리 시설 확대 보급이 최근 들어 이루어지고 있고 실제 효과를 거두고 있는 것으로 평가되고 있다.

해결 2 위생 시설의 보급과 접근성 확보

위생 시설과 관련하여 가장 시급한 문제인 열린 배변 방식을 개선하는 것이 중요한 과제이다. 안전하고 지속가능하며 환경오염을 최소화시킬 수 있는 화장실 등 기본 위생 시설을 보급해야 한다. 해당 지역의 풍부한 자원을 활용한 저비용의 가정용 화장실은 해당 지역 사회의 발전과 더불어 위생 시설 보급을 위한 좋은 해결 방안이 될 것이다. 그러므로 이러한 닫힌 배변을 위한 위생 시설의 개발과 지속적인 보급이 필요하다. 아울러 분뇨의 환경 오염을 방지하기 위해 모아진 분뇨를 처리할 수 있는 기술과 하수 처리 시설의 보급 또한 매우 중요하다.

열린 배변 종식을 위해 공중 화장실 등 개선된 위생 시설을 보급하는 것도 중요하지만, 무엇보다 해당 지역 사회의 위생에 대한 인식을 개선하고 위생 행동 양식을 변화시키는 것 역시 중요하다.

해결 3 개인 위생 : 손 씻기

'비누로 손 씻기', 이는 매우 간단한 행동이지만 많은 생명을 구할 수 있는 위생 활동이다(그림 5.16). 화장실에 가기 전후, 그리고 식사 전후에 비누로 손을 씻는 것은 아주 기본적이고 간단한 행동이지만 인간의 건강에 매우 중요한 행위이다. 손 씻기 등의 개인 위생 행동은 호흡기 질환, 피부 질환, 소화기 질환 등의 질병 예방에도 탁월한 효과가 있다. 실례로 최근 우리나라에서 사스나 신종플루 유행 시 질병관리본부에서 대국민적으로 실시한 '손 씻기 캠페인' 결과 호흡기 질환뿐만 아니라 식중독, 설사 관련 질병도 현저히 감소한 사례가 보고된 바 있다.

손 씻기

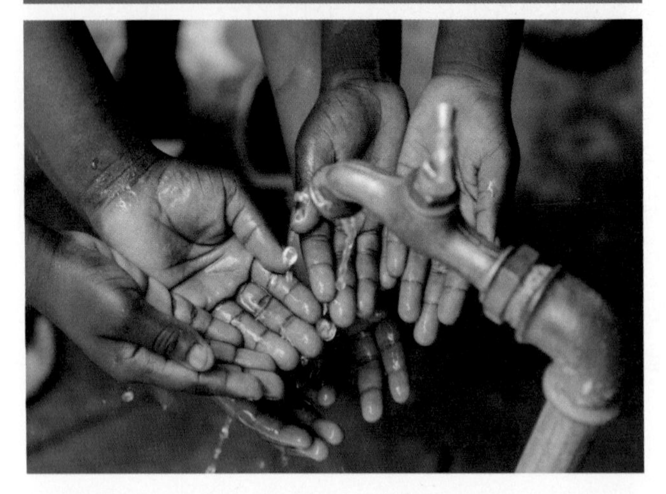

그림 5.16 '비누로 손 씻기'는 매우 간단한 행동이지만 많은 생명을 구할 수 있는 위생 활동이다. (출처 : shutterstock)

'비누로 손 씻기' 행동은 학교와 공동체 내 어린이들을 대상으로 한 교육을 통해 보급하는 것이 효과적이다. 이와 관련된 교육 내용은 위생 관련 교육, 동기 부여, 다양한 정보 제공 등을 포함해야 하며, 획일적인 교육과 캠페인을 통한 보급보다는 해당 지역사회의 문화를 먼저 이해하고 존중하는 것을 기본으로 지역사회와 긴밀히 협조하여 손 씻기 등 개인 위생 활동을 보급하는 것이 지속적인 효과를 낼 수 있다.

해결 4 재해 지역의 물 부족과 위생

홍수, 태풍, 지진해일, 지진 등 자연 재해 지역에는 하수 범람에 의한 오염, 화학 물질에 의한 오염 등 온갖 위험이 존재한다. 또한 재해 이후 신속한 복구가 이루어지지 않을 경우 세균, 바이러스, 곰팡이 등의 급속한 서식에 의한 수인성 전염병 위험이 상존한다(그림 5.17). 따라서 신속한 복구 작업과 더불어 개인적으로 가장 기본적인 손 씻기, 수처리가 된 깨끗한 물의 음용, 상처 부위의 적절한 소독 및 치료, 위험 지역 출입 자제 등 철저한 위생 관련 활동이 필요하다. 전염병 예방을 위한 적절한 재해 지역의 소독 활동 역시 매우 중요할 것이다. 또한 재해를 당한 사람의 위생과 더불어 중요한 것이 피해 복구에 참여하는 인력에 대한 위생이다. 안전을 위한 안전보호구 착용과 더불어 재해 활동 전 적절한 백신 접종, 비상 시 응급 조치, 개인 위생 방법 등에 대한 충분한 사전 교육과 충분한 물적 지원이 이뤄져야 할 것이다.

재해로 인해 폐허가 된 지역

그림 5.17 홍수, 태풍, 지진해일, 지진 등 자연 재해로 인해 폐허가 된 지역에는 다양한 오염원이 상존한다. (출처 : shutterstock)

현장 적용

적용 1 말라리아 예방과 통제

말라리아는 모기에 의해 주로 전염되는 곤충 매개 질병으로, 이로 인해 많은 사람들이 고통받고 있다. 아프리카 지역에서 유행하는 말라리아의 주요 매개 모기는 강우로 인해 형성된 작은 물 웅덩이에서 번식하는 것으로 알려져 있다. 이 모기는 정체된 물의 표면에 약 50~200개의 알을 산란하고 유충과 번데기 단계를 거쳐 5~14일 안에 성충 모기로 자라난다. 이러한 모기가 번식하기 전에 방지하는 것이 최선의 방법으로 모기가 번식할 수 있는 물 웅덩이 등을 제거하거나, 화학 살충제 살포, 연기 살포, 생물학적 제제 살포, 유전자 변형 모기를 이용한 관리 등 여러 다양한 방법으로 말라리아를 예방하고 통제할 수 있다.

웅덩이 제거

말라리아를 매개하는 모기 유충의 주요 서식지인 물 웅덩이의 형태는 비가 온 후 자

모기의 서식지가 될 수 있는 버려진 타이어에 고인 물

그림 5.18 말라리아를 매개하는 모기 유충의 주요 서식지인 물 웅덩이의 형태는 비가 온 후 자연스럽게 형성되는 빗물 웅덩이를 포함, 샘물, 논, 우물, 연못, 동물의 발굽 자국, 타이어 자국에 고인 물 등 여러 형태로 존재한다. (출처 : shutterstock)

연스럽게 형성되는 빗물 웅덩이를 포함하여 샘물, 논, 우물, 연못, 동물의 발굽 자국, 타이어 자국에 고인 물 등 여러 형태로 존재한다. 아울러 인간이 버린 깡통, 타이어, 빈 그릇이나 용기, 컨테이너, 시멘트 물탱크, 빗물 저장 시설 등의 인공적인 구조물에 물이 고여 형성될 수도 있다(그림 5.18). 물이 증발해서 마르기 전에 모기 유충이 성충이 되어 번식하므로 이러한 물 웅덩이가 형성되지 않도록 사전에 웅덩이가 형성될 수 있는 지형과 인공 구조물을 제거하거나 덮개를 덮어서 물 웅덩이의 형성을 사전에 차단하고 물 웅덩이가 형성될 경우 바로 이를 제거하는 것이 말라리아 통제와 예방에 중요하다. 이러한 방법은 타 방법에 비교해 자연친화적이고 비용이 저렴하며 쉬운 방법임과 동시에 매우 효과적인 말라리아 예방 · 통제 방법이다.

기타 말라리아 예방 통제 방법

화학물질인 모기 유충제를 사용하는 방법이 있다. 테미포스(Themiphos)와 펜티온(Fenthion)은 일반적으로 사용되는 모기 유충제이다. 테미포스에 비해 펜티온은 독성이 강하므로 음용수로 사용될 수 있는 대상에는 살포하지 않는다. 또한 메트로프렌(Methroprene)과 같은 생분해성 화학물질을 살포하여 물 표면에 기름막을 형성하여 모기의 산란과 유충 성장을 조절하는 방법도 있다.

화학적 유충제 외에도 모기의 유충을 먹거나 죽이는 생물학적 제제를 사용하는 방법도 있다. 예를 들면, 모기의 유충을 잡아먹을 수 있는 감부시아(*Gambusia*) 같은 물고기를 사용하여 모기 유충을 통제하는 방법으로, 화학제에 비해 비교적 안전하다. 현재까지 여러 생물학적 방제 시도가 있었으나 그 효과가 다른 방법에 비해서는 그리 좋지 않았기에 지속적인 연구가 필요한 분야이다.

근본적인 대책 중 하나로 모기에 물리는 것을 막아줄 수 있는 개인 보호 장치를 보급하는 것도 말라리아 예방에 효과적이다. 예를 들면 방충망, 모기에 유해한 개인 방충제의 사용, 침대에 설치하는 모기장 등이 있다.

적용 2 체온을 이용한 총대장균군 분석 기술

오염된 물을 정화하여 마시거나 하수를 처리하는 적정기술들은 현재 널리 알려져 있다. 최근 개발된 물 관련 적정기술 분야 중 동남아시아 지역에 빗물 저장 시설과 정수 기술을 결합하여 이를 보급하는 분야가 있다. 동남아시아 지역은 우기에 비가 많이 오지만 이러한 빗물을 효율적으로 이용할 수 있는 댐이나 저수지 시설이 부족하여 각 가정이 별도의 빗물 저장 시설을 보유하고 이를 이용한다. 그러나 빗물 저장을 위한 콘크리트 시설은 비교적 고가이므로 가난한 사람들의 경우 이러한 시설을 보유하기가 어렵다. 또한 저장한 빗물은 그대로 마시기에 적합하지 않으므로 일부 단체들은 마을에 빗물 저장 시설을 보급하고 이와 함께 이를 처리하여 마실 수 있는 시설들을 함께 보급하기도 한다.

이때 다양한 방법으로 처리된 물을 이용해야 하는데, 이러한 물이 과연 미생물학적으로 안전한지 확인할 수 있는 방법이 필요하다. 대부분의 봉사단체나 적정기술 보급 단체들이 지하수를 개발하고 빗물 저장 시설을 보급하거나 수처리 시설을 보급하긴 해도 이렇게 확보한 물이 안전한지 분석하는 데 어려움이 있다. 비소 등 중금속이나 이화학 항목들은 물을 채취하여 분석이 가능한 검사기관에 의뢰하면 되는데 미생물은 시료를 이동하는 도중에 냉장 상태(4°C)를 유지해 주지 않거나 냉장 상태라도 며칠이 지나면 미생물이 자라 과대 평가될 수도 있어 현장에서 분석하는 것이 가장 좋은 방법이다.

일반적으로 사람이나 동물의 분원성 오염물질들로 오염이 되어 있는지를 알아보기 위해서는 지표 미생물인 **총대장균군**(total coliforms)을 검사한다. 몇 가지 검사 방법이 있지만 일반적으로 배양법에 기초한 효소 발색법을 이용하여 총대장균군을 검사한다. 검사는 총대장균군들이 공통적으로 갖는 효소를 분석하는 방법으로 물 시료 100mL를 시험용기에 넣고 시약을 넣어준 후 35°C 세균 배양기에서 24시간 배양을 하면 총대장균군에 의해 오염된 물 시료의 경우, 시약에 포함된 특정 성분이 총대장균군의 효소와 반응하여 노

총대장균군 그람음성, 무아포성의 간균으로 락토스를 분해하여 기체 또는 산을 발생하는 모든 호기성 또는 통성 혐기성균 혹은 갈락토스 분해효소의 활성을 가진 세균이다.

체온을 이용한 총대장균군 분석 키트

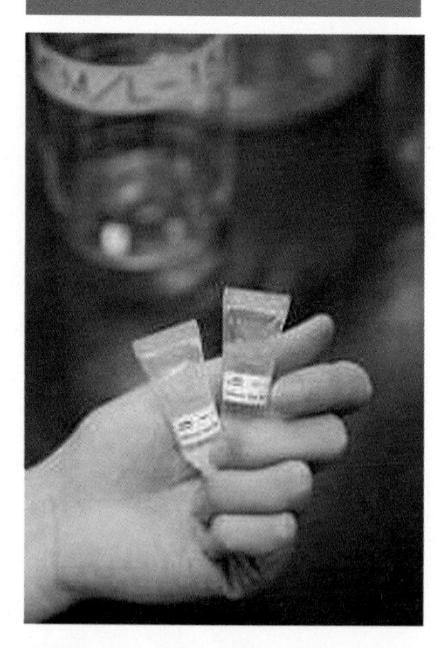

그림 5.19 검사용 시약이 포함된 소형화된 튜브에 물을 담아 사람의 몸에 붙여 24시간 온도를 유지해 주면 쉽게 총대장균군의 오염 여부를 알 수 있는 적정기술로 한국수자원공사 연구진에 의해 개발되어 현재 전기나 배양기 확보가 어려운 지역에 봉사단체와 적정기술 단체 등이 많이 보급하고 있다.

란색으로 변하므로 과학적 지식이 없는 사람도 쉽게 검사가 가능하다. 그러나 이 분석을 하기 위해서는 35°C를 24시간 유지할 수 있는 고가의 배양장비인 세균 배양기와 이를 운용하기 위한 전기가 필수적이다. 따라서 낙후된 지역에서는 전기 공급이 원활하지 않고 고가의 배양기를 확보하기가 쉽지 않기 때문에 낙후된 현장에서 시료를 분석하는 데 한계가 있다. 그래서 개발된 기술이 사람의 체온을 이용한 총대장균군 분석 키트이다(그림 5.19).

이 키트는 배양을 위해 사람이나 항온 동물의 체온을 이용하므로 전기와 배양기가 없는 지역에서도 검사가 가능하다. 시약이 포함된 소형화된 튜브에 물을 담아 사람의 몸에 붙여 24시간 온도를 유지해 주면 쉽게 총대장균군의 오염 여부를 알 수 있다. 2013년 한국수자원공사 연구진에 의해 개발되어 현재 전기나 배양기 확보가 어려운 지역에 봉사단체와 적정기술 단체 등이 많이 보급하고 있으며, 지하수나 저장한 빗물, 와르카 타워 등을 이용하여 확보한 물이 미생물학적으로 안전하게 음용할 수 있는 물인지 검사하는 데 활용되고 있다. 이 기술을 활용하여 지하수, 빗물, 수처리된 물 등을 검사하여 마실 수 있는 물인지를 검사함으로써 물로 인해 발생할 수 있는 설사 관련 질병 등을 미리 예방할 수 있다. 최근에는 검사 키트와 함께 미생물을 소독하여 제거할 수 있는 염소 성분의 소독제를 함께 공급하고 있다.

실습 과제

과제 1 수처리 관련 적정기술을 활용한 오염된 물 정화 실습

1. 다양한 수처리 관련 적정기술을 조사하고, 그중 적절한 적정기술을 이용하여 실제 오염된 물을 정화해 보자.
2. 적정기술 실습을 통해 적정기술의 장점과 단점에 대해 생각해 보고, 기존 기술의 단점을 개선하기 위한 방법에 대해 토의해 보자.

과제 2 적정기술 관련 아이디어 대회 조사 및 참가

1. 적정기술과 관련된 국내외 여러 아이디어 대회들을 조사해 보자.
2. 적정기술 아이디어 대회에 참가할 아이디어를 계획해 보자.
3. 개발한 아이디어를 실현해 볼 수 있는 기회와 관련 분야의 네트워킹 기회도 가지며, 아울러 해외 봉사 활동을 통해 지구촌 어려운 이웃들의 삶을 경험하고 이들을 도울 수 있는 방안을 토의해 보자.

산 위에 조성된 풍력발전 단지 산지가 많은 우리나라에서는 바람이 강하게 부는 지역에 풍력발전 단지를 조성하는 사례가 늘어나고 있다. (출처 : shutterstock)

제6장

지속가능한 에너지

대표 사례

4일 동안 국가의 모든 에너지를 재생에너지만으로 공급한 포르투갈

포르투갈은 4일 동안 재생에너지만 사용해서 국가의 모든 전력을 공급하는 기록을 세웠다. 이는 화석연료를 사용하지 않고 태양열, 풍력, 수력 등의 재생에너지만 사용해서 모든 전력을 공급했다는 뜻이다. 포르투갈은 한때 유럽에서 이산화탄소를 가장 많이 배출했던 나라였기 때문에 이 사건은 더 의미가 있다.

포르투갈은 2016년 5월 7일 오전 6시 45분부터 11일 오후 5시 45분까지 107시간(4일 11시간) 동안 이 일을 해냈다. 유럽의 주요 언론 기관인 가디언과 인디펜던트에 따르면 "이전까지 포르투갈은 유럽에서 이산화탄소를 가장 많이 배출하는 국가 중 하나였다. 하지만 최근 몇 년 동안 석탄과 천연가스에 의존했던 방식을 버리고 태양열과 풍력, 수력발전 비중을 높이기 위해 상당한 노력을 기울여 왔다."고 전했다.

실제로 포르투갈은 2000년대 초부터 풍력발전 시설을 대폭 늘리고, 날씨의 영향을 상대적으로 덜 받는 수력발전의 용량을 늘려왔다. 포르투갈 정부로서도 4일 동안 재생에너지로만 국가를 운영하는 시도는 아주 도전적인 시도였기 때문에 안전한 전력을 공급할 수 있는 전력망을 구축하고, 에너지 사용과 관련된 날씨 등을 고려한 후 시행할 수 있었다.

유럽의 많은 국가들은 포르투갈의 이러한 성공에 주목하고 있으며, 적절한 정책이 뒷받침되면 향후 15년 내로 풍력이 유럽 전력 수요의 4분의 1을 충족할 수 있을 것으로 예상하고 있다.

솔라파워 유럽 CEO인 제임스 왓슨은 "포르투갈의 이번 성공은 유럽 국가들의 의미 있는 성과이고 에너지 전환이 탄력을 받고 있으며, 이번 같은 기록은 유럽 전역에서 앞으로도 계속 경신될 것"이라고 전망했다.

우리나라의 경우 신재생에너지 보급 현황을 보면, 2005년에 전체 발전량 대비 1% 수준에서 꾸준히 증가하고 있고, 2016년에는 7%대까지 올라갔다. 이는 정부 차원에서 많은 관심을 갖고 지속적으로 노력하고 있는 것으로 볼 수 있지만, 에너지 선진국들에 비하면 걸음마 수준이어서 앞으로 더 많은 투자와 정책적 지원이 필요하다.

아직까지 우리나라의 신재생에너지 현황 및 보급률은 경제협력개발기구(OECD) 최하위이고, 최근 증가한 비율도 다른 OECD 국가들에 비하면 매우 낮은 수준이다. 화석 연료는 결국 고갈될 것이고, 고갈되지 않더라도 화석 연료 사용으로 인한 피해가 극심해지고 있기 때문에 우리는 에너지 전환을 자의든 타의든 이룰 수밖에 없다.

미래를 적극적으로 대응하고 있는 포르투갈처럼 우리도 보다 적극적인 에너지 정책을 펴야 할 시점인 것이다.

핵심 질문

1. 왜 우리는 재생에너지 분야에서 경제협력개발기구(OECD) 회원국 중 하위가 되었을까?
2. 화석연료를 많이 배출하던 포르투갈이 4일 동안 재생에너지로만 에너지를 공급할 수 있었던 핵심적인 기술과 정책은 무엇이었을까?

원리 탐구

원리 1 에너지의 정의와 법칙

에너지의 정의

에너지란 일(작업)을 할 수 있는 힘을 뜻한다. 어원은 그리스어인 '에르곤'에서 나왔고 '일을 하는 능력'이라고 정의된다. 에너지가 일을 하기 시작한 것은 인간의 시간보다 훨씬 이전의 일로서, 지구나 태양계의 탄생 자체도 에너지에 의해서 이루어진 결과라고 할 수 있다. 불의 발견, 증기기관의 발명 등 에너지 이용과 방법의 변화는 인류 문명을 빠른 시간에 비약적으로 발전시켰다. 18세기부터 19세기에 걸친 산업혁명을 '에너지혁명'이라고 일컬으며, 근대과학기술의 눈부신 발전은 '에너지기술의 발전'이라고 볼 수 있다.

산업혁명 이후 인류가 사용하고 있는 에너지 종류와 양

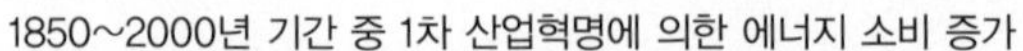

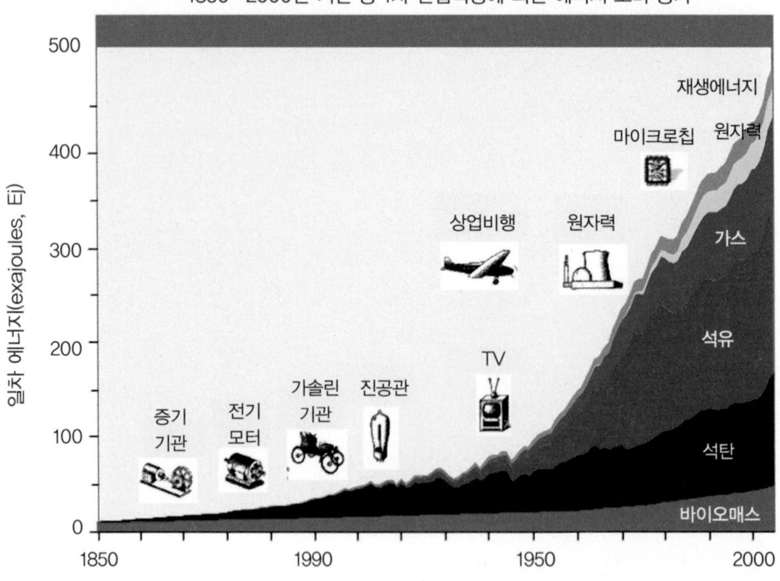

그림 6.1 산업혁명 이후 화석연료의 사용량이 급속도로 늘고 있고 최근에는 석유가 가장 많이 사용하는 에너지원이 되었다. (출처 : 기후변화행동연구소 http://climateaction.tistory.com)

에너지는 빛, 동력, 연료 등 다양한 형태로 사용되어 인간에게 많은 일을 해 주었고 인류 문명의 발달을 뒷받침하였다. 오늘날 전자 · 정보화 사회 시대가 열리고 자동차, 에어컨, VTR, 인공위성 등이 작동되어 우리의 경제 · 문화 활동을 보다 더 편리하게 해 주고 있는데, 이런 변화를 가능하게 해 준 원동력이 바로 에너지이다.

에너지 법칙 : 열역학 제1법칙

에너지란 말이 물리학적 용어로서 그 개념이 명확하게 인식된 것은 그리 오래된 것이 아니며, 열역학이라고 부르는 에너지에 관한 기본 법칙도 19세기 후반에 와서 확립되었다.

열역학 제1법칙(first law of thermodynamics)은 "어떤 계의 내부 에너지의 증가량은 계에 더해진 열에너지에서 계가 외부에 해 준 일을 뺀 양과 같다."라고 정의하며, 우리는 이 법칙을 '에너지 보존 법칙'이라고 부른다. 열의 이동에 따라 계 내부의 에너지가 변하는데 이때 열에너지 또한 변한다. 일반적으로, 어떤 계에 외부로부터 어떤 에너지가 더해지면 그만큼 계의 에너지가 증가한다. 이와 같이, 물체에 열을 가하면 그 물체의 내부 에너지가 가해진 열 에너지 만큼 증가한다. 또한 물체에 역학적인 일이 더해져도 역시 내부 에너지는 더해진 일의 양만큼 증가한다. 따라서 물체에 열과 일이 동시에 가해졌을 때 물체의 내부 에너지는 가해진 열과 일의 양만큼 증가한다. 이것을 열역학의 제1법칙이라고 한다.

열역학 제1법칙에 의해 에너지는 형태가 변할 수 있을 뿐 새로 만들어지거나 없어질 수 없다. 우주의 에너지 총량은 시간이 시작된 때로부터 종말에 이르기까지 일정하게 고정되어 있다. 즉 일정량의 열을 일로 바꾸었을 때 그 열은 소멸된 것이 아니라 다른 장소로 이동하였거나 다른 형태의 에너지로 바뀌었을 뿐이다. 에너지는 새로 창조되거나 소멸될 수 없고 단지 한 형태로부터 다른 형태로 변환될 뿐이다. 이것이 열역학 제1법칙이 에너지 보존 법칙이라고 하는 이유이다. 여기서 에너지가 보존된다는 말은 주어진 계에 속

열역학 제1법칙 : 에너지 보존 법칙

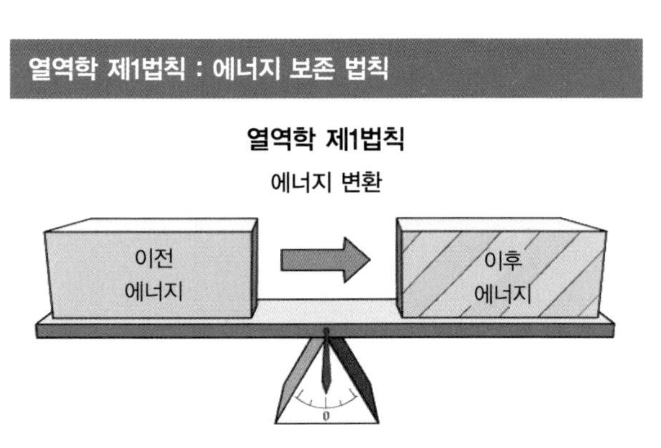

그림 6.2 에너지 보존 법칙은 에너지의 형태는 변하더라도 총량은 변하지 않는다는 법칙이다.

한 물질의 에너지와 그 계의 외부 에너지의 총합이 항상 일정하다는 것을 의미한다. 그런데 계의 경계를 에너지가 넘나들 때 이들은 언제나 열과 일의 형태를 띤다. 그러므로 열역학 제1법칙은 에너지, 열, 그리고 일, 이 세 가지 물리량 사이의 상관관계를 정의해 주는 법칙이라 할 수 있다.

에너지 법칙 : 열역학 제2법칙

열역학 제1법칙이 과정 전과 후의 에너지를 양적으로 설명하고 있는 데 비하여, 열역학 제2법칙(second law of thermodynamics)은 에너지가 흐르는 방향을 설명하고 있다. 즉 에너지의 흐름은 엔트로피가 증가하는 방향으로 흐른다는 것이다. 엔트로피는 무질서도라고도 부르며 시간이 흐를수록 사용할 수 없는 에너지가 점점 늘어나서 무질서도가 증가하게 된다.

따라서 이 법칙에 따르면, 제2종 영구기관의 제작은 불가능하다고 할 수 있다. 제2종 영구기관은 100% 열을 100% 운동에너지로 바꿀 수 있는 기관으로, 열역학 제2법칙에 따라 일부 에너지가 사용할 수 없는 에너지로 변환되기 때문에 효율이 좋은 기관의 제작은 가능하지만 영구기관을 만드는 것은 불가능한 것이다.

고립계에서는 엔트로피가 감소하는 변화가 일어나지 않고, 항상 엔트로피가 증가하는 방향으로 변하며, 결국에는 엔트로피가 극댓값을 가지는 평형상태에 도달하게 된다. 즉 에너지는 자유로이 형태를 변환시킬 수 있지만 그때마다 반드시 에너지가 갖고 있었던 능력이 사라진다. 에너지를 변환시킬 때마다 엔트로피의 총량이 증가하며 에너지의 가치는 점점 줄어들게 된다.

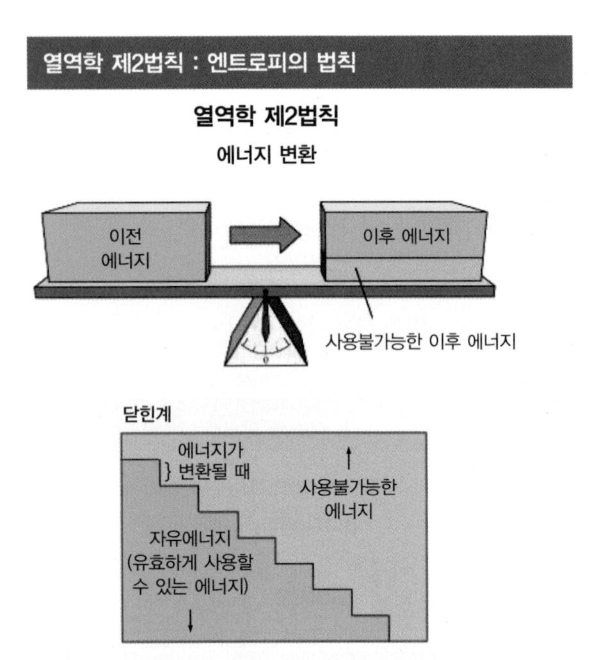

그림 6.3 엔트로피의 법칙은 에너지 형태가 변할 때 총량은 변하지 않지만, 우리가 사용할 수 있는 형태의 에너지는 줄어들고 사용하지 못하는 형태의 에너지가 늘어난다는 법칙이다.

원리 2 에너지 소비와 생산

세계적 에너지 소비와 생산

세계적으로 지난 40여 년간(1971~2013년) 1차 에너지(석탄, 석유, 천연가스, 원자력, 수력, 조력, 풍력, 지열 등)의 총 소비량은 2배 이상 증가하였다. 세계 에너지 소비량은 1971년 55억 **TOE**(Ton of Oil Equivalent)에서 2013년 135억 TOE로 증가하였는데, 이는 연평균 2.2% 정도 증가한 것으로 동일 기간 동안 인구증가율 1.5%보다 높고, GDP 증가율 3.0%보다는 낮은 수준이다. OECD 회원국이 차지하는 1차 에너지의 전 세계 총 소비량 비중은 감소 추세에 있는데, 이는 중국, 인도 등 개발도상국의 급격한 경제성장에 의한 것이다.

TOE 지구상에 존재하는 모든 에너지원의 발열량에 기초해서 이를 석유의 발열량으로 환산한 것으로 '석유환산톤'이라고 말한다. 각종 에너지의 단위를 비교하기 위한 가상 단위라고 볼 수 있다. 1TOE는 1,000만kcal에 해당한다.

전 세계 전력 생산량은 지난 40여 년간 연 평균 3.6%씩 증가하고 있다. 이는 동일 기간 에너지 소비량 연평균 증가율 2.2%보다 높은 수준으로 에너지 소비에 비해 생산량이 더 빠르게 증가하고 있다는 것을 뜻한다. 또 전력 생산량 중 화석연료를 사용한 전력 생산 비중은 감소 추세에 있다. 화석연료에 의한 전력 생산 비중은 1971년에는 74%에 달했는데, 2013년에는 67%로 감소하였으며 이는 주로 석유의 비중 감소

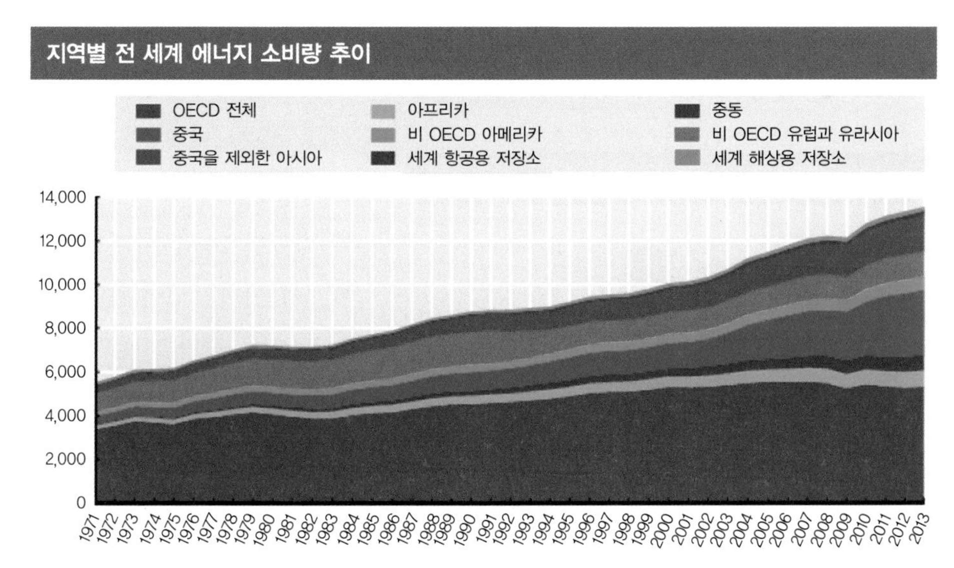

그림 6.4 OECD 국가의 1차 에너지 소비량은 큰 변화가 없는 반면 중국을 중심으로 개발도상국의 1차 에너지 소비량이 크게 늘어나고 있다. (출처 : OECD, OECD Factbook 2015~2016)

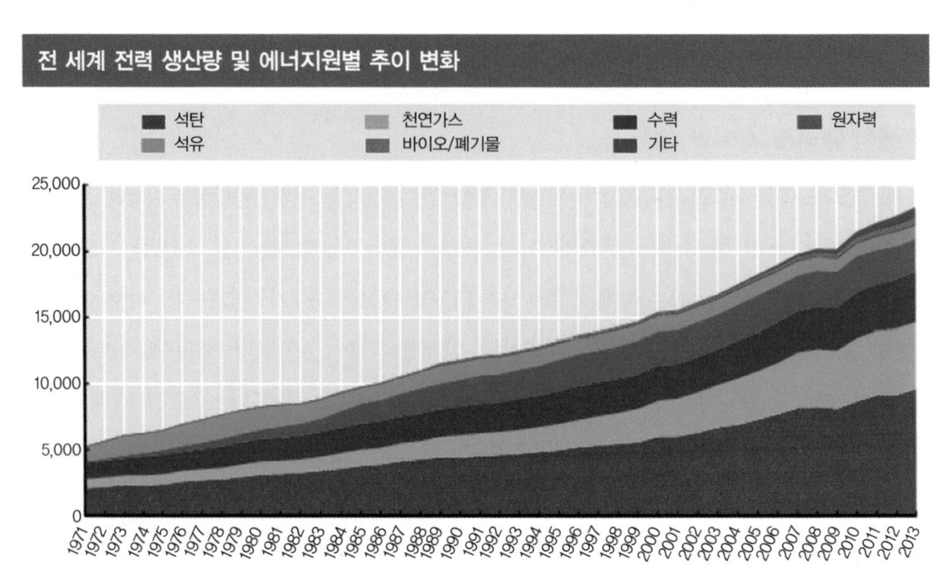

그림 6.5 전 세계 전력 생산량은 꾸준하게 증가하고 있다. 아직까지도 대체적인 방법에 의한 전력 생산은 미미한 수준이다. (출처 : OECD, OECD Factbook 2015~2016)

(21% → 4%) 때문이다.

이를 종합해 보면, 전 세계적으로 에너지 소비량은 증가하고 있으며, 전력 생산량은 이보다 더 빠르게 증가하고 있다. 또 전력 생산에 있어 화석연료 사용 비율은 줄어들고 있는데, 이는 전력 생산에 있어 대체 방법들이 등장하고 있음을 의미한다.

이러한 전 세계 에너지 소비량과 생산량은 당분간 지속적으로 증가할 것으로 예측된다. 한국에너지공단에서 발표한 1차 에너지 소비량 예측에 따르면 2040년에는 전 세계 1차 에너지 소비량이 180억 TOE로 증가할 것으로 예측하였는데, 이는 25년 후에 전 세계 에너지 사용량이 현재(135억 TOE)보다 45억 TOE 더 증가한다는 것을 뜻한다. 45억 TOE는 1960년대 지구 전체 총 소비량과 같다.

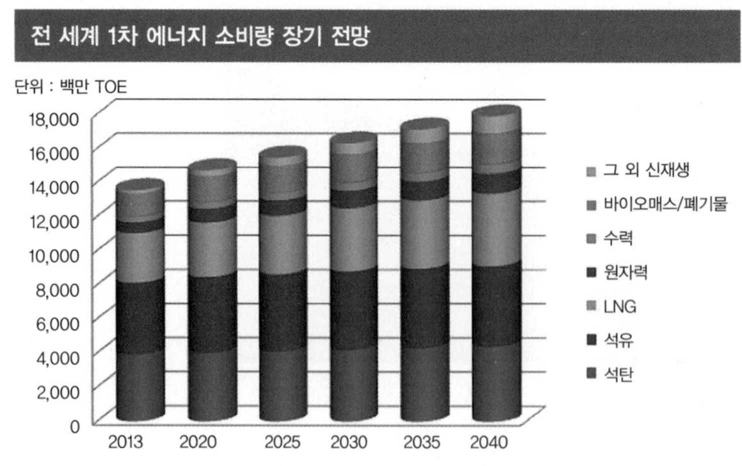

그림 6.6 전 세계 1차 에너지 소비량은 당분간 계속해서 증가할 것으로 예상되고 있다. (출처 : 한국에너지공단, 2016년 에너지 통계 핸드북)

우리나라 에너지 소비와 생산

우리나라 1인당 에너지 소비량은 꾸준히 증가하고 있다. 1981년에는 한 사람이 1TOE 정도의 에너지를 소비했는데, 2014년에는 1인당 5TOE를 넘게 소비하고 있어 이 기간에 에너지 소비량이 5배 넘게 늘어났다. 이에 따라 에너지 생산량도 함께 증가하여 1980년대에는 5,000만 TOE 정도의 생산량을 보이던 것이 2014년에는 2억 7,000만 TOE로 생산량이 5배 이상 증가하였다.

우리나라는 에너지 소비 증가율이 높은 대표적인 국가이다. 우리나라 1차 에너지 총 소비량은 1971년부터 2014년까지 연평균 6.8%씩 높아졌다. 이는 OECD 평균 상승률 1.1%의 6배, 전 세계 연평균 상승률 2.2%의 3배에 달하는 수치이다. 최근 10년간만 계산하면 상승률은 2.6%로 조금 둔화되긴 하지만 이 역시 세계 평균을 웃도는 수치이다.

전력 생산량 측면에서도 우리나라는 1974년에 약 20**TWh**의 전력을 생산했는데, 2014년에는 541TWh를 생산해서 생산 증가율이 매우 높다. 이 기간 중 OECD 국가들의 전력 생산량이 약 2배 늘어났는데, 우리나라는 27배가 늘어난 것으로 전 세계에서 유래 없는 속도로 전력 생산량을 늘려가고 있다.

우리나라 에너지 공급량과 1인당 에너지 소비량 변화

GDP 및 1차 에너지 공급량 추이

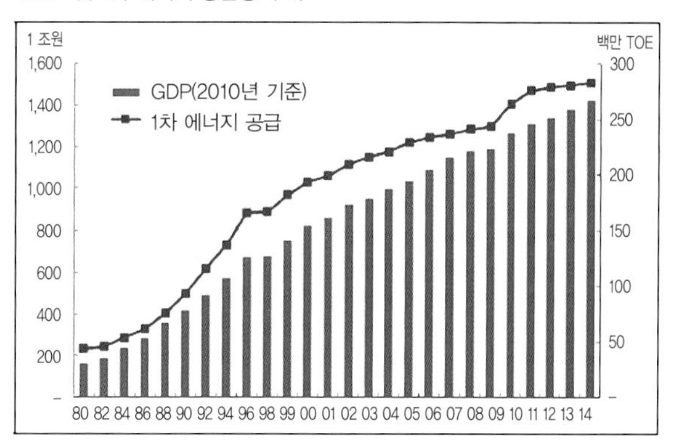

1인당 에너지 소비 추이

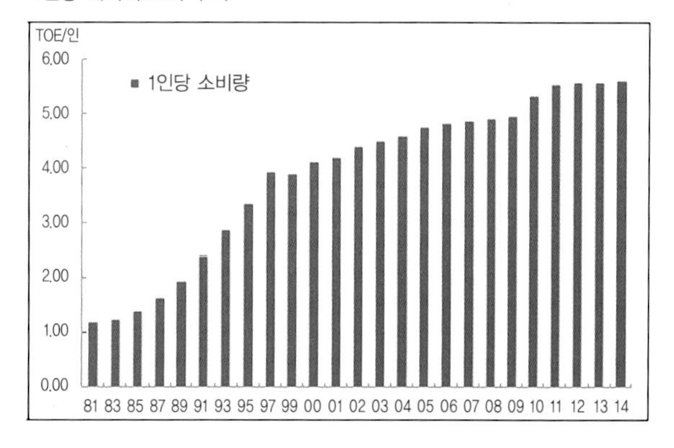

그림 6.7 우리나라의 에너지 공급량과 1인당 에너지 소비량의 증가는 전 세계 평균을 웃돌고 있다. (출처 : 한국에너지공단, 2016년 에너지 통계 핸드북)

TWh 전력량은 전력과 시간의 곱으로 정의되므로, 전력량의 단위 또한 전력의 단위인 와트(W)와 시간의 단위인 시(h)를 합쳐 와트시(Wh)로 표기한다. 따라서 1Wh는 1W의 전력을 1시간 동안 공급한 에너지이다. 1TWh는 1,000,000,000,000Wh이다.

사회 변화와 우리나라 에너지 소비 전망

인구 및 가구 구조 변화는 에너지 소비 행태에 큰 변화를 초래한다. 통계청에 따르면 일인당 에너지 소비는 가구 구성원이 적을수록 커지는 경향을 보인다. 향후 우리나라 인구 및 가구 구조 변화는 1인 가구 증가와 1인 가구의 노령화가 특징이며 이는 1인당 에너지 소비량 증가를 초래할 가능성이 높다. 우리나라보다 노령화가 일찍 시작된 일본의 경우 60세 이상의 노년층이 가정에 머무는 시간이 길고, 노후된 가전제품 사용량이 많으며, 자녀들이 독립을 하여도 자가 소유의 3~4인용 주택에서 계속 거주하기 때문에 청년층보다 전력을 많이 소비하는 것으로 분석되고 있다.

최근 우리나라는 미세먼지 대책, 송전 설비로 인한 사회적 갈등, 지진 등의 안전 문제로 불확실성이 확대되고 있다. 우리나라 정부는 석탄화력 발전의 최대 출력 조정과 발전용 유연탄의 개별소비세율 인상은 물론, 사회적 문제가 되고 있는 미세먼지 대응을 위해 노후 석탄화력 발전소를 폐지하기로 하는 등 석탄화력 발전을 제한하는 수단을 확대하고 있다. 2016년 1월 이후 기존 석탄화력 발전의 최대 출력 산정 방식이 연속 운전 허용 출력에서 정격 출력으로 조정되면서 석탄발전 설비 이용률이 전년 대비 10%가량 하락하였다. 또한 2017년 4월부터 발전용 유연탄의 개별소비세의 기본세율(중열량탄 기준)을 기존 kg당 24원에서 30원으로 인상하고, 저열량탄과 고열량탄의 탄력세율을 각각 21원과 27원에서 27원과 33원으로 인상하였다. 2016년 6월 미세먼지 특별대책 세부이행 계획을 통해 가동 30년이 넘은 노후 석탄화력 발전소 10기를 순차적으로 폐지하고 중장기적으로 석탄 발전기 발전량을 축소하는 방안도 검토하기로 하였다.

한편, 우리나라의 여름철 이상 폭염이 꾸준히 증가하는 추세인 상황에서 2016년 8월에는 22년 만의 기록적인 이상 폭염으로 **냉방도일**이 전년 동월 대비 21.0% 상승하기도 하였다. 일반적으로 봄으로 분류되어 왔던 5월의 전국 평균기온도 2000년 이후 상승하면서 여름이 빨라지는 경향을 보이고 있으며, 전국 평균기온의 역대 최고 5위가 모두 2000년대에 발생했는데 특히 1~3위는 최근 3년 사이에 발생하였다. 이러한 사회 · 환경적 변화들이 향후 우리나라 에너지 소비에 직접적인 영향을 줄 것으로 예측된다.

냉방도일 냉방도일 값이 크다는 것은 기후가 덥고 냉방을 위해 전력이 많이 소모된다는 것을 의미하며, 난방도일 값이 크다는 것은 기후가 춥다는 것과 난방을 위해 연료비가 많이 드는 것을 의미한다.

에너지 정책

주요 국가 에너지 정책

미국

미국은 신재생에너지 정책을 경기회복과 고용창출을 위한 노력의 일환으로 바라보고 있다. 장기간에 걸친 경기둔화로 실업과 고용환경이 악화되면서 새로운 해법

표 6.1 미국 경기부양법의 에너지 관련 산업 지원 계획(2011)

구분	에너지 감세	에너지/환경개발	에너지 관련 재정지원	기술개발	계
투자금(억 $)	209	233	117	102	579

출처 : 외교통상부(2012)

을 찾고 있던 미국 정부는 신재생에너지산업에 주목하였고 이를 통해 실질적인 고용 향상과 경제위기 극복을 꾀하고 있다. 풍력발전기로 잘 알려진 펜실베이니아 주의 발전시스템과 네바다 주의 태양광 열판시설 등이 그 예이다. 미국 정부는 경기부양법(American Recovery and Reinvestment Act, ARRA)을 토대로 에너지산업에 579억 달러를 투자하는 등 신재생에너지 관련 산업육성을 위해 지속적인 노력을 기울이고 있다. 에너지에 관한 한 대외의존도를 감소시키겠다는 전략적 인식을 바탕으로 2017년까지 석유, 천연가스 등 전체 에너지 매장량의 약 75%를 개발하고 신재생에너지 개발 및 보급도 적극적으로 추진하고 있다. 또한 셰일가스 개발계획으로 2035년까지 미국 가스 생산량의 45%까지 확대할 것을 목표로 하고 있다.

미국은 신재생에너지 투자와 실적에서 다른 국가들보다 월등히 앞섰지만, 최근

미국의 에너지 소비량 변화

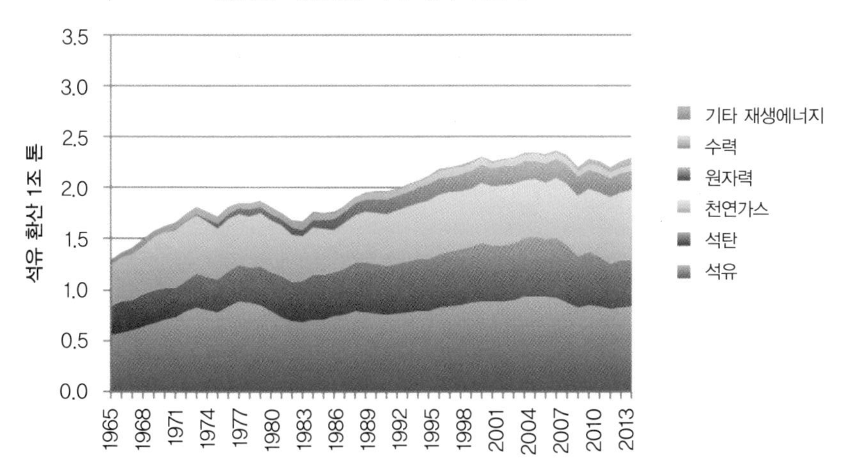

그림 6.8 미국은 에너지 소비량이 더 이상 늘지 않고 있고, 석탄과 석유의 비율을 줄여가고 있다.
(출처 : https://gailtheactuary.files.wordpress.com/2015/06/united-states-energy-consumption-by-fuel-2014.png)

중국의 신재생에너지 투자확대 등으로 그 격차가 감소하고 있다. 특히 풍력발전에서 재생에너지 생산은 중국이 미국을 추월하였으며, 수력발전을 포함한 전체 재생에너지 생산능력 또한 중국이 미국을 추월하고 있다.

일본

일본의 에너지소비(2011년)는 3억 1,400만 TOE로 세계 에너지소비의 3.8%를 차지하고 있다. 에너지원에서는 석유가 53.3%로 가장 높고, 다음으로 전력이 25.8%이며, 신재생에너지는 1.1%를 차지하고 있다.

2011년 후쿠시마에서 발생한 원전사고 이전, 일본의 국가 에너지원 비중은 화석연료(57%)와 원자력(26%)이 대부분이었다. 그러나 원전사고 이후 원자력에 비판적인 여론이 부각되면서 2012년 상반기를 기점으로 에너지 정책에 대한 재검토가 시작되었다. 일본 원자력규제위원회는 원전 의존도를 낮추기 위해 위원회의 안전 확인을 얻은 원전에 한해서만 재가동을 허락하였으며, 신규 원전의 건설 또는 기존 원전의 증설은 철저히 규제하였다. 2030년까지 원전의존도를 0%로 낮추고 이를 신재생에너지로 대체할 계획이다.

일본 정부는 2020년까지 온실가스 배출량을 1990년 대비 25%, 2050년에는 80%

일본의 에너지 소비량 변화

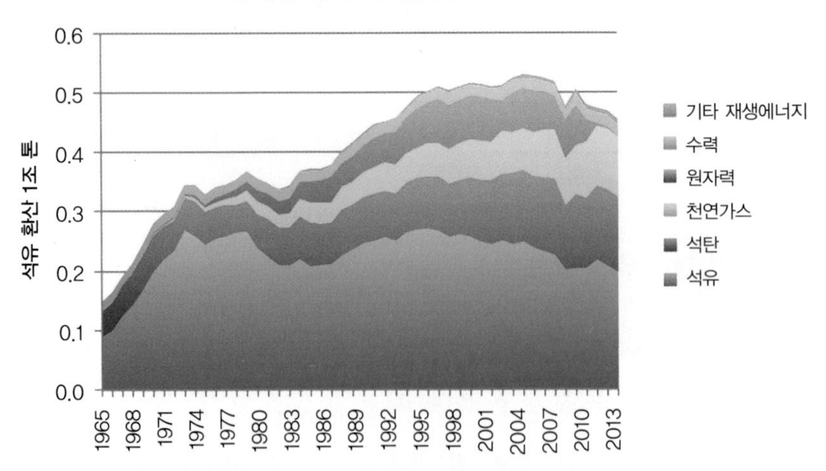

그림 6.9 일본은 최근 정책적으로 에너지 소비량을 줄여가고 있다. (출처 : https://gailtheactuary.files.wordpress.com/2015/06/world-energy-consumption-by-part-of-world-2014.png)

수준까지 감소시킬 계획으로 재생가능에너지 보급에 적극 나서고 있다. '지구온난화 대책기본법안'을 토대로 2020년까지 전체 에너지 공급량의 10%를 재생에너지로 충당할 계획이다. 이를 위해 일본식 발전차액지원제도인 '고정가격구매제도', '후쿠시마 부흥 재생특별 조치법' 등을 마련하여 에너지 관련 정책을 수행해 나가고 있다.

중국

2012년 중국 에너지 백서에 소개된 2011년 중국의 1차 에너지 생산량은 31억 8,000만 TOE이다. 1981년부터 2011년까지 중국의 에너지 소비량은 연평균 5.8%씩 증가하였고, 신재생에너지 및 자원 재활용과 관련해 2011년 말 중국의 비화석에너지가 1차 에너지 소비에서 차지하는 비중은 8% 수준이었다.

2011년 중국의 수력 설비 용량은 230GW, 풍력발전은 47GW로서 각각 세계 1위이고, 태양광 발전용량은 3GW로 태양열 집광 면적이 2억 m^2가 넘어서고 있다. 1992년 리우선언 이후 중국 정부는 '21세기 중국의 의제'를 구성하였다. 이를 기반으로 2005년 '신재생에너지법'을 발표하면서 신재생에너지를 산업적으로 개발하는 것을 정부의 노동의제에 포함시키는 등 신재생에너지 개발을 가속화하고 있다. 2012년 중국 국가에너지국은 태양광, 바이오매스 등 부문별 발전목표를 담은 '신재생에너지

중국의 에너지 소비량 변화

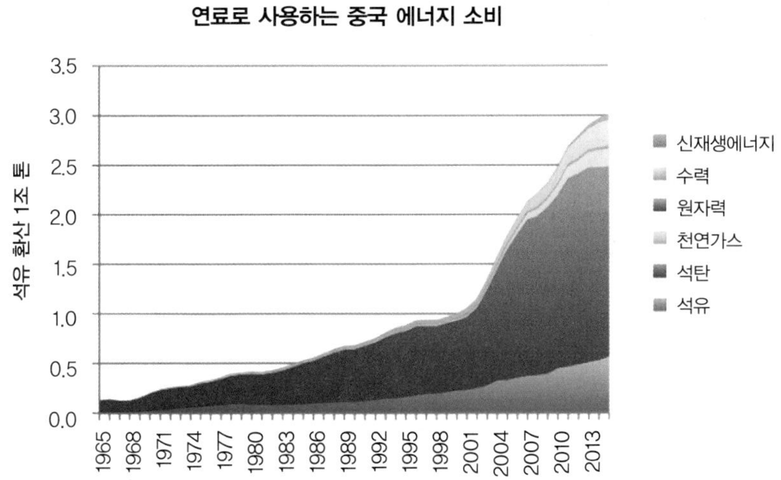

연료로 사용하는 중국 에너지 소비

석유 환산 1조 톤

신재생에너지
수력
원자력
천연가스
석탄
석유

그림 6.10 중국은 에너지 소비량이 급속도로 높아지고 있고, 이렇게 높아진 에너지 소비량을 화석연료를 통해 해결하고 있다. (출처 : https://ourfiniteworld.com/2016/06/20/china-is-peak-coal-part-of-its-problem/)

발전 12차 5개년 계획'을 발표하였다. 여기에서 에너지 소비량의 신재생에너지 비중을 2015년 10%, 2020년 15%까지 확대한다는 목표를 설정하였다. 아울러 신재생에너지 시범도시 100개소, 녹색에너지 시범지역 200개소, 신재생에너지 마이크로그리드 시범사업 30개소 등을 선정하여 신재생에너지의 산업화를 추진할 계획이다.

우리나라 에너지 정책

우리나라는 제2차 국가 에너지 기본 계획에 의거해서 다양한 에너지 정책을 펴고 있다. 특히 2017년에 새 정부가 들어서면서 에너지 정책의 방향이 더 분명해졌는데, 새 정부의 에너지 정책 방향은 화석연료에너지를 탈피하고, 점차 신재생에너지를 확대해 간다는 것이 주요 골자이다. 이러한 우리나라 에너지 정책은 크게 '안전하고 깨끗한 에너지로의 전환'과 '지역 중심의 에너지 정책'으로 요약할 수 있다.

우리나라 원자력 발전소 위치와 단층

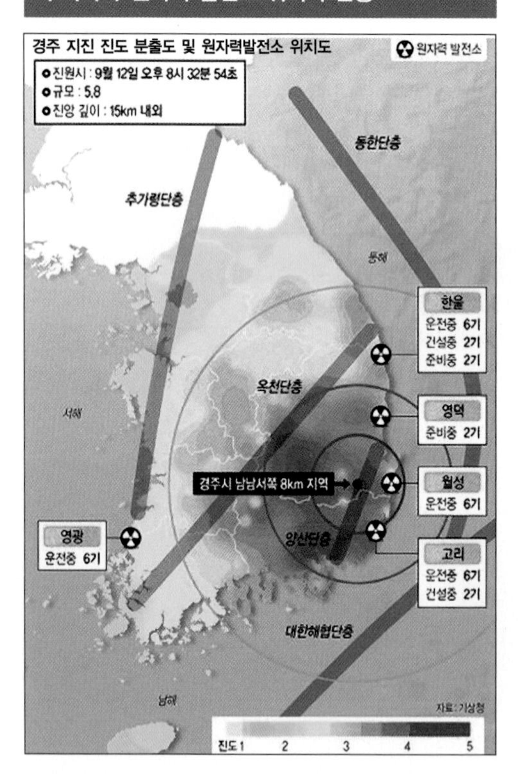

그림 6.11 2016년에 진도 5.0 이상의 지진이 발생하면서 우리나라도 더 이상 지진에 안전한 지역이 아니다. (출처 : 기상청)

안전하고 깨끗한 에너지로 전환

우리나라는 에너지 정책의 방향을 저렴하고 안정적인 에너지 공급이라는 기존 입장에서 보다 안전하고 깨끗한 에너지 공급으로 전환하였다. 이를 위해 가장 먼저 시행한 것이 노후 원전의 수명연장을 금지하고 신규원전 건설을 백지화한 것이다.

건설 중이던 신고리 5, 6호기의 경우에도 공론화위원회 검토를 거쳐, 건설을 지속하는 것으로 결정하였지만 보다 안전한 공법을 보완하라는 단서 조항이 추가되었고, 향후에는 원전을 자연감소시킨다는 원칙도 재확인하였다. 또한 노후 석탄발전소의 조기 폐기를 추진하고 있다. 노후 석탄발전소는 미세먼지와 온실가스 배출의 주요한 원인이기 때문에 단계적으로 폐쇄해 갈 예정이다. 이를 위해 노후 발전소의 환경 설비에 집중적으로 투자하고 이미 건설 중인 석탄발전소는 청정 LNG 발전소로 전환해 가는 것을 추진하고 있다.

또한 신재생에너지를 점차 확대해 갈 예정인데, 신

재생에너지를 확대하는 방식이 정부 주도형이 아닌 일반 시민이 자발적으로 참여할 수 있는 방법을 사용할 예정이다. 이런 대표적인 방식이 시민발전소 건립 모델로, 시민들이 자신이 살고 있는 지역에 공동 투자를 통해 작은 규모의 발전소를 짓는 방법이다. 경기도 수원의 경우 2018년 1월 기준으로 사회적 협동조합 형태로 8기의 시민 햇빛발전소가 건립되었다. 이러한 추세는 당분간 지속될 것으로 예상된다.

정부는 2030년까지 신재생에너지를 통한 발전 비율을 전체 에너지 발전의 20% 선까지 확대해 갈 것이라고 발표하였는데, 특히 태양광 발전과 풍력 발전의 비중을 높여갈 예정이다. 이를 위해 신재생에너지 분야의 핵심기술 발전을 위한 지원을 확대할 예정이며, 원전과 관련된 기술 분야는 원전 해체 기술을 집중 육성함으로써 관련 분야의 지속적인 안정성 확보를 위해 노력할 예정이다.

지역 중심의 에너지 정책

지금까지 우리나라 에너지 정책을 주도한 것은 정부였다. 대부분의 에너지 관련 산업은 국가의 통제 아래 있고, 이러한 통제 속에서 모든 에너지 정책이 계획 및 실행되었다. 이러한 중앙 통제 방식의 에너지 정책은 저렴한 가격의 에너지 공급, 단기간에 에너지 공급 시설 확대와 같은 긍정적인 면을 가지고 있지만, 에너지 분야에 대한 다양성 저해와 기존 시스템을 전환하는 데 있어서의 저항, 대규모 발전 시스템으로 인한 환경에 미치는 악영향 증가와 같은 부정적인 면을 가지고 있다.

이제 우리나라는 점차적으로 지역 중심, 시민 중심의 에너지 정책을 펼쳐가려고 한다. 시민들이 자기 지역에서 소비하는 에너지를 그 지역에서 직접 생산한다는 취지의 이 정책은 에너지 정의, 에너지 균형 측면이나 환경적 측면에서 바람직하다고 할 수 있다. 앞선 사례에서 제시했던 지역 햇빛발전소뿐만 아니라 서울의 원전하나 줄이기 활동, 지역의 미니 태양광 보급 사업, 시민을 대상으로 전기자동차 보급 사업 확대 등이 이러한 에너지 정책을 반영한 사업들이라고 할 수 있다.

우리나라의 경우 미세먼지 문제나 기후변화 문제에 직접적인 영향을 받고 있고, 이러한 문제들은 에너지 정책과 관련이 매우 높다. 어떤 에너지 정책을 펼치느냐에 따라 장기적 관점에서 환경 문제를 더 확대시키거나 혹은 감소시킬 수 있는 것이다. 지역중심, 시민 개인 중심의 에너지 정책은 보다 근본적으로 환경 문제를 해결해 갈 수 있는 해결책이 될 것이다.

문제 탐구

탐구 1 에너지 문제

기후변화

지금까지 우리 인류가 사용한 에너지의 대부분은 화석연료이다. 화석연료는 연소를 통해서 에너지를 얻는데, 연소 과정에서 온실기체인 이산화탄소가 배출된다. 따라서

2050년 우리나라 기후변화 영향 예상도

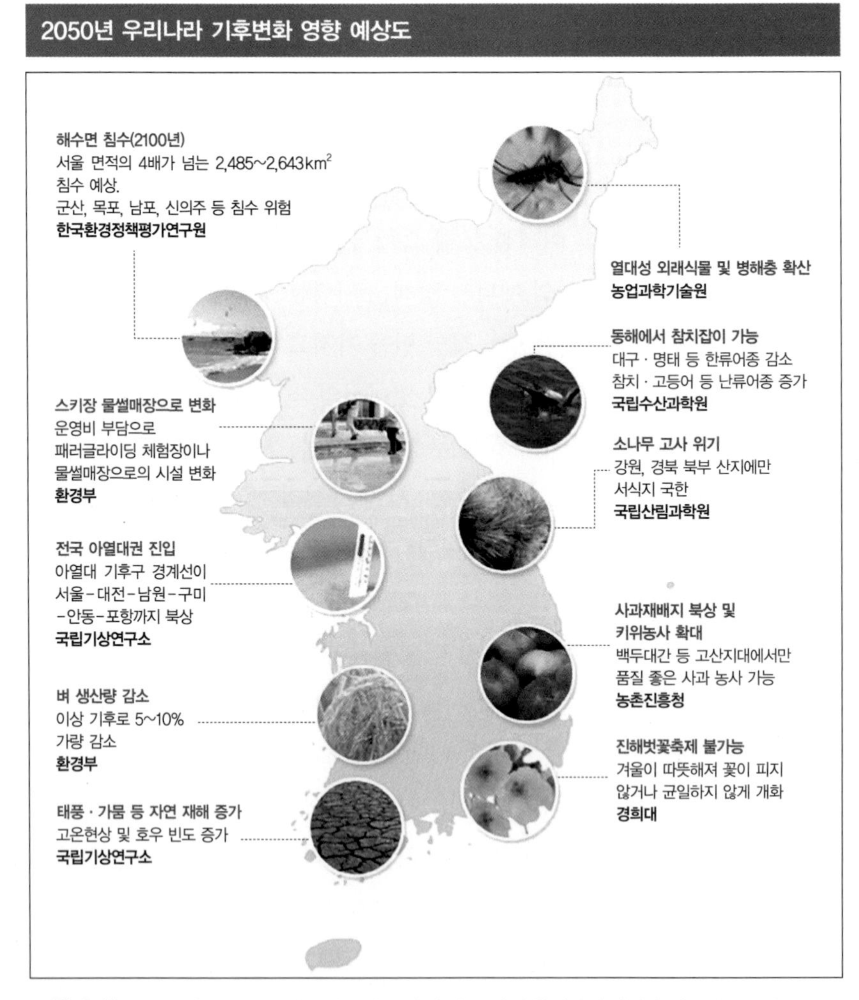

그림 6.12 2050년이 되면 우리는 지금과는 전혀 다른 자연 환경에서 살아갈 가능성이 높다.
(출처 : 국토환경정보센터 http://www.neins.go.kr)

우리 인류가 에너지를 사용하며 발전을 해 오는 사이에 지구 대기의 이산화탄소 농도가 높아졌고, 이로 인해 지구의 온도는 점차 상승하게 되었다.

지구온난화는 현재 지구에서 에너지 사용과 관련된 가장 중요하면서 심각한 문제라고 할 수 있는데, 국제적으로 이를 해결하기 위해 에너지 사용 방식을 근본적으로 바꾸기 위한 시도들이 이루어지고 있다.

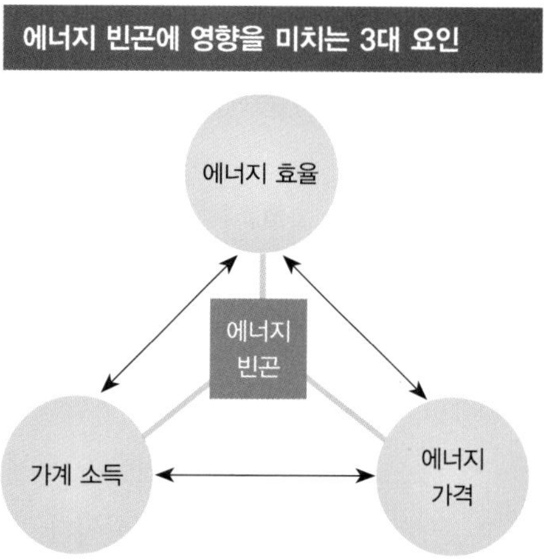

우리나라는 온실기체 배출량이 세계 7위(2013년 기준)이다. 많은 온실기체를 배출해서 지구온난화에 큰 영향을 주면서도, 급격한 기후변화 현상이 실제로 일어나고 있는 지역이기도 하다. 우리나라의 최근 100년간 상승한 평균 기온은 약 1.7°C로 지구 전체 기온 상승 평균 0.74°C에 비해 2배가 넘는 상승률을 보이고 있다. 이에 따라 우리나라에서도 기후변화에 대응 및 적응하기 위한 대책들이 수립되고 있는데, 국가 에너지 계획 수립이나 지역 에너지 계획 수립 단계에서 신재생에너지 비율을 높이거나 에너지 사용 효율화 대책들이 포함되고 있다.

에너지 빈곤에 영향을 미치는 3대 요인

그림 6.13 에너지 빈곤 문제를 해결하기 위해서는 에너지 가격과 효율, 가계 소득의 관계를 잘 고려해야 한다. (출처 : 한겨레 http://www.hani.co.kr)

에너지 형평성

사회적 관점에서의 에너지 문제는 에너지 사용에 대한 형평성 문제를 들 수 있다. 현대 사회에서 에너지를 사용하기 위해서는 비용을 지불해야 한다. 그리고 대부분의 가전제품들은 에너지를 필요로 한다. 이러한 관계 때문에 꼭 필요한 에너지도 사용하지 못하는 사람들이 생겨나게 되고, 그러한 사람들은 삶에 심각한 위협을 받고 있다. 이러한 사람들을 '에너지 소외계층(빈곤층)'이라고 부르기도 하는데, 에너지 소비에 있어서 소외되어 있고, 그로 인해 삶에 큰 불편을 갖게 된 사람들을 통칭한다. 한쪽에서는 너무 많은 에너지를 사용하는 것이 문제가 되는데, 또 다른 쪽에서는 인간적인 삶을 유지하기 위한 최소한의 에너지도 확보하지 못해 어려움을 겪는 사람들이 있는 것이다. 이러한 에너지 형평성 문제는 최근 들어 부각되기 시작했고, 정부와 민간 차원에서 이를 해결하기 위한 노력을 진행하고 있다.

문제 해결

해결 1 신재생에너지로의 전환

태양광

원리와 특징

태양광 발전은 반도체 소자인 태양전지를 사용하여 빛에너지를 전기에너지로 직접 전환하는 방식이다. 시계나 계산기 등 매우 작은 규모에서부터 대규모 설비에 의존하는 태양광 발전까지 다양한 규모와 용도에 적용될 수 있다는 특징이 있다.

태양전지를 이용한 태양광 발전 시스템은 용도에 따라 다양한 크기와 형태로 제작, 구성, 운영되고 있지만 기본적인 구성은 비슷하다. 전력을 생산하는 태양전지와 전력을 원하는 형태로 바꿔 공급하는 변환 장치를 중심으로 필요에 따라 부가 장치가 더해지고 있다. 태양광 발전의 핵심은 일반적으로 pn접합구조를 가진 태양전지로서 외부로부터 광자가 태양전지의 내부로 흡수되면 광자가 지닌 에너지에 의해 태양전지 내부에서 전자와 **정공**의 쌍이 생성된다. 생성된 전자–정공 쌍은 pn접합에서 발생한 전기장에 의해 전자는 n형 반도체로 이동하고 정공은 p형 반도체로 이동해서 각각의 표면에 있는 전극에서 수집된다. 각각의 전극에서 수집된 전하는 외부 회로에 부하가 연결된 경우, 부하에 흐르는 전류로서 부하를 동작시키는 에너지의 원천이 된다. 태양전지의 출력은 태양전지에 들어오는 태양광의 세기와 태양전지의 온도에 따라 달라진다. 최대 전력을 얻어낼 수 있는 전압과 전류의 크기도 출력이 변함

정공 절연체나 반도체의 원자들을 결합하고 있는 전자가 외부에서 에너지를 받아 보다 높은 상태로 이동하면서 그 뒤에 남은 결합이 빠져나간 구멍(공간)

남해고속도로 함안휴게소 태양광 발전소

그림 6.14 우리나라에서는 다양한 공간을 활용해서 태양광 발전소를 건설해 가고 있다. (출처 : 경남도민일보 http://www.idomin.com)

에 따라 바뀐다. 태양전지의 불규칙한 출력을 안정화시키고, 남은 전력을 보관해 두었다가 밤이나 흐린 날 등 전력을 생산할 수 없는 시간대에 쓰려면 배터리 같은 전력 저장 장치가 준비되어야 한다. 아무리 태양전지의 성능이 뛰어나다 하더라도 태양광을 충분히 받지 못하면 발전량은 낮을 수밖에 없다. 태양광 발전에서 가장 중요한 부분은 충분한 태양광을 받을 수 있는 위치와 조건을 설정하는 것이다. 일반적으로는 태양광 패널이 지면과 이루는 각도를 해당 지역의 위도와 같게 설치해야 최대 에너지를 받을 수 있다. 넓은 면적에 태양광 패널을 설치하는 경우, 전체 패널을 하나의 평면에 설치하기는 어렵다. 그래서 독립된 구조물에 여러 줄로 설치하는 것이 일반적이다.

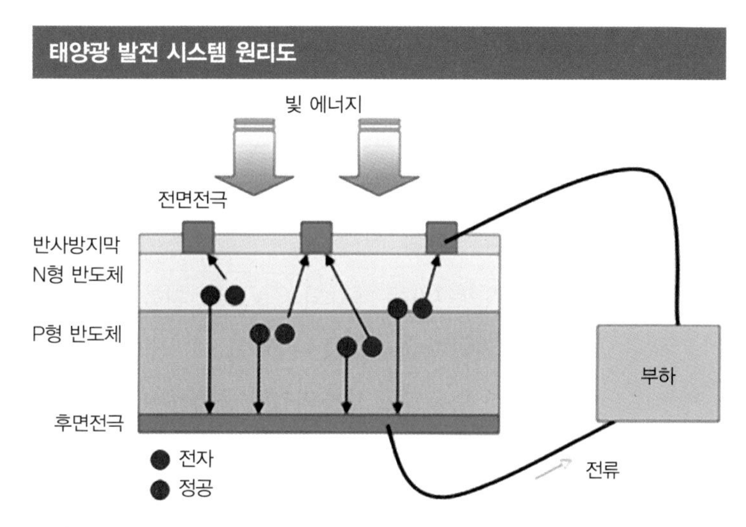

그림 6.15 태양광 발전은 전자 단위에서 일어나는 발전이기 때문에 큰 기계적인 움직임이 없이 태양광 패널 안에서 이루어진다. (출처 : (주)한국대체에너지 http://get-one.co.kr)

장단점

태양전지는 보수 비용이 매우 비싸거나 보수 자체가 불가능한 장소인 우주에서 사용하려는 목적에서 개발되기 시작했다. 태양전지는 신뢰성이 매우 높고 오랜 시간 거의 수리할 필요가 없기 때문에 지구의 궤도를 따라 회전하는 대부분의 인공위성에 전원으로 사용되고 있다. 또 태양전지는 햇빛으로 전기를 만드니 연료비가 들지 않는다. 유지비 역시 거의 들지 않는다. 석탄, 석유 등의 화석연료를 연소시켜 발전기를 구동할 필요가 없어서 환경을 오염시키는 배기가스와 유해 물질이 발생하지 않고 소음이 없다.

최근 온실가스 감축과 지구 환경 보전에 대한 관심이 높아짐에 따라 태양전지의 중요성이 커지고 있다. 단점으로는 전력생산이 지역의 일사량에 의존할 수밖에 없고, 일사량 변동에 따른 출력이 불안정하다. 에너지 밀도가 낮아 넓은 설치 면적이 필요하고 초기 투자비(설치비)가 많이 든다는 것도 단점으로 꼽히고 있다. 하지만 이런 단점에도 불구하고 태양광 발전이 가지고 있는 장점이 점점 더 부각되고 있고, 점차 태양광 발전 시설이 늘어나고 있는 상황이다.

풍력

원리와 특징

풍력발전기는 바람의 운동 에너지를 기계적 운동을 거쳐 전기에너지로 바꾸는 장치를 의미한다. 인류는 바람을 에너지원으로 다양하게 활용해 왔다. 고대부터 양수와 제분의 용도로 사용되었던 풍차는 바람의 힘을 기계적 에너지로 변환하는 장치이다. 전기의 발견과 발전기의 발명으로 인하여 바람을 이용하여 전력을 생산하는 풍력발전기가 등장하게 되었다. 풍력발전기에는 바람을 받아들이는 로터가 있고, 축 회전을 제동하기 위한 기계, 저속의 로터 블레이드를 고속으로 증가시키는 증속기, 전기를 발전시키는 발전기 등으로 구성되어 있다.

장단점

풍력발전은 환경에 긍정적이면서 부정적인 영향을 모두 갖고 있다. 풍력발전은 이산화탄소를 배출하지 않고, 산성비나 스모그를 야기하는 오염물질이나 방사능을 배출하지도 않는다. 또 육지와 바다를 오염시키지 않는다. 무엇보다 풍력발전의 발전단가는 액화천연가스나 화석연료보다 낮다. 이는 다른 신재생에너지에 비해 경제적 측면에서 유리한 점이다. 반면에 풍력발전은 소음과 전자기 간섭, 주변 경관 문제가 발생한다. 또 어류나 조류 등 생물에게도 영향을 미칠 수 있다. 특히 최근에는 풍력발전기에서 발생되는 소음이 문제로 부각되고 있다. 실제로 이미 설치된 풍력발전 시설들이 소음이나 경관 문제로 지역 주민들과 갈등을 겪는 경우가 점점 늘어나고 있다.

그림 6.16 삼면이 바다로 둘러싸여 있는 우리나라는 해상 풍력 단지에 대한 투자가 점차 늘어나고 있다. (출처 : 제주도민일보 http://www.jejudomin.co.kr)

이러한 문제를 해결하기 위해서는 해상

에 풍력발전소를 건설하고 있고, 우리나라도 인구에 비해 육지가 좁고 삼면이 바다로 둘러싸여 해상에 풍력발전소를 설치하는 해상 풍력 단지를 지속적으로 늘려나가고 있다.

지열 에너지 시스템 구성도

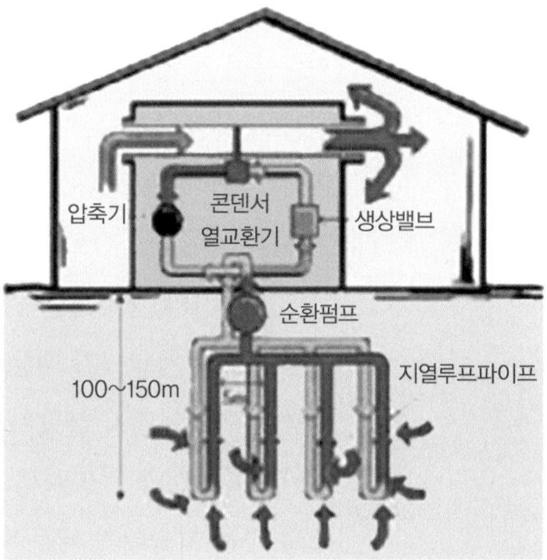

그림 6.17 지열 발전은 건물을 설계하는 단계에서부터 고려해야 하고, 지형과 지질학적 특성이 반영되어야 한다. (출처 : 한국에너지공단)

지열

원리와 특징

지열 발전은 지구 지하 온도가 지표 온도에 비해 변화가 적고 일정하게 유지된다는 것에 착안한 발전 방식이다. 즉 지하수를 비롯한 물, 지하의 열 등 온도차를 이용해 냉난방에 활용하는 기술이다. 지역에 따라 약간의 차이는 있지만 지표면에 가까운 땅속의 온도는 대략 10~20°C를 유지하고 있어 열펌프를 이용하면 냉난방 시스템에 활용할 수 있다.

지열에너지 시스템의 핵심은 지열을 회수하는 파이프인 열교환기다. 파이프의 회로 구성에 따라 폐회로와 개방회로로 구분되는데, 일반적으로 폐회로가 많이 쓰이고 있다.

장단점

지열 에너지 역시 친환경적인 청정 에너지원이라 할 수 있다. 오염원을 배출하지 않고 온실 효과 및 열섬 현상을 억제할 수도 있다. 또 일반적인 신재생 에너지원에 비해 지열은 효율성이 높다. 지열을 이용한 난방은 가스나 기름보다 약 40~70% 정도 에너지 절감 효과를 나타낸다. 또 지열 시스템은 한 번 설치하면 반영구적으로 사용할 수 있다. 지열의 또 다른 장점은 지하로부터 안정적으로 에너지를 공급받기 때문에 에너지를 균형 있게 생산할 수 있다는 것이다. 반면에 다른 냉난방 시스템보다 초기 투자비가 많이 들고, 설치하고 싶다고 해서 아무 곳에나 할 수 있지도 않다. 특히 우리나라는 지열 발전이 극히 제한적이다. 또 지열 시스템에 의해 지반이 가라앉는 등 환경에 영향을 미칠 수 있다.

신에너지 : 수소에너지, 연료전지, 석탄액화가스화 등

신에너지 종류에는 수소에너지, 연료전지, 석탄액화가스화 기술 등이 있다. 이러한 기술들이 신에너지 분야에 들어가는 이유는 말 그대로 첨단 과학과 기술력으로 에너지를 생산할 수 있는 방법이기 때문이다. 현재 신에너지 분야는 우리나라뿐만 아니라 전 세계 주요 국가들이 새로운 에너지 분야를 선점하기 위해 집중적인 투자를 하고 있다.

신에너지의 경우에는 기존의 화석연료 중심의 에너지를 대체할 수 있는 기술을 적용한 에너지원이기 때문에 대부분 긍정적으로 받아들여지지만, 아직까지 충분한 검증이 이루어지지 않았기 때문에 논란의 여지가 남아 있는 경우도 있다. 예를 들어 석탄액화가스화 기술의 경우 결국 화석연료인 석탄을 액화시켜서 석유처럼 사용하도록 하는 기술이기 때문에 신에너지라고 부를 수는 있지만 환경적으로 긍정적이라고 보기는 어렵다. 결국 신에너지의 경우에는 새로운 기술이 기존 에너지를 효과적으로 대체할 수 있는 기술인지와 함께 얼마나 친환경적인지를 같이 고려해야 하는 것이다.

현장 적용

적용 1 서울 : 원전 하나 줄이기

서울시는 시민과 함께 에너지를 절약하고 태양광 등 친환경에너지 생산을 확대하여 원자력 발전소 1기가 생산하는 만큼의 에너지를 줄여보겠다는 '원전 하나 줄이기' 사업을 펼치고 있다. 보통 원자력 발전소 한 기가 200만 TOE를 생산하기 때문에 이 사업을 통해 서울에서만 200만 TOE의 에너지를 줄이겠다는 게 주요 골자이다. 이를 실현하기 위해 신재생에너지를 서울 곳곳에 설치해서 친환경적인 에너지를 직접 만들고, '에코마일리지', '에너지 절약 실천 운동' 등을 통한 에너지 절약과 LED 조명 사업 등을 통해 에너지 효율화를 꾀하고 있다.

서울은 우리나라에서 단일 도시로는 가장 많은 에너지를 소비하고 있지만, 에너지 자립률이 2.9%에 불과(2011년 기준)하다. 서울로 에너지를 보내기 위해 서울이 아닌 다른 곳에서 피해를 받으면 안 된다는 생각이 기본이 되었고, 환경적으로 큰 문제가 될 수 있는 원자력발전소를 하나라도 줄여 보자는 것이 목표가 되었다. 2012년에 처음 시작한 이 운동은 2016년까지 시민 337만 명이 참여하여 366만 TOE를 생산하거나 절감하였다. 이러한 서울시의 사례는 에너지를 거의 생산하지 않고 주로 소비하는 도시의 생활을 어떻게 바꿔 가는 것이 그 도시와 우리나라, 지구에 도움이 될 수 있는지를 알려주는 좋은 사례가 되고 있다. 또 이러한 과정에 많은 시민들이 참여해서 의사결정을 하고, 함께 행동했다는 것에 큰 의미가 있다.

서울 원전 하나 줄이기 사업 로고

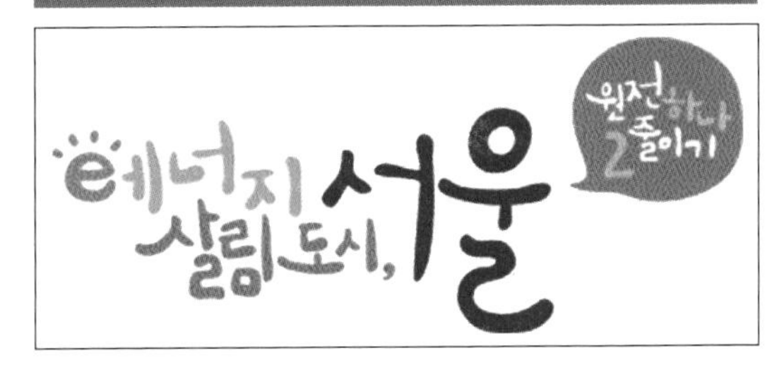

그림 6.18 서울은 에너지 절약과 효율화를 통해 도시에서 사용하는 에너지의 양을 획기적으로 줄여 보려는 운동을 지속적으로 추진하고 있다. (출처 : 에너지살림도시 서울 http://energy.seoul.go.kr)

서울 원전 하나 줄이기 정보센터

그림 6.19 서울에서 추진하고 있는 다양한 에너지 정책을 정보센터에서 확인할 수 있다. (출처 : 에너지살림도시 서울 http://energy.seoul.go.kr)

적용 2 프로그램 사례

이 프로그램은 '우리 교실의 화석 자원과 에너지의 지속가능한 이용'을 주제로 수업의 목표는 에너지의 지속가능한 이용에 대한 이해로 설정하였으며, 학습자들이 능동적으로 에너지에 대해 조사하고 해결 방안을 찾아보도록 하는 참여형 프로그램으로 구성되어 있다.

우리 교실의 화석 자원과 에너지의 지속가능한 이용 수업 구조도

우리 교실의 화석 자원과 에너지의 지속가능한 이용

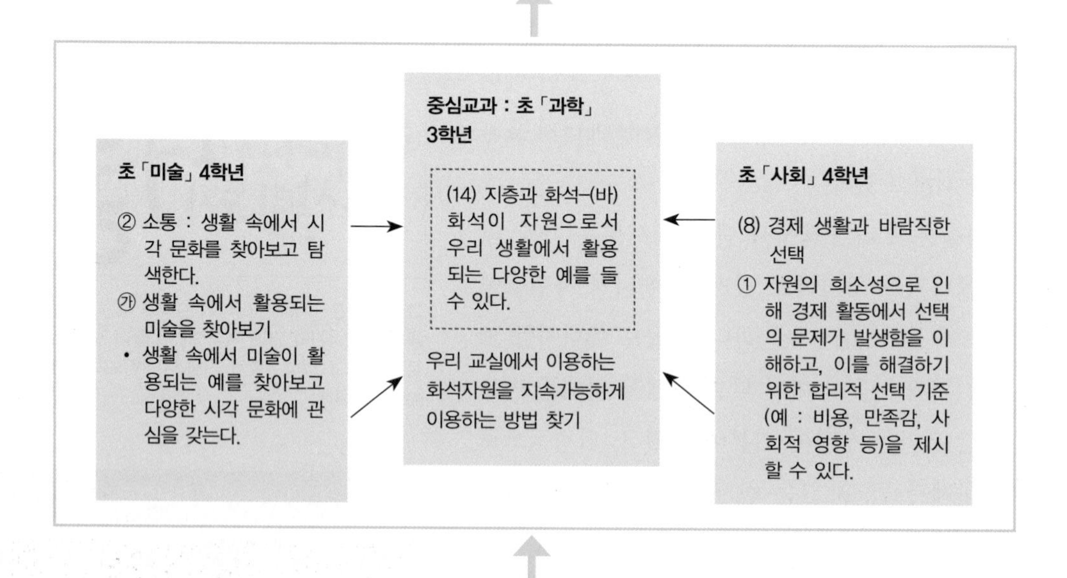

〈주제 선정의 배경〉	
지속가능발전/사회에의 공헌	우리 학교에서 사용하는 화석 자원들은 어떤 것들이 있을까? 석탄과 석유는 대표적인 화석 자원이다. 이 화석 자원은 우리 생활에서 눈에 보이게 혹은 보이지 않게 많이 사용되고 있다. 이 자원은 지구상에 매우 유한한 자원이므로 지속가능한 지구를 위해서는 재사용과 재활용, 소비 줄이기가 필요하다.
지역사회 문제와의 연관성	학교는 학생들의 중요한 학습 및 생활 공간이다. 이곳에서 사용하고 있는 화석 자원을 이용한 물품들을 어떻게 사용하는지에 따라 지구의 지속가능성은 더욱 높아질 수 있다. 따라서 이 수업을 통해 학생들이 학교에서 사용하고 있는 물품과 화석 자원의 관계를 알아보고 어떤 방법으로 지속가능한 사용을 높일 것인지 생각하고 실천할 수 있도록 한다.

출처 : 한국과학창의재단 창의인성넷 사이트

우리 교실의 화석 자원과 에너지의 지속가능한 이용 수업 전개도

〈학습목표〉
1. 우리 학급에서 사용하고 있는 화석 자원의 이용을 조사할 수 있다.

차시	수업 모형	내용
1 차 시	**〈수업 모형〉** 1단계 : 화석 자원의 정의 알기 2단계 : 조사하기 3단계 : 발표하기	1. 화석 자원의 특징을 알아보기 • 생활에서 이용되는 석탄의 특징 알아보기 • 생활에서 이용되는 석유의 특징 알아보기 2. 우리 학급에서 이용하는 화석 자원 조사하기 • 석탄을 이용해서 만든 물품 알아보기 • 석탄을 에너지로 이용하는 사례 알아보기 • 석유를 이용해서 만든 물품 알아보기 • 석유를 에너지로 이용하는 사례 알아보기 3. 조사결과 발표하기 • 물품으로 이용하는 사례 발표하기 • 에너지로 사용하는 사례 발표하기

〈학습목표〉
2. 화석 자원을 지속가능하게 이용하기 위한 방법을 찾을 수 있다.

차시	수업 모형	내용
2 차 시	**〈수업 모형〉** 4~5단계 : 지속가능 이용 방법 탐구 6단계 : 직업탐구 7단계 : 적용활동	4. 모둠별로 물품을 선택하고 지속가능한 이용방법 탐구하기 • 학급에서 이용하는 물품의 이용현황 조사하기 • 오래 쓸 수 있는 방법 찾기 5. 화석에너지를 지속가능하게 이용하는 방법 찾기 • 학급에서 화석에너지를 이용하는 현황 조사하기 • 지속가능하게 이용하는 방법 찾기 6. 자원을 지속가능하게 이용하는 직업탐구 • 리폼 디자이너는 어떤 점에서 지속가능성을 높이는지 발표하기 • 리폼으로 사업을 하는 것은 지속가능발전의 세 가지 요소(환경, 경제, 사회)와 어떤 관련을 갖는지 발표하기 7. 못쓰게 된 화석 자원을 지속가능하게 이용하는 아이디어 찾기 • 모둠별로 물품 한 가지 이상을 정하여 생활에서 이용할 수 있는 물품으로 만드는 아이디어를 구상하고 발표하기

출처 : 한국과학창의재단 창의인성넷 사이트

실습 과제

과제 1 우리집, 우리 학교의 에너지 사용량 조사

가정에서는 월별 에너지 지출 비용을 통해 에너지 사용량의 변화를 확인하고, 학교의 경우에는 대학에서 제공하고 있는 정보공시 자료를 통해 에너지 사용량의 변화를 확인해 보자.

과제 2 주변의 신재생에너지 사례를 찾아 원리 탐색

동사무소, 구청, 군청, 시청 등의 공공기관을 방문하거나 인터넷을 통해 지역의 신재생에너지 시설을 찾아 원리를 탐색해 보자.

과제 3 우리나라 상황에 적합한 신재생에너지 조사

우리나라의 지형, 기후, 사회적 상황, 에너지 소비 패턴 등을 고려할 때, 우리나라에 적합한 신재생에너지를 조사해 보자.

환경과 문화 문화란 한 사회 한 국가를 구성하고 있는 사람들의 정신적인 가치세계의 표현이고 생활양식이다. 환경문제를 해결하기 위해서는 사회 · 경제 · 문화 전반에 걸친 패러다임의 환경문화적 접근의 활성화가 중요한 의미를 갖는다.

제7장

환경과 문화

대표 사례

환경과 문화 사례

환경과 문화를 연계하는 것은 대중에게 환경문제를 인식하게 하고 환경보전을 일깨워 주는 도구로서 일상에서 자주 접하는 영역이 되고 있다. 민간환경단체, 기업, 지방자치단체 등의 다양한 기관들에서 다양한 형태의 환경과 연계한 문화행사를 개최하여 각광을 받고 있다.

대표적인 환경과 문화 사례로 지구의 날을 기념하기 위해 개최된 '2017 환경음악회 푸른 하늘을 그리다'는 민간환경단체인 환경운동연합과 마포문화재단이 함께 진행하였다. 환경음악회 수익금은 미세먼지 발생 줄이기 활동기금으로 활용하였다.

기업의 사례로 BMW코리아는 환경부의 지원을 받아 지속가능한 미래 사회를 위한 가치관 형성을 위해 환경토크콘서트인 '넥스트 그린-토크 콘서트'를 개최하였다. 이는 인문학, 사회과학, 자연과학, 공학, 문화예술 등 다양한 분야와 주제의 강연 형식으로 진행되었다.

지방자치단체의 사례로 함평군은 함평자연생태공원에서 '나무, 잎, 열매에 마음을 담다'라는 주제로 자연미술 작품전시회를 개최하였는데, 멸종위기에 처하거나 멸종되고 있는 생물의 중요성을 널리 알리고 자연보호 의식을 고취하는 기회를 제공하였다.

핵심 질문

1. 아름다운 환경의 보전과 인류 문화의 소비가 조화롭게 이루어지는 방안은 무엇인가?
2. 현대 인류의 문화 소비 행태를 보다 환경적인 방향으로 바꾸기 위한 방안은 무엇인가?
3. 환경보전을 위한 문화 유형은 무엇인가? 이러한 유형들 속에서 나 자신이 스스로 만들 수 있는 문화란 무엇일까?

원리 탐구

원리 1 인간의 정신가치의 표현이자 생활양식으로서의 문화

문화의 정의 및 유형

문화(culture)라는 용어를 한 마디로 정의하기란 불가능하다. 문화는 그것이 속한 담론의 맥락에 따라 매우 다양한 의미를 갖고 있는 담론적 개념이다. 서양에서 문화라는 말은 경작이나 재배 등을 뜻하는 라틴어 *colore*에서 유래했다. 즉 문화란 자연 상태의 사물에 인간의 작용을 가하여 그것을 변화시키거나 새롭게 창조해 낸 것을 의미한다. 가장 넓은 의미에서 문화는 자연에 대립되는 말이라 할 수 있고, 인류가 유인원의 단계를 벗어나 인간으로 진화하면서부터 이루어 낸 모든 역사를 담고 있는 말이라 할 수 있다. 여기에는 정치나 경제, 법과 제도, 문학과 예술, 도덕, 종교, 풍속 등 모든 인간의 산물이 포함되며, 이는 인간이 속한 집단에 의해 공유된다. 문화를 인간 집단의 생활양식이라고 정의하는 인류학의 관점이 이런 문화의 본래 의미를 가장 폭넓게 담은 것이라 할 수 있다.

문화라는 의미에는 참으로 다양한 관점들이 있으며, 일반적으로 교양으로서의 문

표 7.1 문화의 다양한 관점

구분	설명
교양으로서의 문화	고급문화 또는 순수문화라는 관점에서 인간 사고와 표현의 뛰어난 정수라는 의미로 정의된다. 여기에는 위대한 문학, 미술, 음악 등에 대한 지식과 실천을 통한 정신적 완성을 추구하고자 하는 열망을 포함한다.
진보로서의 문화	한 사회의 정신적 · 물질적 발전 상태를 의미하며 문명이라는 개념과 혼용되었으나, 18세기 후반에 이르러 문화와 문명이 구분되었다. 이러한 사회진화론적 관점에서의 문화관은 자민족중심주의를 구성하는 데 주요한 역할을 하였다.
예술 및 정신적 산물로서의 문화	현대사회에서 문화는 주로 정신적이거나 지적이고 예술적인 산물을 지칭하는 의미로 사용되고 있다. 문화가 사회와 무관한 순수한 것이며 고유의 배타적인 영역으로 존재한다는 식의 문화 개념으로 표출된다.
상징체계, 생활양식으로서의 문화	사회학이나 인류학에서 가지는 문화에 대한 정의로 인간이 한 사회의 구성원이 된다는 것은 그 사회에 이미 존재하는 상징체계를 습득하여 사용할 수 있으며, 그 상징체계가 반영하고 있는 사회의 질서와 규범, 즉 생활양식을 따르게 된다는 것을 의미한다. 따라서 여기에서 문화는 한 사회의 관습, 가치, 규범, 제도, 전통 등을 포괄하는 총체적인 생활양식을 의미한다.

표 7.2 문화의 구분

기준 유형	설명
종교적 구분	한 사회의 대다수가 믿는 종교에 따라 문화를 구분하는 방법 예) 이슬람 문화, 기독교 문화, 불교 문화, 힌두교 문화 등
언어적 구분	사용되는 언어에 따라 문화를 구분 예) 영어 문화, 스페인어 문화, 중국어 문화, 아랍어 문화 등
지역적 구분	역사적 · 정치적 의미에 따라 문화를 구분 예) 동아시아 문화, 중동 문화, 유럽 문화 등
생활양식에 따른 구분	생활양식을 기준으로 분류 예) 젓가락 문화권, 유목 문화권 등

화, 진보로서의 문화, 예술 및 정신적 산물로서의 문화, 성장체계 및 생활양식으로서의 문화로 구분할 수 있다(표 7.1).

이와 같이 문화를 인간 집단이 만들어 낸 모든 생활양식과 상징체계라 할 때 그것을 구분하는 방식은 다양할 수 있다. 조금 좁은 의미에서 정치나 경제 등의 영역을 떼어 놓고 본다 해도 마찬가지다. 우선 문화를 공유하는 집단에 따라 구분할 수 있다(표 7.2). 예를 들어 한국 문화라면 한국인이라는 집단이 공유한 문화이고, 미국 문화는 미국인이 공유한 문화가 된다. 한 사회에서 집단을 나누는 기준은 성, 세대, 계급, 지역, 인종, 직업 등 다양하며, 이 다양한 기준들이 수많은 집단을 만들고 이들은 각기 독특한 자기 문화를 공유한다. 이러한 하위집단(subgroup)의 문화를 하위문화(subculture)라 하는데 결국 문화는 수많은 하위문화들의 집합인 셈이다. 따라서 문화란 한 사회 그리고 한 국가를 구성하고 있는 사람들의 정신적인 가치 체계의 표현이며 생활양식이라고 할 수 있다. 이러한 문화는 한 사회가 자신만의 독특한 특성을 지니게 함으로써 다른 사회와 구별할 수 있도록 하며, 이와 더불어 사회의 구성원들을 통합하는 기능을 가지고 있다.

환경과 문화

앞의 문화에 대한 설명에서 추측해 볼 수 있듯이 문화는 지역의 자연환경적 영향을 받아 형성되며 또한 형성된 문화는 자연환경에 영향을 주게 된다. 이러한 환경과 인간 문화의 관계는 환경결정론, 환경가능론, 생태론의 관점에서 설명되고 있다(표 7.3).

표 7.3 환경과 인간에 대한 관점

구분	인간과 자연과 관계
환경결정론(Environmental Determinism)	인류의 생활과 역사는 자연환경의 영향에 의해 규제되며 자연환경은 인간 생활에 절대적 영향을 미침
환경가능론 (Environmental Possibilism)	동일한 자연환경도 그것을 이용하는 인간의 문화 수준에 따라 그 영향이 달라지며 자연은 단지 인간에게 자유로운 선택의 가능성을 제공할 뿐임
생태론(Ecology)	인간은 환경 속에서 가장 강력한 작용을 하는 하나의 개체군임. 따라서 인간은 동식물과 더불어 생태계의 한 종으로 환경의 창조물과 형성자임

이러한 구분은 오늘날에 와서 물리적 환경이 사회적 · 경제적 요인, 문화적 전통을 포함하는 전체 환경 가운데 일부분에 불과하다는 점에서 환경결정론과 환경가능론의 구분은 불명확해지고 있으며 인간을 자연 시스템의 한 부분으로 보는 생태론적 관점이 강조되고 있다.

인간은 동식물과 더불어 생태계의 한 종으로 자연환경을 변화시키는 활동을 할 수 있는 능력을 가진 존재인 동시에 환경문제를 일으키는 원인자이다. 인간은 환경문제의 책임을 지고 해결하려는 의지를 가짐으로써 기존의 환경파괴적 문화에서 생태적 문화로 변화해야 한다.

원리 2 환경보전의 예술 문화적 접근

산업화로 인한 환경문제는 단순히 기술을 개발하는 것만으로 해결되지 않는다. 산업화 이후 인간의 문화는 자연을 파괴하는 형태로 고착화되었다. 따라서 환경문제를 해결하기 위해서는 사회, 경제, 문화 전반에 걸친 패러다임의 전환이 필요하다. 패러다임의 전환을 위한 방법의 하나인 예술 문화적 접근으로는 환경음악, 환경미술, 환경영화, 환경문학 등을 예로 들 수 있다(표 7.4).

환경음악

음악은 고대사회로부터 언어와 문화를 초월해 소통할 수 있는 국제적인 언어이기 때문에 사람의 사상이나 감정을 표현하기 위한 수단으로 활용된다. 따라서 음악은 단순한 소리가 아니기에 즐기기 위한 것 이상의 영향을 지니고 있다. 환경문화의 관점

표 7.4 환경의 예술 문화적 접근

종류	설명
환경음악 (Environmental Music)	자연을 포함한 환경에 대한 주제를 중심으로 한 음악으로 19세기 초에 시작되었음. 2차 세계대전 이후에는 핵무기 경쟁에 대한 환경적 영향을 중심으로 환경음악에 대한 관심이 증가함
환경미술 (Environment Art & Ecological Art)	자연의 도구를 활용하는 예술작업을 의미하였으나 공간을 활용한 예술과 사회적 관심사와 관련된 생태적 시스템, 프로세스 및 현상에 대한 예술로 발전함
환경영화 (Environmental Film)	환경을 보호하고자 하는 의미를 지닌 영화로, 이러한 영화를 통해 환경에 대한 대중들의 이해를 증진시키고자 함
생태(환경)문학 (Ecological Literature)	공해 · 핵문제 등 인간의 생존 자체를 위협하는 잠재적 위험이나 자연환경을 파괴하는 문명 등에 관한 비판을 다룬 문학을 뜻하며, 생태환경문학은 아름다운 삶을 이루는 기초가 바로 살아 있는 환경에서 비롯된다는 생각에서 출발해 주로 시 · 소설 등에서 다루어짐

에서 음악은 스트레스 해소와 문화생활로 인한 안정감 및 감수성 제공과 더불어 인간과 자연을 이어 주는 매개체로서의 역할을 담당할 수 있다. 환경음악의 발전과정을 살펴보면 다음과 같다.

- 1900년대 초 : 환경음악의 시작기라고 볼 수 있다. 예로 George Pope Morris는 'Woodman, Spare That Tree!'를 통해 벌목되는 나무를 보호하고자 하는 노래를 불렀다.
- 1940년대 : 세계의 핵무기 경쟁으로부터의 위협에서 반핵운동과 더불어 진행되었다. Pete Seeger의 'Mack the Bomb'이나 Malvina Reynolds의 'What Have They Done to the Rain?'을 예로 들 수 있다.
- 1960년대와 1970년대 : 반문화 및 반전(anti-war)의 내용을 품은 노래가 제시되었다. Joni Mitchell의 'Big Yellow Taxi', John Denver와 Mike Taylor의 'Rocky Mountain High', Black Sabbath의 'War Pigs'를 예로 들 수 있다.
- 1990년대 : 환경보호 및 동물 복지에 관한 관심과 환경 회복을 주제로 진행되었다. Michael Jackson의 'Earth Song'이 대표적이며 이는 'Heal the World Foundation'로 이어졌다.
- 2000년대 이후 : 대규모 콘서트 형식으로 진행되었다. 2007년 워싱턴에서 열린

'Live Earth', 2010년 호주에서 개최된 'Earth Music Festival' 등이 있다.

우리나라에서는 1992~1995년까지 조선일보 주최로 '내일은 늦으리'라는 환경콘서트가 개최되었으며, 2014년 이후로는 환경운동연합에서 지구의 날에 환경콘서트를 개최하고 있다. 이 밖에도 방송국이나 자치단체 등에서 환경콘서트를 개최하고 있다.

환경미술 기존의 미술영역의 범주 안에서 미술가의 관심범위를 환경보존과 자연보호에 맞추고 환경과 자연을 소재로 한 작품

환경미술

환경미술은 조상들의 구석기 시대의 회화로 시작되었다고 주장할 수도 있다. 그 시대의 어떤 풍경도 발견되지 않았지만 동굴 그림은 인간과 동물 같은 초기 인간에게 중요한 자연의 다른 모습을 나타내고 있다. 선사인들로부터 자연은 창조적인 예술의 주제였으며 현대의 풍경화와 다양한 표현에도 큰 영향을 미친다. 환경미술, 환경조형 미술로도 불리는 현대 도시공간 안팎에서 마주치는 미술품들은 그것이 전시장 이외의 장소에 설치되면서 또 다른 미술 장르처럼 인식되었다(예 : 학교나 공공건물 담에 그린 그림, 지하철에 붙어 있는 그림 타일 등).

환경미술 작품의 예

그림 7.1 Claude Monet(1900), Waterloo Bridge, London. 20세기 초 안개와 석탄먼지의 런던을 표현

생태예술 작품의 예

그림 7.2 Zahra Jamshed(CNN, 2015), The Prophecy. 부패와 쓰레기로 만든 긴 가운을 걸친 인간의 모습 표현

생태예술(ecological art)은 지구의 생명 형태와 자원으로 지속가능한 패러다임을 제안하는 예술적 형태로 자리 잡고 있다. 이에 따라 생태예술은 사람들에게 생태계에 대한 인식을 갖게 하고 자연과의 교류를 강조하며 다른 종에 대한 인간의 행동을 변화시킴으로써 우리가 공존하는 자연계에 대한 장기적인 존경을 장려하게 되었다. 현대 생태예술은 삶 중심의 이슈, 지역사회 참여, 대중 대화 및 생태적 지속가능성 측면에서 학제 간 및 학술 그룹 전반에 걸쳐 명확하게 표현되었으며 환경디자인, 생태적 디자인, 사회복원, 생태복원이라는 네 가지 분야

에서 진행되고 있다.

이러한 생태예술의 원칙은 다음과 같다.

- 생태계의 물리적, 생물학적, 문화적, 정치적, 역사적 측면에 관한 우리의 환경에서의 상호 관계망에 중점을 둠
- 자연물을 사용하거나 바람, 물 또는 햇빛과 같은 환경적 힘을 사용하는 작품 제작
- 손상된 환경의 보전, 복원 및 개선에 대한 노력
- 생태 역학관계 및 우리가 직면한 환경문제를 대중에게 알리기
- 생태 관계를 수정하고 공존, 지속가능성 및 치유에 대한 새로운 가능성을 제시

환경영화

환경문제나 쟁점, 환경적 재앙, 환경의 아름다움 등을 다루는 환경영화는 TV나 영화, 애니메이션, 컴퓨터 게임 등의 영상매체에 친숙해진 현대인들에게 보다 큰 영향력을 줄 수 있다. 지난 20년 동안 할리우드 스튜디오에서 제작된 환경보호주의 주제를 가진 영화들은 상업적으로 성공하기도 하였다. 1989년에 창립된 환경미디어협회는 환경 메시지가 담긴 영화 및 TV 프로그램들에 대하여 환경미디어 상을 수여하고 있다. 우리나라에서는 2004년부터 서울환경영화제가 개최되고 있다.

- **불편한 진실**(An Inconvenient Truth, 2006) : 앨 고어 전 미국 부통령의 지구온난화에 관한 캠페인을 슬라이드 쇼를 통해 제작한 미국 다큐멘터리 영화이다. 아카데미 시상식에서 최우수 다큐멘터리 영화상과 최우수 오리지널 상을 수상하였다. 영화 전반에 걸쳐 고어는 지구온난화에 대한 과학적 의견뿐만 아니라 지구온난화의 현재와 미래의 영향에 대해 토론하며 지구온난화를 막기 위한 행동을 촉구하였다.

- **에린 브로코비치**(Erin Brockovich, 2000) : 에너지 회사인 Pacific Gas and Electric Company(PG&E)와 경쟁한 에린 브로코비치의 실화를 각색한 영화이다. 2001년

아카데미상에서 작품상 외 4개 부문에 노미네이트되었다. 에린이 전력사업을 하는 대기업 PG&E의 공장에서 유출하는 크롬 성분이 수질을 오염시켜 마을 사람들을 병들게 하고 있다는 사실을 알게 되어 대기업인 PG&E을 상대로 소송을 하는 내용이다.

- 바람계곡의 나우시카(Nausicaa Of The Valley Of Wind, 2000) : 인간과 자연의 관계를 근본적으로 고찰하고, 자연의 존엄성을 이야기하는 미야자키 하야오의 생태철학을 담은 애니메이션이다. 그는 '미래소년 코난'에서 3차 세계대전으로 파괴된 지구 등을 통해 기술문명의 폐해를 지적했다. 바람계곡의 나우시카에서는 기계문명으로 나라를 세우려는 무리들에 맞서 자연을 지키려는 바람계곡의 공주 나우시카의 활약과 희생을 그리고 있다.

생태/환경문학

생태문학은 오존층 파괴, 기상이변, 수질오염, 핵 위기 등에 대한 사회적인 관심이 심화되면서 문명에 대한 염증과 순수한 자연 속 삶에 대한 그리움 등을 주요 내용으로 다룬다. 문학은 그 특성상 겉으로 드러나지 않은 내면적 세계에 대한 끊임없는 탐구와 재현한다. 우리를 둘러싼 환경과 생태 세계도 보이는 부분보다 보이지 않는 부분이 훨씬 더 많으므로 드러나지 않은 세계를 형상화하고, 보이지 않는 피해를 형상화하는 데 문학이 효과적이라 할 수 있다.

생태(환경)문학의 종류는 크게 환경고발 중심과 생태 중심으로 나누어진다.

- 환경고발 중심 : 환경오염이나 환경파괴의 실태를 직접적으로 고발하는 내용을 담고 있으며 대표적으로 김광섭의 '성북동 비둘기'를 예로 들 수 있다. 그 외 성찬경의 '공해시대와 시인', 조세희의 '기계도시', 김용성의 '사해' 등이 있다.
- 생태 중심 : 환경오염에서 기인한 생태계의 변화 양상이나 나무나 동물에 대한 관심을 증폭시키는 내용을 담고 있다. 대표적으로 김지하의 '생명', 박두진의 '해', 한승원의 '연꽃 바다', 김영래의 '숲의 왕' 등이 있다.

원리 3 환경보전을 위한 사회경제적 문화 변화

현대에 들어와 국제 사회는 환경과 경제가 양립하여 발전할 수 없다는 고정관념에서 탈피하여 환경을 훼손하지 않고 환경의 질을 개선시키면서 환경을 새로운 성장의 동력으로 삼고자 하는 지속가능발전을 강조하고 있다. 이와 관련하여 유엔에서는 자연자원의 보전, 지속가능한 자원의 이용, 형평성에 부합한 이용, 정책의 통합, 투명성과 일반의 참여, 생물다양성의 보호 등 지속가능한 개발원칙을 제시하고 있다. 이러한 노력을 통해 우리 사회는 기존 도시가 가지고 있던 높은 환경부하 및 외부의존도를 줄이고 도시 자체를 하나의 거대한 유기체로서의 생태시스템을 갖춘 환경친화형, 자급자족형, 자원순환형 도시로서의 사회적 · 경제적 문화의 변모를 추구하고 있다(표 7.5).

이러한 친환경적 도시의 문화를 볼 수 있는 곳으로는 브라질의 쿠리치바를 대표로 해서 일본의 기타큐슈, 캐나다의 에드먼튼, 네델란드 델프트, 독일 프라이부르크, 스웨덴 예테보리 등이 있다. 그러나 이 밖에도 세계 여러 나라에서 도시 개발에 있어서 인간과 환경의 조화를 고려하고 있으며 이에 따라 도시 건축 및 에너지 활용의 모습이 변하고 있다.

친환경 도시를 위한 노력은 우리나라의 순천이나 제주와 같이 천혜의 자연을 보호하고자 하는 노력을 중심으로 하는 친환경 도시와 친환경 도시를 목표로 개발되고 있는 세종과 송도 등에서도 찾을 수 있다.

생태적 소비문화

사람들이 살아가는 데 있어서 자연 자원을 소비하는 것은 필수적인 삶의 행태이다.

표 7.5 친환경 도시 유형

유형	정의	주요과제	주요사업 및 활동
생물다양성 중심 도시	생물다양성을 증진하는 도시	서식지 보호, 인간과 자연 공존	에코브리지, 비오톱, 옥상녹화, 동물보호 등
자연순환형 중심 도시	자연순환체계를 확립하는 도시	물질대사, 물순환, 자연순환, 에너지 순환, 교통, 환경오염 저감	자연형 하천, 투수성 포장, 중수도, 재생가능 에너지, 폐기물 관리, 그린 빌딩, 도시농업 등
지속가능성 도시	지속가능발전을 추구하는 도시	생산소비 패턴 변화, 지속가능성 지표, 환경정책 선진화	녹색 소비, 환경교육, 환경 거버넌스 등

그러나 세계의 인구가 급속도로 증가하는 현상과 관련하여 인간 활동으로 인한 세계적 자원 소비 속도 또한 빠르게 증가하고 있다. 이러한 상황 가운데 기존의 소비는 단순히 자원의 고갈만이 아닌 이산화탄소 배출로 인한 기후변화 문제, 폐기물로 인한 쓰레기 섬 문제 등을 야기하였으며, 이에 따라 인간의 생존에 대한 문제가 대두되었다. 따라서 지속가능한 삶을 위해서는 인간의 필요와 요구의 변화 및 이를 충족할 수 있는 새로운 형태의 자원 소비문화 형성이 필요하다.

- 웰빙과 로하스 : 웰빙은 건강하게 먹고 건강하게 잘 살기를 의미하며, 로하스(LOHAS)는 'Lifestyle Of Health And Sustainability'의 약자로 '건강과 환경이 결합된 소비자들의 생활습관'을 의미한다. 즉 웰빙에서 강조하는 개인의 건강뿐만 아니라 환경파괴를 최소화한 제품을 선호하는 소비 경향이며, 상품에 대한 독자적이고 비판적인 소비철학을 의미한다.

로하스의 생활 양식 (출처 : The World Financial Review, 2014)

- 윤리적 소비 : 윤리적 소비는 값싸면서 좋은 제품을 찾는 합리적 소비와 자신을 강조하기 위한 소비주의적 소비를 벗어나 로컬푸드와 같이

로하스 소비자를 특징 짓는 12가지 주요 변수

1. 친환경적 제품을 선택한다.
2. 환경보호에 적극적이다.
3. 재생원료를 사용한 제품을 구매한다.
4. 지속가능성을 고려해 만든 제품에 20%의 추가비용을 지불할 용의가 있다.
5. 주변에 친환경 제품의 기대효과를 적극 홍보한다.
6. 지구환경에 미칠 영향을 고려해 구매를 결정한다.
7. 재생가능한 원료를 이용한다.
8. 타성적 소비를 지양하고 지속가능한 재료를 이용한 제품을 선호한다.
9. 사회 전체를 생각하는 의식 있는 삶을 영위한다.
10. 지속가능한 기법으로 생산된 제품을 선호한다.
11. 지속가능한 농법으로 생산된 제품을 선호한다.
12. 로하스 소비자의 가치를 공유하는 기업의 제품을 선호한다.

출처 : 환경부 환경정보, '지속가능한 소비와 생산'

환경친화적이며 생산자를 배려하고 지역사회 중심의 소비를 추구하는 것을 의미한다. 즉 단절된 소비자 중심의 삶에서 벗어나 생산–소비–폐기에 관계된 모든 사람과 전 과정을 이해하는 소비를 지향하며 에너지 효율제품, 친환경 제품, 환경친화적 여행상품(공정무역) 등에 대한 소비패턴을 의미한다.

생태 · 물 · 탄소 발자국 요소 (출처 : water footprint network, 2015)

- **생태 · 물 · 탄소 발자국** : 의식주와 에너지 등의 생산과 처리를 위해 필요한 토지 및 물, 탄소 등에 대한 수치를 보여 준다. 수치가 높을수록 토지 및 물, 탄소 등이 많이 필요함을 의미하고 그만큼 환경에 부담을 주기 때문에 '생태파괴자'로 불리기도 한다.

생태계 파괴를 줄이기 위해서는 인간의 소유에 대한 욕구를 줄여야 하며, 소비를 미덕으로 삼는 구시대적인 패턴에서 벗어나야 한다. 즉 현재의 우리의 소비문화를 점검하고, 친환경적 소비를 위한 노력이 필요하다.

에너지 소비문화

우리가 사용하는 에너지는 산업혁명 이전에는 풍력이나 수력을 통해 생산되었으나 산업혁명을 기점으로 화석연료에 의존하고 있다. 기술이 발전할수록 열효율이 높은

마스다르시티

그림 7.3 지속가능한 저에너지 도시 (출처 : http://www.masdar.ae)

후지사와 전경

그림 7.4 스마트타운 (출처 : http://fujisawasst.com/EN/photo)

에너지의 생산과 에너지 효율이 높은 전자기기 생산을 통해 에너지를 효율적으로 활용하기 위한 노력이 계속되고 있다. 그러나 재생이 불가능한 에너지원인 화석연료나 우라늄은 매장 지역이 편중되어 있어 에너지 정의 문제와 온실가스, 산성비, 방사능 오염 등의 환경문제를 일으킨다. 따라서 환경문제 발생의 우려가 적거나 고갈될 우려가 없는 신재생에너지를 주된 에너지원으로 사용함으로써 환경적 위기를 해결하는 노력이 진행되고 있다. 독일의 경우 신재생에너지를 통한 발전 설비용량을 전체의 47%(2015년 기준)로 늘렸으며, 전체 에너지 생산에서의 그 비율을 늘리고 있다. 우리나라도 친환경 신재생에너지의 비율을 늘리려는 노력이 계속되고 있고, 최근 들어 제8차 전력수급기본계획(2017~2031)에서는 환경성과 안전성 보강을 위해 원전과 석탄은 단계적으로 줄이고, 신재생에너지 발전 비중을 확대하는 내용을 담았다. 전 세계적으로 이루어지고 있는 에너지 문화에 대한 노력으로 다음과 같은 예를 들 수 있다.

- 아랍에미리트 마스다르시티 : '석유 이후의 시대'를 슬로건으로 내걸고 아랍에미리트 수도 아부다비 인근 마스다르(Masdar)에서는 탄소, 쓰레기, 자동차가 없는 도시 건설 프로젝트를 진행하고 있다. 여의도 면적의 75% 정도인 약 7 km^2의 넓이에 4만 명의 상주인구와 5만 명의 출퇴근 인구를 수용할 계획이며, 1,500개의 기업을 입주시킬 예정이다. MIT, 동경공업대, 케임브리지대학 등의 주요 대학 및 GE 등 유명 기업의 연구진들이 참여하여 그린에너지를 기반으로 하는 세계 최초 · 최대 규모의 탄소제로 도시 건설을 목표로 하고 있다.
- 일본 스마트시티 후지사와 SST : 후지사와 SST(Fujisawa Sustainable & Smart Town Project)는 지속가능한 스마트시티의 성공적 모델로 '지속가능과 스마트'를 추구한다. '생활 속에 에너지를 가져온다(Bringing Energy to Life)'는 슬로건을 바탕으로 건설된 후지사와 SST는 태양광 패널과 가정용 축전지를 타운 내의 전 주택에 설치하여 분산형 에너지타운을 조성하고, 거리 전체에 차세대 카셰어링, 전동 어시스트 자동차를 도입하여 저탄소 모빌리티를 실현한다. 그리고 IP 네트워크 카메라와 센서, LED조명을 설치하여 친환경적이고 안정적인 주거환경을 구축한다. 특히 역사적으로는 과거의 생활방식에서 힌트를 얻어 '연(緣)(en=ecology & network) 만들기'를 모토로 첨단기기와 자연이 융합한 스마트 경관이 '환경부동산가치'로 재평가될 수 있는 마을 만들기를 추진하고 있다.

원리 4 환경 문화 이해

환경과 문화를 융합적으로 이해할 수 있는 능력으로 연결될 수 있는 리터러시(literacy)에 대한 개념 정의는 매우 다양하다. 리터러시는 시대, 사회 그리고 문화권에 따라서 서로 다른 의미로 이해할 수 있다. 이와 같은 리터러시의 사전적 정의는 일반적으로 세 가지로 정의할 수 있다. 첫 번째로 읽고 쓸 줄 아는 능력, 두 번째로는 교육을 잘 받은 혹은 교양 수준이 높은, 세 번째로는 특정 분야 및 문제에 관한 지식, 능력을 의미한다.

우리가 흔히 '문해력', '문식력', '문식성'으로 번역해 사용하는 리터러시의 의미는 첫 번째로 글을 읽고 쓰고 이해하는 능력으로서의 리터러시에 해당한다. 두 번째 리터러시의 의미는 '소양'이란 표현으로 널리 쓰인다. '인문학적 소양', '과학적 소양', '환경 소양' 등이 대표적인 사례이다. 마지막으로 제시한 리터러시의 정의는 기능적 리터러시(functional literacy)와 관련이 깊다. 기능적 리터러시는 사회인으로서 특정 분야 혹은 사회적 맥락에서 사회적 기능과 역할을 수행하는 데 필요한 기본적인 능력을 의미한다.

환경과 문화와 관련한 소양으로는 환경 소양, 생태학적 소양, 생태 소양, 문화 소양 등으로 구분할 수 있다.

환경 소양

로스(Roth, 1996)가 환경 소양이란 용어를 처음 사용한 이후 이 용어 자체는 많은 변화를 겪었다. 하비(Harvey)는 환경 소양을 환경교육의 기대되는 결과로 바라보았으며 그는 환경적으로 문해력이 있고, 환경적으로 역량이 있으며, 환경적으로 헌신하는 것을 환경 소양으로 보았다. 이러한 환경 소양을 갖춘 사람은 기본적인 생태 개념에 대한 지식, 환경에 대한 민감성, 환경쟁점에 대한 인식, 환경쟁점을 예방하고 해결하려는 기술과 행동을 갖추고 있다.

생태학적 소양

환경 소양은 현재의 환경문제와 해결과 미래에 닥칠 환경문제를 예방하기 위한 지식, 기술, 태도의 함양과 문제 해결 능력에 초점을 두고 있으며, 생태학적 소양은 생태학적 개념에 대한 오개념을 바로잡기 위한 환경·과학적 지식 구축 및 시스템적 사고능력에 더 초점을 맞추고 있다. 생태학적 소양의 틀은 환경에 대한 심각한 문제를 가치나 행위를 통해 해결되어야 한다는 것에 중점을 두며, 최근에는 시스템적 사고를 강조하고 있다.

생태 소양

오르(Orr, 1992)는 '자연에 대한 경이로움'으로부터 생겨난 환경에 대한 이해를 생태 소양으로 보았다. 그리고 생태 소양은 생명을 전제로 비롯되며 교실 안에서 길러지는 것이 아니라 교식 밖에서 자연을 경험할 때 생겨난다고 주장하였다. 그는 생태 소양이 알기, 돌보기, 실천적 자신감으로 구성되어 있다고 했으며, 스톤과 바로(Stone & Barlow, 2005)는 생태 소양을 기르기 위해 문제의 핵심을 파악하는 것과 머리, 손, 마음, 사랑 사이의 의미 있는 연결을 만들어 내는 것이 필요하다는 것을 강조하였다.

문화 소양

문화 소양은 미국의 교육학자이자 문화평론가인 허시(Hirsch)가 1987년 출간한 『문화적 소양(cultural literacy)』에서 만든 용어로, 문화를 이해하고 참여하는 능력을 말한다. 문화적 소양의 원 개념은 그 이전에 미국에서 나왔다. 그는 미국이 공동체를 유지하기 위해 서로 공유할 수 있는 공통의 지식을 강조하는 보수주의적 입장을 나타내었다. 프로벤조와 애플(Provenzo & Apple, 2005)은 허시의 관점을 비판하며, 문화적 소양이 허시의 정의와는 달리 더 역동적이고 민주적인 것이어야 한다고 주장했다. 프로벤조는 한 사회에서 공유하는 지식이라는 것은 특정한 집단에 의해 선별되고 공유되는 유동적인 지식이라고 지적했다. 결국 문화적 리터러시라는 것이 보수주의적인 집단이 추구하는 지식에 치우쳐 있다는 것이다.

이러한 문화 리터러시 개념에서 미디어를 이해한다는 것은 미디어 자체나 미디어가 전달하는 내용을 이해하는 것이 아니라 미디어가 당대의 사회적 맥락에서 어떤 의미를 지니며 그것을 매개로 어떻게 소통하는지, 그리고 그 사회문화적 효과는 무엇인지를 이해하는 것이다. 근래에 문화 리터러시는 한 사회의 구성원으로 생활하기 위해 이해하고 의사소통할 수 있는 기본 능력이라는 개념으로 의미가 가능하게 되었고, 그 사회가 요구하는 역할을 수행하고 그 속에서 자신의 지식과 잠재력을 개발하기 위해 활용하는 능력으로 확장하게 되었다(박인기, 2002).

문제 탐구

탐구 1 환경 문화의 환경파괴적 현상

인간개발지수 한 나라 국민들의 기대 수명, 교육 및 소득 등을 바탕으로 추산하여 0과 1 사이의 숫자로 표시한다.

우리나라의 **인간개발지수**(HDI)는 1980년 (상위 수준 기준점인 0.7보다 낮은) 0.62에서 2014년 0.89로 대폭 상승하여 세계 17위로 자리매김하였다. 그러나 생태 발자국도 이와 비슷한 양상으로 증가하였다. 우리나라의 1인당 생태 발자국 순위는 세계 20위를 기록했으며 이는 세계 평균 생태 용량 지수인 1.7 gha의 3배를 넘는다(세계자연기금 한국본부, 2016).

세계 곳곳에서 진행되고 있는 도시화는 세계의 환경을 파괴하고 있다. 도시개발은 적어도 두 가지 방식으로 삼림 파괴를 일으키게 되는데 첫째, 농촌에서 도시로 이주하는 사람들이 도시에 바탕을 둔 생활양식을 택하면서 소득이 오르면 더 많은 자원을 사용하고, 식사도 탄수화물이 많은 주식에서 동물로 만든 식품과 가공식품을 더 섭취하는 쪽으로 옮겨가는 것이다. 결과적으로 이것은 이주민들이 자신의 나라 또는 그러한 제품들과 산물을 수출하는 다른 나라에서 가축을 사육하기 위해 토지를 개간하도록 한 셈이다. 두 번째로는 이주자의 유입으로 인하여 도시숲을 포함한 녹지공간을 훼손한다는 것이다.

탐구 2 패스트푸드 문화 확산으로 인한 폐해

패스트푸드란 주문하면 곧 먹을 수 있는 음식이라는 뜻에서 나온 말로 가게에서 간단한 조리를 거쳐 제공되는 음식을 통칭한다. 패스트푸드 산업은 1937년 맥도널드 형제가 캘리포니아에 햄버거를 파는 패스트푸드점을 개업한 것에서 시작되었다. 오늘날 맥도날드로 상징되는 패스트푸드 산업은 현대문명을 나타내는 상징물이 되었으며, 가장 영향력 있는 산업의 하나로 발전되고 있다(농협조사부, 2002).

개인적 측면

건강 위협 및 각종 질병 유발

패스트푸드에 과다하게 함유된 지방, 콜레스테롤, 소금, 설탕, 화학첨가물 등이 비만, 고혈압, 당뇨병, 암 등의 질병 및 기타 건강문제를 야기한다. 대한 당뇨학회(2009)의 한국인의 당뇨병 발생현황 보고서는 식생활 서구화로 인해 2010년 이후에는 우리나라 국민 4분의 1 정도가 당뇨합병증 때문에 직 · 간접적으로 피해를 입을 우려가 있다고 경고하고 있다.

어린이와 청소년 계층에 비만과 영양불균형 초래

분별력이 부족한 어린이를 대상으로 미끼상품을 이용한 마케팅전략을 구사함으로써 어린 시절부터 패스트푸드에 길들여지게 만들었다. 한국건강증진개발원(2016)의 아동청소년 비만도 통계자료집에 따르면, 2~5세 과체중 어린이 10.7% 가운데 1.9%가 비만으로 진행되고, 6~11세는 10.6% 중 5.9%가, 12~18세는 9.5% 중 15.5%가 비만으로 이어지고 있다.

정크푸드(junk food) 이론

햄버거, 콜라 등 패스트푸드와 청량음료가 청소년 범죄와 연관성이 있다는 이론으로 비행청소년들이 일반 청소년에 비해 인공 첨가물이 많이 함유된 패스트푸드를 많이 섭취하고 있다는 이론이다. 그리고 정크는 '쓰레기', '가치가 없는 것'이라는 의미로서 그만큼 몸에 가치가 없다는 의미로 사용된다.

환경적 측면

자연환경에 대한 광범위한 폐해

일회용품인 코팅 용기 제작은 물론 제3세계 국가에서 축우농장 건설로 광범위한 산림을 훼손하고 프렌치프라이드를 만들기에 적당한 일정 크기 이상의 감자를 생산하기 위해 막대한 양의 화학비료를 사용한다(한국건강증진개발원, 2016). 부적합한 감자는 가축의 사료나 비료로 사용되어 지하수를 오염시키는 원인이 되며 결국 생태계에 부정적인 영향을 미친다.

사회적 측면

전통음식 · 문화의 파괴

시장확대를 위한 패스트푸드 회사들의 무차별적인 광고와 마케팅은 각 국가, 지방의 고유한 음식과 식당들의 설 자리를 위협한다. 국적 불명, 소속 불명 **퓨전음식**의 등장과 확산으로 출처가 분명하지 않은 음식이 늘어나면서 오랜 역사를 지닌 전통음식, 민족음식이 점차 사라지고 있다.

퓨전음식 다양한 국가의 요리가 혼합된 국적 없는 음식을 말하며, 세계화 과정에서 확산되고 있다.

문제 해결

해결 1 슬로푸드 운동

슬로푸드는 대량 생산, 규격화, 산업화, 기계화를 통한 맛의 표준화와 전 지구적 미각의 동질화를 지양하고, 나라별 · 지역별 특성에 맞는 전통적이고 다양한 음식 · 식생활 문화를 계승 · 발전시킬 목적으로 1986년부터 이탈리아의 작은 마을에서 시작된 식생활운동을 말한다. 특히 미국의 세계적인 햄버거 체인인 맥도날드의 '패스트푸드'에 반대해 일어난 운동으로, 맥도날드가 이탈리아 로마에 진출해 전통음식을 위협하자 미각의 즐거움, 전통음식 보존 등의 가치를 내걸고 식생활운동을 전개하기 시작, 몇 년 만에 국제적인 음식 및 와인 운동으로 발전하였다.

슬로푸드 운동은 1989년 11월, 프랑스 파리에서 세계 각국의 대표들이 모여 미각의 발전과 음식 관련 정보의 국제적인 교환, 즐거운 식생활의 권리와 보호를 위한 국제운동 전개, 산업 문명에 따른 식생활 양식 파괴 등을 주요 내용으로 하는 '슬로푸드 선언'을 채택함으로써 공식 출범하였다. 이 운동의 지침은 소멸 위기에 처한 전통적인 음식 · 음식재료 · 포도주 등을 지키며, 품질 좋은 재료의 제공을 통해 소생산자를 보호하고, 어린아이와 소비자들에게 미각이 무엇인가를 교육하는 데 있다.

슬로푸드 운동은 패스트푸드에 반대해 시작했지만 이제는 제 고장에서 나는 신선한 재료를 사용해 집에서 손수 음식을 만들어 먹자는 운동으로 자리 잡아 가고 있다. 지역에서 생산하고 소비함으로써 식품을 운송하는 데 차량을 덜 이용하게 되고, 이로 인해 에너지 소비를 줄이고 오염물질 배출도 줄일 수 있다(양향자, 2011).

해결 2 식량주권의 확립

'식량주권(비아 캄페시나)'이란 세계 농민단체 연합이 '식량은 상품이 아니라 주권이다'라고 시작된 운동이다. 농업은 우리에게 꼭 필요한 먹거리를 제공하는 일이다. 우리나라 먹거리의 대부분이 중국산 등 수입농산물이 점령하고 있다. 우리 지역의 농업, 농민은 우리에게 꼭 필요한 먹거리를 안전하게 안정적으로 공급할 수 있는 가장 최선이다. 농업은 생물다양성 유지, 환경보존, 지역경제 활성화, 문화공동체 유지 등 먹거리 공급 말고도 다양하고 중요한 의미를 가지고 있다. 농업을, 농민을 지켜야 '식량주권'을 지킬 수 있다(Rosset, 2008).

해결 3 로컬푸드 운동

먹거리에 대한 불안감이 커지면서 스스로 자신의 먹거리를 안전하게 찾아 먹자는 운동이 전개되고 있다. 바로 자기 지역에서 나는 먹거리를 먹자는 운동, 일명 로컬푸드 운동이다. 캐나다의 밴쿠버에 사는 엘리사 스미스는 친구와 함께 1년간 모든 식사를 자신의 아파트 주변 100마일(약 160km) 이내에서 생산되는 먹거리로 해결하는 실험을 하였다. 여기서 의미하는 '100마일'은 단순히 물리적인 거리를 뜻하는 것이 아니고 그만큼 가까운 곳에서 생산된 농산물을 섭취하자는 상징적 의미를 담고 있다. 이는 장거리를 이동해 식탁에 오르는 기업형 농산물 대신 가까운 지역에서 생산된 신선하고 잘 익은 농산물로 풍부한 맛을 느낄 수 있음은 물론이고 믿을 수 있는 음식을 먹음으로써 건강도 챙기자는 것이다(이해진과 윤병선, 2016; 윤병선, 2008).

이것은 나아가 지역의 소규모 농가들이 계속 농업에 종사할 수 있도록 지원하는 계기도 될 수 있다. 가까운 거리에서 생산된 더욱 신선하고 건강한 먹거리를 제공받을 수 있다. 또한 농민의 수입이 증가하고 저소득층이 건강한 먹거리에 접근하기도 쉬워진다. 지역에서는 일자리가 늘고 상점이 활력을 찾는 등 돈이 지역에 머물게 되어 지역 경제가 활성화된다. 이 모든 것이 궁극적으로는 지속가능한 사회로 갈 수 있는 디딤돌이 되기에 의미 있는 것이다.

현장 적용

적용 1 학교현장에서 적용가능한 방법

미각 교육

미각 교육이란 오감의 상호작용을 통해 음식을 이해하고, 본질적인 맛을 느끼는 즐거움을 알게 함으로써 올바른 식습관을 확립해 주는 교육이다. 한 번 생성된 식습관은 고치기가 매우 힘들기 때문에 아이의 미각이 형성될 때 올바른 입맛을 가지게 하는 것이 중요하다. 미각 교육에서는 평소에 음식을 먹을 때 사용하고 있지만 몰랐던 우리 몸의 여러 감각을 사용해 음식재료를 느껴 봄으로써 다양한 즐거움을 발견하게 한다. 음식에 대해 즐거운 경험이 쌓이고, 친숙해지면서 먹을 수 있는 음식 범위가 더욱 넓어지게 된다. 미각 교육은 슬로푸드를 형성할 수 있는 기반이 된다.

학교에서의 친환경 먹거리 프로그램 도입

학교현장에서는 학교 급식과 지속가능발전교육을 연계한 친환경 먹거리 프로그램을 개발 · 적용할 수 있다. 이를 위하여 첫째, 우리 땅에서 나는 제철 음식으로 식단을 구성하기, 둘째, 재료와 조리법이 뒤섞인 퓨전음식보다는 재료가 가진 고유의 맛을 느낄 수 있도록 식단 짜기, 셋째, 양념은 우리 땅에서 자란 재료로 만들고 발효시킨 고추장, 된장, 간장과 화학적 정제를 거치지 않은 비정제 원당, 천일염, 압착유로 바꾸기 등의 방법을 활용할 수 있다(서민수, 2015).

푸드마일리지와 로컬푸드

푸드마일리지는 1994년 영국의 소비자 운동가 팀랭에 의하여 처음으로 도입된 개념으로 농산물의 수입동향을 단순히 총금액 기준이 아닌, 수송수단 및 거리 등을 고려하여 수입농산물이 환경에 미치는 영향까지를 평가하는 개념이다. 가까운 곳에서 생산된 농산물을 소비하는 것이 식품의 안전성을 높이고 수송에 따른 환경오염을 경감한다는 것을 의미한다.

푸드마일리지 = 식재료 중량(t) × 식재료 수송거리(km)

지난 100년 동안 평균 기온이 0.74°C나 상승한 지구는 지금도 계속 뜨거워지고 있다. 극지방의 얼음은 녹고, 바다는 따뜻해지고, 매서운 한파에 시달리고, 기록적인 폭우와 폭설로 고생하고, 심지어 섬이 사라지기도 한다. 이상기후는 농사에 영향을 주고, 따뜻해진 바닷물은 늘 보던 물고기들을 북쪽으로 쫓아버린다. 지구온난화는 우리의 밥상을 바꾸고 있다. 그리고 수입산과 가공식품으로 가득한 우리의 밥상은 지구를 점점 열 받게 하고 있다.

자동차보다 온실가스를 많이 배출하는 것은 '소'다. 전 세계 온실가스 배출량의 18%를 차지하는 건 축산업이다. 소가 내뿜은 트림과 방귀는 온실가스의 하나인 메탄이고, 전 세계 농지의 70%가 소의 사료를 경작하는 데 이용된다. 매일 먹는 밥상에서 온실가스를 줄이려면 어떻게 해야 할까? 고기를 덜 먹고 채식을 늘리면 된다. 과일과 채소는 제철에 우리 땅에서 나는 것이 좋다. 농약과 비닐하우스는 멀리 하자. 덜 포장한 식품을 선택하고, 대형마트보다는 가까운 시장과 생협을 이용하는 것이 좋다. 장바구니는 필수고, 자동차보다는 걷거나 자전거를 이용하자. 무엇보다 가장 좋은 것은 직접 길러서 먹는 것이다.

적용 2 지역사회 적용방안

슬로시티 문화 형성

무분별한 소비 욕구를 줄이고 생활의 속도를 늦추자는 생각은 슬로시티 운동 등으로 이어진다. 슬로시티 운동은 '빨리빨리'를 부르짖기보다는 '느리게 살기'를 추구하는 운동이다. 자연환경과 전통문화를 보호하고 여유와 느림을 추구하며 살아가자는 국제운동이다. 전통적인 문화를 간직하고 친환경적인 생활을 실천하자는 것이다.

2000년 이탈리아에서 시작된 슬로시티 운동은 전통과 자연을 보전하면서 유유자적하고 풍요로운 도시를 만들어 지속가능한 발전을 추구해 나가는 것을 목표로 한다. 인구가 5만 명 이하이고, 도시와 환경을 고려한 정책이 실시되고 있으며 전통문화와 음식을 보존하려 노력하는 등 일정 조건을 갖춰야 슬로시티로 가입할 수 있다.

1999년 국제슬로시티운동이 출범된 이래 2016년 7월 현재 30개국 225개 도시로 확대되었으며, 우리나라도 11개의 슬로시티가 가입되어 있다(슬로우시티운동본부, 2017). 이 중 몇몇 국제슬로시티 사례를 소개한다.

- **완도군 청산도** : 옛 음식과 삶의 방식이 고스란히 남아 있다고 평가받아 2007년 12월에 아시아 최초의 슬로시티로 지정됐다.
- **전남 신안군 증도** : 자동차로 둘러보는 식의 관광이 아니라 갯벌과 염전 체험, 자전거 하이킹 등 천천히 여유롭게 둘러볼 수 있도록 한다.
- **전남 담양군** : 슬로시티의 중요한 요건은 그 지역의 전통과 생태가 보전되었는가, 전통 먹거리가 있는가, 지역주민에 의한 다양한 지역공동체 운동이 전개되고 있는가이다. 담양군 창평면 일대는 이 세 가지 조건을 어느 정도 충족시키고 있다는 점이 슬로시티로 지정된 이유다.
- **경남 하동군** : 햇살 담은 하동 악양에는 차와 문학과 도시사람들의 향수를 불러일으키는 세 가지 향기가 있다. 이를 다향(茶香), 문향(文香), 도향(都香)이라 한다. 여기에 느림의 향기인 만향(漫香)이 더 있다. 천년을 지켜온 차나무와 이 차나무에 해마다 헌다례를 지내는 하동 사람들, 산기슭의 야생차 밭은 1,200여 년 넘게 일부러 예쁘게 보이기 위해 단장하지도 인공비료도 주지 않는다.
- **충남 예산군** : 예산 소재 청정 예당저수지(수계가 예산과 당진을 포함해서 예당저수지라고 함)와 주변에 조성된 생태공원이 자연생태적 매력이다. 이 저수지는 국내 최대 규모이며 농업용수 공급과 식수원, 홍수 조절 목적으로 준공되었다. 이곳에는 38종의 물고기가 서식하고 있으며 이 저수지는 전국 낚시꾼들의 애호를 받는 천혜의 낚시터로 가히 슬로명승지 격이다. 예산의 특산물인 예당 붕어찜과 민물어죽(魚粥)은 슬로푸드이며, 껍질째 먹는 황토밭 예산사과도 지역 특산물로 손꼽힌다.
- **전북 전주시** : 전주한옥마을은 일본 강점기 시절 일본이 한국 고유의 건축양식을 없애고 일본식으로 개축을 시도하는 것에 저항하기 위해 한국 고유의 건축양식으로 한옥촌을 건설한 것이 그 시초이다. 700여 채의 한옥이 기와 능선을 이루며 전통을 수놓은 전주한옥마을은 가장 한국적인 전통문화를 볼 수 있는 전주의 랜드마크다.

실습 과제

과제 1 캠퍼스 및 지역 내의 슬로캠퍼스 또는 슬로시티 만들기에 참여하기

1단계 : 슬로시티 또는 슬로캠퍼스 원칙 만들기
2단계 : 원칙에 근거하여 시티 또는 캠퍼스를 분석해 보기
3단계 : 슬로시티 또는 슬로캠퍼스를 만들기 위한 아이디어 도출해내기

과제 2 다음 작품에 환경적 의미를 부여하여 해석하기

포르투갈 작가 보르달로(Bordalo II)의 작품에는 거대한 동물들을 묘사한 작품들이 많다. 이 동물들의 특이한 점이 있다면 재료가 쓰레기라는 것이다. 이러한 동물들은 일회용으로 사용되고 버려지는 쓰레기의 가장 큰 영향을 받는 동물들임을 표현하였다.

FOX, designed by Bordalo II (출처 : https://www.facebook.com/BORDALOII/)

과제 3 환경과 문화를 주제로 하는 환경 작품을 찾아, 작품에 담겨진 환경 소양 및 문화 소양에 대해 이야기하기

지속가능한 친환경 생태 농법, 우리 농업을 살린다 1960년대 이후 전 세계적으로 인구 증가에 따른 식량 증산을 위하여 비료와 농약을 이용한 중화학 농업은 자연 생태계에 많은 문제를 발생시켰다. 이러한 중화학 농업에 대한 대안으로 친환경 농법에 대한 관심이 최근 높아지고 있다. 오리, 우렁이, 참게, 그리고 해충에 대한 천적인 곤충이나 곰팡이 등과 같은 생물을 이용한 농법을 포함한 다양한 친환경 농법을 통해 궁극적으로 생산자인 농민에게는 부가가치가 높은 질 좋은 수확물을 얻게 하여 농업생산의 경제성을 확보하게 하고, 소비자에게는 맛있고 안전한 먹거리를 제공하며, 생물다양성 함양이라는 의미를 담고 있다.

제8장

지속가능한 소비와 생산

대표 사례

패스트 패션

우리가 생활하는 주변에는 SPA(Speciality retailer of Private label Apparel : 기획과 판매 전 과정을 제조회사가 맡는 의류 전문점) 브랜드 매장에 최신 유행에 맞는 저렴한 옷들이 가득 차 있어 옷을 쉽게 구입할 수 있다. 그러나 그 이면에는 옷을 생산하는 일련의 과정과 사용 후 폐기되는 엄청난 양의 의류를 처리하는 과정에서 발생하는 환경문제, 저임금과 열악한 노동환경으로 인한 노동착취 등과 같은 불편한 진실이 숨어 있다. 매체에 따르면 값이 싸고 최신 유행이 반영된 패스트 패션을 선호하는 평균 21.4세의 패스트 패션족은 1년에 78벌의 옷을 사고 일주일에 1.5회 정도 쇼핑을 한다고 한다. 이로 인해 우리나라에서는 한 해 동안 약 72,000톤, 1kg 청바지 6,406만 장에 해당하는 양의 의류가 폐기되는 등 세계적으로 폐기되는 의류는 엄청나다. 우리가 즐겨 입는 청

제조 직영 의류매장

그림 8.1 최신 유행을 추구하는 소비자의 욕구를 정확하고 빠르게 상품에 반영하는 패스트 패션 공급이 늘어나고 있어 환경문제뿐만 아니라 다양한 문제가 대두되고 있다. (출처 : shutterstock)

바지는 예전에 미국 광부들이 작업복으로 입기 시작하다가 전 세계인들이 즐겨 입는 의류로 거듭나면서, 시대상을 반영하는 문화가 되기도 했다.

이와 같이 시대상을 반영하였던 청바지를 우리는 오늘날 새로운 눈으로 바라보아야 한다. 청바지의 원료는 목화솜인 면화인데, 목화 재배를 위해 사용되는 농약은 전 세계 살충제의 25%가 소비되며, 또한 청바지 한 벌을 만드는 데 사용되는 물은 보통 7,000리터이고, 생산 과정에서 이산화탄소는 약 32.5kg이 배출된다고 한다. 목화를 수확하는 저개발 국가에서 이루어지고 있는 낮은 임금으로 인한 노동착취 또한 우리가 구입하는 청바지 안에 담겨 있다. 이와 같이 우리가 구입하는 청바지 한 벌은 여러 나라 사람들의 노동착취로 인한 희생과 함께 다양한 환경문제와 자원을 소비하면서 대륙 간 먼 이동을 통해 이루어진다.

이상과 같이 자연자원과 화석연료의 과도한 사용, 토지 황폐화, 노동착취로 인한 생산과 소비 과정이 이루어지면 우리 사회는 지속가능한 사회를 추구할 수 없다.

핵심 질문

1. 우리 사회가 지속가능성을 추구하기 위하여 소비자 입장에서 '패스트 패션'에 대처하는 현명한 방법에는 어떤 것이 있는가?
2. 우리의 일상생활에서 지속가능한 생산과 소비를 추구하는 사례에는 어떤 것이 있는가?

원리 탐구

현대 사회는 인구 증가와 산업화로 대량 생산과 대량 소비 사회 지향으로 오늘날 인류의 생활양식은 과거에 비해 많이 변화하였다. 이로 인해 환경문제를 포함한 다양한 사회적 문제들이 나타나고 있기 때문에 오늘날 소비와 생산 활동에서 발생하는 문제점들을 이해한다면 앞으로 우리 사회가 지속가능한 사회를 지향하기 위한 방안을 찾을 수 있을 것이다.

원리 1 대량 생산과 대량 소비 사회를 추구하는 현대 사회

산업혁명으로 공장제 기계공업이 발달하여 생산력이 급증하였다. 인구 증가에도 불구하고 생산력의 급증은 인류에게 대량 소비를 가능하게 해 주었으며, 20세기 이후 빠르게 발전된 과학 기술은 경제발전을 가속화시켜 인류의 삶을 풍요롭게 하고 있다. 그러나 이러한 경제 규모의 확대로 인해 대량 생산과 대량 소비 과정에서 많은 문제점들이 발생하고 있다.

생활양식의 변화

오늘날 의식주, 여가생활 등과 같은 생활양식은 과거에 비해 자원을 많이 소비하는 방식으로 변화되었다. 의생활 과정에서는 가내 수공업으로 의류를 소량 생산하고 우물가 등에서 손으로 세탁하던 과거에 비해, 현대 사회는 의류 제조에 필요한 원료를 넓은 경작지 조성과 중화학 농법으로 의류를 대량 생산하고 있으며, 사용한 의류를 세탁기와 합성세제로 세탁하고 있다(그림 8.2).

식생활 과정에서는 과거 거주하는 지역에서 계절에 맞는 식재료를 생산하여 소비하는 과정에서 발생된 음식물 쓰레기는 가축 사료로 이용하는 등 쓰레기 발생을 최소화하였다. 그러나 오늘날에는 계절에 상관없이 다양한 먹거리가 제공되고, 가공식품 이용 증가 등으로 음식물 쓰레기가 대량 발생하고 있다(그림 8.3).

과거의 주생활은 대부분 자연물을 가공하여 채광, 통풍, 온도, 습도 등이 자연적으로 조절되는 주거시설을 소규모로 짓고, 소량의 생활용품 소비와 함께 오랫동안 사

의생활의 변화

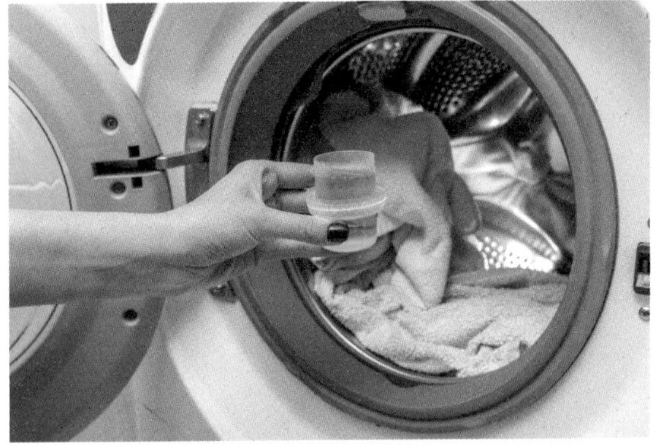

그림 8.2 우리 조상들은 옛날에 우물가에서 잿물을 이용하여 나무방망이나 손으로 빨래를 하였으나, 오늘날에는 세탁기와 합성세제의 사용으로 세탁과정이 편리해졌다. (출처 : shutterstock)

용하였다. 그러나 오늘날 건물의 규모가 커진 고층 아파트는 낮에도 불을 켜야 하며, 엘리베이터 이용 등으로 에너지를 과소비하고 있다(그림 8.4).

그리고 과거의 여가생활은 거주하는 동네에서 여러 사람이 함께 할 수 있고, 계절에 적합한 씨름, 줄다리기, 연날리기 등을 즐겼다. 그러나 오늘날 기계와 컴퓨터 등이 인간의 노동을 대체하고, 교통수단이 발달하여 현대인의 여가 활동 시간은 늘어나고 있다(그림 8.5).

식생활의 변화

그림 8.3 옛날에는 지역에서 계절에 맞는 식재료 이용과 발효 식품 가공법이 발달하였다. 그러나 오늘날에는 패스트푸드와 같은 가공 식품의 발달과 화학조미료 사용이 늘고 있다. (출처 : shutterstock)

주생활의 변화

그림 8.4 우리 조상들은 자연물을 재료로 집을 짓고 남향으로 위치하게 하여 집안으로 햇빛이 잘 들게 하였다. 반면에 오늘날에는 인구 증가 및 도시 집중화 현상으로 대도시에는 고층건물이 빽빽하게 밀집되어 있다. (출처 : shutterstock)

현대 소비문화의 특징

과거 소비에 대한 사람들의 생각은 물질적 소비욕구에 대부분 한정되었으나, 이러한 생각은 현대 사회로 오면서 변화되었다. 소비문화는 16세기 후반 영국의 귀족들에 의해 소비 붐이 일어난 이후, 18세기에 소비 폭발로 인해 소비할 수 있는 상품의 종류가 크게 늘어났으며, 19세기에는 소비가 하나의 문화로 정착함에 따라 소비와 사회가 밀접한 관계를 형성하였다. 특히 오늘날 세계화와 함께 생산기술, 광고매체, 운

여가생활의 변화

그림 8.5 옛날 우리 조상들은 정월 초하루부터 대보름까지 액을 쫓기 위하여 여러 사람들이 모여 연을 날렸다. 오늘날에는 여가생활의 활성화로 많은 사람들이 스키장과 같은 대형 여가시설을 이용하는 등 여가 산업이 많이 발달하고 있다. (출처 : shutterstock)

송수단, 인터넷, 스마트폰의 발달은 소비 유형을 다양화시켜, 세계는 하나의 거대한 시장으로 경제 영역이 확대되었다.

이러한 소비 환경의 변화는 제품 구입을 통해 만족을 추구하고 자신을 드러내는 소비주의 및 상징소비, 부나 사회적 지위를 과시하는 과시소비, **재화**의 소유, 쾌락적 소비에 대한 강한 욕망, 행복과 성공을 위해 소유와 돈을 중요하게 생각하는 물질주의로 이어지고 있다. 이러한 현대 사회의 소비문화 특성을 반영하여 현대 사회를 소비사회(consumer society)로 규정하고 있다.

재화 인간 생활에 효용을 주는 물건

[생각해보기]

현대 소비문화의 특징들과 비교했을 때 현재 나의 소비 성향은 어떠한가?

원리 2 인구 증가와 산업화에 따른 경제활동과 환경의 관련성

오늘날 인류 사회는 생산성을 증대시키는 산업화 사회로 전환하게 되었으나, 이러한 경제활동의 증가는 환경에 많은 부담을 주고 있다.

인구 증가 및 도시화와 환경의 관련성

과거에는 인구 증가가 매우 느리게 진행되어 산업혁명이 시작될 무렵인 17세기 중반까지 세계 인구는 약 5억 명 정도로 추산하고 있다. 그러나 산업혁명 이후 농업과 의학의 발달은 식량 생산 및 평균 수명을 증가시켜 20세기 말에는 60억 명으로 인구가 증가하였다. 이 추세로 인구가 증가하면 2025년에는 85억 명에 달할 것으로 추정하고 있는데, 현재 아시아, 아프리카, 남미 같은 개발도

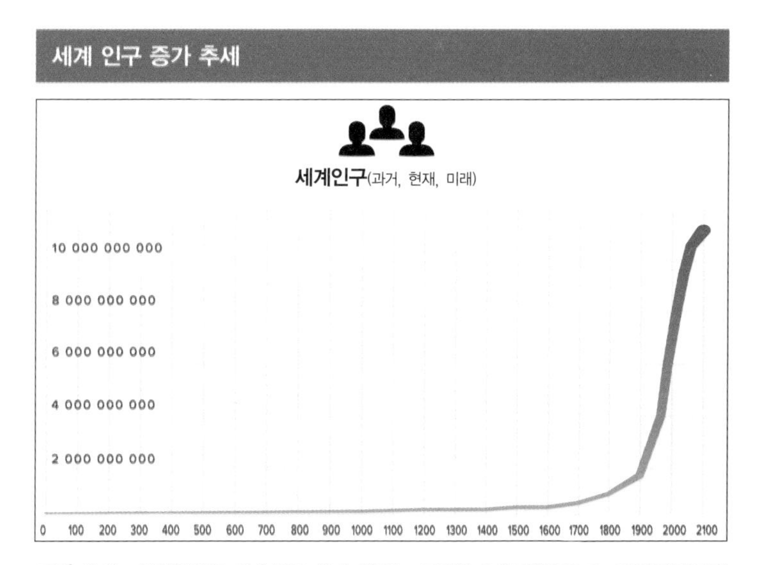

그림 8.6 산업혁명을 전후하여 세계 인구는 급격하게 증가하였으며, 1980년대까지 선진국의 인구는 완만하게 증가하였으나, 1980년 이후에는 개발도상국에서 경제개발로 인하여 인구가 빠르게 증가하기 시작하였다. (출처 : shutterstock)

상국 중심으로 인구 증가율이 높아지고 있다(그림 8.6). 인구 증가 자체도 문제지만, 취업, 교육, 문화적 기회를 찾아서 도심지역으로 몰리는 인구집중화 현상은 세계적으로 공통된 추세로 나타나고 있다. 도시는 인구집중으로 주택이나 건물이 세워지고 병원, 대형 상점, 도로 시설 등 생활 기반 시설이 발달하였으나, 녹지 공간이 줄어드는 등 여러 가지 환경 변화가 발생하고 있다.

산업화와 환경과의 관련성

오늘날 우리 사회의 경제 발전은 가속화되고 있으나, 이 과정에서 제품 생산에 필요한 핵심요소인 자원 이용 증가로 발생된 다양한 부산물이 다시 자연환경으로 되돌아가 환경문제의 직 · 간접적인 원인으로 작용하고 있다. 이에 따라 환경문제와 관련된 산업화의 부작용을 최소화하여 인류의 지속가능발전을 추구하기 위한 다양한 방안이 요구되고 있다.

원리 3 현대 문명의 발달과 자원 이용

인류는 자연으로부터 생활에 필요한 물품을 만드는 데 자원을 오랫동안 이용하여 경제활동을 추구하였으며, 인류가 사용해 왔던 자원은 시대 상황에 따라 변천되어 왔다. 이와 같이 자원은 현재 인간 생활의 유용성에 따라 판단하기 때문에 자원은 고정되어 있는 것보다 기술 · 경제 · 문화적 차이에 따라 그 가치가 달라진다. 과거에는 불을 밝히는 데 석유를 사용하는 방법을 몰라 석유가 가치가 없었던 반면에 오늘날은 석유의 다양한 이용 방법을 통하여 석유가 중요한 자원으로서 가치를 인정받고 있다.

매장량과 분포적 측면에서 자원의 특성

석유, 철 등과 같은 재생 불가능한 자원은 한정된 매장량으로 고갈될 수 있는 특성을 가지고 있다(그림 8.7). 한정된 자원의 **가채연수**는 매장량에 따라 달라질 수 있으나, 기술의 발달이나 소비량에 의해 변화될 수 있다. 농경지, 삼림, 야생동물과 같은 재생가능한 자원도 한 번 이용하고 난 다음 일정 시간이 지나야 이용할 수 있으므로 자원을 한 번에 너무 많이 이용하게 되면 황폐화되어 다시 회복하는 데 오랜 시간이 걸릴 수 있다.

가채연수 자원의 확인 매장량을 연간 생산량으로 나눈 지표

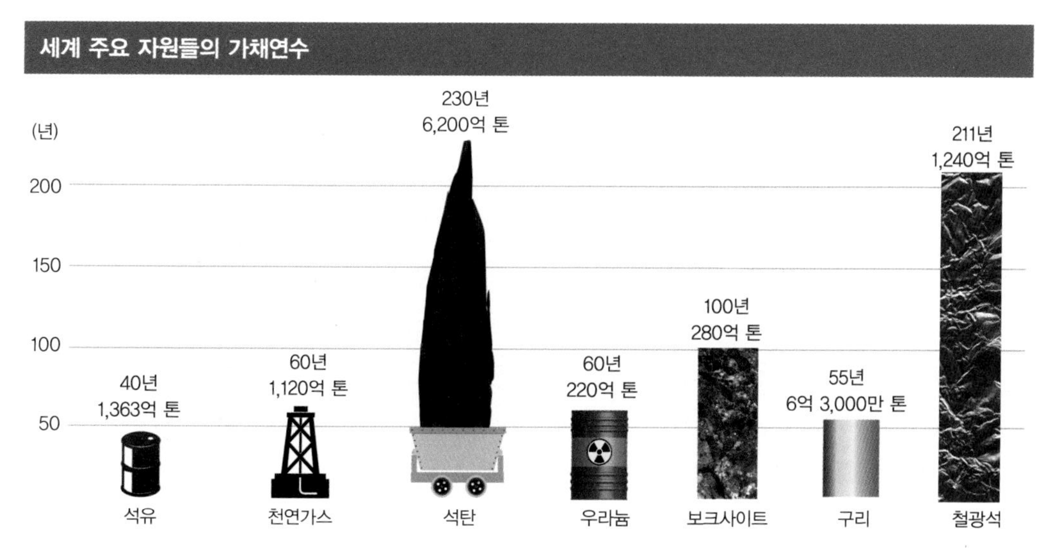

그림 8.7 철이나 알루미늄의 경우 기술 개발로 재활용을 통해 다시 사용함으로써 자원의 유한성과 고갈 가능성을 어느 정도 지연시킬 수 있다.

그리고 자원은 각 지역의 자연 환경의 차이로 일부 지역에 편중되어 있다(그림 8.8). 자원의 편재성으로 인해 자원의 이용 과정과 채굴 및 이동 과정 등에서 많은 자연 훼손과 환경오염을 발생시키며, 한정된 자원을 두고 국가 간에 분쟁이 일어나기도 한다.

[생각해보기]

만약 석유와 같은 재생 불가능한 자원들이 고갈되면 우리 일상생활에는 어떠한 영향을 미칠까?

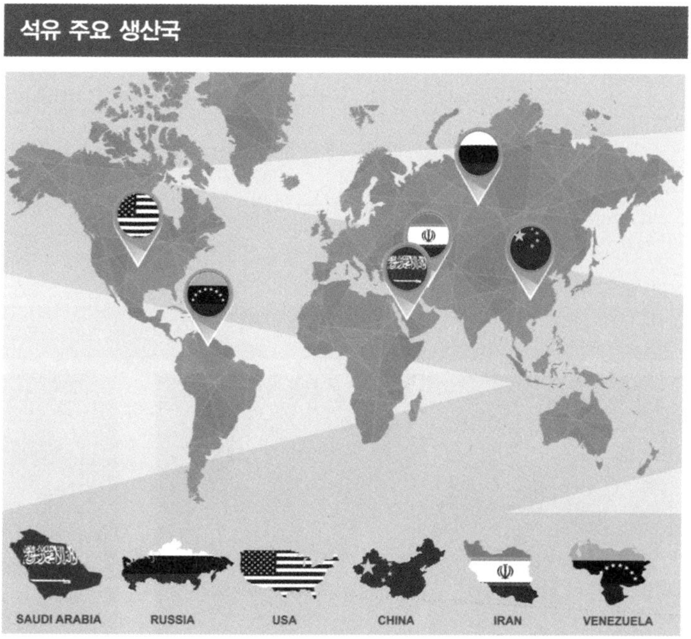

석유 주요 생산국

SAUDI ARABIA RUSSIA USA CHINA IRAN VENEZUELA

그림 8.8 석유와 같은 주요 자원들의 지역적 편재성으로 자원의 이동이 발생할 뿐만 아니라 지역 간, 민족 간, 국가 간 갈등이 생긴다. (출처 : shutterstock)

문제 탐구

탐구 1 경제활동과 환경문제

현대 사회의 대량 생산과 대량 소비와 같은 경제활동은 더 이상 인류의 삶과 미래를 지속가능하게 해 줄 수 없으며, 잘못된 소비주의 행태들은 자원 낭비, 빈부격차, 노동착취 등과 같은 문제를 유발시키고 있다(그림 8.9).

일상생활과 관련된 경제활동에 따른 환경문제

오늘날 일상생활에 필요한 상품을 생산하고 소비하는 경제활동 과정에는 많은 자원과 에너지가 소비되는 것 이외에도 다양한 환경문제들이 발생하고 있다.

의생활과 관련된 환경문제

의류의 대량 생산은 원료 구입, 제품 생산, 유통, 소비, 폐기하는 전 과정에서 환경오염물질 발생과 에너지 소비로 인해 환경에 많은 부담을 주고 있다. 원료인 목화, 마, 견 등을 대량 생산하기 위한 넓은 경작지의 조성과 재배 시 필요한 물, 농약, 화학 비료 등이 대량 사용되며, 합성 섬유 생산 과정에도 많은 에너지와 화학물질이 사용되

현대 사회의 잘못된 소비주의 문화로 나타나는 문제들

그림 8.9 자원 낭비와 환경오염, 빈부격차, 여성과 어린이 대상의 노동력 착취와 같은 인권 문제가 발생하고 있다. (출처 : shutterstock)

호수의 면적이 줄어들어 사막화되어 가고 있는 아랄 해

그림 8.10 수량이 줄어든 아랄 해 주변은 목화 재배도 타격을 입었을 뿐만 아니라 주변 환경마저 피폐해졌다. (출처 : shutterstock)

우리나라 의류폐기물 발생 현황

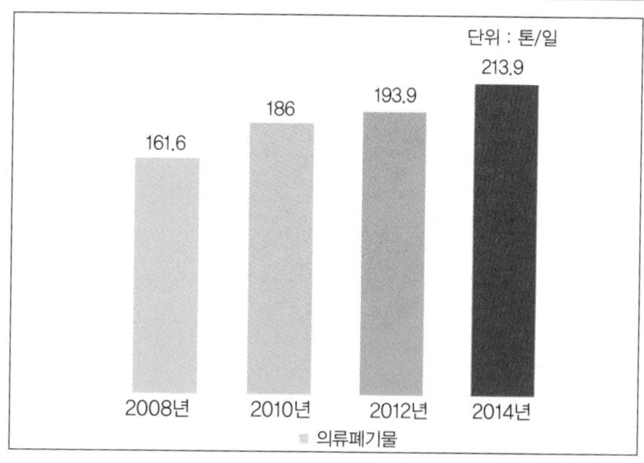

그림 8.11 우리나라 의류폐기물은 매년 증가하여 소각이나 매립 시 생태계에 심각한 환경오염을 유발하고 있다. (출처 : 환경부, 전국 폐기물 발생 및 처리현황)

고 있다. 대표적인 사례로 세계에서 네 번째로 큰 호수였던 아랄 해는 목화를 대량 재배하기 위해 물을 끌어다 쓰면서 수량이 90% 이상 줄어 현재는 사막화가 진행되어 물고기조차 살 수 없는 호수가 되었다(그림 8.10).

물 사용과 오염은 의류 제작 및 염색 과정에서도 발생하는데, 공업용수로 인한 물 오염의 20%는 의류 제작 과정 중에 발생하며, 매년 5조 l의 물이 염색 과정에 사용되고 있다. 그리고 생산된 의류의 포장 및 운반 과정, 소비자가 의류를 구입하여 사용 후 폐기 과정에서도 에너지, 물, 화학약품, 포장재, 합성세제 등이 많이 사용되어 생태계에 피해를 주고 있다. 우리나라에서도 이와 같이 폐기되는 의류는 매년 늘어나고 있는데, 2014년에는 하루 평균 213.9톤의 엄청난 폐기물이 발생하고 있다(그림 8.11).

식생활과 관련된 환경문제

과거에 비해 먹거리가 다양하고 풍부한 오늘날 소비자들의 편리성을 추구하는 생활양식 때문에 인스턴트식품 등과 같은 가공식품의 발달과 육류 소비가 증가하고 있다(그림 8.12).

식재료와 육류를 대량 생산하는 과정에서 삼림 훼손과 비료, 농약 사용 등으로 물과 토양 등이 오염되고 있다. 특히 오늘날 우리가 많이 이용하는 식재료는 생산자나

우리나라 국민 1인당 고기 섭취량

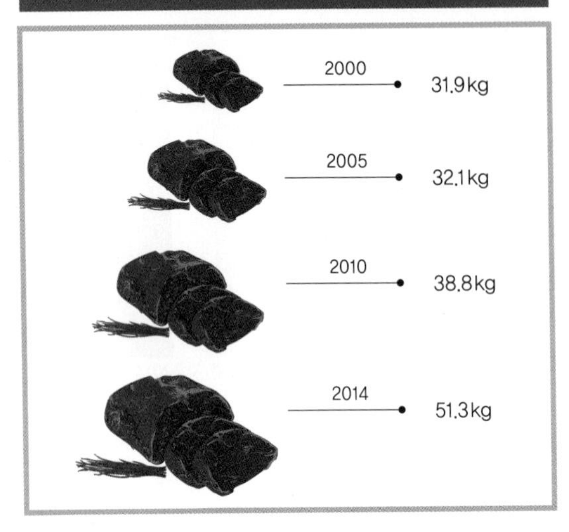

그림 8.12 식습관의 서구화와 소득 증가 등으로 한국인의 1인당 육류 소비량이 지난 30년 사이에 4배 가까이로 늘어났다. (출처 : 농림축산식품부, 2016)

생산 과정을 알 수 없는 글로벌푸드가 저렴한 가격으로, 계절에 상관없이 구입할 수 있는 장점이 있으나, 먼 거리를 이동하는 장거리 교역에 따른 에너지 소비 등 **푸드마일리지**가 증가하여 환경 부담이 커지고 있다(표 8.1). 또한 2015년 통계자료에 따르면 매년 생산되는 식량 40억 톤 중에 음식물 쓰레기로 버려지는 양은 13억 톤에 달하는데, 이는 3.2km의 너비에 2,400m 높이의 산을 만들 수 있는 양이다(그림 8.13). 지역별로 매년 폐기되는 음식물 쓰레기는 125kg에서 295kg까지 버려지고 있다(그림 8.14). 음식물 쓰레기 발생은 전 세계 어디에서나 벌어지는 일이지만 개발도상국에서는 보관 시설이 제대로 갖춰지지 않아 소비자가 구입하기 전에 주로 폐기되는 반면, 선진국에서는 식품의 절반 이상이 소비자의 손에서 버려지고 있다.

푸드마일리지 식품이 생산, 유통 등을 거쳐 식탁에 오르기까지의 거리로, 이동 거리(km)에 식품 수송량(t)을 곱해서 계산한다. 푸드마일리지가 클수록 탄소 배출량이 많아 지구온난화를 심화시킨다.

전 세계에서 식재료의 생산, 이용, 폐기 과정에서 발생하는 온실가스는 세계 경제 대국인 미국과 중국 다음으로 많은 양의 이산화탄소를 배출한다고 한다. 또한 이 정

표 8.1 식품 이동 거리 비교

품목	국내산		수입산	
	원료산지	이동거리	원료산지	이동거리
쌀	충남 아산	199km	중국	1,234km
쇠고기	경남 합천	298km	호주	8,831km
단호박	경남 합천	298km	뉴질랜드	8,882km
새우	충남 태안	139km	사우디아라비아	7,572km
김치	강원 홍천	126km	중국	968km
두부	충남 아산	100km	미국	19,736km
합계	국내산	1,061km	수입산	47,223km

출처 : 한살림

연간 전 세계에서 버려지는 음식물 쓰레기 양

그림 8.13 매년 생산되는 식량 중 3분의 1이 음식 쓰레기로 폐기되고 있다. (출처 : The Guardian/Created by Simon Graf, Miguel C Balandrano, Deepak Yadav)

지역별 1인 기준으로 연간 버려지는 음식물 쓰레기 양

그림 8.14 지역별로 생활수준에 따라 차이가 나지만 매년 엄청난 양의 음식물 쓰레기가 버려지고 있다. (출처 : FAO/Created by Montu Yadav)

도의 식재료를 생산하기 위해서는 인도와 중국이 농업용 용수로 사용하는 양보다 더 많은 물이 필요하며, 음식물 쓰레기 처리 비용도 많이 소요되고 있다.

주생활과 관련된 환경문제

인구 증가와 대도시로의 인구집중은 주택 수요를 증가시켜 주거지 개발 과정에서 자연환경의 훼손과 함께 고층 건물의 증가와 밀집화 현상으로 자연 채광이나 통풍이 되지 않아 에너지 과다 소비와 **일조권** 분쟁 등이 발생하고 있다.

일조권 햇볕을 쬘 수 있도록 법률로 보호되는 권리

여가생활과 관련된 환경문제

오늘날 다양한 여가 공간이 형성되고 교통의 발달로 휴양지까지 이동이 편리해졌다. 여과생활 과정에서 에너지 과소비와 한 번에 많은 사람들이 같은 장소를 찾기 때문에 쓰레기 대량 발생과 자연환경이 훼손되고 있다. 최근 전 세계적으로 여행을 즐기는 인구는 10억 명에 달하며, 우리나라 해외여행자 역시 매년 꾸준히 증가하고 있다. 여행 과정에서 한 명의 여행자가 하루 평균 3.5kg의 쓰레기를 남기고, 아프리카 주민 한 명이 쓰는 양의 30배에 이르는 전기를 사용하며, 하루 평균 400l, 호텔 객실 하나당 1.5톤의 물을 사용하고 있다.

[생각해보기]

우리는 일상적으로 패스트푸드 음식을 이용하고 패스트 패션의 의류를 구매한다. 이러한 것들을 구입하는 것은 장기적으로 환경에 어떤 영향을 미칠까?

현대 소비사회에서 늘어나는 새로운 유형의 폐기물로 인한 환경문제

오늘날 버려지는 폐기물의 종류는 변하고 있다. 특히 플라스틱과 같은 난분해성 폐기물과 전자 폐기물 등이 대량 발생하면서 지구 생태계는 위협받고 있다.

늘어나는 난분해성 폐기물

최근 대량 발생하고 있는 일회용품 폐기물 중에 분해 속도가 느린 난해분성 폐기물은 쓰레기 매립지와 자연 생태계에 축적되어 심각한 환경문제를 유발하고 있다(그림 8.15).

난분해성 폐기물인 플라스틱 폐기물들은 해류에 밀려 떠다니면서 쓰레기가 섬처럼 더미를 이루어 태평양에 거대 쓰레기 지대를 형성하고 있다(그림 8.16). 그중 하나는 한반도의 6배에 이르며, 대서양과 인도양에서도 발견되었다. 버려진 큰 덩어리의 플라스틱은 플라스틱에 포함된 유화제 성분이 장기간 햇빛을 받아 분해되면서 나오는 독성물질이 해양 생태계의 먹이사슬을 통해 사람이 먹는 해산물에서 농도가 축적되어 결국 인간에게 부메랑으로 돌아올 수 있다. 큰 플라스틱 덩어리는 바닷새와 거북을 포함한 해양생물의 몸을 얽어서 익사시키고, 해롯에 의해 마모되고 분해된 미세 플라스틱은 해양동물들이 이를 먹이로 오인하여 삼키게 되면서 해양생태계를 파괴시키고 있다(그림 8.17).

폐기물 종류별 분해되는 시간

종이	2~5개월
오렌지껍질	6개월
우유팩	5년
담배필터	10~12년
비닐봉지	10~12년
가죽구두	25~40년
나일론천	30~40년
플라스틱용기	50~80년
알루미늄	80~100년
알루미늄캔	500년 이상
일회용기저귀	100년 이상
스티로폼	500년 이상
일회용컵	20년 이상
플라스틱병	100년 이상
양철캔	100년
나무젓가락	20년 이상
칫솔	100년

그림 8.15 종이컵은 20년, 알루미늄캔과 PET병은 100년, 컵라면 등 스티로폼 용기는 500년이 지나야 분해된다. (출처 : 오산시 위생/환경 청소재활용 http://www.osan.go.kr)

쓰레기의 대양

태평양 거대 쓰레기 지대의 폐기물

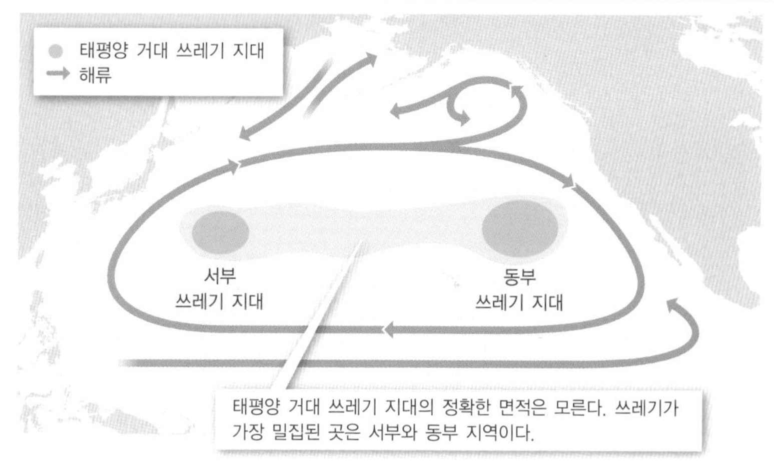

그림 8.16 버려진 플라스틱 폐기물이 해류에 의하여 태평양에 거대한 쓰레기 지대를 형성하고 있다.
(출처 : 환경과학, 시그마프레스)

늘어나는 전자 폐기물

오늘날 전자 제품들은 수명 주기가 짧아 수많은 구형 전자 제품들은 폐기물로 버려지고 있다. TV, 휴대전화, 컴퓨터 등 모든 전자기기 폐기량은 2017년에 전 세계적으로 2012년 대비 33% 증가한 6,540만 톤에 이를 전망이다(그림 8.18). 이러한 전자 폐

해양 생물체에 치명적인 플라스틱 쓰레기

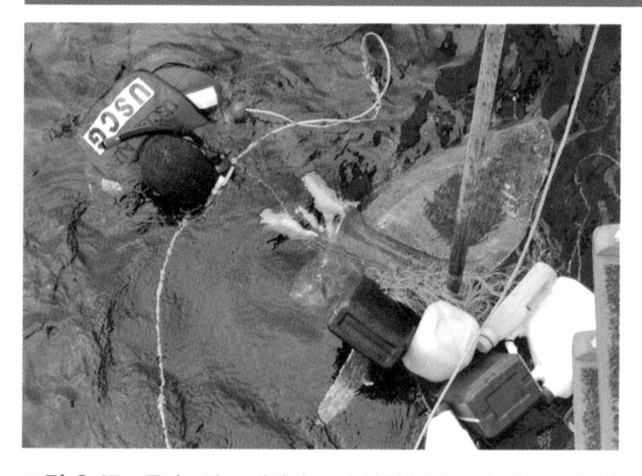

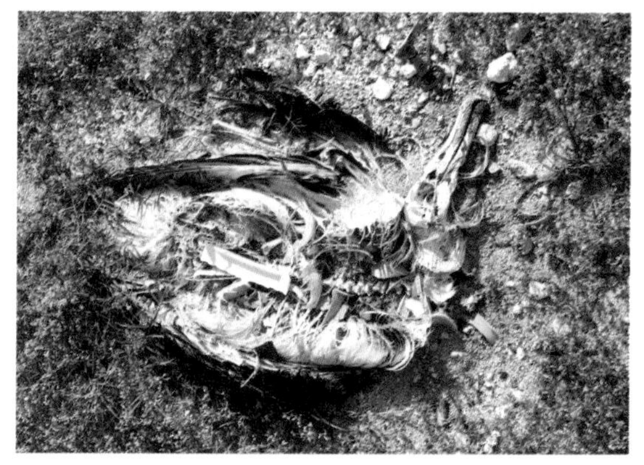

그림 8.17 플라스틱 쓰레기에 몸이 얽혀 버린 바다거북과 생전에 삼킨 플라스틱 쓰레기가 앨버트로스의 몸속에 가득차 있다.
(출처 : 환경과학, 시그마프레스)

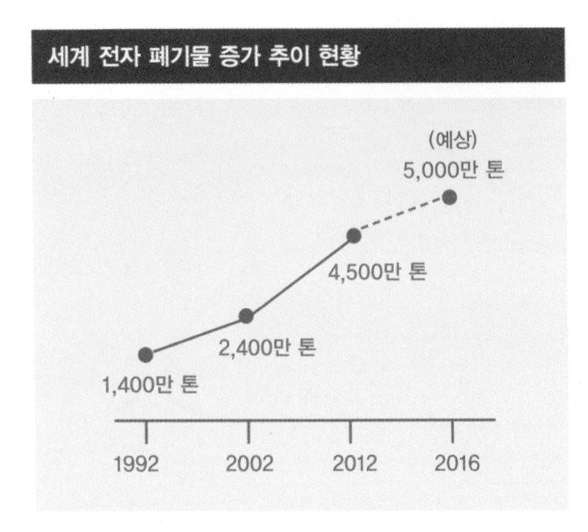

그림 8.18 오늘날 전자 기기의 생애주기가 짧아 전 세계적으로 매년 급격하게 전자 폐기물이 증가하고 있다. (출처 : 정보통신 정책 연구원, 2013년)

기물은 40톤 트럭에 가득 적재하여 늘어놓으면 지구 적도 길이의 4분의 3에 해당되는 양이다.

유엔환경계획(UNEP)에 따르면 세계적으로 발생되는 전자 폐기물의 70%가 중국으로 들어가는데, 선진국에서 들어온 대부분의 전자 폐기물은 선진국 내 처리 비용과 규제로 인해 보낸 것이다. 특히 전 세계에서 버려진 전자 폐기물이 모이는 곳으로 유명한 중국의 구이유 시는 인체에 해로운 중금속에 의한 환경문제 때문에 이를 처리하는 여성, 어린이 등 근로자들은 장시간 노동과 저임금으로 인한 노동력 착취와 건강에 심각한 위협을 받고 있다.

[생각해보기]

플라스틱과 같은 폐기물이 해양생명체에 미치는 영향이 우리에게 시사하는 바는 무엇인가?

빈곤과 환경문제

현대 소비사회에서 확대되어 있는 부의 불평등으로 빈곤과 환경문제를 심화시키고 있다. 가난한 국가나 사람들은 목재 생산, 난방 및 취사에 필요한 연료와 식량을 구하기 위하여 삼림과 야생 생물 등의 자연 환경을 훼손하고 있다.

노동착취와 관련된 인권문제

오늘날 다국적 기업들은 기업의 이윤을 극대화하기 위하여 인건비가 싼 저개도국으로 생산기지를 이전하여 제품들을 생산하고 있다. 그러나 이 과정에서 아동과 여성 근로자들의 노동착취 문제가 부각되면서 다국적 기업들은 비판에 직면하고 있는데, 최근에도 제3세계의 아이들이 커피나 코코아 농장에서 안전 장비도 없이 하루에 5달러도 안 되는 돈을 받으면서 하루 종일 열매를 따는 등의 노동착취로 고통받고 있다.

탐구 2 다시 사용할 수 없는 자원

인류는 다양한 자원과 에너지를 개발함으로써 문명을 발전시켜 왔으나, 오늘날 우리가 소비하는 물품들을 생산하는 데 필요한 많은 자원들은 고갈 시점이 점점 다가오고 있다.

이러한 자원의 유한성이 인류 사회의 지속가능한 발전을 저해시킬 수 있는 사례는 화학비료의 원료인 인광석을 무분별하게 남용한 남태평양의 섬나라 나우루에서 찾아 볼 수 있다. 나우루의 면적은 우리나라 여의도 2배가 조금 넘는 크기인 21 km^2로서, 앨버트로스라는 새의 배설물이 섬을 둘러싸고 있는 산호초에 오랜 세월 쌓여 섬이 되었다. 나우루는 섬 지표면을 덮고 있는 양질의 인광석을 팔아 부를 축척하였는데, 1980년대 1인당 국민소득은 3만 달러 정도였다. 그러나 무분별한 인광석 채굴로 1995년부터 생산량이 줄어, 2003년에는 완전 고갈되어 국가는 파산 상태에 이르렀다. 또한 인광석 채굴을 위해 나무를 베어버려 섬의 3분의 2가 황무지로 변하면서 가뭄이 이어졌고, 부의 축척으로 몸에 베인 게으른 생활 습관은 수입 가공식품에만 의존하여 식량 위기와 함께 과도한 가공식품 섭취로 인구의 90%가 비만이고, 40%가 당뇨병에 시달리고 있다. 이처럼 풍요에서 빈곤으로 추락하게 만든 나우루의 인광석은 현재 석유라는 자원에 의존하여 역사상 최고의 풍요를 누리고 있으나 기후변화와 석유 정점 위기를 직면하고 있는 현재의 인류가 처한 상황에 비유할 수 있다.

[생각해보기]

나우루의 인광석 고갈이 우리에게 시사하는 바는 무엇인가?

문제 해결

해결 1 환경문제와 자원 낭비 해결을 위한 지속가능한 생산과 소비

현대 사회에서 생산자들은 신제품 개발로 소비자의 소비욕구를 자극시키고 있으며, 소비자들은 생산자의 마케팅 전략에 따라 무절제한 소비생활을 하고 있다. 따라서 환경 보전 및 자원의 효율적인 사용을 위해 소비자들은 친환경적이고 사회적으로 책임지는 지속가능한 소비를 위한 윤리적 소비 방식을 추구해야 할 것이다.

지속가능한 소비를 추구하는 윤리적 소비 방식

윤리적 소비는 친환경적인 소비뿐만 아니라 노동, 인권, 빈곤과 같은 사회적 문제까지 포함하는 책임 영역으로, 기업윤리나 기업의 사회적 책임을 강조하는 것은 물론 정보기술의 발전으로 소비자들의 커뮤니케이션 능력까지 광범위한 내용을 포함하고 있다. 따라서 윤리적 소비자는 인간, 동물, 환경에 해를 끼치는 비윤리적 상품을 거부하는 등 물품의 생산, 유통, 소비와 사용 이후의 처리와 재생 과정까지 사회에 미치는 영향을 고려하는 소비자들이다.

의생활에서 윤리적 소비는 소비자가 옷 구입 시 실용적인 기준을 중요하게 생각하여 불필요한 구매를 지양하고 구매한 옷은 장기간 사용하며, 사용 후 환경을 고려하여 재활용하거나 기증하는 행동을 하는 것이다. 이와 같이 제품의 본래 성격이 가지는 특성을 가지며 '재활용'을 의미하는 리사이클 패션이나 버려진 폐품 등을 더 좋은 품질이나 환경적 가치가 있는 제품으로 재가공하는 개념인 업사이클 패션 등이 이에 해당한다.

식생활에서 윤리적 소비 행동은 식품 안전성과 건강에 대한 관심, 환경과 사회에 해를 주지 않는 윤리적 식품에 대한 소비 욕구를 갖게 하는 것으로 친환경 농산물 소비, 방목식 농장의 계란 및 육류 소비, 공정무역 및 로컬 제품 구매, 슬로푸드 운동 참여 등이 해당된다. 특히 최근 육류 소비의 증가로 인해 발생되는 다양한 문제들을 해결할 윤리적 소비의 대안으로 육류 섭취를 줄이고 채식 소비를 늘리는 운동인 고기 없는 월요일 운동(Monday is Health day)이 실시되고 있다. 이 운동은 반드시 월요일이 아니어도 일주일에 한 번은 채식을 하며 지구 환경을 지키는 데 동참하자는 취지에서 실시되고 있다.

주생활에서 윤리적 소비행동은 자연을 인간의 요구에 맞게 변형하는 것이 아니라 자연의 섭리를 이해하고 흐름을 유지하면서 자연과 함께 살아갈 수 있도록 계획된 주거생활을 하는 것이다. 이는 지구 환경의 보존 및 삶의 질을 높이기 위한 토대가 되므로 자연친화적인 관점, 자원 및 에너지절약 관점, 그리고 사회변화에 대응이라는 관점을 가지고 실천해 가는 환경친화적인 주거 구성요소를 모두 포함하고 있다.

그리고 여가생활 측면에서 기존의 여행방식은 여행지의 경제와 환경 등에 좋지 않은 영향을 미쳤다. 최근 기존 여행의 대안으로 지속가능한 여행, 착한 여행, 생태 여행으로 불리는 공정여행이 대두되고 있다. 공정여행은 여행지의 주민들에게 정당한 대가를 지불하고, 현지 문화를 존중하고 체험하는 여행으로 여행기간 동안 가능한 한 지역민이 운영하는 숙소나 음식을 이용하여 여행비용이 지역에 환원되고, 걷거나 자전거 등을 이용하여 환경 보존에 동참하도록 하는 여행이다.

[생각해보기]

의식주 생활 및 여가 활동이 환경에 나쁜 영향을 미치지 않도록 소비자 측면에서 할 수 있는 방법은 무엇이 있는가?

자원 순환 사회 구축

우리가 사용하는 대부분의 자원은 폐기물로 버려지므로 재활용, 재사용과 기술 발전을 통해 폐기물 양을 최소화하는 자원 순환 사회를 구축해야 한다. 자원 순환 사회 구축을 위한 노력의 일환으로 우리나라에서는 생활 쓰레기 중 30% 이상을 차지하고 있는 음식물 쓰레기나 동물의 배설물을 미생물을 이용하여 유기물질 분해 과정에서 발생하는 바이오가스인 메테인 가스를 포집하여 연료로 사용하며, 그 과정에서 나오는 액체찌꺼기를 비료로 재활용하고 있다. 그리고 최근 잦은 신제품 출하로 폐기되는 폐가전제품, 폐자동차 등은 재활용 과정을 거쳐 내재된 금속자원을 자원화하는 도시 광산 산업이 주목을 받고 있다. 폐기된 휴대폰 1톤에는 금 400g, 은 3kg, 주석 13kg, 니켈 16kg, 리튬 5kg을 회수하고 있다. 이와 같이 경제 및 환경적으로도 도움이 되는 도시 광산 산업으로 첨단산업에 많이 이용되는 비철금속(알루미늄, 구리, 주석 등), 귀금속(금, 은, 백금 등), 희귀금속(리튬, 텔루늄, 인듐, 희토류 등) 추출이 가능해져 많은 나라에서 관심을 가지고 있다. 우리나라 도시 광산 산업에서 생산되는 광물금속 원료자원은 연간 16조 원가량으로, 연간 광물금속자원 수요(약 80조 원)의 20% 정도를 차지하고 있다.

[생각해보기]

자원 순환 사회를 구축하기 위하여 가정, 학교, 지역사회에서 실천할 수 있는 방안은 무엇이 있는가?

해결 2 지속가능한 생산 유지를 위한 바람직한 시장의 역할과 경제체계

우리 사회를 지속가능하게 유지하기 위해서는 모든 부분에서 환경을 고려한 경제활동이 이루어져야 할 것이다. 기업은 기술 혁신을 통한 에너지 효율성을 높이고, 재활용 가능한 제품 출시로 자원 낭비와 환경문제들을 최소화하는 방식으로 제품 생산을 위한 표준 규범의 마련이 필요하다. 또한 기업의 사회적 책임 달성을 위해 기업의 환경 · 경제 · 사회적 측면의 전략, 활동, 성과, 영향을 이해 관계자들에게 투명하게 공개하는 수단 등을 통해 지속가능한 경영을 이루도록 해야 할 것이다.

기술 발달로 인한 새로운 생산 방식

오늘날 나노 기술, 생명 기술, 정보 통신 기술 등과 같은 첨단 기술의 발달은 인류 사회의 미래를 변화시킬 수 있을 것으로 기대받고 있다. 나노 기술의 활용으로 화학분야에서 나노 소재는 촉매의 분리력을 증진시키는 데 이용하여 물품을 생산하는 과정에서 에너지 절약과 순도가 높은 완제품을 생산하게 해 준다. 또한 오염물질 억제 부분에서는 가스 및 폐기물에 대한 탁월한 흡수제 역할을 하며, 건축 및 자동차 부분에서는 기존 소재들보다 가볍고 침식과 산화를 방지해 준다. 그리고 생명 기술의 발달은 가축분뇨와 음식물 쓰레기에서 바이오 가스, 사탕수수와 사탕무에서 바이오 에탄올, 유채꽃, 해바라기, 해초 등에서 바이오 디젤유를 생산하는 등 **바이오매스**에서 친환경적인 바이오 에너지 생산에 중요한 역할을 하고 있다.

바이오매스 에너지원으로 사용하기 위해 사용되는 식물, 동물과 같은 생물체이다.

환경친화성을 평가하는 전과정 평가

제품의 제조 과정이나 서비스에 대한 전 과정인 자원의 채취부터 원료 제조, 중간가공, 제품 생산, 유통, 소비, 재활용, 폐기하는 단계에서 자원과 에너지 낭비가 발생하게 된다. 그러나 제품 생산에 필요한 자원의 흐름을 조사하여 수량화를 통해 제품 수명의 순환 과정을 분석하여 환경친화성을 평가하는 전과정 평가(Life Cycle Assessment, LCA)를 도입하면 이러한 문제점들을 최소화할 수 있다. 전 과정 평가는 주로 산업에 종사하는 사업자가 올바른 결정을 내려 주는 하나의 방식으로 이용될 수 있는데, 기존 제품의 생산 과정에 있어 어느 단계에서 어느 정도의 환경부하와 에너지 소비가 발생하는지, 제품의 생산 및 설계공정상의 개선점이 있는지 등을 분석하여 제품의 전 과정을 대상으로 한 최적화된 설계 및 소비자에게 과학적 정보 제공을 통해 의견 교환을 촉진할 수 있다.

소비자는 상품의 선택 사용을 통해 환경부하의 저감에 공헌하게 해주어, 선택적 구매로 생산자에 대한 비판, 개선요구에 대한 근거를 확보할 수 있다. 그리고 환경정책 담당자는 환경교육을 위한 기초자료 사용, 환경 마크 등 환경라벨 인정과 그 기준 작성을 위한 자료 확보, 원료의 사용, 폐기 등에 관한 각종 가이드라인 작성 시 과학적 근거로 이용과 함께 효과적인 리사이클링 정책 확립 등에 활용할 수 있다.

기업의 환경 경영 시스템 도입 및 지속가능성 보고서 발간

국가는 기업이 환경친화적 경영을 할 수 있도록 경제 활동 전반에 걸쳐 발생할 수 있는 환경문제를 최소화하여 환경보호를 위한 제도적 장치를 마련해야 한다. 이에 국제적 수준에서 제품 교역에 규범을 부여하고 소비자들에게 최소한의 품질과 제품 사용에 있어 안정성을 보장하기 위하여 제품의 표준화가 요구된다. 따라서 기업은 **국제표준화기구**(ISO)에서 정한 환경 경영 시스템(Environment Management System, EMS)을 도입하여, 폐기물, 대기오염 등으로부터 오염을 방지하고 환경을 보호하는 환경친화적인 경영을 추구해야 한다. 그리고 환경 경영 시스템 도입으로 기업은 경제적으로 자신들이 얼마나 탄탄한지, 환경적으로 얼마나 친환경적인지, 사회적으로 얼마나 사회공헌 활동을 통한 성과를 제시하는지에 대한 **지속가능성 보고서**(Sustainability Report) 공시를 확대해야 한다. 이를 통해 기업은 우리 사회가 지속가능한 발전을 지향할 수 있도록 경제적 수익성과 환경적 건전성, 나아가 사회적 책임성의 조화와 균형을 추구

국제표준화기구(ISO) 전 세계 표준화를 담당하는 국제기구로 비정부기구이나 많은 국가의 표준, 산업기술 관련 연구기관들이 참여하고 있는, 세계에서 가장 큰 단체이다.

지속가능성 보고서 지속가능한 발전을 위한 기업(조직)의 성과를 측정하여 내외의 이해관계자에게 경제·사회·환경적 성과와 관련된 정보인 지속가능성 영향(Sustainability Impact)을 제공하는 보고서이다.

하는 지속가능경영을 이룰 수 있다.

글로벌 콤팩트 지향

1990년대 중반부터 전 세계 비즈니스에서는 기업의 사회적 책임 또는 기업의 지속가능성에 대한 논의가 본격적으로 이루어지기 시작된 이후, 유엔 글로벌 콤팩트(United Nations Global Compact, UNGC)는 2000년 7월에 발족하여 기업의 사회적 책임과 기업시민 정신을 증진하기 위해 노력하고 있다.

UNGC의 미션은 크게 두 가지로 첫째, 기업들이 인권, 노동, 환경, 반부패에 걸친 10대 원칙을 회사의 전략과 운영활동에 내재화하도록 돕는 것, 두 번째, 기업들이 지속가능발전목표(SDGs)와 같은 유엔 차원의 아젠다들을 협력과 혁신을 통해 이행하도록 지원하는 것이다. 그리고 두 가지 미션을 바탕으로 인권, 노동, 환경과 반부패에 관한 10대 원칙을 제시하였다(표 8.2). 2015년에는 162개국에서 8,000개가 넘는 기업을 포함해 12,000개 이상의 다양한 기관과 조직들이 회원으로 참여하고 있는데, 세계의 대기업들은 인류 사회의 지속가능한 발전을 위하여 인권, 노동, 환경, 반부패와 같은 여러 가지 문제에 적극적으로 대처해 나가야 할 것이다.

표 8.2 유엔 글로벌 콤팩트 10대 원칙

영역	원칙
인권	원칙 1 : 기업은 국제적으로 선언된 인권 보호를 지지하고 존중해야 한다. 원칙 2 : 기업은 인권 침해에 연루되지 않도록 적극 노력한다.
노동	원칙 3 : 기업은 결사의 자유와 단체교섭의 실질적인 인정을 지지하고, 원칙 4 : 모든 형태의 강제노동을 배제하며, 원칙 5 : 아동 노동을 효율적으로 철폐하고, 원칙 6 : 고용 및 업무에서 차별을 철폐한다.
환경	원칙 7 : 기업은 환경문제에 대한 예방적 접근을 지지하고, 원칙 8 : 환경적 책임을 증진하는 조치를 수행하며, 원칙 9 : 환경친화적 기술의 개발과 확산을 촉진한다.
반부패	원칙 10 : 기업은 부당취득 및 뇌물 등을 포함하는 모든 형태의 부패에 반대한다.

출처 : Global Compact Network Korea, http://www.unglobalcompact.kr/wp/?page_id=44

현장 적용

적용 1 '음식물 쓰레기 자원화로 도시순환농업을'

사람들이 많이 거주하는 도시에서 농사 지을 땅을 찾기는 어렵다. 따라서 빌딩 숲이 빼곡한 도심을 떠나 귀농하는 사람들도 늘고 있지만 당장은 떠나기도 쉽지 않은 사람들은 도심에서 흙과 호흡하고 싶어 한다. 아파트 베란다와 옥상, 동네의 조그마한 공간을 활용하여 텃밭을 가꾸는 체험 정도로 농사를 짓고 있지만 내 손으로 텃밭을 가꾸고 가족들이 먹을 수 있을 만큼 생산해 보자는 움직임이 활발해지고 있다.

도시농업은 어떤 형태로 가능할까? 도시농업에 대한 모색이 활발해지면서 베란다 상자텃밭에서 벗어나 가능한 경작지를 최대한 찾아내 땅에다 텃밭을 만들자는 움직임이 일고 있다. 도시농업 전문가에 따르면, 올바른 도시농업의 형태로 음식물 쓰레기를 활용한 흙 가꾸기가 시작이라고 하면서 각 가정에서 매일 나오는 음식물 쓰레기는 먼 곳에 버리는 쓰레기가 아니라 가까운 우리집 텃밭을 가꾸는 데 활용할 것을 강조하였다. 퇴비가 된 음식물 쓰레기는 더 이상 지저분한 것이 아니라 도시에서도 자원 순환을 통해 환경을 깨끗이 하는 주요한 역할을 하게 된다. 음식물 쓰레기를 활용한 도시농업은 음식물 쓰레기를 퇴비로 순환시키고 자라난 농산물은 도시 로컬푸드가 되면서 일거양득의 효과가 있다. 따라서 도시농업은 음식물 쓰레기 순환으로 가능하며 장거리 운송을 거치지 않기 때문에 쓰레기 처리비용도 줄이고 부족한 흙을 보충해 농사를 지을 수 있기 때문에 도시농업을 통해 로컬푸드 운동이 가능하다.

도시순환농업

그림 8.19 도시에서 텃밭이나 건물 옥상 등과 같은 공간을 활용하여 고추, 상추, 방울토마토 등의 채소를 재배하는 도시농업은 최근에 많은 사람들의 관심으로 도시 농부들이 늘어나고 있다. 이렇게 도시에서의 농사활동은 먹고, 보고, 즐기는 것으로써 인간 중심의 생산적 여가활동으로 몸과 마음의 건강과 행복을 높이는 데 기여를 하고 있다. (출처 : shutterstock)

실습 과제

과제 1 지속가능한 생산과 소비사회를 구현하기 위한 창직(새로운 직장을 만드는 활동) 아이디어 구상해 보기

직업은 없어지기도 하고 새로 생겨나기도 하며, 직업끼리 융합하기도 하고 하나의 직업이 세분화되기도 한다. 지속가능한 생산과 소비와 관련된 직업은 미래지향적인 직업이라 더 다양한 형태로 발전하게 될 것이다. 상상력과 창의력을 발휘하여 생산과 소비와 관련된 사업이나 직업을 생각해 보고, 내가 만일 회사를 설립한다면 어떤 사업 아이템으로 회사를 만들 것인지 구상해 보자.

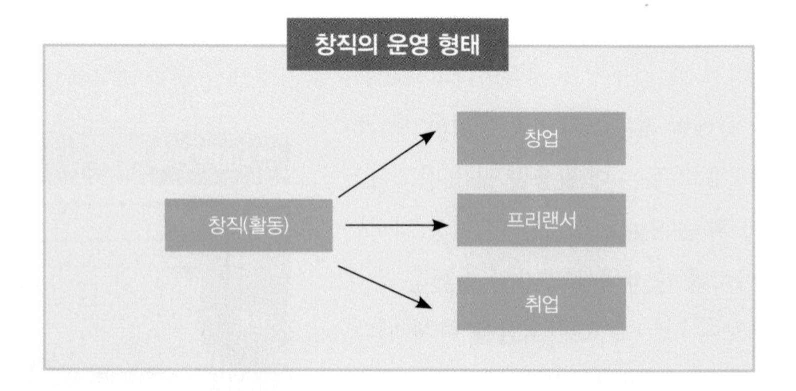

창직

개인이 창조적인 아이디어를 통해서 새로운 직업을 개발 또는 발굴해서 일자리를 창출하는 것

창업

상품이나 서비스를 생산하는 회사를 설립하는 것

창직 과정	구상 내용
• 관심 사업 분야 선정 (자신의 흥미와 적성을 고려하고, 사회적으로 수요가 커지고 있으며, 새로운 분야일수록 유리하다.)	
• 해당 사업 분야의 주된 제품이나 서비스 내용 (제품이나 서비스가 사업성이 있는 아이템인지, 시장성, 독창성, 실현가능성 등을 검토한다.)	
• 해당 사업에 맞는 직업이름	
• 사업 아이템으로 창업/프리랜서/취업 할 것인지 선택	
• 창업한다면 회사 명은?	
• 프리랜서라면 홍보전략은? (누구에게 어떤 방법으로 홍보할 것인지 검토한다.)	

과제 2 창직 활동 홍보 포스터 제작해 보기

1. 신문, 잡지, SNS 등 홍보할 매체나 형식은 자유롭게 선택한다.
2. 제품이나 서비스의 이름, 특징, 이점 등이 드러나게 한다.
3. 구매가 예상되는 대상과 구매 욕구 등을 반영한다.
4. 눈에 띄고, 전달해야 할 핵심가치를 고려하여 창의적으로 만든다.

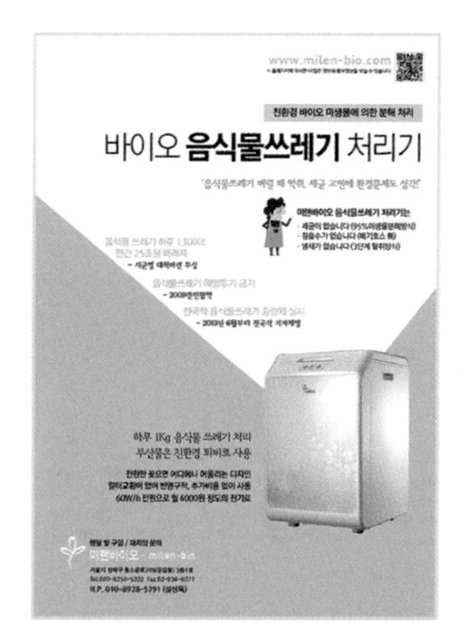

음식물처리기와 유용미생물군인 EM을 활용한 기술로 바이오 음식물 처리기를 개발하여 판매하고 있는 한 기업의 홍보 포스터 (출처 : 미랜바이오)

독일 프라이부르크 보봉마을 주상복합단지 '태양의 배' 국내외 선진 도시들은 환경 · 경제 · 사회의 균형과 미래세대를 고려한 도시 및 주거를 만들기 위한 정책을 펼치고 있으며, 도시를 지속가능하게 만드는 것에 대한 시민들의 요구와 참여가 늘어나고 있다.

제9장

지속가능한 도시와 주거

대표 사례

유럽환경수도

유럽위원회(European Commission, EC)는 2010년부터 매년 유럽의 한 도시를 올해의 유럽환경수도(Europe Green Capital)로 지정하고 있다. 유럽위원회는 유럽인의 75%가 도시에 살고 있어서, 지구적 차원의 환경문제 극복에 도시의 역할이 절대적이고, 도시민들의 삶의 질이 무엇보다 중요하다는 취지에서 유럽인들에게 지속가능한 도시의 삶을 제공하기 위해 이 상을 제정했다. 유럽환경수도의 지정조건은 크게 세 가지이다. 첫째, 높은 환경기준 달성에 관한 지속적 기록을 보유하고, 둘째, 추가적 환경개선을 위한 의욕적인 목표를 수행하고 있으며, 셋째, 다른 유럽도시에 대한 역할 모델을 수행할 수 있는 도시여야 한다. 유럽위원회는 환경수도로 선정받은 선도적인 도시들이 모델이 되어 지구촌 곳곳으로 지속가능성이 확산되기를 기대하고 있다. 스웨덴의 스톡홀름이 2010년 제1회 유럽환경수도로 선정되었고, 이후 독일 함부르크(2011), 스페인 빅토리아-가스테이스(2012), 프랑스 낭트(2013), 덴마크 코펜하겐(2014), 영국 브리스톨(2015), 슬로베니아 루블라냐(2016), 독일 에센(2017), 노르웨이 오슬로(2018)가 수상을 했다(그림 9.1).

2011년 독일 함부르크의 경우에는 암스테르담, 코펜하겐, 프라이부르크 등 35개 도시가 경합을 벌인 가운데 온실가스 대량 감축계획과 뛰어난 대중교통망이 높은 평가를 받아서 제2회 유럽환경수도로 선정되었다. 함부르크는 2020년까지 이산화탄소 배출을 40%까지 줄일 계획이며, 2050년까지는 80%까지 줄이려고 계획하고 있다. 함부르크 거주자는 집 300m 이내에서 대중교통시설 이용이 가능하다. 함부르크가 2011년 유럽환경수도로 선정된 것은 경제개발과 환경보호를 동시에 추진한 결과라 평가되고 있다.

유럽환경수도의 선정 기준과 함부르크의 선정 이유를 살펴보면, 한 도시가 환경적으로 바람직하다는 평가를 받기 위해서는 기존에 잘 갖추어진 생태적 기반에 더하여 그 도시가 환경뿐 아니라 경제적 · 사회적 발전도 균형 있게 추구해 나가려는 점진적이고 지속적인 노력과 잠재력이 중요함을 알 수 있다.

유럽환경수도

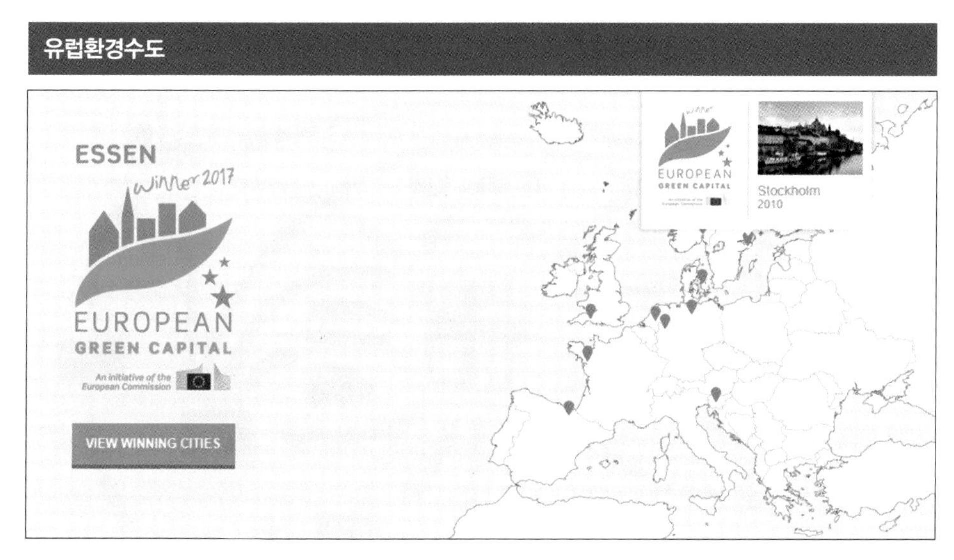

그림 9.1 2010년부터 매해 선정된 유럽환경수도가 표시되어 있다. (출처 : 유럽위원회 http://ec.europa.eu/environment/europeangreencapital)

스웨덴, 하마비 허스타드 주거 지구

제1회 유럽환경수도로 선정된 스웨덴의 스톡홀름이 첫 번째 유럽환경수도로 선정된 이유 가운데 하나는 스톡홀름 외곽의 오염된 공장지대였던 하마비 허스타드를 지속가능한 도시계획을 적용하여 새로운 주거 지구로 재개발하는 데 성공했기 때문이다. 하마비 허스타드 주거 지구는 1992년에 개발을 시작하여 2015년에 완공하였다. 계획 초기부터 자원순환과 에너지 혁신을 담은 하마비 모델(Hammarby model)을 개발하여 도시개발의 목표이자 계획원리로 설정하였다. 자원순환과 에너지 절감의 독자 모델을 개발하였으며, 이후 열악했던 공장지대를 쾌적한 환경도시로 변모시킨 **도시재생**의 대표 사례가 되었다. 호수, 친수녹지, 구릉지를 도시설계의 요소로 활용하면서 건축입면의 다양화, 통경축의 연속성, 보행 동선과 대중교통의 연계에 초점을 맞추고 있다(그림 9.2).

도시재생 산업구조의 변화 및 신도시 위주의 도시 확장으로 인해 상대적으로 낙후된 기존 도시에 새로운 기능을 도입하고 창출함으로써 쇠퇴한 도시를 새롭게 부흥시키는 것

하마비 허스타드의 주거계획을 살펴보면, 계획인구 17,500명, 약 200 ha 규모로 주택 수요를 충족하는 지속가능한 도시형 주거 모델이 적용되었다. 기본적으로 친환경 에너지인 태양광과 지열 그리고 풍력 등의 재생 에너지를 활용해서 에너지를 수급하는 에너지 순환 도시로, 도시 규모에 비해 에너지 사용이 아주 적게 계획되었다. 교통시스템은 차량 보유를 세대당 1.5대로 제한을 두고 경전철과 수상택시를 운영한다

하마비 모델

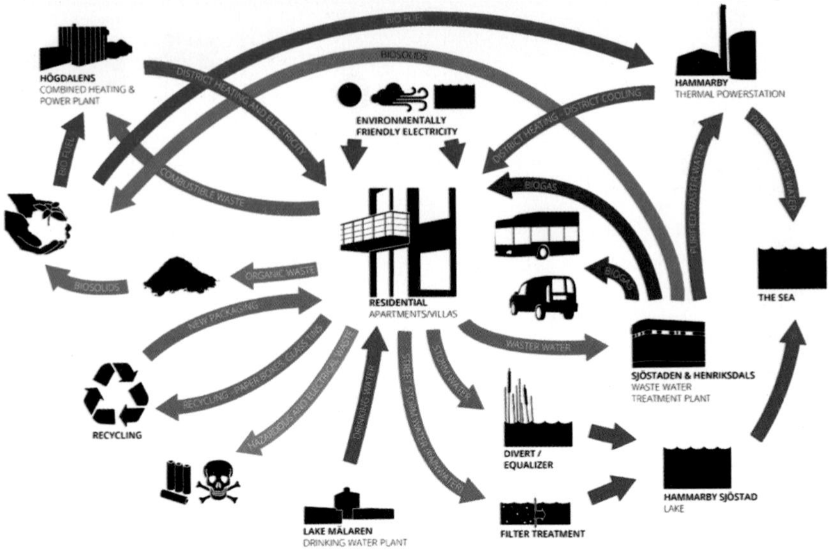

그림 9.2 에너지, 물, 폐기물이 순환하는 것을 기본으로 하는 도시계획 기본 개념과 각 요소들의 상관관계를 보여준다. (출처 : http://energyinnovation.org/wp-content/uploads/2015/12/Hammarby-Sjostad.pdf)

(그림 9.3). 화석연료를 사용하는 교통수단보다는 경전철이 에너지 효율이나 환경오염 저감에 도움이 된다. 차량 보유대수를 제한하는 만큼 자전거를 탈 수 있는 문화와 인프라를 잘 구축하고 자전거 이용을 장려해서 대기오염 감소에 큰 성과를 보고 있다.

신재생에너지 기존의 화석연료를 변환시켜 이용하거나 수소·산소 등의 화학 반응을 통하여 전기 또는 열을 이용하는 에너지인 신에너지와, 햇빛·물·지열·강수·생물유기체 등을 포함하는 재생 가능한 에너지를 변환시켜 이용하는 재생에너지를 합쳐 부르는 말이다.

하마비 허스타드 주거 지구의 가장 큰 특징은 바이오가스 등 **신재생에너지**를 통한 에너지 순환 시스템이다. 기본적으로 친환경적인 재생에너지를 공급하도록 설계되었으며, 가정에서 버려지는 폐기물은 100% 난방과 전기 생산에 재활용된다. 건물마다 태양열을 이용한 히트패널을 설치해서 난방에너지의 50%를 절감하도록 하고 있다. 이와 같이 지속가능성을 고려한 계획으로 공해 없는 에너지를 얻을 수 있는 시설을 구비하고 있으며, 이렇게 지어진 건물들은 해당 건물의 운영비용이 절감된다. 이로 인해서 건물의 가치가 향상되고, 주거 및 임대 비율 또한 증가하는 효과를 볼 수 있다.

하마비 허스타드의 에너지 순환 시스템에서는 시민들의 참여가 중요한 역할을 하고 있다. 폐기물을 지정된 장소에 정확히 구분하여 버리는 실천적 참여가 있기에 자동차들을 움직이는 바이오가스 생산과 가정에서 발생하는 쓰레기의 100% 재활용이

하마비 허스타드의 전경

그림 9.3 수변 도시의 특성을 살려 지속가능한 주거 지구를 건설하였다. (출처 : shutterstock)

마비 허스타드의 주거 단지

그림 9.4 에너지, 물, 폐기물이 순환되도록 설계하였다. (출처 : shutterstock)

가능한 것이다(그림 9.4).

이 밖에도 거주자들을 위해 건물 사이의 공간 배치를 중세 골목 분위기로 조성하여 지역의 전통 문화를 계승하고 있으며, 보행자 전용도로 설치와 녹지축 연결, 해변에 면한 지리적인 특징을 이용한 단지 배치, 주거 지구 안에 해수를 정화한 물을 이용해서 비오톱을 형성하는 등 자연친화적 공간이 주는 긍정적 효과를 극대화시켰다는 평가를 받고 있다.

핵심 질문

1. 지속가능한 도시와 주거 개념이 탄생하게 된 배경은 무엇인가?
2. 지속가능한 도시와 주거의 필수 요소는 무엇인가?

원리 탐구

원리 1 지속가능한 도시

점점 심각해지는 도시문제의 해결을 위해서는 지구적 차원에서 서로 돕고 함께 고민하는 일이 필요하다. 유엔은 유엔인간정주회의(HABITAT)을 통해 각국 도시에 살고 있는 가난한 사람들에게 살 곳을 마련해 주고, 도시를 제대로 부양할 수 있는 물리적 · 사회적 기반시설을 구축하기 위한 방법을 의논하였다. 1992년에 열린 리우환경회의를 시작으로 전 세계적으로 개발과 환경보전을 조화시키기 위해 '환경적으로 건전하고 지속가능한 발전'이 중요한 개념으로 자리 잡았다. 지속가능한 발전은 고질적인 도시문제 해결을 위해 나아가야 할 방향이기도 했다.

도시는 경제성장의 엔진임과 동시에, 균형 있는 개발의 확산을 위한 거점이다. 이러한 현상의 결과로 나타나는 도시화를 어떻게 효과적으로 대응 · 관리하는지가 지속가능성의 핵심 요소 중 하나라는 국제사회의 공감대가 형성되었다. 그 결과 SDGs의 11번째 목표는 '포용적이고(inclusive), 안전하며(safe), 복원력 있고(resilience), 지속가능한(sustainable) 도시 확립'으로 정의되었다. 이는 지속가능한 개발을 위해 전 세계의 도시가 지향해야 할 목표를 제시한 것으로 평가된다.

지속가능발전의 핵심 개념은 경제, 사회, 환경 이들 세 영역 사이의 상호 연계 고리를 강화할 것을 강조하고 있으며, 이는 도시와 주거 차원에서도 중요한 핵심 원리가 된다. 리우환경회의 이후, 도시지역의 환경문제를 해결하고 환경보전과 개발을 조화시키기 위한 방안의 하나로서 도시 및 환경 계획 분야에서 새로이 대두된 개념이 **생태도시**이다. 따라서 생태도시를 만들기 위해 필요한 다음 조건들은 지속가능한 도시와 주거를 조성하는 데도 좋은 참조가 될 수 있다. 첫째, 지속가능한 도시를 위해서는 처음 세운 계획으로 바라던 목표에 도달할 수 있다거나 그림처럼 고정된 도시의 모습을 정해둘 것이 아니라 도시를 만들어 가는 과정에서 필요한 부분을 고쳐가면서 점차 생태적으로 건강한 도시가 되도록 계획을 세우는 것이 중요하다. 둘째, 이웃하게 될 주변 마을이나 도시의 특성에 대해서 공부해야 한다. 도시를 주변 환경에 개방된 생태계로 보아야 한다. 그래서 도시 안의 유기적인 순환과 안전성을 유지

생태도시 도시를 하나의 유기적 생태계로 인식하는 새로운 패러다임에 의해 나온 개념으로 사람과 자연 혹은 환경이 조화되며 공생할 수 있는 도시의 체계를 갖춘 도시

하는 것뿐만 아니라 인근의 다른 도시와 상호작용하는 관계 역시 유기적으로 파악해야 한다. 셋째, 환경오염 없이 깨끗하기만 하다고 생태도시가 되는 것은 아니다. 따라서 생태도시를 위한 계획에서는 그 도시의 여러 정치적 · 사회적 · 경제적 · 문화적 요인들이 어떻게 바뀌어 가야 좋은지 함께 고민해야 한다. 넷째, 그 도시만이 가지는 특수성을 충분히 배려하고 모든 시민의 참여 속에서 도시가 만들어져야 한다. 이 네 가지 조건을 지키면서 만들어진 생태도시는 지속가능하게 발전해 나갈 확률이 아주 높다.

SDGs 11. 회복력 있고 지속가능한 도시와 거주지 조성

11.1. 2030년까지, 모두에게 적절하고, 안전하고, 경제적으로 적정한 수준의 주택과 기본 서비스의 접근성을 확립하고 도시 불량주거지(slum)를 개선한다.

11.2. 2030년까지, 도로안전개선과 대중교통 확대를 통해 모든 사람들, 특히 취약계층과 여성, 아동 그리고 장애인 및 노약자에게 안전하고, 적절한 비용수준과, 높은 접근성의 지속가능한 교통체계를 제공한다.

11.3. 2030년까지 모든 국가의 포용적이고 지속가능한 도시화와 참여역량을 강화하고, 통합적이고 지속가능한 인간 정주 계획과 관리를 증진한다.

11.4. 전 세계 문화와 자연 유산을 보호하고 지키기 위한 노력을 강화한다.

11.5. 2030년까지, 빈곤층과 취약계층을 보호하면서 물 관련 재난을 포함한 자연 재해로부터 발생되는 사망자 및 피해자 수를 현저히 줄이며, 경제적 손실을 GDP 대비 [x] 퍼센트*까지 감소시킨다.

11.6. 2030년까지, 대기질과 지자체 또는 다른 주체의 폐기물 관리에 대한 중점관리를 통해 인구 1명당 도시에 미치는 환경의 부정적인 효과를 감소한다.

11.7. 2030년까지, 특히 여성, 아동, 노인과 장애인을 고려한 포괄적이고 접근가능한 공공공간과 녹지 환경을 조성함으로써 안전하고 보편적인 접근권을 제공한다.

---

* 각 나라와 도시별 달성가능한 수준이 다르기 때문에 목표에 구체적인 수준이 제시되지는 않았음

원리 2 자원의 순환과 회복탄력성

지속가능한 도시와 주거를 만들기 위한 구체적인 요건들을 생각해 봤을 때, 위생적이고 안전한 주거와 지속가능한 대중교통 체계 조성은 가장 기본적인 필요조건이 된다. 따라서 깨끗한 대기질과 재난 대비를 위하여 온실기체를 비롯한 오염원인 물질, 폐기물의 감축이 요구된다. 이를 위해 도시에 공급되는 에너지원으로 태양광 및 태양열, 풍력, 폐기물 처리 시 발생하는 열, 조력 등 자연에너지를 활용하는 것을 고민해야 한다. 또한 도시 안으로 물이 흐르도록 하면 도시 중심부의 공기가 더워지는 것을 막을 수 있다. 건물 옥상에 화단을 가꾸고, 벽면을 녹화하면 냉난방 효과가 좋아져서 에너지를 아껴 쓸 수 있다. 아스팔트와 콘크리트처럼 물이 스며들 수 없는 포장 공간을 줄이고 자연 상태의 흙이나 녹지를 많이 늘리면 빗물이 땅속으로 천천히 스며들어 홍수를 예방하고 땅이 건조해지는 것을 막을 수 있다.

도시를 개발할 때 자연지형을 최대한 활용함으로써 땅을 파내거나 외부에서 흙을 들여와 쌓는 일은 줄이는 게 좋다. 물론 원래 있던 산림과 습지를 보존해야 하는 것은 기본이다. 습기를 적당히 가지고 있는 자연 상태의 흙과 녹지는 생물이 살아가는 데 좋은 환경을 만들게 된다. 또 녹지와 녹지 사이를 가깝게 하면, 녹지에 사는 새와 곤충들이 넓은 공간에 걸쳐 움직일 수 있게 된다. 그 결과 다양한 생물이 살아갈 수 있는 건강한 공간이 만들어진다. 많은 양의 녹지와 물은 사람들에게도 아름다운 경관을 제공하고, 연결된 녹지와 물은 바람이 지나다니는 통로가 되어 도시가 더워지는 것을 막고, 더러운 공기가 도시 한가운데 머물지 않고 순환할 수 있게 해 준다. 이처럼 버려지는 폐기물의 양을 최소화하고 재생에너지를 기반으로 에너지, 물, 폐기물이 순환하는 시스템을 만드는 것이 지속가능 도시 조성의 핵심적인 원칙이라 할 수 있다.

회복탄력성 생태학에서 유래한 개념으로 변화와 교란에 대응하여 시스템의 지속성을 유지하는 능력을 말한다. 최근 심리학 분야로 확장 적용되어 시련을 극복하고 긍정적인 상태로 되돌아갈 수 있는 마음의 근력을 의미하기도 한다.

최근 자주 발생하는 이상 기후와 점점 더 심해지는 자연 재해에 대응하기 위해 새롭게 대두된 개념으로 **회복탄력성**(resilience)이 있다. 원래는 생태학에서 유래된 개념으로 '시스템의 지속성을 유지하고 변화와 교란을 흡수하고 상태 변수 사이에 동일한 관계를 유지하는 능력의 정도'를 의미한다. 회복탄력성이 높은 자연이나 환경 시스템은 지진, 가뭄, 홍수, 태풍, 화재 등과 같은 예상치 못한 교란을 겪더라도 지속가능할 수 있다. 회복탄력성 개념은 최근 심리학적 개념으로까지 확장되어 사용되고 있다. 사람이 가진 위기나 역경을 극복하고 긍정적인 상태로 되돌아갈 수 있는 역량, 즉 마음의 근력으로 풀이된다. 이러한 회복탄력성은 비유적으로 자연 재해나 테러 등에 직면하여 큰 재난을 겪은 사회나 도시가 그 이전의 상태를 회복할 수 있는 역량으로 이해되고 지속가능한 도시가 갖추어야 할 중요한 원칙으로 자리 잡고 있다. 이는 자연과 도시 환경의 근력인 셈이다. 회복탄력성은 도시의 취약도와 적응력의 상호작용에서 비롯되는 것으로 정리되며, 취약도는 도시가 충격에 노출되는 규모와 빈도의 정도, 적응력은 충격에 맞서 도시가 적응할 수 있는 역량을 의미한다. 여기서 충격이란 기후, 환경악화, 자원고갈, 인프라 손상, 혹은 불평등으로 인한 사회 갈등 등을 말한다. 전반적으로 도시의 취약도가 낮고 적응력이 높을수록 도시의 회복탄력성은 높게 나타난다 (그림 9.5).

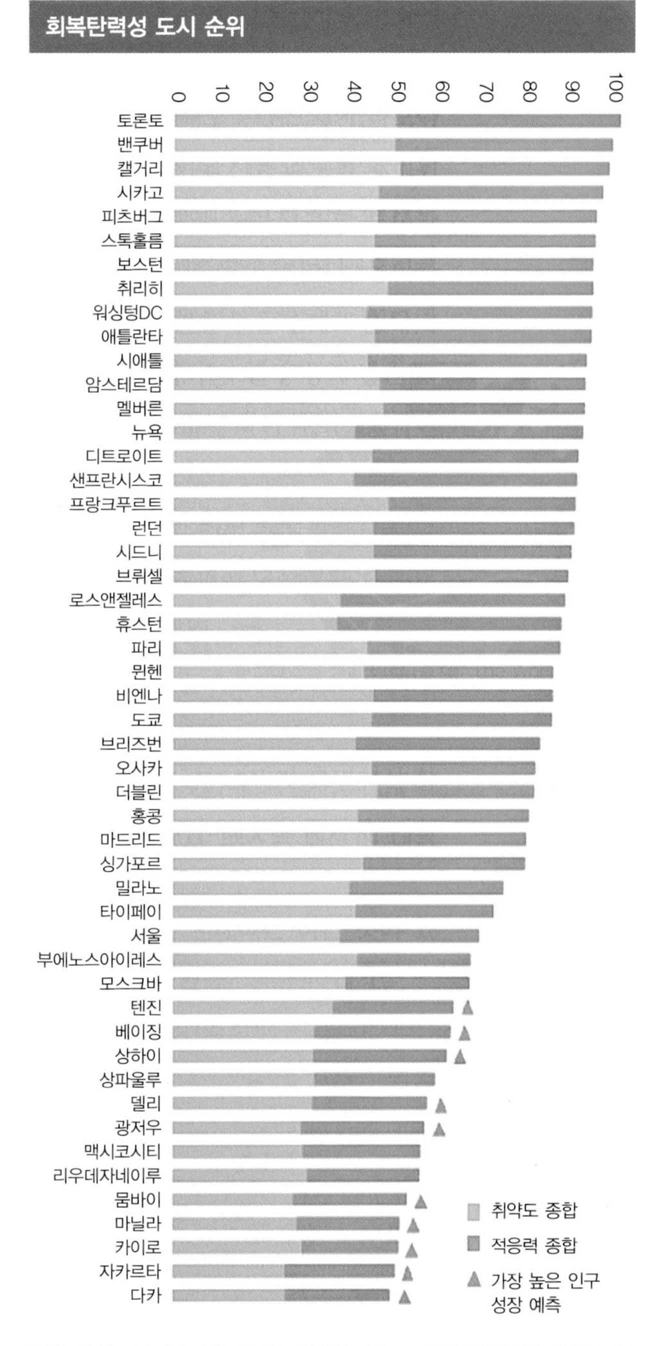

그림 9.5 우리나라의 서울은 취약도가 높고 적응력이 낮은 편으로 회복탄력성이 낮은 도시 그룹에 속해 있다고 볼 수 있다. (출처 : 서울연구원 http://www.si.re.kr)

문제 탐구

탐구 1 도시화와 도시문제

인류는 지구에 등장함과 동시에 자연을 개발하기 시작했다. 18세기 말부터 시작된 산업혁명을 거치는 동안 영국을 중심으로 유럽 각국에서 공업도시가 확대되었다(그림 9.6). 그 후 2차 세계대전을 거치면서 모든 물품에 대한 생산력이 급격히 늘어나고, 많은 사람들이 도시로 몰려들었다. 이러한 도시화 현상은 세계적으로 진행되었으며, 지금도 진행 중이다.

도시화로 인한 인구 과밀은 주거 위생 문제와 환경오염의 원인이 되었다. 도시의 한정된 공간에 인구가 집중되다 보니, 우선 집과 마실 물이 부족했다. 교통도 복잡해지고, 사람들이 내어 놓는 쓰레기의 양은 늘 청소할 수 있는 양을 넘었다. 공장에서 일하면서 월급을 받으며 편하게 살아보려고 농촌을 떠나 도시로 삶의 터전을 옮겨온 사람들이 일자리마저 얻지 못하는 지경에 이르렀다. 그러다보니 가난한 사람들이 늘어났고, 그들은 살고 있는 집과 주변의 환경과 위생에 신경 쓸 여유가 없었다. 각종 전염병과 질병이 도시를 점령했다. 그나마 공장에서 일하는 사람들도 항상 공해와

도시 환경오염

그림 9.6 도시화 및 공업화로 인하여 대기의 질이 급격히 저하되었다. (출처 : shutterstock)

필리핀 마닐라의 빈민가

그림 9.7 도시로 모여든 인구를 수용할 수 있는 공간이 부족해지자 일자리를 찾지 못한 가난한 사람들은 불량한 환경의 주거공간에 거주할 수밖에 없었다. (출처 : shutterstock)

재해, 사고에 시달리고 있었다. 범죄와 마약중독, 정신병과 같은 사회적 병폐가 끊이질 않았다. 도시의 중심에 살던 경제적으로 여유가 있는 사람들은 더럽고 위험한 중심부를 떠나 조금 더 쾌적한 교외로 주거지를 옮겼다. 그들이 버리고 떠난 주거지는 가난한 사람들이 모여 사는 빈민가가 되어 버리고 말았다(그림 9.7).

도시가 팽창하자 농촌에도 변화가 생겼다. 자본과 에너지가 많이 투입되는 방식으로 단일 작물을 대량으로 재배하여 도시에 공급하게 된 것이다. 도시와 농촌 모두 그 이전에 비해 화석연료를 과도하게 사용하게 되었고, 에너지 흐름의 교란으로 인한 복잡한 환경문제가 발생하고 있다. 도시화로 인한 여러 가지 문제는 가속화되고 있는 세계화로 인해 더욱 복잡하고 심각해지고 있다. 도시와 농촌 사이의 경제적이고 사회적인 격차는 더욱 벌어지고, 이 현상은 국제적 불평등으로 확대 및 심화되고 있다. 과도한 화석연료 사용으로 인한 지구온난화 및 기후변화 역시 급속도로 진행되고 있으며, 이로 인한 물질 순환 교란과 생태계의 균형 파괴는 그 복잡성과 광역성으로 인하여 더욱더 해결이 어려워지고 있다.

탐구 2 지속가능발전의 추동력, 시민 참여

도시의 물리적 환경을 생태적이고 지속가능하도록 만드는 것은 현대의 기술력으로 어렵지 않게 달성할 수 있다. 그보다 더 중요하고 어려운 것은 도시에 살고 있는 시민들의 의식과 생활 방식이 지속가능성을 지지할 수 있는가이다. 지속가능한 도시의 원조 격으로 칭찬받고 있는 독일의 환경 수도 프라이부르크의 사례를 보면 지속가능발전을 이해하고 여기에 적극적으로 동참하는 시민들의 의식과 행동이 지속가능한 도시와 주거를 만들고 유지해 나가는 데 왜 중요한지 알 수 있다.

문제 해결

해결 1 도시 불량주거지구 개선과 안전한 대중교통 확대

SDGs 11의 세부목표 가운데, 첫 번째와 두 번째 세부목표는 도시의 불량주거지구를 개선하는 것과 안전한 대중교통에 대한 접근성을 확대하는 것이다. 슬럼화된 도시 공간을 재개발하거나 낡고 오래된 도심에 새로운 활력을 불어넣는 도심재생 사업에서도 지속가능성을 추구하는 것이 중요한 과제이며, 많은 도시들이 주거지의 에너지 절감과 자원의 순환, 낮은 관리 비용, 공동체의 회복 등을 고민하고 실현해 나가고 있다.

에너지 절감 주택으로의 재개발

영국 런던의 도크랜드 지역 그리니치 밀레니엄 빌리지의 재개발 사업에서는, 기존 주거단지에 비해 에너지 소비를 줄일 수 있는 물리적 기반과 생활 구조를 조성하는 것과 건물에 차양 설치, 태양열 활용(자연채광), 고단열재 적용, 절전형 조명 등과 일조조절, 센서, 고효율 전기제품을 적용하는 것 등을 통해서 에너지 절감 주택을 실현하였다. 또한 빗물 집수 및 재활용, 중수 활용, 절수형 변기, 스프레이형 수도꼭지를 설치하고 외부공간으로는 투수성 포장을 적극 활용하여 포장면적을 최소화하고 있으며, 저습지, 연못, 호수 등의 물 순환체계를 구축하여 물소비량을 절약하고 자원 순환형 주거 단지를 조성하였다. 또한 열병합발전을 통해 이산화탄소 배출을 최소화하는 등 에너지 생산에 있어서는 태양열과 풍력 등의 대체에너지를 활용하였다.

영국에는 EcoHome rating인 BRE라는 기준이 있는데, 그리니치 밀레니엄 빌리지는 최초로 Excellent 등급을 받았다. 이 밖에도 재개발 사업에 다양한 주체들이 참여하는 협력형 저탄소 녹색도시 조성의 우수한 사례로 평가받고 있다. 저소득층 자선단체, 환경단체, 건축사무소 등 다양한 주체가 참여하여 탄소제로 도시에 도전하고 있으며, 거주민 만족도가 70% 이상으로 시민 의견을 수렴하는 모니터링 결과 역시 협력을 위한 자료로 사용되고 있다.

지속가능성을 생각한 주거, 패시브 하우스

에너지 독립 주택이라고도 불리는 패시브 하우스(passive house)는 '수동적인 집'이라는 뜻으로, 능동적으로 에너지를 끌어 쓰는 액티브 하우스(active house)에 대응하는 개념이다(그림 9.8). 액티브 하우스는 태양열 흡수 장치 등을 이용하여 외부로부터 에너지를 끌어 쓰는 데 비하여 패시브 하우스는 집안의 열이 밖으로 새나가지 않도록 최대한 차단함으로써 화석연료를 사용하지 않고도 실내온도를 따뜻하게 유지할 수 있다(그림 9.9). 1991년 독일의 다름슈타트에 첫 패시브 하우스가 들어선 뒤로 독일을 중심으로 유럽에 빠르게 확산되고 있다. 특히 독일의 프랑크푸르트는 2009년부터 모든 건물을 패시브 하우스 형태로 설계해야만 건축 허가를 내주고 있다.

우리나라에도 경기도 양평에 한국전력공사와 계약을 맺지 않은 에너지 독립 주택 1호가 들어선 이후, 패시브 하우스에 대한 관심이 높아지고 있는 추세이다. 거창군에는 패시브 하우스 단지가 조성되기도 하였다. 거창군은 에너지 자립률 30%를 목표로 감악산 풍력 단지 조성, 시민 햇빛 발전소 건립 그리고 공동 주택 베란다 활용 햇빛 발전소 건립 등과 같은 주민을 위하고 환경도 살리는 에너지 자립 도시 구축을 시도하고 있다. 최근에는 서울시 노원구에 '전기세 안 내는 아파트'가 준공되었다.

에너지 절감 주택

그림 9.8 지붕의 옥상 녹화와 태양광 패널, 열 손실 없이 공기를 순환시키는 환기팬 등은 패시브 하우스의 중요한 건축 요소이다. (출처 : shutterstock)

패시브 하우스 설계 개념도

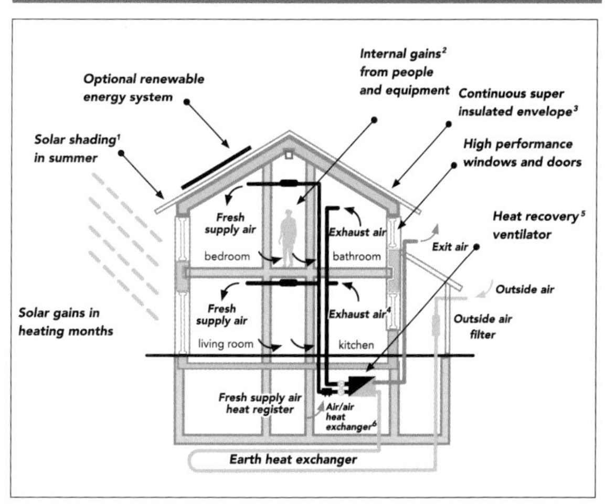

그림 9.9 패시브 하우스의 기본적인 계획 요소에는 간결한 건물 형태, 햇빛을 많이 받을 수 있는 창호와 태양광전지의 배치, 에너지 손실을 최소화할 수 있는 단열재, 맞통풍과 환기가 가능한 창문 배치 등이 있다. (출처 : shutterstock)

제로에너지 주택단지

그림 9.10 우리나라 최초의 친환경 에너지 자립 공동주택 단지이다. (출처 : http://1hows.com/article/670)

이 아파트는 1년 내내 쾌적한 환경이 제공되며, 그에 필요한 에너지를 자급자족하는 스마트한 주거 단지로 국내 최초의 친환경 에너지 자립 주택단지이다(그림 9.10).

대중교통 체계의 선진화

브라질 쿠리치바의 경우 저비용으로 버스 노선망을 새롭게 구축하여 도시화의 문제에 대응하였다(그림 9.11). 도심과 주변 지역의 인구 증가가 무질서로 연결되는 것을 막기 위해 버스노선을 중심으로 도심기능을 분산 및 재배치하는 방식을 선택하여 도시의 과밀과 주변 지역의 난개발 문제를 해결하였다. 시급한 인구 과밀 문제를 해결함에 있어 비용절감, 공간 활용, 시간절약, 관광효과 등 여러 가지 시사점을 제시해 주고 있다. 더불어 공공영역을 강조하는 새로운 정치방향을 제시하고 단순함과 빠른 속도라는 장점을 통해서 적절한 비용수준과 높은 접근성의 지속가능한 교통체계를 제공한다(그림 9.12). 쿠리치바의 지속가능한 교통체계의 장점은 다른 나라의 많은 도시들에 교훈과 영감을 주었다.

쿠리치바의 버스노선 체계도

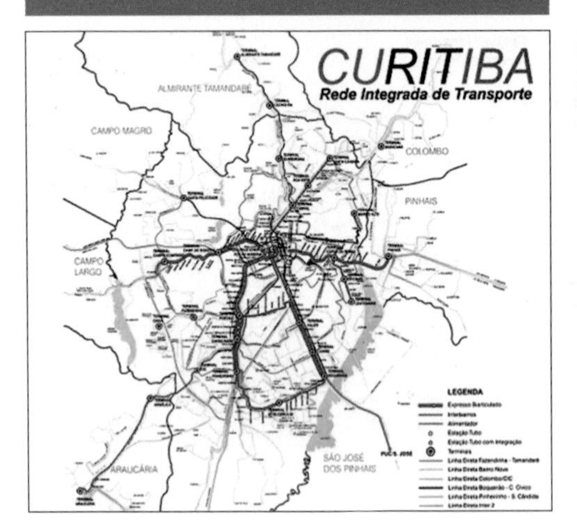

그림 9.11 버스노선을 중심으로 도심에 집중되는 인구를 분산시키고 도시 과밀 문제를 해결하였다. (출처 : 쿠리치바 시청)

쿠리치바의 버스 환승시스템

그림 9.12 빠르고 편리하게 버스를 갈아탈 수 있도록 정거장에서 환승처리를 할 수 있다. 굴절 버스와 환승정류장은 디자인 면에서도 높이 평가받아 랜드마크와 관광요소로서의 역할을 하고 있다. (출처 : shutterstock)

서울시 버스노선 체계와 권역 구분

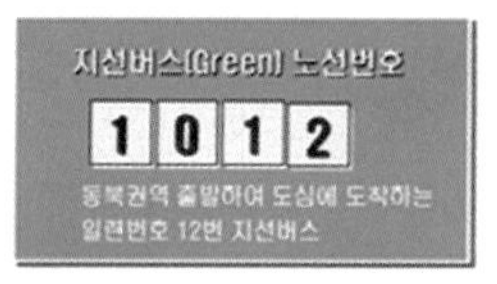

시내버스 노선번호 체계

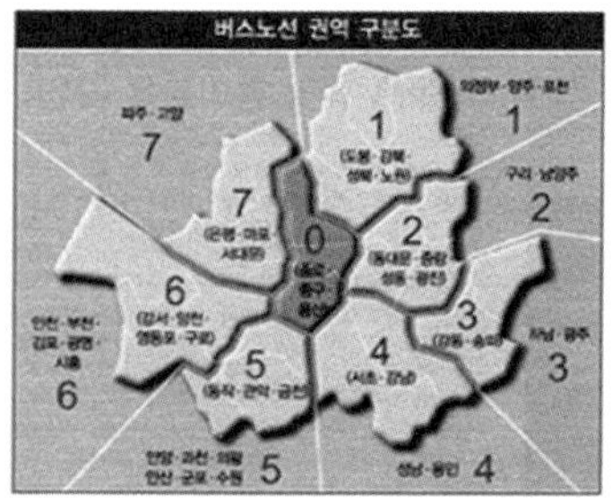

● 권역구분방식
0 권역 : 종로, 중구, 용산
1 권역 : 도봉, 강북, 성북, 노원
2 권역 : 동대문, 중랑, 성동, 광진
3 권역 : 강동, 송파
4 권역 : 서초, 강남
5 권역 : 동작, 관악, 금천
6 권역 : 강서, 양천, 구로, 영등포
7 권역 : 은평, 마포, 서대문
* 경기도 7개 권역 구분

서울시 권역 구분

그림 9.13 서울시는 쿠리치바의 교통체계를 벤치마킹하여 서울시 사정에 맞도록 연구와 분석을 통하여 적용하였으며, 특히 시내버스 노선체계 가운데 간선, 지선, 광역, 순환 등의 네 가지 버스 색이 의미하는 바는 쿠리치바와 같다. (출처 : 서울시청 http://traffic.seoul.go.kr/archives/1706)

우리나라의 서울시도 쿠리치바 모델을 연구하여 2004년 서울의 특성에 맞게 교통체계를 개편하였다(그림 9.13). 쿠리치바와 마찬가지로 간선, 지선, 광역, 도심순환버스 체계로 변경되고 종류에 따라 버스의 색상이 구분되어 있으며, 교통요금은 거리비례제에 따라 통합 책정되었다. 또한 중앙 버스전용차로의 설치로 버스 통행속도를 대폭 향상시키고, 버스 2대가 연결된 굴절버스, 승하차가 편리하도록 차체가 낮은 저상형 고급버스를 새롭게 도입하여 대중교통 이용의 편의성을 높였다. 특히 수도권을 포함한 거리비례제와 지하철과 연계된 환승할인 제도는 합리적이고 경제적인 제도로 시민들로부터 큰 호응을 얻고 있다. 이후에도 서울시는 쿠리치바의 보행친화적 교통계획도 도입하여 차 없는 거리와 대중교통전용지구를 중심으로 보행친화도시를 조성해 나가고 있다.

해결 2 시민 주도의 지속가능한 도시와 마을 만들기

프라이부르크의 별명은 태양의 도시이다. 프라이부르크는 독일 남부지역의 유명한 삼림지대인 '슈바르츠발트(Schwarzwald, 흑림)'의 관문도시로 도시 전체 면적의 40%가 숲으로 덮여 있다. 1970년대 대기오염과 산성비로 이 흑림이 훼손되자 프라이부르크 시민들과 지역 환경단체들은 숲을 살리기 위해 팔을 걷어붙였다(그림 9.14). 그 대표적인 방안이 바로 자가용 대신 자전거를 이용하는 것이었다(그림 9.15). 또 프라이부

프라이부르크의 흑림

ⓒ장미정

그림 9.14 독일 남부 지역에 넓게 펼쳐진 흑림은 프라이부르크 시민들이 사랑하고 지키려고 노력하는 지속가능발전의 열쇠라고 할 수 있다.

프라이부르크 아침 시장

ⓒ장미정

그림 9.15 자동차 없는 거리에 아침마다 열리는 지역 시장에서 시민들의 의식 있는 생활방식을 엿볼 수 있다.

르크는 태양 에너지를 적극적으로 활용하고 있다. 프라이부르크가 태양 에너지에 관심을 갖기 시작한 것은 1975년 독일 정부가 시 외곽 20km 지점에 원자력 발전소 건립계획을 발표하면서부터였다. 당시 프라이부르크에선 지역 농민들을 중심으로 원전 반대 운동이 거세게 일어났고 결국 원전 건설 계획은 백지화됐다. 이후 프라이부르크 당국은 1986년 독일에서 가장 먼저 환경보호국을 설치했고, 1990년 환경부시장을 임명했다. 1997년엔 온난화 방지를 위해 '프라이부르크 기후행동'이라는 실행계획을 세워 태양 에너지 개발에 본격적으로 나섰다. 프라이부르크엔 태양광발전소가 60곳, 태양 에너지를 이용하는 난방 및 전기 장비를 설치한 건물이 1,000여 개에 이르고 있다.

이처럼 훼손된 흑림을 되찾기 위해 자전거 타기를 시작한 프라이부르크 시민들은 한 발 더 나아가 대량 소비 생활 자체를 반성하고, 개혁의 노력을 40여 년 동안 이어 왔고, 민관이 협력하여 다양한 환경정책을 실시하고 있으며 이는 앞으로도 계속될 것이다. 프라이부르크는 이렇게 시민들의 두 가지 실천과 민관 협력을 통하

프라이부르크의 주민소통광장과 마을식당

ⓒ장미정

그림 9.16 지속가능한 도시 및 마을, 주거단지를 만드는 데 있어 시민의 참여와 다양한 공동체들의 협력은 가장 중요한 지속가능성 요소라고 할 수 있다.

여 명실상부한 세계 제일의 환경도시가 되었다(그림 9.16).

어반 빌리지의 시초인 영국에서는 기존의 전통적인 개발 패턴의 폐해를 방지하고 새로운 도시 개발 방향을 모색하고자 하는 목적에서 도출된 것으로 사람들이 서로 사회적 교류가 가능한 하나의 커뮤니티를 형성할 수 있는 규모로 계획하되 일상생활에 필요한 시설을 유치할 수 있는 정주공간을 형성하고 도시 안의 '마을'을 계획의 목표로 두고 있다. 마을 만들기는 주민 스스로 지역사회의 문제를 풀어가는 풀뿌리 주민자치운동으로 발전하였다. 마을 만들기는 행정 중심으로만 운영될 경우 주민이 소외될 수밖에 없기 때문에 행정과 지역사회, 활동가, 그리고 주민 간 적절한 역할 분담이 중요하다. SDGs 11의 세부목표 가운데 2030년까지 모든 국가의 포용적이고 지속가능한 도시화와 참여역량을 강화하고, 통합적이고 지속가능한 인간 정주 계획과 관리 증진과 관련, 주민의 참여역량을 강화하는 것은 도시와 마을의 지속가능성을 높이는 데 가장 필수적인 사항이라고 할 수 있다.

미국 시애틀의 지속가능한 마을 만들기의 사례는 주민 주도의 상향식 마을 만들기의 바람직한 특징들을 보여 주고 있다. 커뮤니티 의회와 다수의 자발적인 주민조직 활성화에서 기인하였으며, 시정부 주관하에 매칭 펀드(Matching Fund)를 조성하여, 커뮤니티의 물리적 환경 개선 및 커뮤니티 정체성 고양을 위한 시민 참여를 촉진시키는 노력을 지원하는 체계가 구축되었다. 2006년 연간 450만 달러 규모로 증가, 300개 이상의 프로젝트들이 지원받고 있으며, 다양한 시설 및 교육 프로그램 구축 및 근린공동체 계획 등이 수행되고 있다. 커뮤니티 관리조직을 중심으로 기업과 민간단체로부터의 지원이 확대되고 있으며, 교육훈련 서비스 등 지역사회 주민들의 인적 역량 강화 및 일자리 확보에도 노력을 기울이고 있다. 커뮤니티와 중앙 · 지방 정부의 역할이 적절히 분화되었을 때 커뮤니티 구축에 매우 효과적인 것을 알 수 있다. 시애틀의 대표적인 커뮤니티 프로그램으로, 'P-patch Community Garden'이라는 지역사회 텃밭 가꾸기 프로그램이 활성화되어 있다. 커뮤니티 정원은 이웃들이 함께 공동체를 성장시키고 토지를

커뮤니티 가든

그림 9.17 지속가능한 마을 만들기 프로그램으로 커뮤니티 정원 프로그램에 참여하는 시민들 (출처 : shutterstock)

관리하면서 네트워크를 강화하는 장소로서, 주민들의 자부심의 원천 제공, 토지 관리의 가시적 효과, 건강한 도시 환경 창출 등의 효과를 가진다(그림 9.17). 커뮤니티 정원의 경우, 시민이 주도하고 참여하는 마을 만들기가 직접적으로 지속가능성을 위한 시민들의 참여역량을 강화하는 것 외에도 '여성, 아동, 노인과 장애인을 고려한 포괄적이고 접근가능한 공공공간과 녹지 환경을 조성함으로써 안전하고 보편적인 접근권을 제공'하려는 세부목표 7의 취지에도 적합한 사례라 평가된다.

해결 3 기후변화 및 재난에 대응하는 도시 정책

에너지 자립으로 지속가능발전을 추구하는 도시

우리나라는 정부와 지자체 차원에서 각각 저탄소 녹색성장기본법에 의거한 기후변화대응 종합계획이 수립되고 있다. 여기에는 온실가스 인벤토리 구축 및 에너지 부문 온실가스 배출량 산정이 핵심적인 과정에 포함되어 있다. 아직까지는 지자체 수준에서 주도적인 에너지 정책을 펼치는 데 한계가 있지만 서울시, 경기도, 충청남도 등 광역시도 차원에서 실질적인 지역에너지 계획을 수립하는 움직임이 확산되고 있다.

서울시는 2020년까지 에너지 자립도를 20% 높이는 것을 목표로 '서울시 원전 하나 줄이기 사업'을 수행하고 있으며, 경기도는 2030년까지 재생에너지 전력 비중을 20%로 향상시키겠다는 경기도 에너지 자립 선언을 하였다. 충청남도 역시 2020년까지 500MW급 화력3기 발전량을 재생에너지로 대체하는 구체적인 지역 에너지 계획을 수립 중에 있으며, 제주도는 2030년까지 온실가스를 90% 감축하고, 해상풍력을 이용한 재생에너지와 전기자동차 보급 확대를 중심으로 하는 '제주도 2030 탄소 없는 섬 프로젝트'를 진행 중이다. 또한 디젤 발전에 의존하는 주요 도서를 에너지 자립섬으로 탈발꿈하는 계획이 이루어지고 있는데 대표적으로 울릉도는 2020년까지 지열 및 연료전지를 이용하여 재생에너지 하이브리드 시스템을 구축하는 '에너지 자립섬 계획'을 세우고 실행에 옮기고 있다.

서울시 에너지 자립 마을

서울시 원전 하나 줄이기 사업의 일환으로 에너지 자립 마을 지정과 운영이 이루어

서울시 에너지 자립 마을

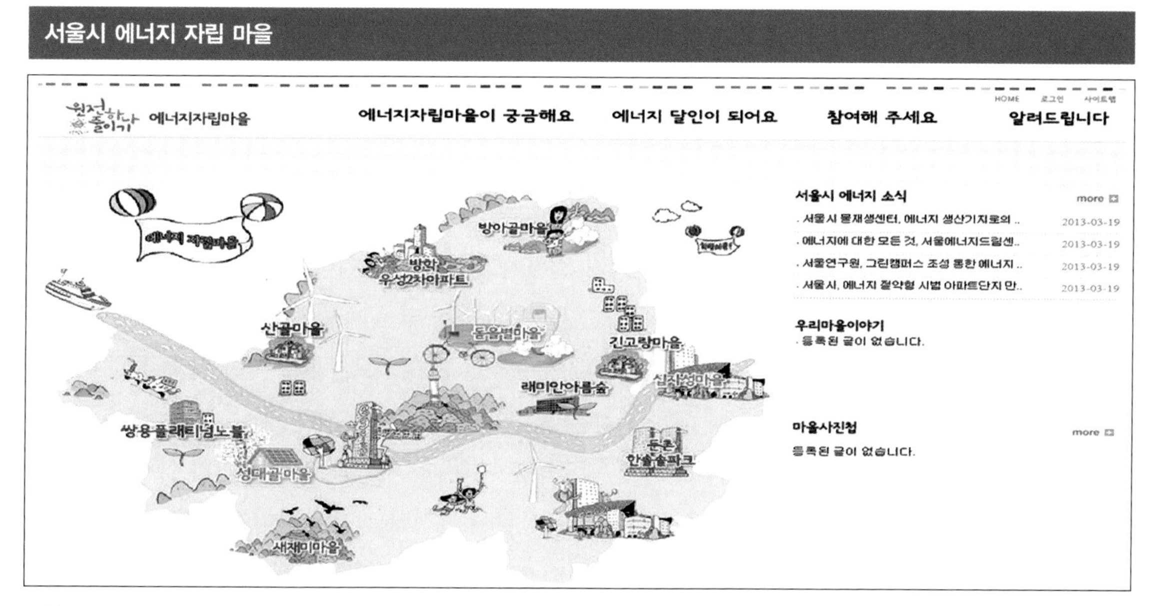

그림 9.18 2013년부터 마을에 에너지 절감 목표를 세워 에너지 절약, 효율화, 생산까지 에너지 자립 3단계를 추진하고 있다. (출처 : http://env.seoul.go.kr/archives/31203)

지고 있다(그림 9.18). 에너지 자립 마을이란 마을단위 에너지 절약과 효율 향상, 신재생에너지 생산으로 외부 에너지 수요를 최소화하여 마을공동체의 에너지 자립도를 높인 마을로 에너지 자립 마을 조성 과정은 3단계로 이루어진다.

- 1단계 : 최대한 아끼는 '절약실천활동'
- 2단계 : 새는 열과 에너지를 최소화하는 '에너지 이용 효율화'
- 3단계 : 신재생에너지 생산

에너지 자립 마을 사업에서 이루어지고 있는 활동들은 마을범위 최소 50가구 이상 참여 · 활동가능한 마을 에너지 절감 추진, 주민 주도 에너지 자립 활동에 대한 보조금 및 에너지 컨설팅 등 지원, 주민 · 활동가 등 네트워크 구성, 마을 추진 단계에 설정 에너지 절감방안 제시, 마을별 특성에 맞는 마을 이야기와 에너지를 접목한 스토리텔링 개발, 마을 주변지역과 연계한 신재생에너지 견학 체험코스 개발, 관광 상품화 등 다양한 방식으로 지속가능성을 추구하고 있다.

현장 적용

적용 1 지속가능한 도시 만들기에서 교육의 역할

생태시민성 지역이나 국가에 근거한 시민성에서 탈피하여 인류공동체 그 이상의 공동체로서의 성원의식. 지리적 비영토성과 인간과 비생물종 간의 호혜성, 권리보다 의무와 책임을 우선하는 비계약성, 정의와 동정, 배려, 연민 등과 같은 덕성, 공적 영역과 사적 영역 간의 넘나듦을 특징으로 한다.

지속가능한 도시와 마을, 주거지 조성에 있어서 학교에서 수행할 수 있는 교육 가운데 다양한 교과와 통합교육을 통한 생태시민성 교육이 필요하다. **생태시민성**(ecological citizenship)은 시민성 논의가 환경 분야에 적용된 것으로, 생태시민성의 특징은 비영토성(지구온난화, 오존층 파괴와 같은 환경문제들이 국가 단위를 벗어난 전 세계적인 문제라는 사실에 기인)과 권리보다 책임과 의무를 강조하는 것이다. 책임과 의무의 범위 역시 비영토적이며, 따라서 그 대상은 공동체의 구성원에 한정되는 것이 아니라, 생태 공간에 있는 모든 존재로 현 세대뿐 아니라 미래 세대도 포함한다. 또한 생태시민성은 정의, 동정, 배려, 연민 등의 덕성에 기반하고, 공적 영역뿐만 아니라 사적 영역을 중요시하는 특징을 가진다. 이러한 생태시민성은 전 지구적인 환경 위기를 극복하는 궁극적인 해법이 될 수 있다.

우리나라 학교교육 상황에서 생태시민성 교육의 역할을 주도적으로 담당할 주체는 환경교육이며, 환경교육은 지속가능발전교육과 긴밀한 관계를 맺고 있고, 이는 교육과정에도 명시되어 있다. 환경교육은 사회과 · 교육과 · 윤리과 교육의 요소를 포함하고 있어 시민성 및 시민적 덕목을 함께 교육하기에 적합하기 때문이다.

적용 2 지속가능한 마을 만들기에서 학교의 역할

지속가능한 도시와 주거를 조성함에 있어서 학교가 할 수 있는 역할은 무엇이 있을까? 독일의 학교 마을 쇤세(Schönse) 자연 공동체는 건강한 의식, 생태적이고 문화적이면서 지원받는 공동의 삶의 한 사례가 되고자 하는 비전을 가지고 아이들이 그 지역에서 그들만의 아이디어와 비전에 따라 성장하고 살 수 있도록 마을에서 자유학교를 설립하였다(그림 9.19). 지역 사람들과의 쾌적하고 조화로운 이웃 생활이 이들의 철학이며, 자유학교가 추구하는 교육의 특징 가운데에는 지속가능한 발전을 위한 학습이 눈에 띈다. 이는 지속가능한 도시와 마을의 핵심 원리인 시민 주도 및 시민참여

독일 학교 마을

그림 9.19 마을에서 설립한 자유학교에서는 지속가능한 발전을 위한 학습을 위해 공동체의 다양한 구성원이 참여하고 있다. (출처 : http://gemeinschaft.nature.community)

가 교육의 형태로 이루어질 수 있음을 시사해 주기 때문이다. 또한 최근 그 중요성이 커지고 있는 지속가능발전을 위한 교육(ESD)의 다양한 형태와 확산에 있어서 의미가 있다.

학교 마을 Schönse 자유학교의 특징

- 실제 생활 속에서의 학습
- 열린 교육
- 연간 돌아가는 1~10등급의 학습과정
- 학교 공동체는 문제를 민주적으로 합의
- 투명성
- 지속가능한 발전을 위한 학습
- 점수로 평가하지 않기
- 자연공동체 학교 마을

실습 과제

과제 1 도시별 지속가능성의 특징 비교 분석을 통한 시사점 도출

제시된 도시, 마을 사례별로 그 지역의 특성에 따른 지속가능성을 찾아보고 비교하여 시사점을 도출할 수 있다.

1. 한 모둠당 4~6인이 되도록 모둠을 구성한다.(수업 전 사전 공지로 관심 있는 사례별로 모둠을 정한다.)
2. 각 도시 혹은 마을에 대해서 모둠별로 구체적인 조사 과정을 통해 지속가능성 측면의 특징 찾고 시사점을 도출한다.
3. 내가 살고 싶은, 만들고 싶은 도시(마을)에 대해 모둠별로 이야기를 나눈다.
4. 모둠별 토의 결과를 발표하고, 지속가능한 도시가 갖추어야 할 조건들을 이야기해본다.

동아프리카에 위치한 잔지바르, 스톤타운 시내의 한 교실 풍경 지속가능발전목표의 핵심 과제 가운데 하나는 누구나 양질의 교육을 받을 수 있도록 하는 것이다. (출처 : shutterstock)

제10장

지속가능한 사회와 교육

대표 사례

지속가능한 사회를 향한 교육적 노력

1972년 스웨덴의 수도 스톡홀름에서는 환경에 대한 최초의 국제회의인 유엔인간환경회의가 열렸다. 이후 '적절한 음식을 섭취할 권리', '위생적인 주택에 거주할 권리', '안전한 식수를 마실 권리' 등 국제사회의 관심사를 담은 회의가 1970년대 내내 이어졌다.

2000년대 들어 인간의 삶의 질과 환경을 개선하려는 국제사회의 노력은 새천년개발목표(MDGs, 2000~2015)와 지속가능발전목표(SDGs, 2016~2030)로 나타났다. 새천년개발목표는 지구상의 빈곤과 불평등을 줄이고 사람들의 실질적인 삶을 개선하는 것을 목표로 한다. 지속가능발전목표는 새천년개발목표에서와 같이 '모든 국가에서 모든 형태의 빈곤 종식'을 강조한다. 이와 함께 포용적이고 양질의 교육 보장, 물과 위생 설비의 지속가능한 관리, 지속가능하고 포용적인 경제성장과 양질의 일자리, 기후변화에 대한 대응, 국제사회의 협력 강화 등을 목표로 설정하고 있어서 개발도상국뿐만 아니라 선진국도 그 대상이 된다.

지속가능발전목표가 2030년까지 인류가 도달할 포괄적인 목표라고 할 때 개별 국가의 상황에 따라 우선적으로 달성해야 하는 과제는 달라질 수 있다. 역사적, 경제적, 사회적으로 서로 다른 상황에 처한 각 국가가 보다 지속가능한 사회를 만들어 가는 데 교육은 어떤 역할을 할 수 있을까? 아시아와 아프리카, 유럽 대륙에 위치한 세 나라를 사례로 하여 각 국가의 지속가능한 발전 과제와 이때 교육의 역할을 알아보자. 국가에 따라 지속가능한 사회를 위한 교육적 실천은 위생교육과 보건교육, 환경교육, 지속가능발전교육 등 다양하다(UNESCO, 2011).

케냐

동아프리카에 위치한 케냐는 남쪽으로 인도양을 접하고 있으며 적도를 지난다(그림 10.1). 해안은 무더운 열대 기후이며 내륙 지방은 고지대로 건조하다. 케냐의 물 공급은 주로 강우에 의존하고 있는데 지역적 편차가 심해서 북부의 건조 및 반건조 지역은 연간 강수량이 200mm에 미치지 못하고 서부 지역은 1,800mm에 이르는 곳도 있다. 그 결과 1인당 수자원이 약 647 m^3에 불과해서 유엔물부족국가로 분류된다. 2011년과 2017년에는 극심한 가뭄이 발생하여, 북부의 건조 지역에서는 농촌 가정의 유일한 자산인 소나 염소가 말라죽고 물을 기르느라 학교에 가지 못하는 아이들의 모습이 여러 매체를 통해 보도되었다.

기후변화로 가뭄이 더 심각해지고 있으며 생물다양성 상실과 사막화가 가속화되고 있다.

주요 산업은 농업으로 국내총생산(GDP)의 25%를 차지한다. 2014년 기준으로 1인당 GDP는 세계 평균의 1/4 수준인 1,358달러로 세계 최빈곤 국가 가운데 하나이다. 따라서 빈곤해결이 국가의 최우선 과제이지만 이외에도 높은 실업률과 도시 인구 증가, 부패, 문화적 다양성에 대한 수용력 부족, 인종증오, 성불평등, 에이즈바이러스와 말라리아 창궐 등 많은 사회문제를 안고 있다.

동부 아프리카에 위치한 케냐

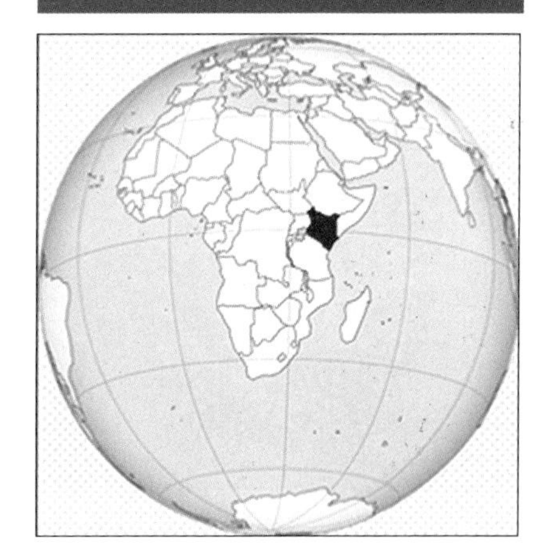

그림 10.1 케냐는 사하라이남의 세계 최빈국 가운데 하나이며 극심한 가뭄에 시달리고 있다. (출처 : https://www.wikipedia.org)

케냐는 국가의 경제발전을 도모하고 기후변화에 대응하기 위해 많은 정책적 노력을 기울이고 있다. 2003년 발표된 '국가경제회복전략'은 매년 50만 개 일자리 창출, 성장과 고용, 빈곤감소를 목표로 하며 청년과 여성 등 취약계층의 기술훈련을 강조하고 있다. 2009년에는 환경 · 자원부와 숲 · 야생생물부가 협력하여 '국가기후변화대응전략'을 수립하였는데 기후변화 교육을 강조하고 있다.

또한 모든 국민의 교육권을 보장하고 삶의 질을 높이기 위해 노력하고 있다. 2005년 케냐 정부는 사회경제적 배경에 관계없이 누구나 교육과 훈련을 받을 권리가 있음을 천명하였다. 미래세대가 건강한 삶을 유지할 수 있도록 영유아교육에서는 물, 건강, 위생, 환경과 같은 주제를 교육과정에 통합하고 있으며, 초 · 중등 수준의 에이즈바이러스 예방 교육과정이 개발되었다.

초 · 중등교육에서는 케냐환경교육협회 주관으로 학교와 지역사회의 쓰레기 문제를 해결하기 위한 정화 활동과 분리수거 활동, 가뭄 피해를 줄이고 건강한 먹거리를 얻기 위한 나무 심기, 텃밭 가꾸기 등을 추진하는 에코스쿨 프로그램이 운영되고 있다(그림 10.2, 그림 10.3). 초 · 중등학교에서 진행되는 이 프로그램은 정부 기관 및 지역

나무를 심는 케냐 어린이들과 자원봉사자

그림 10.2 2017년 사막화방지의 날 행사 참여자들이 토종나무를 심고 있다. 케냐환경교육협회는 기후변화에 대한 인식을 높이고 사막화와 가뭄으로 인한 피해를 줄이기 위해 이 행사를 기획했다. (출처 : https://www.koee.org)

쓰레기를 재활용하여 만든 작품

그림 10.3 케냐환경교육협회는 각급 학교와 협력하여 쓰레기를 적게 배출하고 활용하기 위한 노력을 기울이고 있다. 쓰레기를 재활용해서 만든 수업자료와 장식품이 전시되어 있다. (출처 : https://www.koee.org)

사회 단체, 기업, 종교단체와의 협력으로 진행되고 있다.

고등교육 영역에서는 **유엔환경계획**(UNEP)이 개발한 '아프리카대학에서 환경과 지속가능성 주류화하기' 프로그램과 같은 국제사회의 지원 프로그램이 운영되고 있다. 이 프로그램은 대학이 교육과 연구, 공동체 지원, 대학 관리에서 환경과 지속가능성을 고려하도록 장려한다. 일부 대학은 대학원 수준의 지속가능발전 전문가 양성을 목표로 유엔대학이 추진하는 '아프리카에서의 지속가능발전교육 프로젝트'에도 참여하고 있다.

유엔환경계획 1972년 스웨덴의 스톡홀름에서 열린 인류 최초의 국제환경회의인 유엔인간환경회의에서 설립이 논의되었고 제27차 유엔총회의 합의로 설립되었다. 케냐 나이로비에 본부가 있다.

유네스코 세계 평화와 인류 발전 증진을 목적으로 교육, 과학, 문화 등 지적 활동 분야에서의 국제협력을 촉진하기 위해 1945년 창설된 유엔 전문기구이다.

국민의 환경인식을 높이고 보건위생을 강화하기 위한 노력도 진행되고 있다. **유네스코**(UNESCO) 미디어 트레이닝 키트를 활용하여 환경에 대한 대중인식을 높이기 위해 진행한 캠페인이 그 예이다. 또한 일상생활에서 물을 절약하고 가정에서 물 위생을 실천하고 슬럼지역에 화장실과 욕실을 설치하기 위한 '물 위생 프로젝트'도 진행되었다. 주요 수자원인 강을 보전하기 위한 프로젝트도 수행되었다. 환경자원부와 유엔환경계획의 협력으로 '나이로비강 복원 프로젝트'가 진행되었으며 빅토리아 호수를 보전하기 위해 집수지역의 공동체, 학교, 지역 파트너가 자연자원을 지속가능하게 이용할 수 있도록 권한을 부여하는 프로젝트도 진행되었다. 지역공동체 차원의 지속가능한 자원관리 사례도 보고되고 있다. 순환시스템을 활용한 목축을 통해 물 공급원을 보호하고 가뭄에도 견딜 수 있도록 노력한 사례, 특별한 종류의 그물을 사용하여 작은 물고기를 잡지 않는 어민들의 사례 등이 그 예이다.

케냐는 빈곤과 물 부족, 위생 등 당면한 과제를 해결하기 위해 국가 정책을 추진하고 있으며 관련 내용을 교육과정에 반영하고 있다. 초 · 중등학교에서는 정부기관 및 관련 단체의 지원하에 쓰레기 줄이기, 나무 심기, 텃밭 가꾸기 등을 진행하는 에코스쿨 프로그램이 운영되고 있다. 고등교육 영역에서는 대학의 교육과정과 운영에 지속가능성을 반영하려는 시도가 유엔개발계획 등 국제사회의 지원을 통해 이루어지고 있다.

인도네시아

인도네시아는 사회 · 문화적 및 생물학적으로 다양성이 높은 나라이다. 인구는 212만으로 세계 4위이며 300여 개의 민족으로 구성되어 있고 742개의 언어를 사용한다. 열대에 위치하고 동서로 5,000km 달하는 섬으로 이루어져 있어 브라질 다음으로 생물다양성이 풍부하다(그림 10.4).

17세기부터 300여 년에 걸쳐 네덜란드의 식민지배 하에 있었고 2차 세계대전 후 공화국을 수립했으나 쿠테타로 군부정권이 들어섰다. 이후 민주화를 위한 시위로 군부가 정권에서 물러선 역사를 갖고 있어 민주주의와 지방분권에 대한 요구가 높다.

최악의 자연재해 중 하나로 간주되는 지진이 2004년 말 수마트라섬 아체주 앞바다에서 발생했으며 그 여파로 인도네시아와 주변 국가를 덮친 쓰나미로 인해 수많은 인명과 지진피해를 입었다. 그 결과 자연재해에 대한 대비와 적응이 국가의 주요 과제가 되었다.

이러한 역사적 · 사회적 상황 때문에 민주주의와 자율성, 지방분권, 공공 책임성이 교육의 중요한 비전으로 대두되었다. 교육 분야의 주요 과제는 사회경제적 배경과 거주지에 따라 차이가 나는 초 · 중등학교 취학률, 교육예산 부족으로 나타난 열악한 교실환경과 교사 부족, 교육계의 부패 문제를 해결하는 것이다.

수많은 섬으로 이루어진 인도네시아

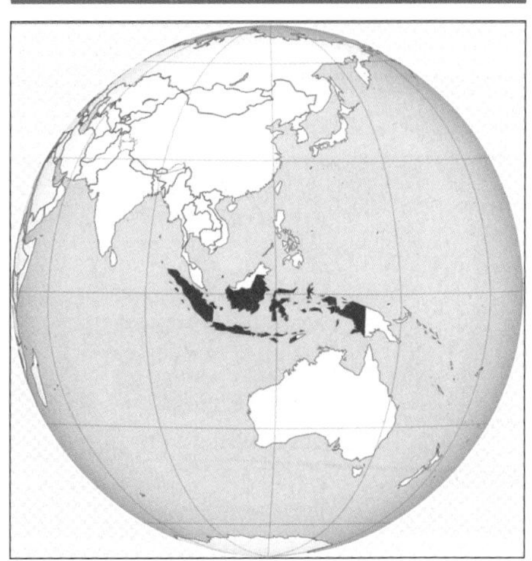

그림 10.4 동남아시아와 오세아니아에 걸쳐 있는 섬나라인 인도네시아는 다민족 국가이며 생물다양성이 풍부하다. (출처 : https://www.wikipedia.org)

인도네시아는 국가 차원의 지속가능발전교육 체계를 구축하고자 노력하고 있다. 국가지속가능발전교육 코디네이터가 있으며 국가지속가능발전교육위원회가 구성되었다. 초 · 중등학교에서는 학교 구성원과 지역사회의 참여를 통해 자연환경을 보호하고자 하는 환경부 지정 Adiwiyata 그린스쿨이 운영 중이다(그림 10.5). 이 외에 **유네스코학교**(UNESCO ASPnet, UNESCO Associated Schools Project Network) 200여 개가 지정되어 있으며 숲직업학교에서도 지속가능발전교육을 진행하고 있다.

유네스코학교 평화와 인권, 국제이해, 지속가능한 발전이라는 유네스코의 이념에 기반하고 있는 글로벌 학교 네트워크이다.

Gadjah Mada 대학은 소속 학생이 지역사회에 도움이 되는 프로젝트를 실천하는 '공동체 서비스–공동체 권한부여 학습 프로그램'을 진행하고 있다(그림 10.6). 이 프로그램에는 매년 7,000명의 대학생이 참여하고 100여 개의 프로젝트가 진행된다. 프로젝트에는 동부 자바에서 대안에너지로 바이오연료 사용하기, 중부 자바에서 깨끗한 물 공급 기술 개발 및 해양 보호 증진하기, 서부 보르네오에서 라디오를 통해 공동체애 권한부여하기, 서부 자바에서 가난한 아이들을 위한 교육 모델 개발하기 등이 있다. 일부 대학은 아시아 · 태평양 지역 대학원 교육과정에 지속가능발전을 포함시키고자 하는 '대학원 교육과 연구에서 지속가능성 증진을 위한 네트워크'에도 참여하고 있다. 이 네트워크는 **유엔대학**(UNU)과 일본환경부 지원으로 만들어졌다.

유엔대학 인류의 존속, 발전, 복지에 관한 세계 문제를 연구하기 위한 학자, 연구자들의 국제 공동체이다. 보통 대학교와 달리 학생, 교수, 캠퍼스가 없으며, 학위가 수여되지 않는다.

인도네시아에서 시민사회는 민주화와 지속가능성에 대한 학습에 있어 중요한 역할을 해 왔다고 평가된다. 쓰나미와 지진피해를 극복하고 재해감소와 완화교육을 추

인도네시아 Adiwiyata 그린스쿨 모습

그림 10.5 인도네시아 환경부는 초 · 중등학교 구성원과 지역사회가 참여하여 자연환경을 보호하는 Adiwiyata 그린스쿨을 운영하고 있다. (출처 : http://kniu.kemdikbud.go.id)

인도네시아 대학생의 지역사회 서비스 활동

그림 10.6 Gadjah Mada 대학 학생과 지역단체 활동가가 동부자바의 한 마을에서 산불이나 산사태가 발생했을 때 사용할 수 있는 공용텐트를 설치하는 방법을 알려주고 있다. (출처 : https://ugm.ac.id/en)

진하는 과정에서도 큰 역할을 하고 있다.

인도네시아는 제한된 자원으로 빈곤과 건강, 교육 접근성 문제를 해결하고 민주주의를 실현해 나가는 노력을 기울이고 있다. 국가 수준에서 지속가능발전교육 체계를 수립하려는 노력이 진행되고 있지만 아직 많은 지역에서는 이러한 기본권 확보가 우선 과제이다. 고등교육 영역에서는 케냐와 마찬가지로 국제사회의 지원으로 교육과 연구, 대학 운영에서 지속가능성을 실현하기 위한 노력이 진행되고 있다. 인도네시아에서는 정부뿐만 아니라 대학, 시민단체 등 사회 각 주체가 보다 지속가능한 사회를 만들기 위해 노력을 기울이고 있는 것을 볼 수 있다.

네덜란드

네덜란드는 이념과 종교에 따라 오랫동안 다양하게 구획된 사회집단, 즉 지주(pillar) 사이의 심각한 갈등과 의사소통의 단절을 경험했고 이러한 갈등을 대화와 관용을 통해 해결해 온 사회적 합의의 역사가 있다. 환경분야에서도 정부가 환경정책을 결정하고 강제하는 것이 아니라 정부, 기업, 시민사회가 함께 정책 결정과정에 참여한다(그림 10.7). 교육에서는 정부는 최소한의 학습결과만 제시하고 학교가 교육내용과 방법을 결정하는 자유교육(free education)의 전통이 강하다.

네덜란드에서는 전 세계적인 생태위기와 경제위기를 통해 변화와 집단적 행동, 대안적 에너지원 개발의 필요성에 대한 관심이 높아졌다. 인류가 직면하고 있는 기후변화, 사회적 평등, 생태계와 생물다양성 상실, 전 지구적 빈곤, 세계 도처의 교육 및 건강관리 결핍 등에 관심이 높다. 경제 영역에서는 지속가능한 생산과 소비에 관심이 높아지고 있다.

서유럽과 카리브 제도에 걸쳐 있는 네덜란드

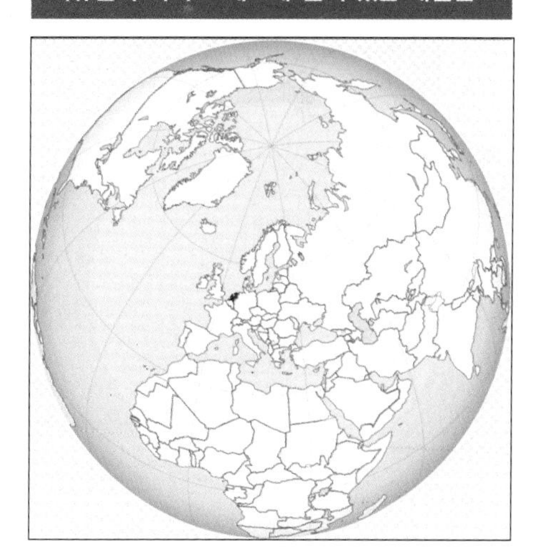

그림 10.7 네덜란드는 정책결정에 다양한 사회집단이 참여하는 사회적 학습의 전통을 갖고 있다.
(출처 : https://www.wikipedia.org)

네덜란드는 자연보전교육과 환경교육운동의 전통이 있다. 1960년대 후반에서 1970년대 초 사이에 자연보전교육이 환경교육으로 이동되었는데 사람들의 환경행동 변화에 교육의 초점이 있었다. 1990년대에는 리우회의의 영향으로 지속가능발전교육에 대한 관심이 높아졌다.

네덜란드의 지속가능발전교육 발달에 영향을 미친 중

요한 국가 정책은 환경부와 외교 · 발전부가 주축이 되어 수립한 '국가 지속가능한 발전 전략(2008)', 농업 · 환경 · 교육부가 개발하고 지원하는 '국가 환경교육프로그램(2009)', '지속가능한 발전을 위한 학습 프로그램(2004)' 세 가지이다.

야외교육에 참여하고 있는 네덜란드 어린이들

그림 10.8 '지속가능성 교사교육 네트워크' 소속 학교들은 야외교육을 강조한다. 2017년 5월 진행된 자연교육 주간에는 특수학교 학생들이 야외교육에 참여했다. 교사와 환경단체 활동가가 학생들을 지원했다. (출처 : http://duurzamepabo.nl)

이들 정책 가운데 '지속가능한 발전을 위한 학습 프로그램(The Learning for Sustainable Development Programme, LfSD)'은 농업부, 환경부, 외교부, 경제 · 에너지부, 행정부, 교통 · 물관리부, 교육부가 참여하는 대규모 프로젝트로 주정부와 지방정부가 매년 5만 유로를 투자한다. 이 프로그램의 목표는 개인과 정부, 시민사회, 기업이 모든 행동과 결정에서 지속가능한 발전을 고려하는 역량을 개발하는 것이다.

학생들이 참여해서 만든 책

그림 10.9 '지속가능성 교사교육 네트워크' 소속 학교에서는 책을 읽는 것으로 '지속가능성의 날' 행사를 시작한다. (출처 : http://duurzamepabo.nl)

초 · 중등학교에서 대표적인 지속가능발전교육 사례로 학교의 핵심 교육개념에 지속가능성을 포함시킨 80개 학교로 구성된 '지속가능성 교사교육 네트워크(Duurzame Pabo)'를 들 수 있다(그림 10.8). 이 네트워크는 초등학교에서 지속가능성 이슈를 어떻게 다룰 수 있는지, 학교의 지속가능한 발전을 위해 교사와 학생의 역할이 무엇인지 등에 대해 답하는 과정에서 '학교모습(school portrait)'을 만들어 나가고자 한다. 이들 학교에서는 '지속가능성의 날(Sustainability Day)' 행사를 개최하는데 책을 함께 읽는 것으로 시작한다(그림 10.9). 2017년에는 학생이 글을 쓰고 그림을 그린 '음식의 세계'라는 책을 읽었다.

'지속가능성을 위한 학교(Scholen voor Duurzaamheid)'는 자연환경교육 재단이 개발한 프로그램으로 중등학교 학생이 지방정부, 지역물관리부, 경제계, 토지 소유자 등이 제기한 지속가능한 발전 쟁점을 직접 탐구하여 대안을 제시하는 프로젝트 활동이다(그림 10.10).

고등교육에서는 교육부, NGO, 고등교육기관이 재정을 분담하여 '지속가능한 고등교육을 위한 협의회(Duurzaam Hoger Onderwijs)'를 구성하였다. 2007년 기준 1,500개 대학이 참여하고 있는데 '고등교육에서 지속가능성 감사도구'를 개발하였다.

네덜란드의 지속가능발전교육의 특징 가운데 하나는 사회적 학습(social learning)을 강조한다는 점이다. 사회적 학습은 사람들이 서로로부터, 서로 함께 배우는 학습이다. 지속가능한 발전을 향한 길을 찾아나가는 데 있어 집단적으로 불확실성과 복잡성, 위험을 보다 잘 다룰 수 있게 되는 '학습 시스템'을 강조한다. 갈등을 대화와 관용을 통해 해결해 온 사회적 합의 시스템이 반영된 것으로 볼 수 있다.

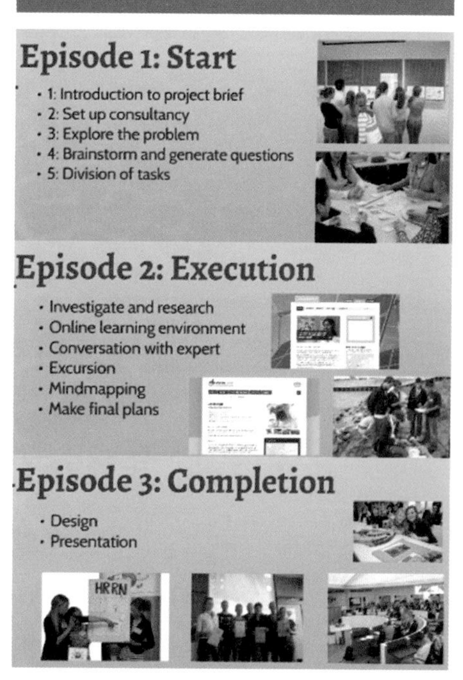

그림 10.10 '지속가능성을 위한 학교'에서는 청소년들이 정부나 지역물관리부가 제안한 프로젝트를 탐구하여 대안을 제시하는 프로젝트를 진행한다.
(출처 : http://www.scholenvoorduurzaamheid.nl)

네덜란드는 자연보전교육의 전통 아래 환경교육과 지속가능발전교육이 발전하고 있으며 중앙정부와 지방정부의 지원이 큰 역할을 하고 있다. 초·중등학교에서는 지속가능한 학교 만들기에 관심 있는 주체들 사이의 연합체가 구성되어 다양한 활동을 벌이고 있으며, 현실 사회 문제를 청소년이 탐구하여 해결책을 찾아보도록 지원하는 프로젝트도 진행하고 있다. 고등교육 영역에서는 여러 대학이 참여하는 네트워크가 구성되어 다양한 활동을 벌이고 있다.

케냐, 인도네시아, 네덜란드의 지속가능한 사회를 만들기 위한 과제는 각 국가의 역사적 발전과정, 사회·경제적 및 환경적 상황에 따라 다르다. 교육의 목표 또한 각 국가가 당면한 과제에 따라 위생과 보건에 대한 인식 증진, 쓰레기 문제와 같은 환경 문제 해결에 참여하기, 지역사회 봉사활동, 자연의 중요성과 지속가능성에 대한 인식 증진, 실제 사회문제 해결 과정에 참여하기 등으로 다양하게 나타난다. 따라서 지속가능한 발전과 이를 실현하기 위한 교육적 노력, 즉 지속가능발전교육에 대해 단일한 정의를 내리는 데는 어려움이 있다. 그러나 각 국가별로 지속가능발전교육을 지향하는 공통적인 특징이 있다.

핵심 질문

1. 지속가능한 사회를 만드는 데 교육의 역할은 무엇인가?
2. 지속가능한 사회를 위한 교육은 어떤 특징을 갖고 있는가?

원리 탐구

원리 1 지속가능한 발전에서 교육의 중요성

지속가능한 발전에 있어 교육의 중요성은 일련의 국제회의를 통해 강조되어 왔다. 지속가능한 발전을 위해서는 사람들의 태도나 가치의 변화가 필요한데 이를 위해서는 교육이 핵심적인 역할을 한다고 보는 것이다.

지속가능한 발전에 대한 고전적 정의가 내려진 '우리 공동의 미래(Our Common Future, 1987)'에서는 지속가능한 발전을 이루려면 지구의 환경용량을 넘지 않고 모든 사람이 함께 나눌 수 있는 생산과 소비수준을 지키는 일처럼 일련의 가치체계의 변화가 필요하며 이를 위해서는 교육과 함께 광범위한 홍보가 필요하다고 주장한다.

1991년 출간된 '지구를 위한 보살핌(Caring for the Earth)'에서는 지속가능한 삶은 개인과 공동체, 국가, 세계 등 모든 수준에서 새로운 패턴이어야 하며 새로운 패턴을 채택하는 것은 많은 사람들의 태도와 실천에서 의미심장한 변화를 요구한다고 본다. 따라서 교육 프로그램에 지속가능한 삶을 위한 윤리를 반영하는 것이 중요하다고 주장한다.

'환경과 개발에 관한 리우선언(Rio Declaration on Environment and Development, 1992) 36장 '교육, 공공인식 및 훈련'에서는 사회 각 분야에서 교육의 중요성을 다음과 같이 명시하고 있다.

- **교육의 질 향상** : 평생교육에서 시민들의 삶의 질 향상에 필요한 지식, 기술, 가치 습득을 재조명한다.

- **교육과정 변화** : 지속가능한 세계를 만들기 위하여 취학 전부터 대학 교육까지 교육과정 전반을 혁신한다.
- **지속가능한 발전에 대한 대중 인식 제고** : 책임 있는 시민의식 개발을 위해 지방과 국가, 전 세계의 노력이 필요하다.
- **노동인력 훈련** : 관리자와 노동자에 대한 교육을 통해 지속가능한 생산 및 소비 양식을 채택하도록 한다.

DESD 홍보 포스터

그림 10.11 유네스코는 주관 기관으로서 지속가능발전교육 진흥을 위해 노력했다. (출처 : https://www.unesco.or.kr)

지속가능발전교육의 중요성과 필요성은 2002년 남아프리카공화국 요하네스버그에서 열린 '지속가능한 발전에 관한 세계정상회의(WSSD)'에서 큰 전기를 맞게 된다. 세계정상회의에서는 지속가능한 발전의 비전을 확장하고 '새천년개발목표'와 '만인을 위한 교육(Education for All, EfA)' 행동틀의 교육적 목표들을 재차 확인하면서 '유엔지속가능발전교육10년(UN Decade of Education for Sustainable Development 2005~2014, DESD)'을 제안하였다.

이후 2002년 12월에 열린 제57차 유엔총회에서 2005~2014년을 '유엔지속가능발전교육10년'으로 채택하고 이를 선포하였다. 유네스코는 '유엔지속가능발전교육10년' 사업의 선도기관으로 선정되어 관련 활동을 적극적으로 펼쳤다(그림 10.11).

원리 2 지속가능발전교육의 정의와 특징

지속가능발전교육은 모든 사람들이 질 높은 교육의 혜택을 받을 수 있으며, 이를 통해 지속가능한 미래와 사회 변혁을 위해 필요한 가치, 행동, 삶의 방식을 배울 수 있는 사회를 지향하는 교육이며 다음과 같은 요소를 중요한 특징으로 한다(UNESCO, 2005).

- **간학문적이고 총체적** : 지속가능발전교육은 분리된 교과목이 아니라 전체 교육과정에 반영된다.
- **가치 내재적** : 지속가능한 발전에 깔려 있는 가치와 원칙을 명시화하여 이들을 검토, 논쟁, 검증하고 적용하도록 한다.
- **비판적 사고와 문제 해결** : 지속가능한 발전이 직면한 도전과 딜레마를 표현하는

데 자신감을 갖도록 한다.

- **다양한 학습 방법 사용** : 단지 지식을 전달하는 가르침에서 학습자와 교수자가 함께 지식을 얻는 과정에 참여하는 것으로, 또한 자신이 속한 교육기관의 환경을 결정하는 데 참여하는 것으로 바꾼다.
- **참여적 의사결정** : 학습자가 자신이 어떻게 배울 것인가 하는 의사결정에 참여한다.
- **적용 가능성** : 학습 경험을 매일 매일의 개인적 · 전문적 삶에 통합한다.
- **지역적 관련성** : 지구적 쟁점뿐만 아니라 지역의 쟁점을 드러내고, 학습자가 가장 많이 사용하는 언어를 쓴다.

'유엔지속가능발전교육10년' 기간 동안 작성된 모니터링 및 평가 보고서를 보면 국가별 · 지역별로 교육의 강조점이 다르게 나타난다(그림 10.12). 하지만 지속가능발전교육은 전 세계 시민들로 하여금 환경, 자연, 문화, 사회, 경제와 관련된 쟁점에서 나타난 복잡성과 논쟁, 불평등을 다룰 수 있도록 돕는다는 공통점이 있으며 다음과 같은 네 가지 관점이 중요하게 대두된다(Wals, 2012).

DESD 실행계획을 담은 보고서

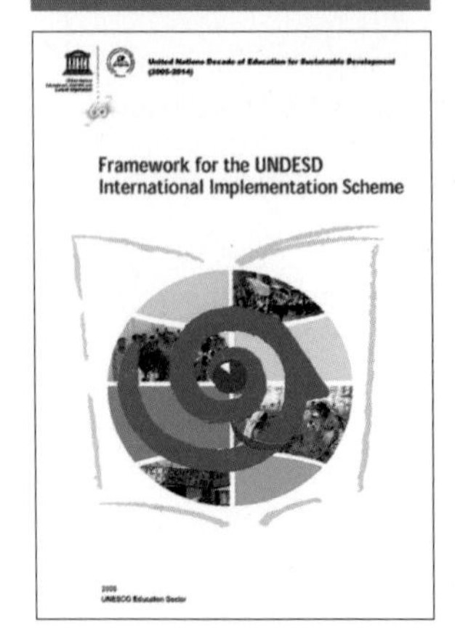

그림 10.12 DESD의 목표와 평가계획이 기술되어 있다.
(출처 : https://en.unesco.org)

- **통합적 관점** : 지속가능성의 다양한 측면을 통합하는 전체적인 관점을 취한다.(생태적 · 환경적 · 경제적 · 사회문화적 관점, 지역적 · 세계적 관점, 과거 · 현재 · 미래 고려 등)
- **비판적 관점** : 지속가능하지 않은 기존의 지배적 양식에 질문을 던진다.(지속적인 경제성장에 대한 생각, 소비주의에 대한 의존 등)
- **변혁적 관점** : 보다 지속가능한 생활양식과 가치, 지역사회 및 사업을 이끌어 낼 권한부여나 역량 강화를 통해, 인식 제고를 넘어 실질적인 변화와 변혁을 이끌어 낸다.
- **맥락적 관점** : 언제, 어디서나 지속가능한 하나의 생활양식이나 사업 운영방식은 존재하지 않는다는 점을 인식한다. 변화하는 세계 속에서 서로로부터 배울 수 있다는 점을 인식한다. 지속가능성은 변화하는 현실에 따라 새롭게 정의될 필요가 있다.

사례 콩고 카후지 - 비에가 국립공원의 생물다양성 감소 원인 알아보기

콩고 카후지–비에가 국립공원

그림 10.13 카후지산과 비에가산으로 이루어진 국립공원은 다양한 동물이 서식하는 광활한 원시 열대지역이다. (출처 : http://whc.unesco.org/en)

콩고 카후지–비에가 국립공원의 고릴라 닌자

그림 10.14 공원의 동부 저지대는 고릴라의 중요한 서식지이다. 콜탄을 얻기 위해 숲이 파괴되고 고릴라도 사냥을 당했다. (출처 : http://whc.unesco.org/en)

■ **배경**

- 중부 아프리카에 위치한 콩고 동쪽의 카후지-비에가 국립공원은 지구상에 남아 있는 고릴라의 마지막 서식지이다. 1996년 무렵에는 280여 마리의 고릴라와 수백 마리의 코끼리가 살고 있었지만 2000년에는 코끼리가 두 마리밖에 남지 않게 되었고 고릴라 수도 점점 줄어들고 있다.
- 카후지-비에가 국립공원에 묻혀 있는 콜탄 채굴을 위해 수만 명의 사람들이 모여들면서 코끼리와 고릴라가 생존을 위협받게 되었다. 핸드폰과 노트북, 제트엔진 등의 원료로 콜탄을 정련하면 나오는 '탄탈'이라는 금속분말이 사용되면서 가격이 상승하고, 농부들이 콜탄광산으로 몰려들게 되었다.
- 내전이 지속되고 있는 콩고에서 콜탄 판매가 주요한 전쟁 자금원인데 높은 콜탄 가격은 전쟁을 장기화하는 데 영향을 미치고 있다. 아무런 보호 장비 없이 콜탄을 캐는 광산의 위험한 작업환경도 심각한 문제로 제기되고 있다.

■ **활동 : 고릴라는 [   ]을 미워해**

- 빈칸에 들어갈 단어가 무엇인지 추측해 보자.
- 콩코 카후지-비에가 국립공원의 콜탄 채굴과 생물다양성 감소 사례에 대한 자료를 읽고 다음 주제에 대해 이야기를 나누어 보자.
  - 콜탄 채굴로 피해를 보고 있는 생물 또는 사람은 누구인가, 이들은 어떤 피해를 보고 있는가?
  - 콩코 카후지-비에가 국립공원의 생물다양성 감소의 근본적인 원인은 무엇인가?
- 생물다양성 감소가 환경문제일 뿐만 아니라 핸드폰과 노트북의 소비, 전쟁 등과 같은 다른 사회 · 경제적 문제와 연결된 복잡한 문제라는 점에 대해 이야기를 나누어 보자.

출처 : 이도원 외(2009) pp. 106-109

원리 3 지속가능발전교육의 교수학습방법

지속가능발전교육에서는 교과서에 제시된 내용을 강의식 수업을 통해 진행하는 고전적인 '전달학습'뿐만 아니라 학습자의 적극적인 참여를 강조하는 학습, 실제 또는 가상의 문제를 해결하는 학습, 다양한 이해당사자의 상호작용 속에서 서로 배우는 사회적 학습 등 새로운 교수학습 전략이 시도되고 있다. 또한 지속가능한 발전과 관련된 쟁점을 둘러싼 환경적, 사회적, 경제적 특성을 복합적으로 이해하기 위해서는 사회적 학습, 비판적 사고 학습, 시스템 사고 기반 학습의 중요성이 강조되고 있다. 유엔지속가능발전교육10년 모니터링 및 평가 보고서에 다양한 지속가능발전교육 교수학습방법이 제시되었다(그림 10.15).

- 발견 학습 : 학습자가 호기심을 갖고 스스로 탐구해 나가는 과정에서 자기 나름의 의미를 찾을 수 있는 학습이다.
- 전달 학습 : 일련의 지식이나 규칙, 행동방식을 학습자에게 전달하는 학습이다. 발표나 강의, 스토리텔링 기법이 활용가능하다.
- 참여/협동 학습 : 참여학습과 협동학습은 동일하지는 않지만 학습자가 쟁점이나 공동과제를 해결하는 과정에 적극적으로 참여하고 동료들과 함께 작업하는 것을 강조한다.
- 문제 기반 학습 : 쟁점을 좀 더 잘 이해하기 위해 또는 실제 상황을 개선하는 방안을 잘 찾기 위해 실제 또는 가상의 문제를 해결하는 것을 강조한다. 쟁점은 학습자가 정할 수도 있고 교사나 전문가가 정할 수도 있다.
- 주제 학습 : 주제에 대한 질문에서 시작하여 기본 원리를 잘 이해하고 그 분야의 지식을 확장하기 위해 노력한다.

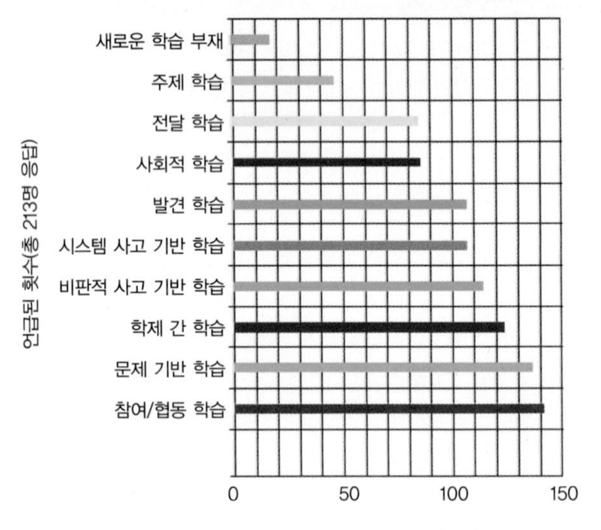

그림 10.15 학제 간 학습, 문제 기반 학습, 참여 협동 학습 등 여러 교과 영역 간의 통합적 접근과 학습자가 문제 해결 과정에 참여하는 접근이 많이 사용되고 있는 것을 볼 수 있다. (출처 : Wals, 2012)

- 간학문적 학습 : 다양한 관점에서 쟁점이나 문제를 탐구하여 통합적인 해결책이나 개선점을 제시하고자 한다.
- 이해관계자 사이의 사회적 학습 : 서로 다른 배경과 가치, 관점, 지식, 경험을 가진 사람들이 모여 해결책이 부족한 문제에 대한 창의적인 해법을 모색한다.
- 비판적 사고 기반 학습 : 숙고와 논쟁을 독려하기 위해 사람이나 기관, 지역사회가 갖고 있는 가정과 가치를 드러내고, 이들을 동물권이나 생태중심주의, 지속가능성과 같은 규범적 관점에서 검토한다.
- 시스템 사고 기반 학습 : 하나의 시스템은 부분의 합 이상이라는 점을 인식하기 위해 또한 한 부분에 대한 간섭은 다른 부분과 전 시스템에 영향을 미친다는 점을 이해하기 위해 연결과 상호관련성, 상호의존성을 찾는다.

사례 설악산 국립공원 시민대학

■ 지역사회와 설악산 국립공원 사이의 관계

- 국립공원이 위치한 설악동은 1980년대 중반 이후 국민소득 증가, 여가확대로 큰 호황을 누렸다. 이후 단체 여행이 줄고 여가문화가 가족단위로 변하면서 지역경제가 크게 위축되었다. 자연공원법으로 재산권 행사에 어려움을 겪은 지역주민들은 국립공원에 큰 불만을 가지고 있다.
- 지역주민과의 갈등이 지속되면서 국립공원과 지역주민이 함께 국립공원 내 생물다양성을 보존하면서도 지역을 살기 좋은 곳으로 만드는 방안을 찾아야 했고 이러한 고민은 시민대학 개교로 이어졌다.

■ 시민대학 참가자 및 성과

- 2008년 시민대학 개교 당시 주요 참여자는 설악동 인근의 상가, 숙박시설 종사자였다. 수업은 10~11차시로 진행되며 강의와 현장답사로 이루어진다.
- 시민대학이 진행되면서 국립공원과 갈등관계에 있던 주민들의 태도에 변화가 나타나고, 국립공원의 역할에 대한 이해가 높아졌다.
- 2011년 이후 지역사회와 상시적인 갈등이 줄어든 다음에는 시민대학 참여자가 속초, 양양, 고성 등에 거주하는 시민으로 확대되었다. 교육목표 역시 갈등완화에서 보다 넓은 지역사회에 국립공원의 중요성을 알리는 것으로 변화되었다.
- 2011년 시민대학 졸업생부터 동문회가 구성되어 이후 국립공원에서 개최되는 워크숍, 외래식물 제거 등 각종 활동 및 자원봉사에 참여하게 되었다. 시민대학 졸업생은 지역주민들로부터 국립공원에 대한 의견을 들을 수 있는 중요한 통로가 되고 있다.

원리 4 우리나라의 지속가능발전교육 현황

'지속가능발전교육10년 국가보고서(2013)'를 통해 이 기간 동안 우리나라의 지속가능발전교육의 발전과정과 앞으로의 과제를 확인할 수 있다. 초기에는 **대통령자문지속가능발전위원회**(Presidental Commission on Sustainable Development, PCSD)를 중심으로 지속가능한 발전을 이행하기 위한 방안으로서 지속가능발전교육이 강조되었다. 2005년에는 대통령자문지속가능발전위원회 주관으로 '유엔지속가능발전교육10년 국가추진전략'이 수립되었다. 추진전략에는 지속가능발전교육의 체계와 기반 구축, 지속가능발전교육에 대한 인식 증진, 개인과 집단의 학습과 실행 역량 강화, 이해당사자들의 의사소통과 파트너십, 교육과 학습이 지속가능한 발전과 지속가능한 사회 형성에 핵심전략이 되게 하기 등을 핵심 과제로 제시하였다.

대통령자문지속가능발전위원회 국제사회에서 지속가능한 발전에 관한 논의가 활발해지면서 「지속가능발전위원회규정(대통령령)」이 제정되고, 2000년 9월에 발족하였다.

2013년에는 '유엔지속가능발전교육10년' 추진상황을 점검하는 국가보고서가 발간되었다. 보고서에서는 2005년에 제안되었던 국가 추진 전략이 꾸준하게 적용되고 있다고 평가하였다. 또한 학교교육과 교사교육, 고등교육(대학), 직업교육훈련, 의제21(Agenda21), 지속가능발전교육 지역전문센터(RCE), 시민사회단체(NGO), 민간(기업), **유네스코한국위원회** 등 사회 각 영역별로 지속가능발전교육의 현황과 주요 사례를 소개하였다. 주요 성과로는 첫째, 지속가능발전교육을 위한 체계와 기반 구축을 위한 노력이 가시적으로 나타났다는 점을 들고 있다. 즉 지속가능발전법(2007), 환경교육진흥법(2008)이 만들어졌고 이를 수행하기 위한 지방의 조례가 제정되었다. 유네스코한국위원회에는 지속가능발전교육위원회(2009)가 구성되었다. 이러한 법과 제도의 정비는 '위계적 맥락의 한국적 상황에서 위에서부터 아래로(top-down) 지속가능발전교육 수행을 위한 기본적인 체계를 제공'하는 데 큰 기반이 되었다고 보고서는 평가하고 있다. 유네스코한국위원회가 지속가능발전교육 콜로키움 등과 같은 여러 협력 사업을 추진하면서 한국과학창의재단, 서울시교육청 등 여러 기관과의 파트너십을 맺은 것과 같이 다양한 협력관계와 네트워크가 형성된 것도 중요 성과로 평가되었다.

유네스코한국위원회 유네스코는 유엔 기구 중 유일하게 회원국 내 관련 활동을 촉진시키기 위해 유네스코 헌장에 따라 국가위원회 제도를 두고 있다. 유네스코한국위원회는 전 세계 199개의 국가위원회 가운데 하나로 1954년에 설립되었다.

그러나 지속가능성 또는 지속가능발전교육이 우리 사회 전체로 확산되거나 주류화되었다고 보기에는 어려움이 있다는 진단도 내렸다. 이러한 한계를 극복하기 위해 일차적으로 지속가능한 발전 또는 지속가능성을 지향하는 정부의 정책 기조가 마련

될 필요가 있음을 강조하였다. 이를 위해 2012년 리우+20로 지칭되는 세계정상회의에서 제안된 지속가능한 발전목표(SDGs)를 국가의 정책 방향에 반영하고 지표를 통해 이행과정을 평가하는 것이 중요하다는 점을 지적하였다. 또한 지금까지 진행된 지속가능발전교육의 주요 성과와 우수사례를 확산하고 지속가능발전교육에 대한 지원을 계속 하는 것이 필요하다고 보았다. 지속가능발전교육에 참여한 주체들이 각 영역에서의 실행을 변화시키는 데에는 지속적인 노력과 시간이 필요한데 우수 사례 공유는 여기에 도움이 될 수 있다고 보기 때문이다.

DESD 국가추진전략 보고서

그림 10.16 우리나라 지속가능발전교육의 체계와 기반 구축 방안을 제시하고 있다.

DESD 국가보고서

그림 10.17 DESD 기간 동안 우리나라 지속가능발전교육의 현황과 과제를 담고 있다.

ESD 콜로키움의 모습

그림 10.18 DESD 기간 동안 유네스코한국위원회는 주요 기관들과 콜로키움을 개최하여 사회적으로 ESD를 확장하는 데 기여했다. (출처 : https://www.unesco.or.kr)

DESD 교사 연수의 모습

그림 10.19 DESD 기간 동안 초·중등 교사를 위한 다양한 연수가 개최되었다. (출처 : https://unesco.or.kr)

문제 탐구

탐구 1 교육이 지속가능한 발전을 달성하는 데 기여해야 하는가

지속가능발전교육에 대한 국제사회의 논의 및 '유엔지속가능발전교육10년' 실행 초안에 제시된 내용을 보면, 교육은 지속가능한 발전이라는 수레를 움직이게 하는 일종의 '바퀴'로 설정되어 있다. 인류의 진보와 발전에 있어 교육이 중요한 역할을 해왔고 앞으로도 필요한 것이 사실이지만 교육이 지속가능한 발전과 같은 특정 목적을 위한 수단으로 간주되는 것에 대해서는 비판이 존재한다.

캐나다의 환경교육학자 지클링(Jickling, 1992)은 "교육이 지속가능한 발전과 같은 특정한 목표를 발전시키도록 해야 하는가?, 교육의 역할이 사람들로 하여금 특정한 방식으로 행동하도록 하는 것인가?" 하는 질문을 던진다. 지클링은 교육의 역할은 사람들로 하여금 스스로 생각하도록 하는 데 있는데, '무엇을 위한(for)' 교육은 학생들이 따를 것으로 기대되는 사고체계를 전문가들이 미리 정해 놓는 것이라고 비판한다. 또한 빠르게 변화하는 사회에서 교육자의 임무는 학생들이 지속가능한 발전에 대한 서로 다른 입장을 비교하고 평가하여 스스로 판단을 내리도록 돕는 데 있다고 주장한다. 더 근본적으로는 논리적으로 상충하는 '지속가능한(sustainable)'과 '발전(development)'을 연결하고 서로 다른 세계관이 상충하는, 그래서 일관성 있는 정의를 내릴 수 없는 지속가능한 발전 개념 자체에 문제를 제기한다.

맥권과 홉킨스(Meckeown & Hopkins, 2003)는 지클링(1992)이 지속가능한 발전을 '위한(for)' 교육을 '형편없이 정의된 개념에 대한 주입이나 이데올로기'로 보고 있다고 비판한다. 그러면서 모든 교육은 부모나 정부, 기업 등 각자의 입장에 따른 목적이 있고, 민주사회에서 지속가능한 발전을 위한 교육이 '주입'으로 끝난다면 교육자인 우리 자신을 비난해야 한다고 주장한다. 교육 활동에는 모두 특정한 목적이 있다고 보고 지속가능발전교육은 특정 가치에 대한 주입이 아니라는 것이다.

피엔과 티버리(Fien & Tilbury, 2002)는 지클링(1992)이 사회적 이상을 위한 은유인 지속가능한 발전을 다수의 가치 또는 원칙을 따르는 변화의 '과정(process)'이 아니라 하나의 '산물(product)'로 보고 있다고 비판한다. 지속가능한 발전이 고정된 목표가 아니라 과정인 것처럼 지속가능성을 위한 교육은 모든 사람에게 의미 있는 '과정'이라는 것이다. 지속가능성을 위한 교육은 개인, 집단, 환경 사이의 관계 형성을 항상 동반하며 그쪽으로 나아가는 과정이다.

지속가능발전교육에 대한 견해는 지속가능한 발전을 어떻게 보느냐에 따라, 교육이 지속가능한 발전과 같은 특정한 목표 달성을 위한 도구의 역할을 하는 것에 대해 어떻게 생각하는지에 따라 달라지는 것을 볼 수 있다.

탐구 2 환경교육과 지속가능발전교육의 관계

인터넷을 통해 진행된 지속가능한 발전에 대한 논쟁(ESDebate, 2000)에서는 환경교육과 지속가능발전교육의 관계에 대해 다양한 의견이 제시되었다. 논쟁에 참여한 많은 사람들은 윤리, 평등, 새로운 사고 및 학습 방법을 포함한 지속가능발전교육이 환경교육의 발전된 형태라고 보았다. 다른 한편으로는 지속가능발전교육은 환경교육의 한 부분이어야 한다거나 반대로 환경교육이 지속가능발전교육의 한 부분이라는 견해도 제기되었다. 후자의 입장에 선 사람들은 지속가능발전교육이 발전, 남북문제, 문화적 다양성, 사회적 및 환경적 평등과 같은 쟁점을 포함한다는 점에서 더 포괄적이고 종합적이라고 본다. 이 논쟁에 참여한 사람들 사이에 환경교육과 지속가능발전교육에 대해 다양한 의견이 존재하지만 전체적으로 지속가능발전교육을 환경교육의 새로운 세대 또는 환경교육이 다음 단계로 발전된 형태로 보는 것으로 나타났다. 그림 10.20은 환경교육과 지속가능발전교육 사이의 관계를 모식화한 것이다.

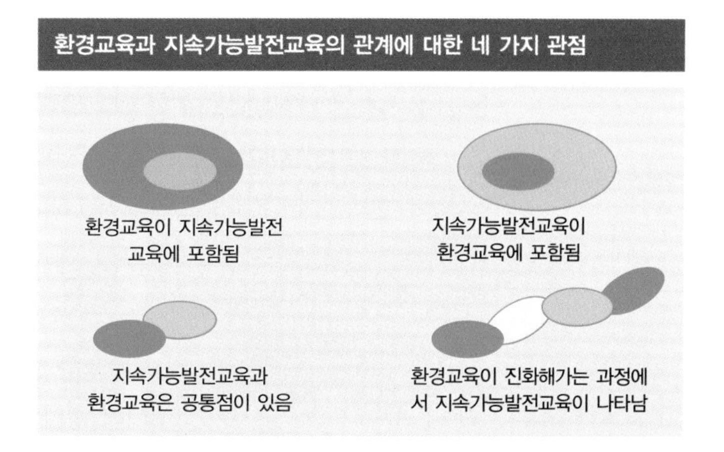

그림 10.20 2010년 인터넷을 통해 진행된 논쟁에서는 환경교육과 지속가능발전교육의 관계에 대해 다양한 의견이 제시되었는데 크게 네 가지로 구분된다. (출처 : Hesselink 외, 2000)

문제 해결

해결 1 기존 교육과정에서 지속가능발전교육 다루기

학교에서 지속가능발전교육은 사회, 과학, 기술, 가정 등 관련 교과목에서 지속가능한 발전 관련 주제를 포함하는 방식으로 진행되고 있으며, 앞으로도 이러한 노력은 지속될 필요가 있다. 중 · 고등학교 선택과목인 환경 교과에서는 환경문제의 예방과 해결을 넘어 우리 사회의 지속가능한 발전과 학습자의 지속가능하고 행복한 삶을 지향하고 환경에 관한 자연과학적 · 인문사회적 · 예술적 관점 등을 아우르는 통합적 접근을 지향하면서 지속가능발전교육을 강조하고 있다. 2015 개정 초 · 중등 교육과정의 총론에는 환경 · 지속가능발전교육이 범교과학습 주제 가운데 하나로 제시되어 있다. 교과수업 이외에 창의적 재량활동 시간 등을 활용하여 지속가능발전교육을 시도해 볼 수 있다.

해결 2 학교 전체적 접근 : 지속가능한 학교 만들기

학교 전체적 접근(whole school approach)은 학교 안에서 다양한 환경 학습이 가능한 장(場)을 조성할 뿐만 아니라, 학교 운영과 조직, 교육과정, 교수 · 학습 방식, 자원 이용 방식 등 학교의 모든 요소에서 전체 구성원의 참여적 학습과 의사결정 능력 함양을 반영하려는 시도를 의미한다. 우리나라에서 학교 전체적 접근을 시도한 예는 환경부 주관의 환경보전시범학교(1985-2006), 환경교육시범학교(2007-2016), 2013년부터 교육부와 한국과학창의재단이 지원한 '지속가능발전교육 선도학교' 등이 있다. 학생, 교사, 학부모 및 지역사회가 참여와 협력을 통해 학교에 숲을 조성하는 '학교숲 운동', 유네스코한국위원회가 운영하는 유네스코학교 역시 학교 전체적 접근의 예이다. 유네스코학교는 국제이해, 문화다양성을 비롯하여 인권, 통일, 생태, 기후변화 등 지속가능한 발전과 관련한 다양한 주제로 현장연구 프로젝트를 수행한다.

학교 전체적 접근으로 지속가능발전교육을 추진하기 위해서는 다음 세 가지 영역에서 노력이 필요하다(UNESCO, 2010).

- 교육내용 : 학문 기반의 현실과 분리된 추상적 개념에서 학제 간 연구를 바탕으로 한 공동체 문제를 탐구하는 방향으로 변화한다.
- 학습과정 : 지식전달과 인지발달을 강조하는 교사중심 접근에서 분석적 사고와 의사결정에 기반을 둔 학생중심의 참여 학습으로 변화한다.
- 학교조직 : 교사, 학부모, 학생의 참여가 제한적이며 주변 공동체와 소통이 없는 위계적 구조에서 학교 및 공동체를 포함한 참여적 의사결정 구조로 변화한다.

사례 서울 삼정중학교 탄소 줄이기 통합교육과정 운영

- 2011년 교사연구모임을 구성한 이래 지속적으로 통합교과교육 방안을 논의하였다.
- 2013년부터 2학년 교사연구모임이 안정적으로 운영되면서 학교축제와 연계한 프로젝트 수업 모형을 개발하고 진행하였다.
- 교과·비교과 연계 에너지절약교육 및 식생활개선 교육, 생물다양성교육을 시행하고 이를 학생회 주관 축제와 연결하였다.
- 지역의 에너지 자립 마을 및 초록마을과 협력하에 '적정기술', '청소년 에너지설계사 양성교육', '야생초 텃밭' 등을 프로젝트 수업으로 운영하였다.
- 그 결과 학생들은 수업시간에는 에너지를 절약해야 하는 이유를 공부하고, 학생회가 주관하는 축제를 통해 에너지 절약과 관련된 다양한 활동을 체험할 수 있게 되었다.
- 또한 학생회 주관의 삼정절전소를 통해 학교와 집에서 에너지 절약을 직접 실천하였다. 절전소 활동을 통해 2010~2011년 대비 2014년 교내 에너지 사용량이 20% 감소하였다.

© 김승규

삼정중학교 학생들의 활동 모습 및 결과물. '탄소 줄이기'를 주제로 한 통합교육과정에서 학생들은 다양한 활동에 참여하였다.

표 10.1 서울 삼정중학교의 탄소 줄이기 통합교육과정 만들기

연도	주요 활동
2011	• 교내에 통합교과교육 제안 및 시도 • 교사연구모임 구성 • 지역사회와 연계하여 체험학습, 봉사활동 진행 • 학생회 주관 초록축제 실시
2012	• '탄소 줄이기'를 중심으로 통합교육 추진 결정 • 학생회가 삼정절전소 운영 • 분기별로 통합교과교육 연구모임 진행
2013	• 2학년 대상 학교축제와 연계한 통합교과교육 프로젝트 수업 모형 개발 – 1학기 : '에너지축제'와 연계한 프로젝트 수업 – 2학기 : '초록축제 삼정한마당'과 연계한 프로젝트 수업
2014	• 2학년 대상 학교축제와 연계한 통합교과교육 프로젝트 수업 심화 – 국어, 과학, 기술, 가정 등 7개 교과와 영양 및 진로 2개 비교과 교사가 참여하는 수업 연구모임 구성 – 교과, 비교과를 연계한 에너지절약교육 및 식생활개선, 생물다양성 교육 시행 – 1학기는 교과교육과 에너지축제와 연계, 2학기는 초록축제와 연계한 프로젝트 수업 – 지역사회와 연계하여 '적정기술', '청소년 에너지설계사 양성교육', '야생초 텃밭' 등을 프로젝트 수업과 연계 운영

출처 : 교보교육재단(2014)

현장 적용

적용 1 학교의 지속가능성 평가하기

학교는 학습자가 학교운영과 수업을 통해 지속가능한 사회의 모델을 배울 수 있는 중요한 공간이다. 유네스코(2010)는 지속가능한 학교가 되기 위해서는 다음의 5개 영역에 관심을 기울일 것을 제안하였다.

- 교육과정에 지속가능발전교육의 목표와 원칙을 반영하기 위한 정책과 실천
- 다양한 구성원의 요구와 권리보호, 지역사회 참여, 세계시민의식 함양 등 학교의 사회적 지속가능성을 높이기 위한 정책과 실천
- 건물의 에너지 효율 향상, 재활용 장려활동, 자연친화적 태도 형성 등 학교의 생태적 지속가능성을 높이기 위한 정책과 실천
- 자원배분에서 협력과 공유의 문화, 프로젝트를 통한 소규모 비즈니스 능력 향상, 윤리적 원칙을 반영한 기금마련 등 학교의 경제적 지속가능성을 높이기 위한 정책과 실천
- 자존감, 상호존중과 배려, 다문화 사회 대비, 지역공동체와 상호교류 등 학교의 문화적 지속가능성을 높이기 위한 정책과 실천

'학교 지속가능성 평가지표'를 활용하여 학교의 지속가능성을 평가해 보자. 점수가 높을수록 학교의 지속가능성이 높은 것이다. 점수가 낮은 항목을 통해 학교가 앞으로 취해야 할 정책의 우선 순위를 결정할 수 있다.

표 10.2 학교의 지속가능성 평가지표

평가 영역	평가항목	매우 우수 (4)	우수 (3)	보통 (2)	시작 단계 (1)
교육 과정	1. 학교 지속가능발전교육의 목적과 목표를 명확하게 언급하는 정책이 있다.				
	2. 범교과 주제로 지속가능발전교육을 포함할 수 있도록 효과적인 조정이 이루어진다.				
	3. 모든 과목에서 지속가능한 발전 관련 쟁점을 다룰 수 있도록 다방면으로 노력한다.				
	4. 지속가능한 발전을 가르칠 수 있는 교수자료를 학년별로 충분히 갖추고 있다.				
	5. 지속가능한 발전에 대해 잘 가르치고 있는지 주기적으로 평가한다.				
	소계				
사회적 지속 가능성	6. 학교문화와 교육과정이 성평등 이슈에 민감하다.				
	7. 학습자가 지역사회 문제 해결에 참여할 수 있는 기회와 능력이 있다.				
	8. 학교문화와 교육과정은 학습자가 세계공동체 시민으로서의 삶을 준비하도록 돕는다.				
	9. 신체적으로 또는 학습적으로 장애가 있는 경우를 포함해, 모든 학습자의 특수한 요구가 고려된다.				
	10. 모든 교직원은 학생들의 긍정적인 행동을 지원하기 위한 갈등해결 전략에 능숙하다.				
	소계				
생태적 지속 가능성	11. 학교는 가능한 재활용품을 사용하고 종합적인 재활용 정책이 있다.				
	12. 학교는 에너지 효율을 적극적으로 촉진하고 추진한다.				
	13. 학교는 자원을 구매하고 사용할 때 지구에 미치는 영향을 최소화한다.				
	14. 학교 건물과 주변은 생활하고 학습하기에 미적으로 뛰어나다.				
	15. 학교는 자연에 대한 관심과 책임감 향상을 위해 적극 노력한다.				
	소계				

표 10.2 학교의 지속가능성 평가지표(계속)

평가 영역	평가항목	매우 우수 (4)	우수 (3)	보통 (2)	시작 단계 (1)
경제적 지속 가능성	16. 예산과 인력 등 자원배분에서 경쟁이 아닌 협동과 공유의 문화가 있다.				
	17. 학습자는 학교와 지역사회 프로젝트를 조직하는 과정에서 소규모 비즈니스 능력을 배운다.				
	18. 학교 자원 배분을 결정하는 과정에 학습자가 참여할 수 있다.				
	19. 모든 학교 건물과 기기를 잘 관리하여 좋은 상태를 유지한다.				
	20. 학교기금 마련 시 윤리적인 고려를 한다.				
	소계				
문화적 지속 가능성	21. 자존감과 상호존중, 배려하는 사회적 관계를 발전시키는 학교문화가 있다.				
	22. 학습자가 다문화사회에서 살아갈 수 있게 준비하도록 하는 교육과정과 학교문화가 있다.				
	23. 학교가 학교 안과 밖에서 문화적 다양성을 지지하기 위해 적극적으로 노력한다.				
	24. 학교는 지역사회에서, 지역사회는 학교에서 적극적인 역할을 한다.				
	25. 모든 사람이 중요하고 모두가 지속가능한 발전에 기여한다는 것을 보여 주는 학교문화가 있다.				
	소계				
계					

출처 : UNESCO(2010)

실습 과제

과제 1 대학의 지속가능성 평가하기

대학은 교육과 연구라는 고유의 역할에서뿐만 아니라 환경경영의 주체로서 지속가능한 사회의 방향을 제시할 수 있다. 대학에서 연구에 기반한 과학적 성과는 환경적 · 사회적 문제에 대한 해법을 제공할 수 있으며 학교 공간 및 에너지, 재정 지출과 관련된 정책 수단을 통해 자원 소비를 줄이고 이를 통해 지구의 안녕과 기관의 예산 절감을 도모할 수 있다. 또한 지역사회에 지속가능한 사회에 대한 인식을 높이고, 좋은 사례를 널리 알리는 역할을 할 수 있다. 대학이 가장 중요하게 기여할 수 있는 부분 중 하나는 졸업생이 기업과 정부, 사회 등 생활과 직업 세계에서 지속가능한 삶을 꾸려갈 수 있도록 지속가능발전과 관련된 지식과 기능, 가치를 갖도록 하는 것이다.

자신이 소속된 대학의 지속가능성을 대학경영과 교육 및 연구, 참여와 협력, 친환경 교정조성 등 네 가지 영역에서 평가하고 개선방안을 찾아보는 활동을 해 보자.

'지속가능한 경영' 및 '친환경 교정 조성' 영역의 경우 각 지표에 해당되는 업무를 담당하는 행정부서를 확인하고 관련 현황을 문의하는 것이 필요하다. '교육 및 연구' 가운데 교육영역은 각 학과의 교과목명과 강의계획서를 확인해야 한다. '연구' 영역은 대학의 산학협력 담당부서의 도움을 받아 대학 교원이나 연구원이 수행하고 있는 연구과제를 확인한다. 대학 내 연구소에서 추진 중인 연구과제와 학술대회도 조사한다. '참여와 협력'은 관련된 대학 정책뿐만 아니라 학내에서 진행되는 다양한 행사에 관심을 기울이고 확인한다.

평가 활동을 통해 보다 지속가능한 대학이 되기 위해 개선이 필요한 영역을 확인할 수 있으며, 평가 결과를 토대로 단계적 실천 방안을 수립하고 대학 사회에 이를 제안해 보자.

표 10.3 대학의 지속가능성 평가지표

평가영역		평가항목
지속 가능한 경영	정책	대학의 장기발전 계획에 지속가능성을 실현하기 위한 정책이 반영되어 있는가
		대학이 온실가스 배출량, 에너지 사용량, 감축목표 등을 공개하는가
		대학 차원의 지속가능성 보고서를 작성하고 있는가
	모니터링	에너지 사용량을 측정하는 계량기를 설치하고 이에 대한 모니터링을 실시하고 있는가
		물 사용량을 측정하는 계량기를 설치하고 이에 대한 모니터링을 실시하고 있는가
	소비	친환경 인증제품 및 GR마크 인증제품 구매를 촉진하기 위한 지침이 있는가
		탄소성적 인증제품 구매를 촉진하기 위한 지침이 있는가
		교내 식당 메뉴에 친환경 또는 유기농, 채식 식단을 제공하기 위한 정책이 있는가
		같은 광역지자체 내의 농부 및 생산자로부터 농산물 또는 물품을 구매하기 위한 정책이 있는가
교육 및 연구	교육과정	환경 및 지속가능성 관련 전공 또는 부전공 과목이 개설되어 있는가
		환경 및 지속가능성 관련 교양과목이 개설되어 있는가
		재학생들에게 환경 및 지속가능성 관련 필수교양과목을 지정하고 있는가
		기존 교과목에 환경 및 지속가능성 반영을 높이기 위한 노력을 기울이고 있는가
		그린리더십 인증제, 에코트랙과 같이 학과 구분 없이 선택할 수 있는 환경 및 지속가능성 관련 통합 교과과정을 제공하고 있는가
	교육 프로그램	수업 이외에 환경 및 지속가능성 분야의 학생 교육 프로그램(예 : 인턴십, 워크숍, green career program)을 제공하고 있는가
		재학 중 대학의 환경상황 및 그린캠퍼스 활동 등을 알 수 있는 필수 프로그램(예 : 신입생 오리엔테이션 시 그린캠퍼스 교육)을 제공하고 있는가
		교직원을 위한 환경 및 지속가능성 분야 역량 증진 프로그램을 제공하고 있는가
	연구	'환경', '지속가능', '에너지', '기후변화', '환경교육' 등 지속가능성 관련 분야 연구기관이 있는가
		교직원의 환경 및 지속가능성 분야의 연구를 지원하는 정책이 있는가
참여와 협력	구성원 참여	환경/지속가능성 관련 학생단체(동아리, 학생위원회 등)를 지원하는 정책이 있는가
		대학이 지속가능성 관련 학술제, 공모전, 봉사활동, 에너지절약 캠페인 등을 개최하거나 지원하는가
	협력	대학이 지역사회와 협력하여 녹색 장터, 바자회, 지역주민 대상 아카데미 등을 운영하는가
		대학의 지속가능성을 높이기 위해 정부 또는 기업, 시민사회와 협력하는가

표 10.3 대학의 지속가능성 평가지표(계속)

평가영역		평가항목
친환경 교정조성	에너지	에너지 효율을 개선하기 위한 설비를 도입하였는가
		건축물의 에너지 절약을 위한 제도를 운영하고 있는가
		대학의 에너지 사용량 중 재생에너지 비중을 높이기 위해 노력하는가
	온실가스	대학 전체 연간 온실가스 배출량 인벤토리를 구축하였는가
		구축된 온실가스 인벤토리를 바탕으로 연간 온실가스 감축량을 세웠는가
	교통	대중교통 이용을 장려하거나 개인 승용차 차량 이용을 저감하기 위한 정책이 있는가
	수자원	빗물 및 중수 활용을 위한 시설이 있는가
		빗물이 침투할 수 있는 투수면적을 확대하기 위한 정책이 있는가
		1인당 캠퍼스 내 물 사용량을 저감하기 위한 정책이 있는가
	폐기물	전자폐기물의 분리수거율을 높이기 위한 정책이 있는가
		교내 쓰레기 분리수거율을 높이기 위한 정책이 있는가
		음식물 쓰레기 분리수거 시설 설치 및 저감 · 퇴비화를 위한 정책이 있는가
		1인당 폐기물 발생량을 저감하기 위한 정책이 있는가
	보건환경	실험실에서 배출되는 유해물질 처리에 관한 정책이 있는가
		다중이용시설물(도서관, 학생식당 등)의 실내 공기질 모니터링을 시행하고 있는가
	녹지	대학 내 녹지면적의 보전 및 확대를 위한 정책이 있는가
		교내 생태환경 현황조사 및 모니터링을 실시하고 있는가

출처 : 환경관리공단(2014) 그린캠퍼스 평가표 재구성

글로벌 거버넌스와 환경권 인류는 전에 없던 지구적 차원의 위기를 경험하고 있다. 예를 들어, 기후변화로 인한 폭설, 폭우, 가뭄, 한파가 극심해지면서 지구 곳곳에서 수억 명의 환경난민들이 발생하고 있으나, 이 문제를 해결하기 위한 지구적 해결책은 뚜렷하지 않은 실정이다. (출처 : shutterstock)

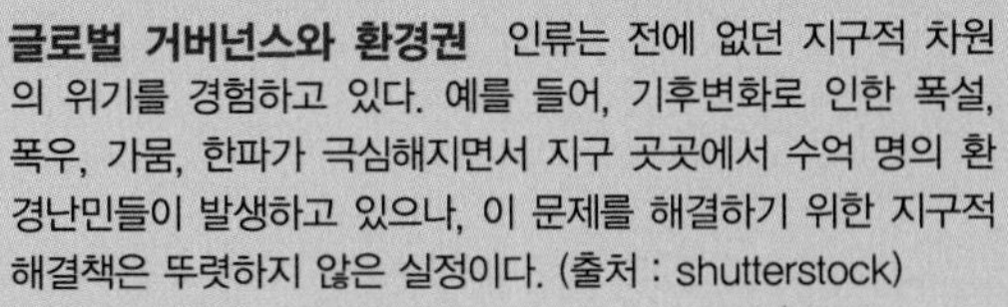

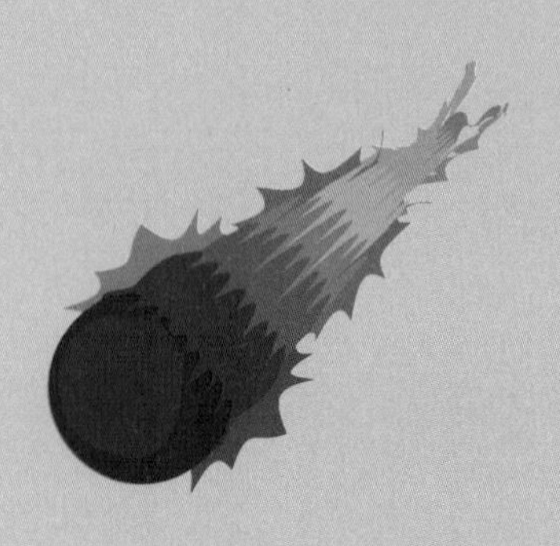

제11장

글로벌 거버넌스와 환경권

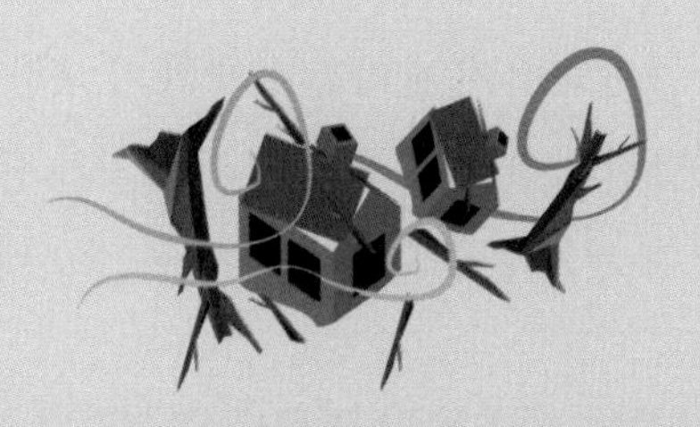

대표 사례

후쿠시마 원전 붕괴와 방사능 오염

사건의 경과

2011년 3월 11일 14시 46분 일본 동쪽 바다에 리히터 규모 9.0의 대지진이 발생하였고, 곧이어 들이닥친 쓰나미로 인해 후쿠시마 제1원자력 발전소의 6개 원전 전체가 자동으로 정지되었다. 원전은 규모 7.9까지 내진설계가 되어 있기 때문에 이 기준을 넘어선 이번 지진을 감당할 수가 없었다. 건물의 지하 1층에 있던 비상용 전원 설비 역시 쓰나미에 의한 침수로 기능이 정지되었다. 발전기를 지하에 설치한 이유는 발전기 가동 시 진동으로 인한 충격을 줄이고 유지 관리를 쉽게 하기 위한 것이었다. 그러나 쓰나미가 닥치자 지하에 있던 발전기가 침수되었고 1~4호기가 동시에 멈추는 결과를 초래하였다. 사고가 발생한 후 방사능에 오염된 엄청난 양의 냉각수가 바

후쿠시마 지역에서 발생한 쓰나미로 파괴된 지역의 건물 모습

그림 11.1 쓰나미는 핵발전소를 덮쳤고 그로 인해 발전소가 붕괴되면서 방사능이 유출되는 결과를 초래하였다.

다로 흘러나갔고, 수개월 후에는 다양한 기형 동식물 사진들이 인터넷 통신망에 떠 돌아다니기 시작했다(이재영, 2016).

오염의 과학적 근거와 영향

사고 후 방사능이 대기와 해양으로 방출되었고 사람들도 위험에 노출되기 시작했다. 대기나 해양으로 방출된 방사성 물질은 생물들의 세포와 조직에 손상을 입힐 수 있다. 사고 직후에는 새어 나온 방사성 물질 가운데 수돗물이나 우유 속의 요오드 농도가 주목되었다. 왜냐하면 흡수된 방사성 요오드가 호르몬 분비를 담당하는 기관인 목 부근의 '**갑상샘**'에 모여 집중적으로 내부 피폭을 일으킴으로써, 특히 어린이에게 나중에 갑상선암을 일으킬 위험이 높다는 우려가 있었기 때문이다. 그래서 방사성 피폭의 수치가 높은 일부 지역에서 갑상샘의 피폭 선량 실측이 이루어졌다. 전체적으로 갑상샘의 피폭은 예측치를 밑돈 것처럼 보였지만 최근 어린아이에게서 갑상샘암이 발견되었다고 보도되었다. 방사성 요오드 외에도 해양 생태계에 영향을 미치는 방사성 물질 중 하나인 스트론튬의 경우, 섭취하게 되면 뼈에 쌓일 뿐만 아니라 몸 밖으로 배출되기 어려워 뼈암과 백혈병 등의 질병을 일으킬 수 있다(뉴턴 편집부, 2014).

갑상샘 사람의 신체 기관 중 하나로 목 중앙에 위치해 있으며 후두와 기관에 붙어 있는 내분비샘

후쿠시마의 상황에 대한 온갖 소문과 미확인 정보가 인터넷을 통해 확산되면서 사람들의 불안감이 커져 갔다. 예를 들어, 후쿠시마 원전 폭발로 유출된 방사성 물질이 바람을 타고 오후 4시쯤 한국에 상륙한다는 소문도 있었다. 기상청이 방사능 상륙은 사실상 불가능하다고 밝혔지만, 시민들의 불안감은 사라지지 않았다(이재영, 2016).

수산물의 안전성과 한일 간 협상

후쿠시마 인근 지역의 방사능 오염이 심각하며 이로 인한 피해가 발생하고 있다고 보도되자 국내에서는 일본산 수입 수산물에 대한 우려가 높아졌다. 수입된 일본산 수산물에서 방사성 물질이 검출되었지만 그 양이 기준치 이하라는 이유로 아무런 조치 없이 시중에 유통되었다.

일본산 수산물에 대한 우려가 커지자 한국 정부는 2013년 9월, 대외무역법 제5조(무역에 관한 제한 등 특별 조치)의 '인간의 생명 · 건강 및 안전, 동물과 식물의 생명 및 건강, 환경보전 또는 국내 자원보호를 위하여 필요할 경우'에는 '대통령령으로 정하는 바에 따라 물품 등의 수출과 수입을 제한하거나 금지할 수 있다.'라는 조항에 의거하

표 11.1 일본산 수산물 수입 검사 및 반송 현황

기간		불검출	미량검출	
			통관	반송
시행 전	2011년	4,126건(15,993톤)	21건(149톤)	–
	2012년	4,729건(20,526톤)	101건(2,704톤)	–
	2013년 9월 이전	4,318건(16,069톤)	9건(160톤)	–
시행 후	2013년 9월 이후	1,010건(3,474톤)	–	1건(0.33톤)
	2014년	5,290건(18,265톤)	–	4건(20톤)
	2015년	196건(814톤)	–	

출처 : 식품의약품안전처

식품의약품안전처 보건복지부의 외청으로 식품 및 의약품의 안전에 관한 사무를 관장하는 대한민국의 중앙행정기관

여, 일본의 수산물 수입 금지 처분을 내렸다. **식품의약품안전처**가 제공한 일본산 수산물 수입 검사 및 반송현황에 따르면, 2013년 9월 이후부터 2015년까지 국내에 일본산 수산물 중 방사성물질이 검출된 사례는 집계되지 않았으며, 미량 검출된 5건(총 20.33톤)은 모두 되돌려 보내졌다.

핵심 질문

1. 지구적 차원의 환경문제는 어떻게 국가나 지역 간 갈등으로 이어지게 되는가?
2. 지구적 환경문제와 쟁점들을 평화롭게 해결할 조정기구에는 어떤 것들이 있는가?
3. 지구적 환경문제를 해결하는 과정에서 성공 사례와 실패 사례로부터 어떤 교훈을 얻을 수 있는가?

원리 탐구

원리 1 거버넌스

거버넌스의 의미

기후변화와 같이 다수의 국가와 지역의 여러 집단들이 얽혀 있는 쟁점이나 갈등을 해결하기 위해서는 어떤 방법이 있을까? 정부의 경제정책 실패를 경험한 우리나라에서 거버넌스라는 말은 IMF를 거치면서 2000년대 들어 자주 사용되고 있다. 거버넌스는 협치(協治), 공치(共治) 등으로 번역되기도 하지만, 최근에는 그냥 거버넌스라는 용어로 사용되고 있다. 거버넌스는 주로 국가 간의 갈등을 조정하기 위해 국제정치학 영역에서 도입되었으나 점차적으로 국내 정치 영역에도 적용되기 시작했다. 그럼에도 불구하고 거버넌스의 정확한 개념은 아직 확립되었다고 보기 어렵다. 정치학에서는 거버넌스를 넓은 의미로 '자율적이고 독립적인 행위자들 간의 외부 권위나 내부적인 자기조절/자기통제 메커니즘에 의한 조정과 관리'로 정의한다. 좁은 의미에서 거버넌스는 국가 내에서 결정을 내리고 집행할 수 있는 제도화된 권력으로 정

글로벌 거버넌스

그림 11.2 개별 국가 차원을 넘어서 초국가적 차원에서 해결해야 할 문제와 쟁점들이 늘어나면서 새로운 의사결정 권력이 생겨나고 있다. (출처 : shutterstock)

의되는 정부와 구분하는 의미에서, '공공영역과 민간영역 행위자 사이의 네트워크 방식의 수평적인 협력 구조'로 정의한다. 여기에서 거버넌스 개념은 정치학에서 국가를 포함하여 자율적이고 독립적인 행위자들 사이의 자기조절이라는 넓은 의미에서의 거버넌스 개념을 사용하고자 한다.

신명호(2017)에 따르면 거버넌스가 행위자들 간의 수평적 관계에서 조정과 통제를 의미하지만 그렇다고 해서 위계적 구조가 존재하지 않는다거나 효과가 전혀 없다는 뜻은 아니다. 거버넌스의 행위자들은 정책입안에서 집단이나 조직을 대표하는 영향력 있는 개인들이거나 조직 또는 다른 형태의 집합적 단위이므로, 거버넌스에서 행위자들 간의 전략적 관계는 상호작용의 규칙, 행위의 지향, 이해관계의 충돌, 권력배치, 행위자들이 속한 조직 내에 확립되어 있는 규칙 등에 의해 영향을 받는다. 민주적인 정책입안을 방해하는 이러한 요소들이 서로 모순되고 상충하면서 힘을 발휘하지 못하도록 억제하는 것이 거버넌스의 기능이라고 할 수 있다.

거버넌스 목표

거버넌스는 국가 중심의 조정 양식이 한계에 처한 상황에서 국가, 시장, 시민사회 간의 협력을 통해 직면한 집합적 문제를 효과적이고 민주적으로 해결하는 것을 목표로 한다. 따라서 각 주체들의 영향력 정도에 따라 거버넌스는 다양한 모습으로 나타날 수 있다. 거버넌스 유형을 구분하는 여러 가지 방법이 있지만, 모든 유형에는 국가와 민간 행위자 참여가 반드시 포함된다. 최근에는 거버넌스의 메커니즘에 대한 연구가 주를 이루고 있으며, 거버넌스 이론의 적용과 제도설계 등의 측면에서 볼 때 거버넌스 조정과 관리 메커니즘에 따른 분류 방식이 도움이 많이 된다.

거버넌스 모형

거버넌스의 유형 또는 모형에는 어떤 것들이 있을까? 전통적으로 거버넌스의 모형은 정부와 참여 집단과의 상호작용 관계에 따라 여섯 가지로 구분하며, 여기에는 일방형 거버넌스, 특혜형 거버넌스, 집합형 거버넌스, 친화형 거버넌스, 통합형 거버넌스, 네트워크형 거버넌스, 별거형 거버넌스가 포함된다(전영평, 2003).

로도스(Rhodes, 1996)에 따르면 신거버넌스 모형은 여섯 가지로 구분할 수 있다(표 11.2).

표 11.2 신거버넌스 모형(Rhodes, 1996)

1. 최소 국가	시장에 대한 규제를 완화시켜 시장중심의 공공서비스를 제공하여 국가기능을 최소화시키고자 하는 정부이다.
2. 기업적 거버넌스	기업의 전반적인 방향 제시, 최고관리활동의 통제 등과 관련되며 이러한 기업의 관리철학이 공공부문에 도입될 경우 내부시장화, 상업적인 경영형태 등이 강조된다.
3. 신공공관리	신관리주의+신제도주의 경제학으로서 시장의 경영방식이나 유인체제를 공공부문에 도입하려는 것이다.
4. 좋은 거버넌스	나랏일을 관리하기 위해 정치권력을 행사하는 것으로 신공공관리와 자유민주주의를 결합한 것을 의미한다. 이에는 거버넌스의 체계적 사용, 거버넌스의 정치적 사용, 행정적 요소가 있다.
5. 사회적 인공지능체계	사회정치체계에서 모든 행위자들의 상호작용과 노력의 공통적인 결과로서 출현하는 하나의 사회적 인공지능체계를 의미한다.
6. 자기조직화 연결망	계층제와 시장의 중간지대로서 조직 간 연결망으로 정의하는 경우 이 연결망은 시장과 계층제의 권위에 의한 자원배분이나 통제 · 조정을 위한 거버넌스 구조를 보완한다.

글로벌 거버넌스

우리는 언제인가부터 지구촌이라는 말을 흔히 사용하고 듣게 되었다. 이 말은 우리가 하나의 마을에 살고 있는 공동체라는 긍정적인 메시지를 주지만 현실은 국가 차원을 넘어 지구적 차원에서 해결해야 할 새로운 문제들이 등장하고 있음을 암시하고, 그만큼 문제의 해결이 어려워지고 있음을 보여준다.

글로벌 거버넌스라는 개념은 국제적 차원에서 생겨나는 새로운 변화를 반영한다. 즉 개별 단위 국가의 범위를 완전히 넘어서는 초국가적 성격을 가진 문제들이 증가하고 새로운 비국가 행위자들이 등장하고 그에 따라 지구적 문제해결을 위한

2007년 인도의 아흐메다바드에서 열린 제4차 환경교육 국제회의모습

© 이재영

그림 11.3 전 세계에서 약 3,000명이 참석한 이 회의는 1972년 스톡홀름 회의의 결정에 따라 유네스코와 유엔환경계획(UNEP)이 공동으로 개최하고 있다. UNEP는 국제적인 환경 거버넌스의 하나라고 볼 수 있다.

권위와 능력이 지구정치(global politics)의 다양한 행위자에게 분산되면서, 이런 현상을 담아내기 위해 고안된 개념이다. 이러한 새로운 개념의 등장은 기본적으로 세계화 또는 신자유주의의 확산이라는 변화에 기인하며 국가중심의 국제정치 패러다임에 대한 중대한 변화를 요구하고 있다. 국제정치학의 다양한 이론들이 글로벌 거버넌스라는 새로운 개념에 대한 해석과 수용을 시도하고 있다.

원리 2 인간환경선언과 환경권

유엔인간환경회의

1972년 6월 5일 스웨덴의 수도 스톡홀름에서는 '하나 뿐인 지구(Only one Earth)'를 주제로 유엔이 주최하는 첫 번째 환경 회의인 '인간환경회의'가 개최되었다. 이 회의는 1968년 제4회 유엔경제사회이사회에서 스웨덴 정부가 제창한 이후 유엔 총회의 결의를 거쳐 준비된 회의로 구소련 등 공산권을 제외하고 세계 113개국에서 약 1,200여 명의 정부 대표가 참석하였고, 환경에 관한 중요한 선언과 권고가 합의되었다.

이 회의의 참석자들은 마지막 날에 환경권의 토대가 된 인간환경선언문을 채택하였다. 이 선언은 자연에 관한 인간의 인식을 근본적으로 바꾼 계기가 되었다는 점에서 훗날 학자들이 코페르니쿠스의 지동설에 비유하기도 한다. 좀 더 구체적으로 말하자면 그 이전까지 자연은 인간의 필요에 따라 이용할 수 있는 수단이나 인간의 욕망을 충족시켜 주는 자원에 불과했다면, 이 선언을 계기로 자연은 인간 생존의 토대이자 인간이 보호하고 지켜야 할 소중한 존재로 천명되었다.

이듬해인 1973년부터 사람들은 스톡홀름 회의 개막일이었던 6월 5일을 '세계환경의 날'로 지정하여 기념하고 있다. 우리나라에서는 1993년부터 민간환경단체 주도로 행사가 개최되다가 1996년 '환경의 날'을 법정기념일로 지정하였다.

인간환경선언

1972년 6월 스톡홀름에서 개최된 유엔인간환경회의에서 채택된 선언으로 건강한 환경이 인간 삶의 질의 토대가 된다는 관점에서 인간과 자연의 관계를 재인식하고, 자연을 보전하고 돌보기 위해 협력해야 한다는 원칙을 담고 있다. 이 선언은 전문과 26항의 원칙으로 되어 있으며, 전문에는 인간환경의 보호, 개선의 중요성, 개도국 · 선진국을 가리지 않고 각각의 입장에서 환경보전에 힘쓸 것을 강조하고 있다.

원칙 중에 인간은 최소한의 존엄과 복지를 누릴 수 있는 환경에서 자유, 평등, 적절한 수준의 생활을 영위할 기본적 권리를 갖는다라는 '환경권'을 선언하고 있다. 또한 천연자원과 야생동물의 보호, 유해물질의 배출규제, 해양오염의 방지, 개도국의 개발촉진과 원조, 인구관리정책, 환경문제에 관한 교육, 환경보전의 국제협력, 핵무기 등 대량파괴 무기의 제거와 파기를 촉구하고 있으며, 다시 한 번 환경에 대한 국가의 권리와 책임, 보상에 관한 국제법의 진전 등을 명기하고 있다.

시민들의 기본권이 된 환경권

그림 11.4 유엔인간환경회의의 결과로 인간환경선언이 채택되었고 안전하고 쾌적한 환경에서 살 권리가 인간의 기본권으로 천명되었다. (출처 : shutterstock)

환경권

정의

환경권(environmental right)이란 인간이 건강한 생활을 영위할 수 있도록 쾌적한 환경에서 생활할 수 있는 권리를 말한다. 인류는 생존을 유지하고 더 좋은 삶을 누리기 위해 자연으로부터 거의 모든 것을 얻어 왔으며, 그런 다양한 인간 활동은 크든 작든 자연환경에 영향을 미치게 되고, 때로는 오염과 파괴를 초래하였다. 그 결과 생태계가 훼손되거나 생물종이 사라지거나 서식지가 줄어드는 등 많은 변화가 나타났다.

환경훼손과 오염의 발생 원인은 주로 산업화, 도시화, 그리고 인구 증가로 여겨져 왔다. 1800년대 이후 자본주의가 정착되면서 공장을 중심으로 대량 생산 체제가 갖추어지고, 공장에서 일할 많은 노동자들이 도시로 몰리면서 도시는 더욱 커져갔다. 과학기술과 의학의 발달은 평균수명을 늘렸고 늘어난 인구는 더 많은 자원을 소비하고 더 많은 폐기물을 남기면서 지구에 더 많은 부담을 주게 되었다.

20세기 들어 **포디즘**과 **테일러리즘**에 기초한 대량 생산 체제가 완비되고, 1950년대 이후 미국을 중심으로 복지국가 모델이 확산되면서 대량 소비가 실현되었다. 세계대전을 거치면서 발달한 과학기술은 전 지구적 규모로 엄청난 양의 상품을 생산, 운반,

포디즘 포드주의라고도 하며, 일관된 작업과정으로 노동과정을 개편하여 노동 생산성을 증대시키는 체제로서, 1913년 헨리 포드가 컨베이어벨트로 생산 라인을 구축하여 자동차 산업에 혁명을 불러일으켰다.

테일러리즘 창안자인 테일러의 이름을 땄으며, 과학적 관리법이라고도 한다. 작업을 과업단위로 분류하고 과업을 최대한 빠르고 효율적으로 수행할 수 있도록 시간연구와 동작연구를 통해 작업수행을 표준화하여 효율을 극대화한다.

소비, 폐기하는 과정에 도입되었고, 공기, 물, 토양이 중금속 등 각종 오염물질로 뒤덮이면서 인간의 건강과 안전이 위험에 처하게 되었다.

환경권은 기본권의 하나로서 나날이 심화되어 가는 환경오염으로부터 벗어나 건강하고 쾌적한 생활을 영위할 권리를 의미한다. 세계 각국에서 환경권의 개념이 대두된 것은 1960년대 말 이후의 일이다. 자연환경의 오염에 맞서 인간다운 삶을 추구하기 위한 권리의 일환으로 환경권이 요구된 것이다. 인간다운 생활을 영위하기 위해서는 오염되지 않은 자연 속에서 건강한 삶을 누릴 수 있는 권리가 확보되어야 한다. 즉 좋은 삶을 누리기 위해서는 안전하게 숨 쉴 수 있는 공기, 마실 수 있는 물, 머물 수 있는 땅이 필수적으로 요구된다.

우리나라는 1972년 유신헌법에서 국가가 국토와 자원을 균형 있게 개발하고 이용하기 위한 계획을 수립할 것을 규정하고 있다. 또한 국가는 농지, 산지, 기타 국토의 효율적인 이용 · 개발과 보전을 위해 필요한 제한과 의무를 가할 수 있도록 규정하고 있다. 이들 규정은 국내의 자연환경과 천연자원에 대한 국가의 보호와 보전을 명문화하고 국가가 이에 따르는 일정한 제한과 의무를 부과하는 것을 주 내용으로 하고 있다.

우리나라의 헌법에서 환경권에 관한 규정을 처음 명시한 것은 1980년 헌법이다. 70년대의 헌법에서는 환경권이 생존권의 범주에 포함되는 것으로 보아 별도의 규정을 두지 않았으나, 1980년 헌법에 이르러 환경권을 명문화하고 국가와 국민에게 자연보전의 의무가 있음을 규정하였다. 1987년 개정 헌법에서는 환경권을 더욱 강하게 규정하고 있다.

환경권을 명시하고 있는 1987년 헌법 제35조의 규정은 다음과 같다.

1. 모든 국민은 건강하고 쾌적한 환경에서 생활할 권리를 가지며, 국가와 국민은 환경보전을 위하여 노력해야 한다.
2. 환경권의 내용과 행사에 관하여는 법률로 정한다.
3. 국가는 주택개발정책 등을 통하여 모든 국민의 쾌적한 주거생활을 할 수 있도록 노력해야 한다.

헌법 속 환경권의 개념과 법적 성질

우리나라 헌법상 환경권의 개념은 넓은 의미와 좁은 의미로 나누어 볼 수 있다. 넓은 의미로 볼 경우 환경권에는 모든 국민이 쾌적한 자연환경 속에서 살 권리뿐만 아니라 보다 좋은 사회적 환경 속에서 살 권리가 포함된다. 과거에는 환경을 자연생태계로 국한하여 보았지만 최근에는 환경을 개인의 삶의 조건을 형성하는 **사회생태체계**(social ecological system)로 보는 경향이 있으며, 이럴 경우에는 사회경제적 환경도 환경권에서 다룰 필요가 있다.

좁은 의미로 볼 경우 환경권은 쾌적한 자연환경 속에서 살 권리만을 의미한다. 우리나라 환경정책기본법은 환경권을 이보다는 넓은 의미로 파악하고 있다. 환경이란 자연환경뿐만 아니라 생활환경을 포함한 것이라고 보는 것이다. 여기에서 자연환경은 지하, 지표 및 지상의 모든 물건과 이를 둘러싸고 비생물적인 것을 포함한 자연의 상태를 말하고, 생활환경이라 함은 대기, 물, 폐기물, 소음, 진동, 악취 등 사람의 일상생활과 관계되는 환경을 말한다.

환경권이 처음 포함된 제5공화국 헌법공포식(1980년)

그림 11.5 1972년 스톡홀름에서 환경권이 인간의 기본권으로 선언된 이후 한국에서는 1980년 제5공화국 헌법에 처음 환경권이 포함되었다. (출처 : http://theme.rchives.go.kr/next/localSelf/middleEra.do?page= 4&eventId=0051553409)

사회생태체계 생태계와 사회체계의 상호작용과 복잡성을 통합적으로 다루기 위해 고안된 개념으로, 1990년대 초 미국의 정치경제학자인 오스트롬(Ostrom)에 의해 개념적 틀이 잡혔다.

헌법상으로도 환경권은 광의의 개념으로 파악되고 있다. 헌법 10조의 행복추구권, 35조의 건강하고 쾌적한 환경에서 생활할 권리와 쾌적한 주거생활에 관한 권리, 36조 3항의 보건에 관한 권리는 모두 환경권을 내포하고 있는 것이다(최윤철, 2005).

1980년 이후 우리나라 헌법에서 환경권을 규정하고 있음에도 불구하고 환경권의 법적 성질이 무엇인지에 대해서는 의견이 엇갈리고 있다. 예를 들어, 환경권이 1) 인간의 존엄권에 속한다고 보는 설, 2) 행복추구권에 속한다고 보는 설, 3) 생존권으로 보는 설, 4) 존엄권, 행복추구권, 생존권의 세 가지를 모두 포함한다는 설, 5) 생존권과 인격권의 성질을 가진다고 보는 설 등이 있다.

21세기 들어 지구적 환경위험이 커지고 있는 상황을 고려하여 환경권이 기본권으로서 인간의 존엄과 가치, 행복추구권에서 파생된 기본권으로서 생존권적 기본권에 포함된다는 관점에서 볼 때 환경권은 자유권적 성격과 생존권적 성격을 모두 갖는 것으로 볼 수 있다. 자유권적인 성격으로부터 환경침해배제청구권이 인정되고, 생존권적 성격으로부터 환경보호보장청구권이 인정된다. 그러므로 환경침해배제청구권은 자유권으로서 구체적인 권리이기 때문에 별도로 입법화되지 않은 경우에도 보장이 되지만, 환경보호를 요구하는 청구권은 추상적인 권리이기 때문에 법률에 명시되는 경우에 한해 구체적인 보장을 받을 수 있다.

유엔인간환경 선언

1972년 6월 5일부터 16일까지 스톡홀름에서 열린 유엔인간환경회의는 인간환경의 개선과 보존으로 세계인들을 이끌고 고무하기 위한 공통의 원칙과 전망의 필요성을 고려해 다음을 선언한다.

1. 인간은 인간에게 물질적인 생계수단을 제공하고, 지성적, 윤리적, 사회적, 그리고 정신적인 성장을 하게 해 주는 환경의 창조물이자 형성물이다. 과학기술이 급속히 가속화되면서 이 지구에서 인류의 길고 험난했던 진보는 인간이 무수한 수단과 전례 없는 규모로 환경을 변화시킬 수 있는 힘을 갖게 되는 정도의 단계에 도달하였다. 자연적이든 인위적이든 인간의 환경에 대한 양 측면은 인간의 안녕과 기본권의 향유, 생존권을 위해 없어서는 안 되는 것이다.
2. 인간환경의 보호와 개선은 인류의 행복과 범세계적인 경제발전을 위한 중요한 문제이다. 즉 인간환경을 보호하고 개선하는 일은 세계인의 절박한 소망이며 모든 정부의 의무이기도 하다.
3. 인간은 항상 경험을 쌓고, 새로운 것을 발견하고, 발명하고, 창조하며 발전시켜 나간다. 지금 이 시대에는 인간이 주위환경을 변화시킬 수 있는 능력을 지혜롭게 사용한다면 삶의 질을 향상시키는 기회와 발전의 혜택을 모두에게 줄 수 있다. 이 능력을 부주의하고 잘못되게 사용한다면, 인류와 인간 환경에 막대한 해를 끼칠 수 있다. 우리는 주위의 지구 여러 지역에서 위험한 수준의 물과 공기와 토양오염, 생물권의 생태학적인 불균형을 야기하는 심각하고 바람직하지 않은 장애들, 대체할 수 없는 자원의 파괴와 고갈, 인간이 만들어 낸 환경에서 특히, 생활과 작업 환경에서 인간의 신체, 정신, 사회 건강에 해를 끼치는 총체적인 결핍과 같이 인류가 만들어 낸 피해현상이 증가하는 것을 볼 수 있다.
4. 개발도상국 환경문제의 대부분은 저개발에 원인이 있다. 수백만의 사람들이 적절한 의식주, 교육, 건강, 위생의 부족으로 생존을 위해 요구되는 최소한의 수준보다 크게 못 미치는 수준에서 살고 있다. 그러므로 개발도상국들은 환경의 개선과 보호를 위한 필요성과 그 우선순위를 마음에 새기고 개발 노력의 방향을 설정해야 한다. 같은 목적으로 산업화 국가들

은 개발도상국들과의 차이를 줄이도록 노력해야 한다. 산업화된 국가에서 환경문제들은 일반적으로 산업화와 기술발달과 연관되어 있다.

5. 인구 수의 자연증가는 항상 환경보전을 위한 문제들을 나타낸다. 그러므로 이 문제들에 적절히 대처하기 위해 적절한 정책과 조치가 채택되어야 한다. 세상에서 가장 존귀한 존재는 인간이다. 사회적 진보를 추진하고, 사회복지를 창조하고, 과학기술을 개발하고, 근면한 노력으로 계속해서 인간환경을 변화시키는 주체는 인간이다. 사회화와 생산의 진보, 과학기술과 함께 환경을 개선하기 위한 인간의 능력은 나날이 향상된다.
6. 우리는 환경적인 결과를 위해 더욱 분별 있는 관심을 갖고, 세계 속에서 행동을 취해야 할 시점에 와 있다. 무지와 무관심으로는 우리가 살고 의존하고 있는 이 지구환경에 막대하고 돌이킬 수 없는 해를 입힐 수 있다. 반대로 더 많은 지식과 더 지혜로운 행동으로 우리는 인간의 필요, 소망과 더욱 조화를 이루는 환경에서의 더 나은 삶을 우리 자신과 후대에 전할 수 있다. 바람직한 삶을 창조하고 환경의 질을 증대하기 위한 폭넓은 전망들이 있다. 이를 위해 필요한 것은 열정적이지만 고요한 마음과 강렬하지만 정열적인 작업이다. 자연세계에서 자유를 이룩하기 위한 목적으로 인간은 자연과 협력하여 더 나은 환경을 만들기 위해 지식을 사용해야 한다. 현재와 미래 세대를 위해 인간환경을 지키고 개선하는 것은 세계경제사회발전과 평화의 기본적이고 확립적인 목표와 함께 모두 추구해야 할 인류를 위한 필수적인 목표이다.
7. 이 환경목표를 달성하기 위하여 시민, 집단, 기업과 단체 모두는 공통의 노력 안에서 공평하게 책임감을 나누어 가질 것을 요구받는다. 여러 분야의 기관들뿐 아니라 모든 계층의 개개인은 스스로의 가치와 공동 행동으로 미래 세계 환경을 형성해 나갈 것이다. 지역과 국가 정부들은 법령 안에서 대규모 정책과 행동으로 커다란 짐을 지게 될 것이다. 이 분야에서 책임을 수행할 개발도상국들을 지원하기 위한 수단을 늘리기 위하여 국제협력 또한 필요하다. 환경문제는 지역적이기도 하고 국제적이기 때문에 또는 공통국제영역에 영향을 미치기 때문에 많아지는 환경문제는 공통이익에 따른 국제기구들의 행동과 국가 간의 광범위한 협력을 요구하게 될 것이다.

이번 회의는 정부와 사람들에게 후대와 모든 인간의 이익을 위한 인간환경의 보전과 개선을 위하여 공통의 노력을 발휘할 것을 요구한다.

문제 탐구

탐구 1 환경난민

정의

환경난민은 환경파괴로 인해 발생하는 난민을 일컫는 말로, 기후변화나 인간의 영향에 의한 야기된 생태 환경의 변화로 인하여 발생한 난민(climate refugee, environmental refugee)을 포함한다. 세계적으로 급속히 진행되고 있는 산림파괴, 급격한 인구 증가로 인한 굶주림, 지구의 사막화, 가뭄 · 홍수 · 해일 등 자연현상과 인위적인 생태계 파괴 등에 따라 생겨난다.

환경난민 현황과 심각성

2010년 기준 전 세계 환경난민은 약 4,200만 명으로 추산되고 있으며, 2017년 상반

기후변화와 환경난민

그림 11.6 기후변화로 인한 홍수와 가뭄, 혹한과 혹서, 태풍과 폭설 등의 기상변화는 전 지구적으로 매년 수천만 명의 환경난민을 만들어 내고 있다. (출처 : shutterstock)

기에만 저개발국가에서 약 300만 명의 환경난민이 새로 발생한 것으로 추정하고 있다(IDMC, 2017). 2050년에는 약 10억 명의 환경난민이 발생할 것으로 예상된다. 환경난민에 대해 세계적으로 우려의 목소리가 있다. 예를 들어, 영국 옥스퍼드대 그린칼리지의 노먼 마이어스(Norman Myers) 교수는 "세계적으로 환경난민은 3,000만 명에 이른다. 이는 정치적 억압이나 종교적 박해, 종족 간 분쟁 등에 따른 이른바 '전통적 난민'이 2,700만 명에 이른다는 점과 비교할 때 상당한 규모"라고 주장하였다.

환경난민에 대한 국제적 정책

환경난민의 수가 급속히 늘어가고 있지만 현행 국제법 체계에서 난민의 지위를 인정받지 못하고 있다. 정치적인 이유로 발생한 난민의 경우 정부와 국제단체 등을 통해 재정, 식량, 교육 등의 면에서 원조를 받고 있는 반면, 환경난민의 경우 국제법상 인정되지 않으므로 원조가 거의 없다. 환경난민의 존재를 인정하고 수용할 수 있는 근거를 마련해야 한다.

환경난민의 유형별 사례

환경난민의 유형별 사례로는 해수면 상승 난민, 가뭄 난민, 홍수 · 태풍 난민, 한파 · 폭설 난민, 대기오염 난민 등을 예로 들 수 있다(대자연, 2017).

해수면 상승 난민

세계 인구의 40%는 해안으로부터 100km 이내에 살고 있으며, 약 1억 명 정도가 해발고도 1m 이내 지역에 살고 있음을 고려할 때, 지구온난화로 인한 해수면 상승은 인간의 거주 환경을 크게 바꿀 엄청난 비극이 될 가능성이 높다. 해수면 상승 위기의 대표적인 지역인 투발루와 관련하여 환경 및 기후 전문가들은 이산화탄소로 인한 지구온난화와 해수면 상승 문제가 해결되지 않고 지금처럼 간다면 2060년대에는 투발루 전 국토가 완전히 침수될 것이라고 전망하고 있다.

가뭄 난민

인도에서는 서부지역 가뭄 피해로 경작지의 68%가 사라졌고, 방글라데시에서는 동북부의 강수량이 40% 줄어 극심한 가뭄에 시달리고 있다. 몽골에서는 지난 40년 동안 1.92도 상승하여 현재 1,181개의 호수, 870개의 강, 2,277개의 샘이 증발하였고,

국토의 76%가 사막화 진행으로 인해 식물종 75%가 멸종되었고 앞으로 90%의 땅이 사막화될 것으로 예상된다. 그로 인해 20만 명의 난민이 발생하였는데, 이는 전체 인구의 1/10에 해당한다.

홍수 · 태풍 난민

방글라데시는 국토의 2/3가 홍수 피해에 시달리고 있고, 미얀마에서는 2008년 태풍으로 가옥 2만 채가 파괴되고 1,000만 명의 난민이, 버마에서는 150만 명의 난민이 발생했다. 네팔에서는 히말라야 빙하호 팽창 및 붕괴 위기로 어려움을 겪고 있으며, 20회 이상의 히말라야 빙하 홍수가 발생했다. 파키스탄에서는 2010년 국토의 20%를 침수시킨 태풍으로 주택 190만 채가 파괴되고, 3,180만 명의 난민이 발생했다.

한파 · 폭설 난민

2010년 2~4월까지 한파와 폭설이 아시아 내륙국의 2/3를 덮쳐 중국에서는 160만 명의 난민이 발생했으며, 몽골에서는 2만 명의 난민이 발생하고 600만 마리 가축이 기아로 사망했다. 2015년 1월 폭설로 인해 레바논과 요르단, 터키 등지의 난민촌에 머물고 있던 300만 명이 넘는 시리아 난민들이 추위와 굶주림으로 인해 위기 상황에 처했다.

대기오염 난민

중국에서는 2013년에 스모그가 25개 성, 100여 개 도시로 퍼져 6억 명이 피해를 입었다. 미세먼지 농도가 세계보건기구 기준치의 40배에 달해 폐렴, 호흡기 및 심혈관 환자가 급증하였으며, 97%의 지하수가 오염되었고, 학교 휴교 등의 문제 발생으로 인해 대도시를 떠나는 사람들이 많아졌다. 최근 들어 중국에서는 스모그 난민이라는 용어가 등장하였으며, 스모그 난민이 약 4억 6,000만여 명에 이르는 것으로 나타났다.

탐구 2 분쟁 사례 : 중동지역 물 분쟁 사례

한국수자원공사에 따르면 전 세계적으로 물은 인류에게 꼭 필요한 자원이지만 지구 곳곳에서 분쟁을 낳는 존재이기도 하다. 전 세계적으로 300여 개가 넘는 강들이 두

개 이상의 국가에 걸쳐 흐르고 있다. 우리나라도 남과 북에 걸쳐서 흐르는 하천으로 북한강과 임진강이 있으며, 이와 관련하여 평화의 댐 건설 등 소란이 있었다.

'메소포타미아'는 터키에서 발원해 이라크로 흐르는 티그리스강과 시리아를 거쳐 이라크로 흐르는 유프라테스강 사이의 지역에 있다. 이용할 수 있는 수자원의 부족은 중동 지역에서 마찰과 긴장의 원인을 제공하고 있다. 특히 인구 증가에 따른 농업 · 공업 · 경제 발전을 위해 수자원에 대한 수요가 증가하면서 분쟁 위험은 더욱 고조되고 있다. 물 부족은 각국의 경제발전에도 직접적인 영향을 준다.

티그리스강과 유프라테스강 유역에 물을 둘러싼 긴장이 고조되고 있다. 터키가 유프라테스강 유역을 개발하면서 시리아와 이라크가 반발하고 있다. 터키는 이미 1990년 아타튀르크 댐을 완공했고, 서너 개의 댐을 더 지을 예정이어서 갈등이 더 깊어질 것으로 보인다.

시리아와 이라크 물 분쟁 지역

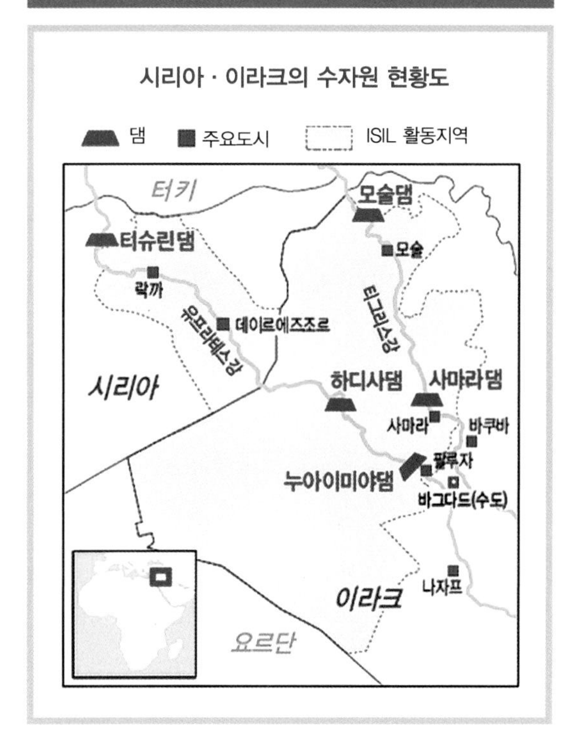

그림 11.7 상류에서 댐을 건설하여 물의 흐름을 차단하면 하류 지역에서는 물 부족으로 고통을 겪을 수밖에 없다. (출처 : 가디언)

건조한 이라크에서는 물이 석유보다 중요하다고 할 정도였고, 당연히 이라크의 주요 도시들도 두 강 근처에 자리 잡게 되었다. 시리아도 이라크 못지 않게 두 강에 기대 농사를 짓고 마실 물을 얻으며 산업을 일으켰다. 이제 시리아와 이라크는 티그리스 · 유프라테스 강물과 댐, 수로 등 물 공급을 누가 통제하느냐를 두고 분쟁상태에 있으며, 이 갈등은 물 분쟁과 종교 갈등이 겹치면서 상황은 더욱 악화되었다.

전문가들은 지금 이 지역에서 물 통제권을 둘러싸고 전쟁이 벌어지고 있으며, 물은 현재 이라크 내 모든 세력의 전략적 목표물이라고 진단한다. 물을 통제하면 바그다드를 장악할 수 있다는 말은 이 지역에서 주도권을 잡는 데 있어서 물 통제권이 얼마나 중요한지를 보여 준다.

문제 해결

해결 1 몬트리올 의정서

1980년대 중반 남극 상공의 오존층이 심각하게 파괴되고 있다는 사실이 연구결과와 실측 자료를 통해 확인되었다. 이를 토대로 국제사회는 오존층 보호를 위한 신속한 조치가 필요하다는 공동의 인식을 갖게 되었다. 1986년 9월 미국과 유럽공동체 등 주요 국가와 프레온 가스(CFCs) 생산업계 대표들이 미국에서 회의를 갖고 오존층 보호를 위해 프레온 가스의 생산, 소비 및 배출을 제한하기 위한 구체적인 규제조치가 필요하다는 합의에 도달하였으며, 이는 '오존층보호를 위한 비엔나협약'으로 이어졌다.

몬트리올 의정서

1987년 9월 캐나다 몬트리올에서 개최된 국제회의에서 24개국과 유럽경제공동체

환경문제 대처를 위한 지구적 협력

그림 11.8 오존층 파괴를 줄이기 위한 국제적인 노력은 몬트리올 의정서 협약으로 이어졌고, 과학자들은 이 협약이 준수되면 오존층이 회복될 수 있을 것으로 기대하고 있다. (출처 : shutterstock)

(EEC) 간에 '오존층 파괴물질에 관한 몬트리올 의정서'가 정식 국제협약으로 채택되었다. 본 의정서를 채택하기 전에 1986년과 1987년 비엔나 협약 서명국들 간의 두 차례 실무회의를 통해 오존층 파괴물질에 대한 구체적 규제안이 작성되었으며, 규제대상 물질의 범위, 생산과 소비의 규제 및 개도국의 우대 문제 등에 대해 합의하였다.

EU는 2003년에 오존층 파괴물질 수입자, 수출자 및 사용자에 대한 지침을 마련하여 수입 및 수출을 규제하고 협약 비당사국에 대한 수입과 수출을 금지토록 하였으며, 중국은 2006년부터 할론(Halon)의 제조 및 사용을 금지하기로 하고, 자동차, 가전업계에 대해 CFCs 사용을 중지하도록 하는 등 각 국가들이 오존층 파괴물질에 대한 규제를 강화해 나가고 있다(한국환경정책 평가연구원, 2004).

우리나라와의 관련성

우리나라는 1994년 이래 몬트리올 의정서 체제상 개도국 지위를 인정받아 개도국 특례조항에 따라 개도국의 감축 일정을 적용받았으며, 1999년부터 CFCs, Halon에 대해 단계적으로 감축하고, 2010년부터 생산 및 수입을 전면 금지하였다.

우리나라가 몬트리올 의정서 체제에 가입함으로써 부담하는 의무는 크게 의정서 제5조국(개도국)으로서 규제물질의 생산과 소비의 일정을 준수하고, 비당사국과의 규제대상물질의 무역을 금지하는 등 의정서상 무역제한조치를 준수하며, 규제대상물질의 생산량과 소비량을 매년 사무국에 보고해야 하는 것 등이다.

우리나라는 의정서의 가입 준비과정에서 규제대상물질의 생산 및 소비를 제한하는 국내 특별법 및 관련 행정조치를 마련함으로써 의정서의 국내적 이행을 위한 법적 제도적 장치를 마련하였다. 구체적으로는 1991년 1월 '오존층보호를 위한 특정물질의 제조규제등에 관한 법률'을 제정하고(법률 제4322호), 1992년 1월 1일부터 시행하고 있다. 또한 의정서의 준수를 위해 특정 물질의 제조 · 수입 및 판매를 규제하고 있고, 대체물질 및 그 이용기술을 개발하기 위한 기금을 조성하고 있으며, CFCs 등 특정 물질의 사용합리화방안을 추진하고 있다. 특히 1997년 1월부터는 CFC를 사용하지 않는 냉장고 등 제품에 대하여 환경마크를 부여함으로써 소비자들로 하여금 대체물질을 포함한 제품을 사용하도록 유도하는 등의 제도를 도입하였다(환경부, 2006).

오존층 파괴는 1990년대 초에 정점을 찍어 오존층 파괴율이 5%에 달했으나 2012

년에는 3.5%로 감소하였다. 우리나라에서도 기상청이 중심이 되어 1985년(연세대 기상청 위탁관측소)부터 성층권 오존 변화를 감시하고 있는데 원인물질인 CFCs의 농도가 지속해서 감소하고 있는 것으로 나타났다.

몬트리올 의정서의 효과

몬트리올 의정서가 채택된 이후 실제로 협약 가입국들은 협약을 성실하게 준수하고, 그 결과로 오존층 파괴가 둔화되거나 오존층이 회복되었다면, 이는 지구적 수준의 환경문제를 해결하기 위한 좋은 선례가 될 수 있을 것이다.

NASA에서는 향후 30년 동안 현 상태를 유지하면 오존홀 복구가 이뤄질 수 있을 것이라고 밝힌 것을 기준으로 본다면 실질적 규제가 적용된 1996년부터 49년의 시간이 걸려야 오존홀이 복구된다고 한다. 여기에서 복구라는 개념은 1980년 수준의 오존층 밀집도를 의미한다.

2012년에 의정서 채택 25주년을 맞아 평가한 결과에 따르면 오존층 파괴물질 감축으로 피부암, 백내장으로 인한 사망자를 수백만 명 줄이고, 수조 달러의 의료비용을 절감한 것으로 평가하고 있다. 비흑생성 종양(non-melanoma cancer) 1,900만 건, 흑색종암 150만 건, 백내장 1억 3천만 건이 감소한 것으로 평가되었고, 미국에서만 4조 2천억 달러의 의료비 절감 효과가 있는 것으로 보고되었다. 기후변화 대응에도 기여하여 1990~2000년간 2,500억 톤의 CO_2를 감축하는 효과가 발생했다고 한다(유엔환경계획한국위원회, 2005).

해결 2 국제개발협력과 공적개발원조

지속가능발전목표(SDGs) 17은 글로벌 파트너십(global partnership)의 강화이다. 글로벌 파트너십이란 점차 복잡해지고 다각화되고 있는 국제개발협력 관련 각종 쟁점과 문제에 효과적으로 대응하기 위해 개발재원 마련, 공공 · 민간 부문에서의 새로운 재원 확보, 포용적 파트너십 등을 달성하기 위해 보다 포괄적인 범위에서 다양한 이행수단을 동원하여 범세계적인 파트너십을 구축하려는 시도를 나타낸다(박예린, 박인혜, 2015).

그림 11.9 한국은 한국 전쟁이 끝난 뒤 외국으로부터 각종 원조를 받았지만 이제는 많은 나라를 지원하는 상황으로 바뀌게 되었다.
(출처 : http://www.odakorea.go.kr)

국제개발협력과 공적개발원조

국제개발협력(International Development Cooperation)이란 선진국–개발도상국 간, 개발도상국–개발도상국 간, 또는 개발도상국 내에 존재하는 개발 및 빈부의 격차를 줄이고, 개발도상국의 빈곤문제 해결을 통해 인간의 기본권을 지키려는 국제사회의 노력을 의미한다. 과거에는 개발원조(Development Assistance), 국제원조(Foreign Aid), 해외원조(Overseas Aid) 등의 용어가 유사한 의미로 사용되어 왔으나, 최근에는 개발도상국과의 포괄적 파트너십을 통한 '협력'이 강조되면서 국제개발협력이라는 용어가 주로 사용되고 있다.

공적개발원조(Official Development Assistance, ODA)는 한 국가의 중앙 · 지방정부 등 공공기관이나 원조집행기관이 개도국의 경제개발과 복지향상을 위해 개도국이나 국제기구에 제공하는 증여 또는 양허성 차관으로 정의된다.

공적개발원조란 정부를 비롯한 공공기관이 개발도상국의 경제발전과 사회복지 증진을 목표로 제공하는 원조를 의미하며, 개발도상국 정부 및 지역, 또는 국제기구에 제공되는 자금이나 기술협력을 포함하는 개념으로 정의할 수 있다. 이와 같은 ODA의 정의는 경제협력개발기구 개발원조위원회(OECD DAC)가 1961년 출범한 이후 통일되어 사용되고 있다.

녹색 ODA의 기준과 개념 구분

ODA가 녹색(친환경) ODA가 되기 위해서는 몇 가지 조건을 충족해야 한다. 먼저 화석연료의 사용을 축소하고 환경 친화적인 기술과 산업을 경제성장의 동력으로 육성함으로써, 지속가능한 발전을 도모해야 하고, 에너지 · 자원 이용의 효율성을 높이고 자원순환을 촉진하는 경제 · 사회구조로 전환을 추구해야 한다. OECD 개발원조위원회의 주요 공여국들은 환경적 고려를 적극 반영하여 원조사업을 추진 중이다. 예를 들어 일본과 북유럽국의 경우, 친환경 원조 비중이 30~50% 수준이다. 녹색 ODA의 개념은 다음과 같이 네 가지로 구분할 수 있다(기후변화정책연구소, 2012).

- **환경에 대한 원조** : 수원국, 지역 혹은 목표 집단의 물리적 · 생물학적 환경 개선을 가져오는 활동이며, 제도 구축 및 역량 개발을 통해 환경적 고려를 개발 목표에 통합시키는 구체적인 활동을 말한다.
- **생물다양성 관련 원조** : 생물다양성의 보존, 생물다양성 구성요소의 지속가능한 활용, 그리고 유전자원 활용 혜택의 공정하고 형평성 있는 분배를 촉진하는 활동을 말한다.
- **기후변화 관련 원조**(완화, 적응) : 기후변화를 완화하기 위해 온실가스 배출을 감축 혹은 제한하는 활동이거나 기후변화 적응을 위해 적응 · 회복 능력을 유지, 증대하는 활동을 말한다.
- **사막화 관련 원조** : 건조, 반건조 및 반건조 습윤지역의 사막화를 방지하거나, 가뭄으로 인한 영향을 완화하는 활동을 말한다.

유엔 기후변화협약은 지구환경기금(GEF), 특별기후변화기금(SCCF), 최빈국기금(LDCF) 등을 활용하여 개도국을 지원한다. 2010년 12월 제16차 당사국총회에서는 최초의 기후변화 특화기금인 녹색기후기금(GCF) 설립에 합의('20년까지 연간 1,000억 달러 조성)한 바 있다. 기타 유엔, 세계은행 등도 개도국 기후변화대응지원 기금을 운영하고 있다(예 : 유엔의 산림전용방지 온실가스 감축, 세계은행의 산림탄소파트너십, 기후투자기금).

우리나라의 대응방안

우리나라는 과거에 개발원조 또는 개발협력 사업의 수혜국이었고, 이제 지속가능한 발전 목표를 달성하기 위해 국제적인 역할을 요구받고 있다. 글로벌 파트너십의 확대 과정에서 우리에게 요구되는 것은 기존의 글로벌사회공헌 프로그램, 시민사회 협력프로그램 등뿐만 아니라 민간부문의 창조적 기술과 아이디어를 반영하여 혁신적인 개발협력 사업을 추진하기 위한 개발행동 프로그램을 통해 창의·혁신적인 파트너십 구축 및 사업효과성을 제고하는 것이다.

정부는 글로벌 파트너십의 확산에 대비하여 통계 데이터의 투명성과 정확성을 확보해야 한다. 아울러, ODA와 민간재원의 연계 등 개발재원 다각화, 무역을 위한 원조, 개도국 및 취약국에 대한 과학기술 및 혁신 전파를 위한 각종 연구 및 사업개발 노력을 강화해야 한다. 특히 지속가능발전목표에 대한 충실한 이해를 바탕으로, 기후변화 등 지구적 환경변화에 주도적으로 대응하는 전략을 도입해야 한다.

동남아시아 지역 대상의 녹색 ODA 사업

그림 11.10 최근 베트남, 미얀마 등 동남아시아의 지역을 대상으로 홍수나 가뭄 등 기후변화로 인한 자연 재해를 예방하기 위한 녹색 ODA 사업이 진행되고 있다. (출처 : shutterstock)

현장 적용

적용 1 미세먼지

현황

환경부는 중국발 미세먼지가 우리나라 미세먼지 오염에 미치는 영향이 절대적이라고 밝혀 왔다. 중국발 미세먼지로 인해 평균 30~50%, 고농도일 때는 60~80%이며 86%까지 높아진다고 주장했다. 중국발 미세먼지가 한국에 영향을 준다는 사실은 학술적으로나 국제사회에서 논란의 여지가 없다. 온실가스나 오존층 관련 국제 협약의 경험 등을 통해 어느 나라에서 배출되는 대기오염물질이든 전 지구적으로 영향을 미친다는 사실은 의심이 여지가 없다.

동북아 지역에 국한해서 볼 때, 중국으로부터 발생하는 오염물질의 총량이 많고

동아시아 환경문제 해결을 위한 한중일 환경부 장관 회의(TEMM)의 하위 영역인 환경교육 회의

ⓒ이재영

그림 11.11 이 회의에서는 미세먼지나 해양오염 등 지역의 환경문제를 다루고 교육을 통한 해결책을 모색한다.

서풍의 영향이 크기 때문에, 중국발 미세먼지가 한국에 영향을 미친다는 주장은 일리가 있다. 심지어 중국학자들도 논문을 통해 중국발 미세먼지가 한국, 일본, 미국과 유럽까지 영향을 미칠 수 있다는 연구결과를 제시하고 있다.

중국발 미세먼지의 과학적 측정

공기 중으로 오염물질이 확산, 이동하는 과정을 추적하기는 매우 어렵다. 왜냐하면 확산, 이동 과정에서 오염물질은 점점 희석되고 그 과정 역시 다양한 요소에 의해 영향을 받기 때문이다. 이때 고려해야 할 중요한 요소들에는 단위 시간당 배출되는 오염물질의 양, 배출가스 온도, 배출고도, 풍향, 풍속, 대기안정도, 기온, 확산고도 등이 포함된다(장재연, 2017).

대기 중 오염물질의 이동과 확산에 관한 모델링을 어렵게 하는 것은 영향을 미치는 요소가 많은 것만이 아니다. 이들 오염물질은 대기 중에서 화학반응에 의해 생성되고 분해되며, 다른 물리적 현상으로 흡착되어 공기 중에서 제거된다. 배출원이 고정된 장소인지, 이동하면서 배출하는지, 또는 넓은 지역에서 소량씩 발생하는 면오염원인지에 따라 배출 특성이 달라진다.

대기질 예측 모델은 오염물질의 공간적 · 시간적 농도 변화를 계산하기 위해 수학방정식을 이용한다. 어떤 모델의 신뢰성은 모델이 보여 주는 값과 실제 세계가 얼마나 가깝고 일치하는지에 달렸다. 그래야만 앞으로 일어나게 될 변화도 제대로 예측할 수 있다. 하지만 대기질은 유동성이 워낙 크기 때문에 모델 추계의 불확실성이 매우 크고 오차도 클 수밖에 없다.

표 11.3 세계보건기구가 권고하는 대기환경 기준

연평균	미세먼지(PM_{10})	초미세먼지($PM_{2.5}$)	각 단계별 연평균 기준 설정 시 건강영향
잠정목표 1	70	35	권고기준에 비해 사망 위험률이 약 15% 증가 수준
잠정목표 2 (우리나라 적용)	50	25	잠정목표 1보다 약 6%(2~11%) 사망위험률 감소
잠정목표 3	30	15	잠정목표 2보다 약 6%(2~11%) 사망위험률 감소
권고기준	20	10	심폐질환과 폐암에 의한 사망률 증가가 최저 수준

출처 : 환경부(2016)　(단위 : $\mu g/m^3$)

반면에 대기질 예측 모델은 수학식으로 표현되기 때문에 연구자가 임의대로 입력 변수를 취사선택하거나 변형하면 마치 예측력이 매우 높은 것처럼 보이는 결과값도 만들어 낼 수 있다. 방정식을 구성하는 각 변수들을 채울 신뢰할 수 있는 데이터를 확보하는 것이 가장 중요하고, 특히 오염물질 발생원 자료와 기상자료를 확보하는 것이 필수적이다.

따라서 여러 나라에서 오염물질이 발생하고 대기의 흐름에 따라 그 물질들이 이동할 때 어떤 한 국가에 미치는 영향을 정량적으로 평가하기 위해서는 주변 국가들과의 공동연구는 불가피하고 어쩌면 유일한 방법이라고 할 수 있다. 특히 각종 오염 발생원에 대한 자료는 기업 등에게는 기밀자료에 가깝기 때문에 정부의 도움이 없이는 확보하기 어렵다.

한중 환경외교의 걸림돌

2001년부터 동아시아 환경문제를 다루기 위해 한중일 환경장관회의가 열리고 있으며, 황사와 미세먼지는 회의가 열릴 때마다 항상 잠재적인 주제였다. 중국으로부터 날아오는 미세먼지가 우리나라에 미치는 영향을 정량적으로 평가하려면 중국 측 오염 발생원에 대한 자료가 꼭 필요한데, 이 과정에서 중국의 협조나 중국과의 공동연구는 필수적이다.

미세먼지의 장거리 이동에 따른 영향을 모델링하는 것은 기술적으로 매우 어렵다. 따라서 현재와 같이 중국의 협조가 없는 상태에서 중국발 미세먼지가 우리나라에 미치는 영향을 정확하게 평가한다는 것은 불가능에 가깝다.

환경과 관련하여 지구적 수준에서 다양한 문제가 발생하고 있으며, 이 문제를 해결하기 위해 글로벌 거버넌스를 포함한 다각도의 협력이 이루어지고 있다. 지구적 환경문제는 매우 복잡하기 때문에 이런 문제에 대응하는 인류의 대응체계 역시 유연하고 통합적이어야 한다. **세방화**라는 말은 지구적 환경문제를 해결하기 위한 참여와 실천이 결국 각자가 속한 지역과 마을에서부터 시작되어야 한다는 것을 뜻한다.

세방화 세계화와 지방화를 합친 말로서 소니의 창업자인 모리토 아키오가 만든 신조어이다.

실습 과제

과제 1 다국적 기업의 생물다양성 파괴

'몬산토(Monsanto)'는 사카린을 납품하는 화학회사로 출발해 베트남전쟁에서 군용 고엽제를 미군에 공급하였다가 이후 농업회사로 변신하였다. 오늘날 유전자재조합식품(Genetically Modified Organism, GMO) 산업을 대표하는 초국적기업이 되었다. 유전자 조작을 통한 종자 개발을 주도하는 대표적 기업인 몬산토는 1902년부터는 카페인과 바닐린을 생산하면서 규모를 키웠고, 1917년부터는 아스피린도 제조하기 시작했다. 1950년대에 이르러서는 유럽에도 진출하여 다국적 종합화학 제조 기업으로 성장하였다(로뱅, 2009).

레이첼 카슨이 '침묵의 봄'이라는 책을 통해 제초제와 살충제의 위험성에 대해 경고하고, 케네디 대통령과학자문위원회가 그 위험성을 확인한 뒤 몬산토는 전략을 바꿔 자신들의 제품을 친환경적이라고 선전하였다.

다국적기업들이 추구하는 것은 생물다양성의 보전이나 시민들의 좋은 삶이 아니라 이윤의 극대화이다. 따라서 그들은 수단과 방법을 가리지 않고 효율성을 추구하며, 돈벌이가 되는 특정한 시스템에만 관심을 기울일 뿐 전체 시스템에 미치는 영향에 대해서는 관심도 없고 이해할 능력도 없다. 과학자들에 의해 실험실에서 만들어지고 검증된 화학물질의 위험성이 차후에 발견되고 특정한 생물(잡초나 해충)을 제거하기 위해 만들어진 물질이 전체 생태계와 사람들에게 예측하지 못했던 문제를 일으킬 수 있다는 사실이 확인되자 어느 한 지역에서 오랫동안 전해 내려오고 있는 전통생태지식에 대한 관심이 높아지게 되었다.

1. 우리나라의 식량 자급률이 얼마나 되는지 조사해 보자. 특히 쌀을 제외한 농산물의 자급률이 얼마나 되는지 대표적인 농작물 별로 조사해 보자.
2. 그 농작물의 주 수입국이 어디이며, 이 농작물은 주로 누가 생산하고 있는지 알아보자.
3. 지구적인 수준으로 농산물을 생산하는 기업이 유전자재조합 기술을 얼마나 적

용하고 있는지 확인해 보자.

4. 이와 같은 변화 추세가 지구 전체의 생물다양성에 어떤 영향을 미치고 있으며, 이를 막기 위한 국제적 노력은 어떻게 진행되고 있는지 조사하고 발표해 보자.

과제 2 전통생태지식과 생물다양성

전통생태지식이란 어떤 지역에 살고 있는 사람들이 자신을 둘러싸고 있는 환경과 오랜 시간에 걸쳐 상호작용하면서 발견하고 기록하고 전수해 온 지식들을 말한다(Kassam, 2009). 대학에서 가르치는 일반적이고 보편적인 지식들과는 구분된다.

인류학자 등에 의해서 전통생태지식은 지역공동체의 웰빙과 생존, 지속가능한 자원 이용, 환경보전, 장기적인 생태변화에 대한 분석과 모니터링에 있어 중요한 열쇠로 인식되어 왔다. 사회, 경제, 정치, 문화적인 변화가 이러한 전통적인 생태지식 및 지역의 생태계와 생물다양성과의 관계에 지대한 영향을 끼쳐 왔다. 전통지식은 주류 지식체계에 동화되고, 배척되고, 파괴되었으며, 이 과정은 지역의 경제가 대규모 경제에 포섭되고, 정치적으로 예속되고, 의사결정과 자율성이 빼앗긴 역사와 무관하지 않다(Maffi & Woodley, 2010).

언어는 문화를 구성하는 중요한 부분이다. 문화는 대개 학문, 예술, 종교를 근간으로 한다. 그렇지만 이런 고등한 문화의 바탕에는 인간이 갖고 있는 고유한 능력이자 인간을 인간으로 형성되게 하는 핵심적인 요소로서 언어의 중요성을 충분히 반영하지 못할 위험이 있다. 인간은 자신의 전통적 생태지식을 언어의 형태로 기억하고, 기록하고, 전수한다(Meya, 2006). 따라서 어떤 지역의 생물문화적 다양성을 유지하는 데 있어서 결정적인 역할을 한다. 지역의 언어와 지역의 전통적 생태지식이 분리될 수 없기 때문이다. 그런데 최근 전 세계의 토착 언어들이 급속하게 사라지고 있다.[1] 예를 들어, 산업단지나 관광단지를 개발하기 위해 갯벌을 매립하고, 갯벌이 사라지면서 갯벌에서 백합조개를 잡는 활동이 중단되면서 조개를 잡기 위해 사용하던 많은 도구들(그레)과 채취과정에서 사용되던 많은 고유한 언어들이 사라지는 것이다.

---

[1] 최근의 보고에 따르면 현존하는 전 세계 약 7,000가지 언어 중 약 절반이 사라질 위기에 있다고 한다(Wurm, 2001). 그리고 2100년이 되면 그중에서 90%는 사라질 것으로 예상하고 있다(Krauss, 1992).

1. 농작물이나 채소를 부르는 이름이 지역에 따라서 어떻게 다른지 조사해 보자.
2. 영화 '남한산성'을 보면 '꺽지'라는 물고기는 민들레가 필 때 잡을 수 있다는 이야기가 나온다. 이렇게 마을이나 지역에서 전해 내려오는 환경지혜에는 어떤 것들이 있는지 알아보자.
3. 우리나라에서도 생물다양성 협약에 대응하기 위해 전통생태지식으로 수집하고 보전하기 위한 노력이 진행되고 있다. 농촌진흥청 홈페이지를 방문하여 관련된 자료를 조사하고 발표해 보자.

지역의 전통생태지식을 활용한 환경교육 프로그램

그림 11.12 아이들은 지역의 어른들로부터 자연과 문화에 대해 배우고 언어적 다양성을 경험하게 된다. 노인들도 아이들에게 자신의 지식과 경험을 전수하는 의미 있는 활동에 참여할 수 있다(김억수, 2015).

훼손된 백두대간 복원 프로젝트 백두대간의 산림을 심각하게 훼손한 석회석 노천광을 복원하기 위한 프로젝트에 참여한 시민과 학생들의 모습

제12장

환경문제, 쟁점과 프로젝트

대표 사례

까치집 조사 프로젝트

요즘 학생들은 자연을 느끼거나 관찰할 기회를 상실하여 자연 생태계는 산속이나 TV 속에서나 있을 것이라 생각하는 경향이 있다. 또한 주 5일 수업으로 인해 엄청나게 많아진 체험학습 활동들도 일회성이거나 일상의 삶과 연계되지 않는 경우가 많아 학생들의 삶에 큰 변화를 주기가 어려운 실정이다. 이러한 현실에서 오래전부터 우리 민족이 길조로 여겨온 까치의 둥지를 조사하는 모니터링 프로그램을 통해 손쉽게 자연 체험의 기회를 제공함과 동시에 학생 스스로 주변의 생태계에 관심을 갖는 계기를 갖게 할 수 있다. 또한 신도시 건설로 조성된 판교 지역의 새로운 환경이 까치의 생태에 어떠한 영향을 미치는지 판교 지역 내 까치 둥지 조사과정을 통해 알아볼 수 있다(그림 12.1).

학생들은 자기 주변의 자연생태를 지속적으로 모니터링하는 경험을 통해 주변 환경에 대한 관심을 가질 수 있다. 또한 문제중심 학습의 형태로 수업을 진행하여 학생

ⓒ이재영

그림 12.1 판교 신도시 지역에서 고등학생들이 까치집의 분포를 조사하여 조류의 영토성에 대해 밝혀낸 사례로, 그림에서 푸른 점은 발견된 까치집의 위치를 나타낸다(조경준, 2008).

표 12.1 프로젝트 수행절차

단계	내용	주요 활동
준비	사전조사	• 장비, 도구 구입완료, 디지털 지도 확보 • 관련 논문 조사 • 참여 학생 최종 확정 및 오리엔테이션
	예비조사	• 조사방법과 절차 매뉴얼 작성 • 3인 1조 모둠 구성 및 역할 분담 • 조사과정 시 유의사항 대비
조사	현장조사	• 구역별 주간 세부 달성목표 설정, 조사 실시
분석	조사결과 입력 및 분석	• 종이지도, 디지털 지도상에 둥지 위치 표시 • 기록한 내용과 사진을 넣어서 자료 구축 • 둥지의 분포, 나무 특성, 까치집의 크기 등 분석
평가 및 정리	평가 및 보고서 작성, 발표	• 참여 학생, 참관 교사, 지도교사의 평가 • 환경교육학회, 환경생태학회, 생물교육학회 등 발표

스스로 모니터링을 통해 얻어진 과정과 결과를 까치와 관련된 문제를 해결하기 위한 방안을 제시하는 데 사용하도록 한다(표 12.1). 그 결과 학생들은 자기 주변에서 생기는 문제에 대해 관심을 가지게 되고 나아가 환경문제가 생기는 원인과 그 해결방안에 대해 고민해 볼 수 있다. 이러한 경험을 통해 비단 까치뿐만 아니라 우리 주변에서 일어나는 많은 환경문제에 대해서 비판적인 시각을 가지고 문제를 바라보며 그것을 해결하기 위한 다양한 방법을 모색해 볼 수 있도록 할 수 있다.

프로젝트를 수행한 방법은 위치 확인을 위해 GPS(지구상 위치파악 시스템) 수신기를 이용하여 까치집의 경도값과 위도값을 구한다. 다양한 방법으로 까치집이 위치한 나무와 둥지의 높이를 측정한다. 특히 까치집의 높이를 계산하기 위해 삼각함수 공식을 이용하여 측정한다. 나무의 수종은 식물도감을 이용하여 확인하고 전문가의 자문을 통해 체크한다. 흉고직경자를 이용하여 나무의 흉고직경을 측정한다.

시사점

이 사례는 청소년들에게 지역의 생태와 환경문제를 이해하고 해결하기 위해 자기 지역에서 모니터링을 실시하면서 인터넷을 포함한 정보통신기술을 활용하여 정보와 자료를 공유하고 문제해결을 위한 공통의 아이디어를 도출하는 과정에 참여할 수 있는 기회를 준다. 과학적인 탐구 활동을 기반으로 학생들이 직접 조사결과를 발표함으로써 문제해결의 주체가 될 수 있다는 자신감을 준다. 다만, 지속가능발전과 환경문제의 복잡성을 고려할 때 사회, 문화, 경제적인 측면에 대한 더 깊은 탐구와 고려가 필요하다.

핵심 질문

1. 환경문제와 쟁점을 통합적으로 이해하는 데 있어서 환경 프로젝트가 왜 중요하고 의미 있는 접근법인가?
2. 환경 프로젝트의 특징과 진행 과정은 어떻게 되고, 기존의 과학기술적 접근의 한계를 뛰어넘어 지속가능한 사회를 구현하기 위해서는 어떤 노력이 필요한가?

환경 프로젝트의 결과로 학생들이 그린 로고

그림 12.2 인간을 포함하여 모든 생물들의 상호의존성을 나타낸다.

원리 탐구

원리 1 문제와 쟁점

환경문제와 환경쟁점

우리는 환경문제와 환경쟁점이라는 말을 자주 섞어서 사용한다. 두 용어 사이에 유사점이 있지만 엄밀한 의미에서는 차이가 있는데, 그 차이를 무시하고 사용하는 경우가 종종 있다. 남상준 외(1999)는 가치 태도 교육, 의사결정 교육, 참여적 기능의 함양을 의도하는 환경교육에서 지식이 갖는 가치를 두 가지로 요약하면서 환경문제와 환경쟁점을 구분하여 설명하고 있다. 그들에 따르면, 환경문제는 개선, 해결을 요구하고 있는 어떤 바람직하지 않은 상태를 말하며, 환경쟁점이란 문제에 대하여 여러 가지 해결 방안이 제시되고 있으나, 어떤 것을 택할 것인지에 대한 합의가 형성되어 있지 않은 상태를 의미한다. 이런 점에서 환경문제에 대한 논의는 상당부분 쟁점적인 것이다.

문제와 쟁점에 대한 위와 같은 구분이 유용한 관점을 제시하고 있는 것은 분명하지만, 충분하다고 말하기는 어렵다. 왜냐하면 위의 설명에 따르면 문제는 상황 인식과 관련되고, 쟁점은 해결책과 관련된다는 식으로 절차적인 측면에서 구분하고 있기 때문이다. 쟁점을 이미 문제라고 받아들여진 어떤 상황에 대해 합의된 해결책이 부재하는 상황으로 정의하게 되면, 어떤 상황이 어떤 이에게는 문제로 인식되고 다른 이에게는 문제로 인식되지 않아서 발생하는 쟁점 상황을 포함하지 못하게 되기 때문이다.

어떤 상황이 문제인지에 대한 판단은 목적과 해결책에 의해 상대적으로 결정된다. 앞서 문제를 정의하면서 '바람직하지 않은'이라는 술어로 설명했는데, 바람직하지 않다는 판단은 어떻게 가능한가? 어떤 대기 상황이 문제인지에 대한 판단, 즉 대기 상황이 바람직한가 그렇지 않은가에 대한 판단은 아마 사람들이 특정한 대기오염물질에 상시적으로 노출되었을 때 어느 정도 위험에 노출되는지에 따라 결정되어야 할 것이며, 적정 노출 수준을 실증적 연구를 토대로 정한 것이 환경기준치일 것이므로 실제로 기준이 되는 것은 기준치인 숫자 자체가 아니라 허용할 수 있는 건강상의 위험 수준인 셈이다.

우리는 환경문제를 해결하기 위해 넘어서야 할 장벽을 체계적으로 분석하기 위한 AKTESP이라는 개념적 틀을 적용할 수 있다(트루질, 1996). AKTESP은 의견일치(Agreement), 지식(Knowledge), 기술(Technology), 경제적(Economic), 사회적(Social), 정치적(Political) 장벽을 의미한다. 어떤 상황이 문제인지에 대한 판단은 주로 의견일치의 장벽과 지식의 장벽에서 다루어진다. 우리가 어떤 상황을 문제 상황으로 받아들이기 위해서는 최소한 다음과 같은 다섯 가지 질문, 즉 1) 상황이 존재하는가? 2) 그 상황이 문제인가? 3) 그렇다면 누구에게? 4) 얼마나 심각한가? 5) 문제의 원인을 알고 있는가? 등에 대답할 수 있어야 하며, 이 모든 질문은 의견일치의 장벽과 지식의 장벽과 관련이 있다.

환경문제, 목표와 해결책의 관계

우리는 모든 환경문제에 대한 해결책을 알고 있는가? 어떤 상황이 문제라고 느끼더라도 그 문제에 대해 해결책을 알지 못하거나 결국 알아내지 못할 것 같은 경우에도, 우리는 그 상황이 문제라는 것을 거부하는 경향이 있다. 환경문제의 해결책은 문제를 어떻게 규정하는지, 그리고 목표를 어떻게 설정하는지에 따라 달라질 수 있다(그림 12.3).

환경문제, 목표, 해결책의 관계

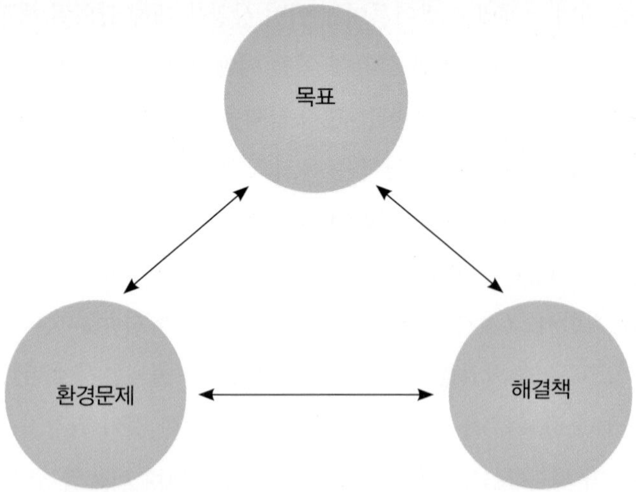

목표

환경문제

해결책

그림 12.3 무엇이 문제인지는 목표 설정과 해결책 채택 과정에 따라 달라질 수 있다.

원리 2 프로젝트

프로젝트의 정의와 종류

프로젝트는 계획된 결과물을 만들어 내기 위해 이루어지는 특정 기간 동안의 집중적인 노력을 의미한다. 많은 경우 프로젝트는 의미 있는 질문에 대한 답을 찾아 제시하거나, 달성해야 할 구체적인 목표를 이루어 내는 과정을 통해 진행된다.

프로젝트는 흥미로우면서 배울 필요가 있는 중요한 주제와 관련된 활동에 참여하도록 계획된 집중적인 과정으로 정의할 수 있다. 많은 경우 프로젝트에는 어떤 주제를 깊이 있게 탐구하고 의미 있는 결과물을 만들기 위해 두 명 이상이 함께 참여하여 노력하게 된다.

프로젝트 학습법의 역사는 100년이 훨씬 넘는다. 프로젝트를 통한 학습은 1830년대 코베트가 당시 학생들이 학교에서 실생활과 무관한 주입식 교육을 받는 데 불만을 품고 자신의 가정에서 실생활에 필요한 활동을 통한 교육방법을 시도한 것이 시초라는 설이 있다(환경과 녹색성장교육과정개발팀, 2010).

프로젝트라는 용어가 교육에 처음 등장한 것은 1900년 컬럼비아대학에서 학생들의 공작학습에 활용한 것이라고 하며, 그 후 메사추세츠 농업학교에서 가정학습 과제로 'home project'라는 용어를 사용하면서 일반화되었다(김경식 외, 1993). 최소한 지난 1세기 동안 듀이를 비롯한 교육전문가들은 경험학습, 실천학습, 학생주도학습의 장점과 효과를 지속적으로 끌어내기 위하여 프로젝트와 유사한 학습을 강조해 왔다.

표 12.2 프로젝트의 종류

- 수집 프로젝트 : 곤충, 낙엽, 사진 등 특정 주제나 영역에 해당하는 것을 수집
- 설계 프로젝트 : 새로운 기술을 발명하거나 독창적인 해법 제시
- 설치 프로젝트 : 설계한 바를 실제로 만들어서 설치
- 연구 프로젝트 : 연구 질문을 세우고 정보를 수집하여 답을 찾음
- 탐사 프로젝트 : 미지의 장소를 탐사
- 봉사 프로젝트 : 타인이나 공동체에 대한 봉사
- 감사 프로젝트 : 학교나 가정의 에너지 감사와 같이 기본적 자료를 수집하여 평가
- 포트폴리오 : 습득한 지식이나 기능을 나타내는 결과물의 모음 구성
- 역할놀이 : 실제 세계의 경험을 대신하는 모의재판, 모의선거 등

미국에서는 1960년대 자유학교운동(free school movement)과 1970년대 인간중심교육이 대두되어 지적 교육과 인성 교육이 균형을 이루는 교육에 관심이 높아졌고 이 과정에서 프로젝트법에 대한 관심도 함께 높아지게 되었다(김재복, 1987).

프로젝트 학습법의 바탕에는 학습자가 주어진 정보에 수동적으로 반응하는 것만이 아니라 그들이 가진 지식을 적극적으로 활용하여 새로운 지식을 탐구하고 협상하고 해석하고 재창조하며, 스스로 해결책을 구성한다는 생각이 깔려 있다.

2009년 국가교육과정 개정 방향에서 창의와 인성을 강조하였듯이 미래 사회에서는 문제해결을 위해 계획하고, 협동하고, 소통할 수 있는 고차원적인 인재를 필요로 한다. 프로젝트 학습법은 2009년 처음 도입된 이래 2015년 고등학교 '환경'과 교육과정에서는 사례탐구 및 쟁점탐구와 함께 더욱 강조되고 있다(권영락 외, 2015).

프로젝트 학습법 이외의 구성주의적 접근

프로젝트 학습은 구성주의 교육 철학과 목표를 공유하면서도 차별성을 함께 갖는 학습법으로 탐구기반 학습, 문제중심 학습, 주제중심 학습 등이 있다(강인애 외, 2007).

탐구기반 학습

탐구기반 학습(inquiry-based learning)은 학습이 학생의 질문에 기초해야 한다는 전제를 가지고 학생들 스스로 그 질문에 대한 해답을 찾아가는 과정에서 협동할 때 잘 일어날 수 있다는 신념에 기초한 접근이다. 교사는 지식을 전달하는 것이 아니라 학생들로 하여금 지식을 발견하도록 돕는다. 질문 정하기, 탐구방법 찾기, 평가하기의 과정에서 학생의 자율성은 다를 수 있다.

문제중심 학습

1950년대 의과대학 교육의 문제점을 개선하기 위해 고안된 문제중심 학습(problem-based learning)은 문제를 중심으로 학습을 시작하는 교수설계 모형이다. 문제중심 학습은 학습자가 실제적인 문제 상황에 직면하여 문제를 도출하고 해결책을 찾아가는 접근법이다. 프로젝트의 과제로 실제적인 문제 상황이 주어지는 경우 둘 사이의 차이점은 명확하지 않게 된다.

프로젝트 학습과 학생의 참여

ⓒ이재영

그림 12.4 프로젝트 학습의 가장 중요한 특징은 참가하는 학생들 사이의 협동과 역할분담이다. 서로 다른 능력과 관심을 가진 학생들은 이런 과정을 통해 자신의 적성을 발견하고 진로를 개척할 기회를 얻을 수 있다.

주제중심 학습

주제중심 학습(theme-based learning)은 여러 학문 영역의 내용을 의미 있게 연결함으로써 학생들로 하여금 보다 통합적인 아이디어를 갖도록 돕기 위해 고안된 교수법이다. 주제중심 접근은 여러 가지 지식이나 정보에 대해 피상적인 이해를 갖는 것보다는 몇 가지 중요한 주제에 대해 심도 있는 지식에 도달할 기회를 제공하고자 한다.

프로젝트 학습법의 특징과 장단점

프로젝트 학습법의 특징과 장점 및 단점은 다음과 같다(이선경 외, 2012).

특징

전통적인 수업과 비교하면 자기주도 학습을 강조하는 구성주의에 기초한 프로젝트 학습법은 다음과 같은 교육적 가치와 특징을 갖고 있다. 먼저 교육적 가치는 다음과 같다.

첫째, 창의적 문제해결력을 기를 수 있다. 복잡하고 잘 정의되지 않은 실제 문제에 대해 정답이 없는 해결책을 찾아가는 과정에서 통찰력, 확산적 사고기술, 분석적 능력, 맥락 이해 능력 등을 기를 수 있다. 둘째, 지식의 습득, 전이, 활용을 촉진할 수 있다. 특히 전문적이고 실제적인 지식을 습득하도록 지원하며 학습된 지식을 더 오래 파지할 수 있고 지식을 통합하여 활용하는 능력도 길러 줄 수 있다. 셋째, 학습자의 흥미를 유발하고 협동능력을 길러 줄 수 있다. 학생들의 학습활동에 대한 몰입도, 만족감, 학업성취도 측면에서 개선 효과를 보이는 경향이 있으며, 다른 학생들과 함께 배우는 데 필요한 대인관계 기술, 사회적 기술, 의사소통 기술 등을 발달시킬 수 있다. 전통적 수업과 비교할 때 프로젝트 학습법은 다음과 같은 특징이 있다.

표 12.3 전통적 수업과 프로젝트 학습법의 비교

영역	전통적 수업	프로젝트 학습법
학생관	수동적, 소극적 존재	능동적, 적극적 존재
목적	교과 지식의 습득	학생의 전인적 성장
교육과정	문서화된 국가 수준 교육과정	교육과정 재구성과 통합화
교육과정 편성	체계화된 단원중심	흥미에 따른 주제중심
학습활동 영역	교실 내 교사중심	삶 속의 학생중심
학습활동 방법	주입식, 전달식	상호작용, 자기주도적 탐색
동기 유발	외적 동기 유발	내적 동기 유발
교사 역할	지시자, 설명자	관찰자, 안내자, 조정자

장점

- 학생들로 하여금 앎과 행함을 같이 수행하게 하여 지식과 실천의 분리를 극복한다.
- 학생들이 문제해결 상황에서 학습하고 기술습득 시 의사소통과 자기관리를 돕는다.
- 다양한 학생 모둠 간의 긍정적인 의사소통과 협력적 관계를 창출한다.
- 다양한 배경의 능력수준과 학습양식을 가진 학생들의 요구를 충족시킬 수 있다.
- 수업을 지루해하거나 무관심한 학생들의 적극적인 참여와 동기유발을 돕는다.

단점

- 비효율적으로 운영되거나 필요한 지원체계가 부재할 경우 교사에게 과도한 부담이 될 수 있다. 특히 교사가 프로젝트 학습법에 대한 경험이 없을 경우 더욱 그러하다.
- 학습자의 지식과 기능을 확장하기보다는 반복적 활동으로 변질될 위험이 있다.
- 활동의 효과를 객관적으로 평가하기가 어렵다.

원리 3 환경 프로젝트

환경 프로젝트를 진행하기 위한 계획을 수립하고 목표하는 결과물을 만들어 내기 위해 필요한 과정과 단계를 알아보자(녹색교육사업단, 2010).

환경 프로젝트에서는 환경과 관련된 다양한 주제 중 자신이 관심을 갖고 좀 더 알아보고 싶은 주제를 정하고 그 주제를 탐구하는 데 적절한 문제해결 방법이나 탐구 방법을 선정하여 수행하는 과정을 통해 문제를 해결하거나 결과물을 만들어 낸다. 환경 프로젝트를 통해 질문에 대한 해결책을 발견하기 위해 일정 기간 탐구를 수행하게 된다. 환경 프로젝트에는 학생과 교사만 참여하는 것이 아니라 지역주민이나 정부기관, 시민단체 등이 함께 참여하고 프로젝트의 결과물은 친구나 부모, 지역주민 등과 공유될 수 있다.

삶과의 관련성

환경 프로젝트는 중요하고 의미 있는 질문과 함께 시작된다. 환경 프로젝트에서 중요한 점은 무엇보다 그 주제가 내 삶과 관련이 있고 나에게 의미 있는 것이어야 한다. 동시에 내가 그 질문에 대한 답을 찾아내는 프로젝트를 계획하고 실행할 수 있는 것이어야 한다. 이런 경우 프로젝트를 실행하는 데 있어서 보다 구체적인 범위의 질문이 필요할 수 있다.

탐구에의 참여

환경 프로젝트를 통해 우리는 자신의 질문에 대한 해결책을 발견하기 위해 일정 기간 탐구를 수행하게 된다. 이 과정에서 탐구를 설계하고, 측정 및 정보를 수집하고,

프로젝트 학습과 진로 탐색

© 이재영

그림 12.5 유치원 교사가 꿈이었던 학생들은 식물과 꽃을 주제로 하는 도감을 만드는 프로젝트를 하고, 그 결과물을 가지고 직접 유치원을 방문하여 시연을 하였다.

GLOBE GLOBE는 The Global Learning and Observations to Benefit the Environment 프로그램의 약자로서 전 지구적 수준의 환경교육 및 조사 활동 네트워크이다. (참고 : https://www.globe.gov/)

이를 바탕으로 분석하여 결론을 맺기도 한다. 어느 과학고의 GLOBE 동아리는 자신들이 측정한 자료를 활용하여 지역의 환경 상황을 파악한다. 학생들은 자신의 관심에 따라 학교나 학교 인근의 물이나 공기의 상태를 측정하여 기록한다. 이러한 측정 자료는 데이터베이스에 축적되어 자신의 학교가 속한 지역의 환경 상황을 이해하거나 지구상의 다른 지역과 비교하는 데 활용될 수 있다.

결과물 공유

환경 프로젝트는 그 자체로 끝나지 않고 프로젝트의 결과물을 친구나 부모, 지역주민 등과 공유한다. 따라서 내가 참여하는 환경 프로젝트의 최종 결과물이 어떤 모습일지 생각하면서 진행할 필요가 있다. 프로젝트의 결과물을 구성하고 발표하면 프로젝트를 통해 자신의 이해를 표현할 기회를 갖게 될 뿐 아니라 때로는 이러한 결과물이 지역의 환경을 개선하는 데 활용되기도 한다.

생물보전지역에서 전통생태지식을 수집하기 위해 마을의 노인들을 인터뷰하는 모습

ⓒ 이재영

그림 12.6 환경 프로젝트를 수행하는 과정에서는 다양한 이해당사자의 참여와 협력이 매우 중요하다.

해결을 위한 협력

환경 프로젝트에는 학생과 교사만 참여하는 게 아니다. 때로는 지역주민이나 정부기관, 시민단체 등이 함께 참여하고 때로는 인터넷을 통해 다른 학교나 다른 나라의 학생들과 협력한다. 예를 들어 지역환경교육센터의 청소년 환경 프로젝트 활동에 참여하는 학생들은 매년 겨울 강원도 철원에서 캠프를 하면서 멸종위기종인 두루미를 보호하기 위한 활동을 해 왔다. 예를 들어 어떤 모둠에서는 두루미들의 먹이가 되는 낙곡을 확보하기 위해 도시인들을 대상으로 기금을 모으고, 그 과정에서 두루미의 얼굴을 식별하는 방법을 찾아내는 프로젝트를 하거나, 마을에서 생산하는 농작물을 정기적으로 배달하는 프로젝트를 진행하기도 하였다.

문제 탐구

탐구 1 프로젝트 주제 탐색

환경 프로젝트를 수행하기 위해 가장 먼저 해야 할 일은 프로젝트의 목적과 주제를 탐색하는 일이다. 프로젝트의 목적과 주제는 자신이 가고자 하는 방향이자 도달점이 된다. 따라서 이를 명확히 모르고 있다면, 프로젝트를 수행하는 데 있어서 길을 잃고 헤매기 쉽다.

환경 프로젝트의 주제 탐색 과정에서는 무엇을 할 것인가를 알아보게 되며, 이 과정을 위해서는 프로젝트의 아이디어를 개발하는 것이 필요하다. 여기서 아이디어는 구체적이기보다는 확산적이고 상위의 큰 아이디어(big idea)를 의미한다. 프로젝트의 아이디어는 친구와 대화를 하거나 길을 가다가, 혹은 잠이 들기 전에 문득 떠오를 수도 있다. 하지만 여기서는 보다 계획적으로 프로젝트의 주제를 탐색할 수 있는 방법들을 안내할 것이다. 환경 프로젝트의 주제는 자신의 일상적인 삶이나 학교, 지역사회, 국가, 나아가 전 세계에 이르기까지 매우 다양한 수준과 범위에서 탐색할 수 있다. '주제 탐색 방법'은 일상생활, 학교 및 지역사회, 국가 및 국제적 범위에서 주제 탐색을 위해 할 수 있는 방법들에 대한 예시이다. 환경 프로젝트의 주제 탐색은 문제를 발견하는 방식으로 일어날 수도 있지만, 자유로운 발상으로부터 시작될 수도 있다. 그렇다고 해서 무턱대고 아무런 준비도 없이 떠오르는 대로 주제를 탐색하는 것도 바람직하지는 않다. 환경 프로젝트의 주제를 탐색하는 데 있어서 계획적인 방법들을 제안하는 이유는, 프로젝트가 자신의 삶과 보다 많은 관련성을 갖는 주제를 탐구하기를 지향하기 때문이다. 특히 환경 프로젝트는 자신의 프로젝트 주제가 프로젝트를 수행하는 주체인 개인에게뿐 아니라, 환경적으로도 의미를 가지는 주제일 필요가 있다. 환경 프로젝트의 주제 탐색 시 유의해야 할 점은 모둠 구성원의 다양한 생각들을 고려하고 반영해야 한다는 점이다. 만약 한 사람의 고집스러운 태도에 의해 프로젝트 주제가 결정된다면, 그 외의 모둠 구성원들은 프로젝트 주제에 대해 공감하고 의미를 부여하지 못해 이후에 적극적으로 참여하지 않을 수도 있다. 따라서 모둠 구성원 모두가 적극적으로 의견을 내고 서로를 존중하면서 충분한 토의를 해서

주제 탐색 방법 : 문제 발견을 통한 주제 탐색

- **일상적인 삶에서 소재 찾기**
  프로젝트는 자신의 생활에서 직면하게 되는 문제나 의문들에서 시작되기도 한다. 자신의 일상에서 의문이 들었던 일이 없었는지 돌아보면서 적당한 프로젝트 주제가 없을지 생각해본다.
- **학교나 지역사회 탐색하기**
  학교 혹은 지역 사회를 프로젝트의 범위로 고려한다면, 학교나 지역 사회를 조사해보면서 실제적인 프로젝트의 주제를 탐색해본다. 이 과정에서는 체크리스트 점검, 사진 찍기 활동, 선거공약 검토, 지방의제 탐색, 지역방송 모니터링 등을 통해 환경 프로젝트의 주제가 될 만한 현상들이나 문제를 발견할 수 있다.
- **국가 및 국제적 사건과 관련짓기**
  최근 발생하고 있는 지역이나 국가의 환경문제나 사건, 혹은 국제적 환경쟁점 등에 관심을 갖고, 그를 환경 프로젝트의 주제로 탐색한다. 이를 위해서는 신문이나 인터넷 기사 등을 검색해보는 활동을 수행할 수 있다.

합의점을 찾는 것이 중요하다.

탐구 2 프로젝트 주제 선정

환경 프로젝트를 수행하기 위한 첫 번째 단계로 주제를 탐색해 보았다면, 다음 단계로는 탐색된 주제들 중 실제로 수행할 프로젝트의 주제를 선정한다. 주제를 선정하기 위한 방법은 바로 질문하기이다. 탐색한 주제에 대해 제기될 수 있는 여러 질문들을 수집하고, 그중에서 실제 프로젝트 수행을 위한 질문을 선정한다. 프로젝트 주제 선정에 있어서의 이러한 질문을 추진 질문(driving question)이라고 한다. 추진 질문은 쉽게 해결하거나 대답할 수 없는 비구조화된 형태의 질문으로, 프로젝트의 목적과 주제를 안내하며 프로젝트가 지속되게 하는 역할을 한다. 따라서 추진 질문을 생성하고, 적절한 추진 질문을 선정하는 과정은 프로젝트를 시작하는 데 있어서 매우 중요한 단계가 된다(표 12.4).

프로젝트의 주제를 선정하기 위해 먼저 탐색된 주제에 대한 추진 질문을 생성해야 하는데, 이때 고려해야 할 몇 가지 조건이 있다.

표 12.4 프로젝트 추진 질문의 조건

- 유의미성 : 나에게 흥미롭고 가치 있는 질문
- 실행가능성 : 답을 찾기 위해 내가 탐구를 설계하고 수행할 수 있는 질문
- 지속성 : 너무 쉽거나 어렵지 않아 프로젝트 기간 동안 흥미를 지속시킬 수 있는 질문
- 윤리성 : 프로젝트의 진행이 환경이나 다른 생물에게 위해가 되지 않는 질문
- 학습가치 : 중요한 학습 목표를 포함하는 질문

- 흥미롭고 관심이 있는 내용에 대한 것이다.
- "예", "아니요"라고 쉽게 대답할 수 없는 것이다.
- 실제의 일상생활과 밀접한 관련이 있다.
- 질문의 내용에 대해 전혀 모르고 있어도 안 되지만, 너무 잘 알아도 안 된다.
- 단지 지식을 알기 위한 목적뿐 아니라, 실천하기 위한 목적도 가지고 있어야 한다.

이들 조건을 고려하여 다양한 추진 질문들을 만든 뒤에는, 여러 질문들 중에서 프로젝트의 주제로 삼을 만한 질문을 선정해야 한다. 프로젝트 주제를 선정하기 위해서 추진 질문을 다양하게 생성해 내는 것뿐 아니라, 넓은 주제에서부터 구체적인 추진 질문을 끌어내는 방법, 자신의 일상에서부터 프로젝트로 수행할 만한 의미 있는 질문을 찾아내는 방법 등도 있다. 주제 선정 과정에 있어서 환경 프로젝트 수행에 적절한 추진 질문을 생성하고 선택하는 일은 매우 중요하다.

미세먼지와 관련한 질문을 다듬어보는 활동을 통해 주제 선정 과정에서 추진 질문을 만들고 선정할 때 고려해야 하는 여러 조건들을 적용해 보는 연습을 할 것이다. 제시된 질문을 자신과 밀접하게 연관된 구체적인 추진 질문으로 바꾸어 보는 데에 초점을 맞추도록 한다.

주제 선정을 위한 연습 : 추진 질문 다듬기

■ 다음에 제시된 여러 질문들을 더 좋은 추진 질문으로 바꾸어 보자. 위에서 제시한 여러 고려 사항들, 특히 일상성과 구체성을 반영하도록 노력한다.

미세먼지가 심해지면 어떤 문제가 있을까요?	→	

- 주어진 질문이 프로젝트의 추진 질문으로 적당하지 않은 이유는 무엇일까?
- 질문을 바꿀 때 고려한 요소는 무엇인가?
- 자신이 바꾼 질문이 왜 더 좋은 질문인지를 설명해 보자.

미세먼지란 무엇인가?	→	

- 주어진 질문이 프로젝트의 추진 질문으로 적당하지 않은 이유는 무엇일까?
- 질문을 바꿀 때 고려한 요소는 무엇인가?
- 자신이 바꾼 질문이 왜 더 좋은 질문인지를 설명해 보자.

진짜 문제는 해결을 시도하는 과정에서 발견된다

그림 12.7 우리가 지속가능하고 좋은 삶을 살아가기 위해서는 장벽이 되는 많은 문제들을 해결해야 하고, 그런 문제들을 해결해 가는 과정 속에서 우리는 문제의 본질을 이해하고 해결책을 만들어 가는 통찰력을 기를 수 있다. (출처 : shutterstock)

문제 해결

해결 1 프로젝트 계획 수립

프로젝트가 나아갈 방향을 알려주는 주제와 추진 질문을 선정한 후 구체적인 활동 계획을 세워야 한다. 프로젝트 계획 수립 단계에서는 선정한 주제와 추진 질문을 해결하기 위해 구체적인 방법과 절차를 계획한다. 프로젝트의 성공적인 수행은 얼마나 치밀하게 계획을 구성하였는지에 달려 있다. 따라서 효율적으로 프로젝트를 수행하기 위해서 수행 방법과 절차를 정하고 검토하는 계획 수립 단계의 중요성에 대해 먼저 인식할 필요가 있다.

프로젝트 계획을 세울 때는 먼저 전체 수행 과정 흐름도를 작성한다. 그리고 각 단계별로 필요한 자원, 시간, 세부목표 등을 기록한다. 이때 계획의 수준은 간단한 개요에서부터 세부적인 일정표에 이르기까지 매우 다양할 수 있다. 모둠 단위로 하는 프로젝트에서는 모둠 구성원 간의 협력이 중요한 요소이므로, 계획을 수립할 때 역시 모둠 구성원 간의 논의를 통해 상황을 서로 조율해 가면서 계획을 세워야 한다.

Tip 모둠 토의에 있어서의 마음가짐

환경 프로젝트를 수행하는 과정에서 모둠 구성원들이 원활하고 합리적인 방향으로 모둠 토의를 이끌어 가기 위해서는 다음의 마음가짐을 가지고 임하도록 한다.

1. 당신의 생각을 분명하게 말하되 그 전에 다른 사람의 생각을 경청하라.
2. 단지 합의에 도달하고 갈등을 피하기 위해 당신의 마음을 바꾸지 말라.
3. 갈등을 줄이기 위해 다수결 투표, 동전 던지기 등 간편한 절차에 의존하지 말라.
4. 참가자 사이의 생각의 차이가 드러나는 것을 바람직한 것으로 여겨라.
5. 토론의 막바지에서 누군가는 이기고 누군가는 반드시 져야 한다고 가정하지 말라.
6. 토론하는 모두에게 당연하게 여겨지고 있는 가정에 대해 재확인하라.

프로젝트 흐름도 작성

■ K-W-L-H 표

미세먼지 문제를 어떻게 해결할까?			
현재 알고 있는 바	새로 알고자 하는 바	알게 될 바	수행 방법

■ 활동 흐름도

〈추진 질문〉	A. 공기청정기를 사는 것이 과연 바람직한 일일까? B. 미세먼지의 발생 원인을 어떻게 제거할 수 있을까?

↓

〈활동 순서 1〉	
• 활동 내용 : • 필요한 자원 :	

↓

〈활동 순서 2〉	
• 활동 내용 : • 필요한 자원 :	

↓

〈활동 순서 3〉	
• 활동 내용 : • 필요한 자원 :	

프로젝트의 계획 수립이 반드시 프로젝트 초기에 치밀하게 이루어져야만 하는 것은 아니다. 계획 수립 단계에서 매우 치밀하고 구체적으로 계획을 수립하였다면 수행 과정 동안 그 계획을 그대로 따르는 것이 바람직하겠지만, 만약 여러 상황을 고려하여 본 단계에서 계획을 느슨하게 수립하게 되었다면 수행 과정 동안 계획 수립의 단계를 다시 반복해도 좋다.

프로젝트는 모둠 단위로 수행되다 보니, 프로젝트 계획에 구성원 간의 역할 분담 계획도 포함될 필요가 있다. 프로젝트의 수행 방법 및 절차에 대한 계획을 세우고 난 뒤에, 구성원의 능력과 관심에 따라 적절한 역할 분배를 함으로써 구성원들의 참여도를 보다 높일 수 있을 것이다. 그러나 이러한 구성원 간의 역할 분담 계획은 반드시 프로젝트 초기에 이루어지지 않아도 된다. 프로젝트를 수행하는 과정에서 자연스럽게 형성될 수도 있기 때문이다. 하지만 중요한 것은 집단 단위의 프로젝트를 수행할 때 모든 구성원들이 프로젝트에 고루 동참해야 한다는 점이다.

해결 2 프로젝트 실행

환경 프로젝트에서는 학생들 스스로가 자신의 질문에 대한 해결책을 발견하기 위해 탐구를 직접 수행한다. 프로젝트를 직접 수행하는 데 있어서 탐구활동을 실행할 때는 언제나 시간이나 예산 등에 한계가 있으므로, 효율적이고 효과적으로 실행하는 데 초점을 둔다.

프로젝트를 수행할 때는 다른 학생들뿐 아니라 교사, 지역주민, 관련 전문가 등 다양한 사람들과의 협력 및 상호작용을 경험한다. 개인이 계획하고 수행하는 프로젝트라 하더라도, 프로젝트는 개인뿐 아니라 사회적 의미도 담고 있는 문제를 해결해 가는 과정이므로 다른 사람들과의 협력이 매우 중요하다.

프로젝트 수행의 단계는 선정한 주제에 대하여 계획한 바를 실현하는 단계로, 환경 프로젝트에 있어서 가장 핵심적이며 비중이 큰 부분이다. 대개는 논쟁, 예상, 탐구 설계, 측정, 정보 및 자료 수집, 분석, 결론 맺기, 추론, 설명 형성, 의사소통, 새로운 문제 제기의 탐구 과정을 거치게 되는데, 사실 매우 다양한 수행 방법과 절차가 있으며, 이를 상황에 맞게 여러 방식으로 재조직할 수도 있다.

프로젝트 수행 시 가능한 활동 방법 예시

- 자료 조사 : 설문조사, 인터뷰(면대면, 이메일, 집중면담조사), 체크리스트, 현장 답사, 대상 관찰 혹은 모니터링, 문헌 조사, 강연 듣기, 사례 조사, 현장 실습 등
- 실험 : 가설 검증(가설 설정 → 자료 수집 → 변수 확인 → 측정 및 실험 → 결과 분석 및 평가), 시뮬레이션
- 결과 수집 및 분석 : 통계 처리, 도표화(표, 그래프 등), 비교 혹은 분류, 모델 수립, 일지 쓰기, 기록 등
- 의견 공유 : 토의 및 토론, 패널 심의, 세미나, 집중면담조사

프로젝트의 특징 중 하나는 오랜 기간에 걸쳐 이루어진다는 것이다. 즉 프로젝트는 일회적 · 일시적 탐구활동을 통해서 달성할 수 있는 것이 아니다. 그러므로 프로젝트를 성공적으로 수행하려면 일정기간 동안 일련의 탐구 과정을 거치는 것이 필요하다. 장기간의 프로젝트 수행 과정 동안 자신의 프로젝트가 잘 수행되고 있는지를 반성하는 활동이 포함되어야 한다. 이를 위해서 수행 과정 중에 틈틈이 자신의 수행 상황을 점검해 본다.

프로젝트 수행에 있어서 예상치 못한 다양한 문제점들이 나타날 수도 있는데, 프로젝트를 지속시키고 성공적으로 수행을 완수하기 위해서는 이러한 여러 문제점들에 적절히 대처하여 해결할 수 있는 능력을 갖추어야 한다. 프로젝트 수행에 있어서 문제점에 봉착하였을 때, 그것을 잘 극복해 내고 프로젝트를 지속시키기 위해서는 문제점을 해결할 수 있는 모둠 구성원 간의 상호존중, 협력과 의사결정 과정이 필요하다. 프로젝트 수행에 있어서 반성을 포함하여 자신의 수행 과정을 점검하면서 후속 수행 활동을 이어나가기 위해서 학습 일지를 쓰는 방법도 효과적이다.

해결 3 성과물 만들고 발표하기

프로젝트를 마무리하는 단계는 크게 결과물을 만들고 발표하는 과정과 프로젝트의 성과를 함께 공유하고 평가하는 단계로 나눌 수 있다. 프로젝트의 성과로서 만들어질 수 있는 결과물의 유형은 매우 다양할 수 있다. 결과물의 유형을 결정하기 위해서는 프로젝트의 주제, 성과물 제작에 필요한 기술의 숙달 정도, 활용할 수 있는 시간

프로젝트 결과 발표 모습

ⓒ 이재영

그림 12.8 결과를 발표하는 자리에는 프로젝트를 수행한 학생들뿐만 아니라 지역 주민이나 관계자들이 함께 참여하고 성과와 이후 과제를 나눌 필요가 있다.

과 예산, 결과물을 공유하고자 하는 대상 등을 고려해야 한다. 프로젝트의 시작 단계에서부터 최종 결과물을 무엇으로 할 것인지 최대한 구체적인 계획을 가지고 출발하는 것이 바람직하지만, 때로는 프로젝트가 상당 부분이 진행되어야 비로소 결과물을 구상할 수 있게 되기도 한다.

결과물에는 학생들이 주제에 대해서 갖고 있는 생각이나 믿음뿐만 아니라 창의성과 인성이 잘 드러난다. 프로젝트의 결과물을 작성할 때는 결과물을 제작하는 과정이 단지 앞서 실행된 활동의 결과를 정리하는 것을 넘어서 그 과정 자체가 프로젝트의 의미를 확인하고 구체화하는 중요한 과정이라는 점에 유의해야 한다.

발표는 프로젝트를 통해 학습하거나 발견한 내용을 다른 사람과 직접적으로 공유하는 과정이며, 프로젝트 학습 과정의 꽃이라고 할 수 있다. 따라서 결과물에는 프로젝트를 시작할 때 달성하고자 했던 학습 목표가 얼마나 달성되었는지를 보여줄 수 있어야 하고, 가급적 프로젝트를 수행하는 과정에서 배운 점이나 발견한 점, 경험한 것들이 최대한 효과적으로 담길 수 있도록 유형과 제작과정을 결정하는 것이 바람직하다.

프로젝트 마지막 단계에서는 평가와 반성뿐만 아니라 축하하는 과정도 중요하다.

프로젝트 결과물의 다양한 유형

■ 프로젝트의 최종 결과물이 어떤 것일지를 논의하는 과정은 모둠 구성원에게 참여 동기를 높여 주고, 계획과 실행 과정의 구체성을 높여 주어 프로젝트를 성공적으로 수행하는 데 많은 도움을 준다.

지표 결과물	발표 결과물	과학기술 활용결과물	미디어 결과물	연습 결과물	계획 결과물	구성 결과물
연구논문 담화 편지 포스터 계획서 시 브로슈어 팸프릿 설문지 자서전 에세이 서평 보고서 사설 스크립트	연설 토론 연극 뮤지컬 보고 패널토론 드라마 뉴스방송 춤 차트 전시회	컴퓨터 토론 컴퓨터 그래픽 프로그램 CD-ROM 웹사이트 UCC	오디오 테이프 슬라이드쇼 비디오 테이프 작도 회화 조각 꼴라쥬 지도 스크랩북 녹취록 사진앨범	프로그램 매뉴얼 작업 모형	계획서 예측 입찰 청사진 순서도 일정표	물리적 모형 소비자제품 시스템 과학 실험 음악회 디오라마

- 모둠 구성원 중에 결과물을 제작하는 데 필요한 특별한 기술을 가지고 있는 학생이 있는가? 있다면, 그런 유형의 매체를 최종 결과물로 고려해 보는 것도 좋다.
- 통상적인 보고서나 파워포인트 자료를 넘어서 주제의 성격이나 해결책의 특성을 가장 잘 나타낼 수 있는 유형이 무엇인지 비교해 보자.

학생들이 커다란 프로젝트에 시간과 에너지를 쏟아 성공적으로 수행하였을 때 그들이 이루어 낸 성과에 대해 프로젝트에 참여한 다른 학생, 교사, 학부모, 지역사회 구성원들에게 감사할 수 있는 기회를 갖는 것도 중요하다. 발표와 축하 행사는 병행될 수 있으며, 높은 성취를 보인 모둠에 대한 시상이나 전문가들에 의한 프로젝트 감상글을 발표하는 등의 형식도 가능하다. 일본의 어느 신도시에는 지역에 있는 많은 학교들이 함께 돌아가며 일 년 동안 논에서 농사를 짓고 가을에 벼를 수확하여 떡을 만들어서 학생과 교사는 물론 마을 전체 주민들이 참석한 가운데 잔치를 여는 것으로 프로젝트를 마무리한다.

해결 4 평가하기

프로젝트의 마지막 단계는 평가이다. 평가는 어떤 대상의 가치를 판단하는 일이며, 의사결정에 필요한 정보를 수집하는 과정이고, 앞으로 어떤 부분은 계속되어야 하고 어떤 부분은 변화가 필요한지를 결정하는 종합적인 과정이다. 프로젝트 학습의 평가에서는 무엇보다 학생들의 활동 과정을 확인하고 노력을 격려하며 성취한 결과에 대해 함께 감상하고 축하하는 축제의 시간이다.

프로젝트에서 평가는 결과보다는 과정중심적이며, 따라서 학생들에 의해 만들어진 과정 산출물을 중요하게 고려한다. 여기서 산출물이란 최종 결과물을 포함하여,

평가를 위한 네 가지 방법

학생 전체가 참여하여 프로젝트를 마무리하면서 함께 평가할 수 있는 방법에 대해 생각해 보자. 최소한 다음과 같이 네 가지 서로 다른 방법을 생각할 수 있다.

1. 전체 요약
   이 방법은 학급 전체 학생들이 프로젝트 수행 과정을 돌이켜보고 반성하면서 최대한 많은 학생들이 평가과정에 참여하도록 하며 공통의 기준과 목표를 세우도록 도와준다.
2. 전체 토의
   학생들이 둘러앉아 큰 원을 만들고 그 안에 5~7개의 의자를 놓아서 작은 원을 하나 더 만든다. 안쪽에 선정된 학생들이 앉고 의자 한 개는 비워둔다. 안쪽 원에 앉은 학생들이 프로젝트의 과정과 결과에 대해 토론한다. 토론하는 중간에 질문이나 의견이 있는 학생들은 빈 의자에 나와서 말할 수 있다. 이와 같은 방식을 집중적인 토의를 하면서 아무도 배제되지 않도록 한다.
3. 간단한 설문
   이 방법에서는 학생들이 프로젝트에 대한 평가를 위해 학생 스스로 설문지를 개발하여 조사하고 그 결과를 발표하고 학생들은 각자 나름대로의 생각을 제시할 수 있다.
4. 자기 평가
   학생들은 프로젝트를 통해 완성한 과제의 주제에 대해 공부하고 모둠 활동을 하고 탐구하고 발표를 하면서 배우게 된 것들에 대해 자기 평가를 한다. 그 과정에서 알게 된 나의 장점과 단점이 무엇인지, 다음에 프로젝트를 한다면 보완할 점이 무엇인지에 대해서도 기록한다.

계획을 수립하고 질문하며 문제를 해결하는 과정에서 발생하는 증거(흔적)들을 의미한다. 예를 들어 노트, 작업일지, 이메일 기록, 회의록, 인터뷰 결과, 회고록 등이 여기에 포함될 수 있다.

프로젝트 학습은 능동적인 과정을 강조한다. 학생들이 다른 학생들과 서로 돕고 경쟁하고 영향을 주고받으면서 배워 가는 과정은 그 자체로서 프로젝트 학습의 내용이다. 학생들이 프로젝트를 수행하는 과정에서 구체적으로 무엇을 했고, 무엇을 느끼거나 알게 되었으며, 결과적으로 어떤 변화를 만들어 내었는가 하는 부분에 초점을 맞추어 자기 스스로, 모둠 구성원에 의해, 그리고 교사에 의해 다양한 관점에서 평가가 진행될 수 있다.

평가와 논쟁의 규칙

프로젝트를 수행하는 과정에서 구성원들은 최선의 결정을 내리기 위해 끊임없이 평가하고 논쟁하게 된다. 서로의 마음을 상하게 하지 않으면서 최선의 결정에 도달하기 위해서 모둠활동의 프로젝트 평가 항목을 참고할 필요가 있다. 프로젝트 평가는 과정 중심적이지만, 동시에 초기에 설정한 목표를 얼마나 달성했는지를 기준으로 평가할 수도 있다. 프로젝트의 유형에 따라 목표의 성격도 달라진다.

예를 들어 더 많은 종류의 생물이 살 수 있는 서식처를 만드는 것을 목표로 하는 프로젝트는 실제로 서식하는 생물 종류의 변화를 통해 목표 달성 여부를 계량적으로 측정하여 판단할 수 있다. 그에 비하여 역사기록 프로젝트는 어떤 지역의 환경이 오랜 시간에 걸쳐 사회적, 경제적, 문화적 요소들과 어떻게 영향을 주고받으면서 변해 왔는가에 대한 학생들의 통합적인 이해를 보여 주는 다큐멘터리를 통해 평가할 수 있다.

[활동] 우리 모둠은 얼마나 성공적이었나?

다음은 성공적으로 프로젝트를 수행하는 모둠과 그렇지 않은 모둠을 비교한 표이다. 제시된 내용을 바탕으로 여러분이 속한 모둠이 얼마나 효과적으로 협동하여 작업하였는지 평가해 보자.

■ 프로젝트 모둠의 효과성 평가표

효과적인 모둠	평가 점수					비효과적인 모둠
	5	4	3	2	1	
개인의 목표와 집단의 목표가 잘 일치하며, 진행과정에서 계속 조정하였다.						개인과 집단의 목표가 다르고, 개인들에게 집단의 목표가 강요되었다.
의사소통은 개방적이고 서로의 생각과 느낌을 정확하게 알고 있었다.						의사소통은 일방적이거나 단절되어 있고, 생각과 느낌을 표현할 기회가 별로 없었다.
상황에 따라 다양한 의사결정 방법이 적용되고 참여와 집단토론이 권장되었다.						소수의 사람에 의해 의사결정이 독점되고 집단토론이나 참여가 제한되었다.
서로 다른 의견을 제시하는 것이 더 나은 성과를 위해 필요하고 바람직한 과정으로 받아들였다.						모둠 구성원 사이의 논쟁은 회피되고 가급적 서둘러 결정을 내려서 구성원 사이의 갈등이나 논쟁을 차단하였다.
구성원의 다양성이 존중되고, 능력과 관심에 따라 다양한 방식으로 참여하였다.						구성원의 다양성이 무시되고, 책임과 권한 사이의 균형이 맞지 않았다.
합계						

현장 적용

적용 1 백두대간 복원 프로젝트

문제의식

광의적 의미로 복원은 훼손된 지역의 자연적 · 생태적 복구뿐 아니라 훼손 지역의 사회 · 문화적 요소까지 연계된 지역주민이 주체가 되는 지역 커뮤니티의 복원과 활성화까지도 내포하고 있다. 복원이란 훼손된 시스템을 치유할 목적으로 수행하는 광범위한 활동을 말한다. 지금까지의 **생태복원**은 지역공동체의 사회 · 문화 · 경제적 측면을 배제한 물리적 복원공법에 치우쳐 왔으며, 이러한 기존의 공법들은 '경제적 한계성', '사회 · 문화적' 한계성을 지니고 있다.

생태복원 훼손되거나 오염된 생태계와 생물 서식처를 기능적, 시각적, 구성적으로 원래의 상태로 되돌려 놓기 위한 활동을 말한다.

- 생태복원의 경제적 한계성 : 개발사업의 범위와 생태보전의 규모파악이 부족하고, 개발위주의 법률과 사업의 존재 및 부담금 중심의 세입구조에 대한 근본적

백두대간 복원 프로젝트

© 이재영

그림 12.9 훼손된 백두대간 복원을 위해 어린 신갈나무와 자작나무를 심고 있는 시민과 학생

인 검토가 결여되어 있다. 그리고 예산부족으로 사업의 실효성이 보장되지 않기에 생태복원에 대한 종합계획의 마련이 필요하며, 실효성 있는 사업진행을 위한 장기적인 사업계획 및 재원의 마련이 시급한 실정이다.

- **생태복원의 사회 · 문화적 한계성** : 기존의 성장우위의 패러다임에서 환경우선의 생태 패러다임으로의 전환으로 인해 사회는 물리적인 복원 이상의 복원을 기대하고 있으며 이에 따른 사회 · 문화적인 복원방안이 모색되어야 한다.

적용 과제

새로운 복원공법은 지속가능한 생태계 보전을 위하여 복원의 과정에 있어 지역주민의 참여를 고조시켜 '생산적', '참여적', '문제해결지향적', '통합적' 복원을 추구할 필요가 있다(안동만, 2009).

- 생산적 복원을 통한 지역주민의 소득 창출
- 참여적 복원의 계획 및 과정에서부터 지역주민의 직접 참여
- 문제해결지향적 훼손지 복원과 보호지역 지정에 따른 지역 침체 등의 문제해결
- 통합적 생태복원공법과 생태교육 및 관광이 복원 체계 및 공정상의 유기적 통합

이 과정에 있어 '생태교육' 및 **'생태관광'**은 대상의 자연과 문화를 보전하고 유지하는 데 공헌하는 적극적인 참여로 표현된다. 이는 수요중심의 개발이 아닌 공급중심의 개발을 의미하며 사회적 · 경제적 · 환경적 목표가 통합적으로 달성되어야 한다.

우리는 어떻게 훼손된 자연, 사라져가는 시골 마을, 자연과의 접촉이 줄어들고 있는 도시인들을 함께 살리는 생태복원을 할 수 있을까?

생태관광 지역의 자연 생태계와 문화의 다양성을 배우고 존중하며, 이를 보전하기 위하여 책임 있게 여행하는 것을 말한다. 보전 지역의 주민이 경영하는 식당이나 숙소를 이용하고, 자연에 부담을 주는 행동을 최소화한다.

실습 과제

과제 1 거리에서 죽어가는 양서류를 보호할 방법 찾아보기

전국에 자연을 가로지르는 도로가 많이 건설되고 차량의 속도가 빨라지면서 길에서 차에 치여 죽는 동물의 종류와 수가 계속 늘어나고 있다. 고라니, 너구리, 고양이 등의 포유류는 물론 개구리 등의 양서류가 죽어가고 있고 죽은 뱀들도 흔히 발견되고 있다. 우리는 이런 상황을 막거나 줄일 수 없을까?

거제의 한 초등학생들이 이런 위기에 처한 알들을 구하기 위해 나섰다. 작전명은 양서류를 구하는 1004 운동이라 한다. 학교 수업을 마친 학생들은 교사와 함께 산자락의 논으로 올라가서 양서류를 잡아 안전한 곳으로 옮겨 준다. 생태계의 중간에서 허리 역할을 하는 양서류는 도로나 하천 정비, 서식지 파괴 등으로 급속하게 개체수가 줄어들고 있다. 1004 운동은 경남양서류네트워크를 중심으로 창원과 김해, 진주

양서류를 구하는 1004 운동

그림 12.10 학생들은 도로와 구조물에 갇혀서 이동하지 못하는 양서류를 잡아 안전한 곳으로 옮겨 주는 운동을 하고 있다. (출처 : aibogi.tistory.com/267 하늘강 이야기)

등에서도 진행 중이다. 우리는 어떻게 길에서 죽어가는 양서류들을 보호하는 과정에 참여할 수 있을까?

1. 일 년에 우리나라에서 그리고 지구적으로 로드킬을 당하는 동물의 수는 얼마나 될까?
2. 표 12.5에 따르면 최근 들어 국립공원에서 로드킬을 당하는 동물의 수가 지속적으로 줄어들고 있다. 그 이유에 대해서 알아보자.
3. 현재 만들어지고 있는 생태통로가 로드킬을 예방하는 데 얼마나 도움이 되고 있는지 알아보자. 또 도움이 별로 안 되고 있다면 그 이유가 무엇인지도 조사해 보자.
4. 로드킬을 생명윤리적 관점에서 살펴보고 우리에게 어떤 도덕적 의무가 있다고 할 수 있는지 토의해 보자.

표 12.5 국립공원에서의 로드킬 발생 현황

구분	2006	2007	2008	2009	2010	2011	2012	2013	2014	합계
양서류	996	517	240	284	186	89	28	32	10	2,372
파충류	78	162	101	138	143	89	71	75	62	919
포유류	327	279	257	361	325	252	273	156	177	2,407
조류	50	81	29	67	48	35	42	31	41	423
합계	1,441	1,039	627	850	702	464	414	294	290	6,121

[단위 : 마리]

과제 2 논에서 사라져가는 두꺼비를 보호할 방법 찾아보기

수원 칠보산의 두꺼비 논 사례는 우리 주변에서 생겨나는 문제에 대해 갖는 관심이 어떻게 환경 프로젝트로 연결될 수 있는지 잘 보여 준다. 예전에는 많이 볼 수 있던 두꺼비를 요즘에는 쉽게 찾아보기 어려운데 그 이유 중 하나는 겨울에 두꺼비가 알을 낳을 곳이 없어졌기 때문이다. 어느 날 논두렁에서 두꺼비 알을 발견한 학생들의 기대와는 달리 그 알은 두꺼비가 되어 무사히 산으로 갈 수 없었다. '어떻게 하면 두꺼비가 알에서 부화하여 다시 산으로 돌아갈 때까지 잘 자랄 수 있을까?'라는 문제에서 '두꺼비 논' 프로젝트가 시작되었다. 지역주민과 학생, 교사들이 함께 힘을 합쳐 농약을 사용하지 않는 방식으로 농사를 짓게 되었을 때 두꺼비가 다시 살아갈 수 있는 곳이 되었다.

최근 들어 쌀 소비가 줄어들면서 논을 다른 용도로 사용하자는 제안이 반복되고 있다. 그러나 한편으로 논은 우리 문화의 토대이자 생물다양성의 보고라는 주장도 제기되고 있다. 논이 갖고 있는 환경적 · 생태적 가치를 파악하기 위한 프로젝트를 수행해 보자.

1. 프로젝트 수행팀을 4명으로 구성한다면 어떻게 역할 분담을 하는 것이 좋을까?
2. 논의 생태적 · 문화적 · 경제적 가치를 조사하기 위해서는 어떤 사람을 만나서 면담을 하고 자료를 수집하는 것이 좋을까?
3. 이 프로젝트의 최종 산출물로는 어떤 것이 좋을까? 다큐멘터리 영화를 만들 수도 있고, 논을 보전하기 위한 법안을 제안할 수도 있다.

참고문헌

제1장

강상인(2015). UN 지속가능발전목표(SDGs) 이행, KEI포커스, 3(1). 한국환경정책 · 평가연구원.

기경석(2015). Goal 7-모두를 위한 적정한 가격의 신뢰성 있고 지속가능한 현대적 에너지에 대한 접근성 강화. 연구보고서, 133-153. 한국국제협력단.

김수진(2015). Goal 16-지속가능발전을 위한 평화롭고 포용적인 사회 촉진, 사법 접근성 확보, 모든 차원에서 효과적이고 신뢰할 수 있는 포용적인 제도 구축. 연구보고서, 309-330. 한국국제협력단.

김지현 (2015). Goal 12-지속가능한 소비와 생산 양식의 보장. 연구보고서, 239-253. 한국국제협력단.

김지현(2015). Goal 1-모든 형태의 빈곤종식. 연구보고서, 5-19. 한국국제협력단.

문도운, 민경일, 이소연, 이하늬, 이현아, 전지은(2016). 알기쉬운 SDGs. 국제개발협력시민사회포럼.

박수연, 양혜경, 장은정(2015). Goal 4-모두를 위한 포용적이고 공평한 양질의 교육 보장 및 평생학습 기회 증진. 연구보고서, 61-83. 한국국제협력단.

박예린, 박인혜(2015). Goal 17-이행수단과 글로벌파트너십 강화. 연구보고서, 331-351. 한국국제협력단.

방설아, 신유승(2015). Goal 11-회복력있고 지속가능한 도시와 거주지 조성. 연구보고서, 217-238. 한국국제협력단.

알기 쉬운 SDGs(2016). 알기 쉬운 SDGs. 국제개발협력시민사회포럼.

오충현(2015). Goal 3-건강한 삶의 보장과 모든 세대에 복지 증진. 연구보고서, 41-60. 한국국제협력단.

이민호, 전성우(2015). Goal 15-육상 생태계의 보전, 복원 및 지속가능한 이용 증진, 지속가능한 숲 관리, 사막화와 토지 파괴 방지 및 복원, 생물다양성 감소 방지. 연구보고서, 289-307. 한국국제협력단.

이상미(2015). Goal 8-포괄적이며 지속가능한 경제성장과 완전하고 생산적인 고용, 그리고 모두를 위한 양질의 일자리 제공. 연구보고서, 155-176. 한국국제협력단.

이연경, 채미화, 김지형, 문지현, 임이랑, 김주현, 한재윤 역(2015). 유엔새천년개발목표

보고서 2013-2014(한국어판). The Millenium Development Goals Report 2015, 2015, 유엔새천년개발목표보고서 한국위원회, 지구촌빈곤퇴치 시민네트워크.
이찬우(2015). Goal 13-기후변화와 대응. 연구보고서, 255-270. 한국국제협력단.
이효정(2015). Goal 2-기아의 종식, 식량안보 및 영양개선과 지속가능 농업 강화. 연구보고서, 21-39. 한국국제협력단.
장봉희, 조정희(2015). Goal 14-지속가능한 발전을 위한 대양, 바다, 해양자원의 보호와 지속가능한 이용. 연구보고서, 271-287. 한국국제협력단.
전명현(2015). Goal 10-국내적 또는 국가 간 불평등 경감. 연구보고서, 195-215. 한국국제협력단.
정금나(2015). Goal 5-성평등 및 모든 여성과 여아의 역량강화. 연구보고서, 85-107. 한국국제협력단.
조형준, 홍성태 역(2005). 우리 공동의 미래. WECD(1987). Our Common Future. 새물결.
A Comparison of the Limits to Growth with Thirty Years of Reality, June(2008). ISSN: 1834-5638, Graham Turner, senior scientist, CSIRO (Source: Smithsonian.com)
Engelman, R.(2013). Beyond sustainable. In Worldwatch Institute, State of the World 2013: Is Sustainability Still Possible?, Worldwatch Institute.
Golding, M.(2014). Changing Worlds? TUNZA, Vol 40. UNEP.
McKeown, R. (2002). Education for Sustainable Development Toolkit. http://www.esdtoolkit.org.
Mebratu, D.(1998). Sustainability and sustainable development: historical and conceptual review. Environmental Impact Assessment Review, 18, 493-520.
UNESCO TLSF(Teaching and Learning for a Sustainable Future), www.unesco.org/education/tlsf

제2장

김명식, 김완구 역(2017). 환경윤리. Joseph R. DesJardins(1993). Environmental Ethics. 연암서가.
김은령 역(2002). 침묵의 봄. Rachel Carson(1962). Silent spring. 에코리브르.
김진욱 역(1986). 작은 것이 아름답다. Ernst Schumacher(1973). Small is Beautiful. 범우사.
노진철(2015). 환경사상. 한국환경사회학회 엮음. 환경사회학-자연과 사회의 만남. 한울.
박재묵(2015). 환경사회학이란 무엇인가. 한국환경사회학회 엮음. 환경사회학-자연과 사회의 만남. 한울.
양종희, 이시재 역(1995). 환경사회학. Humphrey, Craig R. Buttel(1995). Environmental Sociology. 사회비평사.
윤홍근, 안도경 역(2010). 공유의 비극을 넘어: 공유자원 관리를 위한 제도의 진화. Elinor Ostrom(1990). Governing the Commons: The Evolution of Institutions for Collective Action. 랜덤하우스코리아.
이상헌(2011). 생태주의. 책세상.
이충영, 강동윤, 김송은, 김현진, 정현우, 박미현, 정현호(2013). 2013년 전국환경탐구대회 '한비야' 결과 보고서–통영 한산도의 공동우물을 찾아서.
임수정(2016). 경관 마치즈쿠리 현장의 공동이익: 타마가와학원 지역의 기숙사 건설 관련 사전 협의 사례를 중심으로. 《ECO》. 제20권 2호.
Garrett Hardin(1968). The Tragedy of the Commons. Science. 162. pp.1243–1248.
Lynn White(1967). The Historical Roots of our Ecological Crisis. Science. 155. pp. 1203–1207.
任修廷(2014). 건축분쟁에 있어서 주변주민과 디벨로퍼의 공동이익의 성립가능성–세타가야구 후타코타마가와 재개발 반대 운동을 사례로. 지역사회학회연보. 26:75–89. 建築紛争における周辺住民とデベロッパーの『共同利益』の成立可能性—世田谷区二子玉川再開発反対運動を事例にして—.
환경부(2016). 바로 알면 보인다. 미세먼지, 도대체 뭘까?. http://www.me.go.kr/home/file/readDownloadFile.do?fileId=127372&fileSeq=1&openYn=Y
박용근. "새만금 간척 후 주민 삶 피폐." 경향신문. 2013. 12. 09.
서울특별시 http://www.seoul.go.kr

제3장

공우석(2012). 키워드로 보는 기후변화와 생태계. 지오북.
김종환 역(2011). 기후변화와 자본주의. Jonathan Neale(2008). Stop Global Warming: Change the World. 책갈피.
민경덕 역(2001). 대기환경과학. Donald Ahrens, C.(2001). Essentials of Meteology. 시그마프레스.
(사)자연의벗연구소 역(2016). 함께 모여 기후 변화를 말하다. 와다 다케시, 다우라 겐로, 히라오카 순이치, 고요타 요우스케(2007). SHIMIN CHIKI GA SOSUMERU CHIKYUONDANKA BOUSH. 북센스.
세계자연기금 한국본부(2016). 지구생명보고서 2016.WWF-Korea.
세계자연기금 한국본부(2016). 한국 생태발자국 보고서 2016. WWF-Korea.

유엔환경계획(2008). 지구환경전망보고서 ICE & SNOW. 유한킴벌리.
이준호, 김종규 역(2015). 지구의 기후변화. Ruddiman William F.(2013). Earth's Climate: past and Future. 시그마프레스.
황성원 역(2010). 기후변화, 지구의 미래에 희망은 있는가. Dinyar Godrej(2001). The No-Nonsense Guide to Climate Change. 이후.
홍욱희 역(2009). 기후변화의 정치학. Anthony Giddens(2009). The Politics of Climate Change. 에코리브르.
한국기상학회(1999). 대기과학개론. 시그마프레스.
기상청 www.kma.go.kr
세계자연기금 www.wwfkorea.or.kr
에코마일리지 ecomileage.seoul.go.kr
유엔환경계획 www.unep.or.kr
Global Footprint Network(2017). https://www.footprintnetwork.org/2017/06/27/earth-overshoot-day-2017-2

제4장

국립공원관리공단(2012). 산양 및 멸종위기 야생동물 연구보고서.
국립공원관리공단(2012). 종복원기술원 연간실적보고서.
국립생물자원관(2011). 한국의 멸종위기 야생동 · 식물 적색자료집.
국립생물자원관(2012). 한국의 멸종위기 야생동 · 식물 적색자료집.
국립생태원(2015). 생태계서비스 평가 기반 구축.
국립생태원(2016). 생태계서비스 평가.
미래창조과학부, 문화체육관광부, 농림축산식품부, 산업통상자원부, 보건복지부, 환경부, 국토교통부, 해양수산부, 식품의약품안전처, 문화재청, 산림청, 농촌진흥청(2017). 2017년도 국가생물다양성전략 시행계획.
박종서 역(2014). 대구: 세계의 역사와 지도를 바꾼 물고기의 일대기, Mark Kurlansky(1997). COD: A biography of the fish that changed the world. 알에이치코리아.
이용일, 이강근, 이은주, 허영숙 역(2017). 환경과학: 과학원리, 문제, 해결방안. Manuel Molles, Brendan Borrell(2016). Environment: Science, Issues, Solutions. 시그마프레스.
환경부(2006). 멸종위기 야생 동식물 증식 · 복원 종합계획.
환경부(2010). 국가습지의 유형별 · 등급별 분류 및 유형별 습지복원 매뉴얼 작성 연구.
환경부(2010). 멸종위기 야생 동식물 증식 · 복원 종합계획 평가 및 수정보완계획 수립 연구.
국립공원관리공원 www.knps.or.kr/mcorporation/main.do

국립생태원 www.nie.re.kr
국립습지센터 www.wetland.go.kr
국제엠네스티 한국지부 amnesty.or.kr
국립자연휴양림관리소 www.huyang.go.kr/main.action
람사르(Ramsar) www.ramsar.org
세계자연보전연맹(IUCN) Red List. www.iucnredlist.org
유엔환경계획 www.unep.org

제5장

박슬기 역(2012). 적정기술 그리고 하루 1달러 생활에서 벗어나는 법. Paul Polak(2008). Out of poverty: What works when traditional approaches fall. 새잎.

윤제용, 독고석. "개발도상국과 Win-Win 개발협력을 위한 적정기술". https://www.cheric.org/PDF/PIC/PC17/PC17-1-0025.pdf

지속가능발전목표 6(Sustainable Development Goal 6: Ensure availability and sustainable management of water and sanitation for all). https://sustainabledevelopment.un.org/sdg6

Appropriate technology: Sung Bum Lee at TEDxSeoul. https://www.youtube.com/watch?v=znxAJsY_HM

CDC, Global Water, Sanitation, & Hygiene (WASH). https://www.cdc.gov/healthywater/global/index.html

Centers for Disease Control and Prevention. https://www.cdc.gov/

Paul Polak. http://www.paulpolak.com/

Paul Polak on Appropriate Technology for the Smart Era|SDF2012. https://www.youtube.com/watch?v=HvEPkFRx6mk

The Roots and Implications of Appropriate Technology. http://www.wfeo.org/roots-implications-appropriate-technology/

UNDP, Goal 6: Clean water and sanitation. http://www.undp.org/content/undp/en/home/sustainable-development-goals/goal-6-clean-water-and-sanitation.html

UNHCR, Water, Sanitation and Hygiene. http://www.unhcr.org/water-sanitation-and-hygiene.html

UNICEF, Water, Sanitation and Hygiene. https://www.unicef.org/wash/

UNICEF. https://www.unicef.org

UN Water. Water, Sanitation and Hygiene.

UN Water. http://www.unwater.org/water-facts/water-sanitation-and-hygiene/

WHO. Water, sanitation, hygiene. http://www.who.int/water_sanitation_health/en/

World Health Organization: WHO. http://www.who.int/

제6장

과학동아 편집부(2011). 과학동아 스페셜: 에너지와 환경. 동아사이언스.
김명진, 김현우 박진희, 유정민, 이정필, 이현석(2011). 탈핵: 포스트 후쿠시마와 에너지 전환 시대의 논리. 이매진.
김용성 역(2011). 석유의 종말. Lefevre-Balleydier, A.(2009). L'APRES-PETROLE. 현실문화연구.
김행미(2016). OECD 자료로 살펴본 세계 에너지 현황. 한국과학기술기획평가원.
박영구(2015). 세계 주요국의 신재생에너지 정책 동향. 세계농업 182호.
박정순(2015). 국제 신재생에너지 정책변화 및 시장분석. 에너지경제연구원.
박주헌(2016). KEEI 2016 장기 에너지 전망. 에너지경제연구원.
박형동, 현창욱, 서장원, 박지환(2012). 신재생에너지. 씨아이알.
변종립(2016). 2016 에너지통계 핸드북. 한국에너지공단.
산업통상자원부, 한국에너지공단(2016). 2016 신 · 재생에너지 백서.
이수지 역(2006). 재생 에너지란 무엇인가? Paul M.(2004). Le Pommler. 황금가지.
이필렬(2001). 독일 에너지 기행: 에너지 전환의 현장을 찾아서. 궁리출판.
정해상(2014). 재생 가능 에너지. 일진사.
주무정, 이규석, 손충열, 최순욱(2010). 훤히 보이는 신재생 에너지. 전자신문사.
하승수(2015). 우리가 몰랐던 전기 이야기, 착한 전기는 가능하다. 한티재.
한국에너지공단(2016). 2016 한국에너지효율대상 우수사례집.
허완. "포르투갈이 해냈다. 4일 동안 재생에너지 만으로 모든 전력을 공급했다.", 허핑턴포스트코리아. 2016.05.19.
(주)한국대체에너지 http://get-one.co.kr/menu2/main.asp?menu=2&part=2

제7장

김영배 역(2008). 식량주권. Rosset, P. M.(2006). Food is different. 시대의 창.
김종덕, 황성원 역(2008). 슬로푸드, 맛있는 혁명. Carlo Petrini(2008). Slow Food Nation, 이후.
농협 조사부(2002). 슬로우푸드 운동과 시사점. CEO Focus, 99호.
대한 당뇨학회(2009). 한국인의 당뇨병 발생현황 보고서.
박인기(2002). 문화적 문식성의 국어교육적 재개념화, 국어교육학연구 15, 국어교육학회, 23-54.

서민수(2014). ESD 학부모 프로그램. 교보생명문화재단 결과보고서.
세계자연기금 한국본부(2016). 한국생태발자국보고서 2016-지구적 관점에서 바라본 한국의 현주소.
윤병선(2008). 세계농식품체계하에서 로컬푸드운동의 의의. 환경사회학회 추계학술대회발표자료집, 1-19.
윤여탁(2015). 한국에서의 문식성 교육의 반성과 전망. 서울대학교.
이해진, 윤병선(2016). 로컬푸드운동을 사회적경제 생태계로 확장하기-농식품시티즌십을 중심으로. 농촌사회 26(2), 7-48.
임상연(2011). 후지사와(藤沢)시의 지속가능한 스마트타운 구상. 국토, 100-107.
정해옥, 윤창식(2013). 친환경 슬로푸드를 통한 한식 세계화와 글로벌 생태주의 모형. 문학과환경 12(2), 147-169.
한국건강증진개발원(2016). 아동 창소년 비만도 통계자료집.
한국슬로우시티운동본부(2017). www.cittaslow.kr
Hirsch, Jr. E. D.(1988), Cultural Literacy: What Every American Needs to Know, Random House Inc.
Orr, D. W. (1992). Ecological Literacy: Education and the transition to a postmodern world, SUNY Press: New York.
Provenzo, E. F., Apple, M. W.(2015). Critical Literacy: What Every American Needs to Know, Paradigm Publishers.
Roth, C. E.(1996). Benchmarks on the Way to Environmental Literacy K-12. Massachusetts Secretary's Advisory Group on Environmental Education, Littleton.
Stone, M. K., Barlow, Z.(2005). Ecological literacy: Educating our children for a sustainable world, Sierra Club Books.
Wikipia(2017). https://www.wikipedia.org/
EcoArt Network(2017). http://www.ecoartnetwork.org/
Fusisawa SST(2017). http://fujisawasst.com/EN/project/

제8장

강치구, 권용두, 김승호, 김인배, 신진화, 여환구, 오덕수, 이현주, 이해승, 정경훈(2008). 환경과 인간. 동화기술.
김가령(2017). 청소년의 윤리적 소비의식과 의복소비행동-경북지역 중·고등학생을 대상으로-. 석사학위논문, 한국교원대학교 대학원.
김윤아(2014). 윤리적 소비자의 소비활동과 대처전략에 관한 근거이론연구 -친환경 레스토랑을 중심으로-. 석사학위논문, 홍익대학교 대학원.

김하민(2013). 음식의 윤리적인 의미 연구－육식 · 채식을 중심으로－. 석사학위논문, 서울교육대학교 교육대학원.
박명희, 송인숙, 손상희, 이성림, 박미혜, 정주원(2007). 생각하는 소비문화. 교문사.
용진경(2010). 지속가능한 친환경 패키지디자인에 관한 연구. 석사학위논문, 한양대학교 산업경영디자인대학원.
전영승(2012). 지속가능성보고서의 실태와 개선방안. 상업교육연구. 25(2), 135－162.
천경희, 홍연금, 윤명애, 송인숙(2014). 윤리적 소비의 이해와 실천. 시그마프레스.
최한윤(2017). 현대 소비문화에 대한 기독교 윤리학적 연구: 베블런의 유한계급론을 중심으로. 석사학위논문, 장로회신학대학교 대학원.
MBC 〈W〉 제작팀(2008). 세계를 보는 새로운 창 W. 삼성출판사.
김철규, 김흥주, 박민수, 송인주, 정혜경 역(2015). 먹거리, 지구화 그리고 지속가능성. Oosterveer, P. & Sonnenfeld, D. A.(2012). Food, Globalization and Sustainability. 따비.
서종기 역(2013). 훼손된 세상(2013). Hengeveld, R.(2012). Wasted World. 생각과 사람들.
윤인숙 역(2011). 지속가능한 발전. Chauveau, L.(2009). (Le)developpement durable. 현실문화.
이용일, 이강근, 이은주, 허영숙 역(2017). 환경과학: 과학원리, 문제, 해결방안. Molles, M. & Borrell, B.(2016). Environmental Science: Science, Issue, Solution. 시그마프레스.
김주영. "음식물 쓰레기 자원화로 도시순환농업을". 한국농정신문. 2010.04.29.
조계완. "도시에서 금속을 캔다 '도시광산'을 아시나요?" 한계레신문. 2017.09.06.
공룡선생의 녹색세상 http://blog.naver.com/PostView.nhn?blogId=gwatercenter&logNo=150188491749.(2014.04.09.)
세계일보 http://www.segye.com/newsView/20140109004542.(2014.01.09.)
중대신문 http://news.cauon.net/news/articleView.htmlidxno=238109.(2014.03.30)
KISTI 미리안 http://mirian.kisti.re.kr 글로벌동향브리핑(GTB).(2014.01.09.)

제9장

김귀곤(1994). 생태도시 계획론: 에코폴리스 계획의 이론과 실제. 한국조경학회.
김묵한(2014). 회복탄력성 도시. World & Cities, 4, 82－86. 서울연구원.
김희경, 신지혜(2012). 생태시민성 관점에서의 환경교과 분석－고등학교 "환경과 녹색성장" 교육과정 및 교과서를 중심으로－. 한국지리환경교육학회지, 20(1): 125－141. 환경교육학회.
김희경, 신지혜, 장미정(2015). 모두를 위한 환경개념사전. 한울림.
박용남(2009). 꿈의 도시, 꾸리찌바: 재미와 장난이 만든 생태 도시 이야기. 녹색 평론사.

안철환 역(2004). 생태도시 아바나의 탄생. 요시다 타로(2004). 들녘.
왕광익(2016). 문화와 삶: 해외 도시 행정; 스웨덴 스톡홀름의 친환경 도시 하마비 허스타드.
유영초 역(2004). 세계의 환경 도시를 가다. 이노우에 토시히코, 스다 아키히사. 사계절.
윤하중(2010). 녹색건설 및 친환경 단지조성의 선진사례 조사. 국토연구원 해외출장 조사보고서.
정재희(2012). 커뮤니티의 관점에서 본 마을 만들기. 건축, 56(6), 57-65.
최선아. 1집(디지털 매거진) http://1hows.com/article/670
[네이버 지식백과] 패시브 하우스 단지(한국향토문화전자대전, 한국학중앙연구원)
Energy Innovation. http://energyinnovation.org/wp-content/uploads/2015/12/Hammarby-Sjostad.pdf
독일 학교 마을 http://gemeinschaft.nature.community
서울시청 http://traffic.seoul.go.kr/archives/1706
서울연구원 www.si.re.kr
유럽위원회 http://ec.europa.eu/environment/europeangreencapital/index_en.htm
쿠리치바 시청 http://www.curitiba.pr.gov.br/
한강 · 공원 · 상수도 http://env.seoul.go.kr/archives/31203.(2013. 09. 25)

제10장

교보교육재단(2014). 교보교육재단 학교환경교육지원 사례발표집: 지속가능한 사회를 향한 새로운 학교환경교육. 교보교육재단.
이도원, 윤순진, 김찬국(2009). 초등학교 교사를 위한 지속가능발전교육 참고교재 개발. 환경부.
이봄미 역(2013). 지속가능발전교육 렌즈: 정책 및 실행 평가도구. UNESCO(2010). Education for Sustainable Development Lens: A Policy and Practice Review Tool. 유네스코한국위원회.
이선경, 김남수, 김이성, 김찬국, 이재영, 이종훈, 장미정, 정수정, 정원영, 조우진, 주형선, 황세영(2013). 지속가능발전교육10년(DESD) 국가 보고서 작성 연구. 유네스코한국위원회.
이선경, 신동원, 주형선, 김남수, 이지훈(2012). 국립공원에서의 ESD 실천방안. 국립공원관리공단.
이선경, 이재영, 이순철, 이유진, 민경석, 심숙경(2005). 유엔 지속가능발전교육10년을 위한 국가 추진 전략 개발 연구. 대통령자문지속가능발전위원회.
이재영, 정철, 김찬국, 조성화, 이성희, 남미리(2017). 교육과정 개편에 대비한 '환경교육 용어사전' 편찬. 환경부.
조형준, 홍성태 역(2005). 우리 공동의 미래. WECD(1987). Our Common Future. 새물결.
한국환경공단(2014). 그린캠퍼스 평가기준 개발 및 활용방안 연구보고서. 한국환경공단.
환경부(2016). 사회환경교육지도사 3급 공통교재. 환경부.
황주리 역(2013). 내일의 교육을 그리다. Wals, A.(2012). Shaping the Education of Tomorrow. 유네스코한국위원회.
Fien, J. & Tilbury, D.(2002). The Global Challenge of Sustainability, In Tilbury, D., Stevenson, R., Fien, J. & Schreuder, D. (Eds.), Education and Sustainability: Responding to the Global Cha-llenge (1-12). Gland, Switzerland and Cambridge, UK: IUCN.
Hesselink, F., van Kempen, P. P.,Wals, A., editors(2000). ESDebate International debate on education for sustainable development. Gland, Switzerland and Cambridge, UK: IUCN.
IUCN, UNEP & WWF.(1991). Caring for the earth: a strategy for sustainable living. Gland, Switzerland: IUCN, UNEP, WWF.
IUCN, UNEP & WWF.(1991). Caring for the earth: a strategy for sustainable living. Gland, Switzerland: IUCN, UNEP, WWF.
Jickling, B.(1992). Why I don t want my children to be educated for sustainable development. Journal of Environmental Education, 23(4), 5-8.
Meckeown, R. & Hopkins, C. (2003). EE≠ESD: defusing the worry. Environmental Education Research, 9(1), 117-128.
UNESCO(2005). United Nations Decade of Education for Sustainable Development 2005-2014. International Implementation Scheme. Paris: UNESCO.
UNESCO(2011). 2011 National Journeys towards Education for Sustainable Development. Paris: UNESCO.
UNESCO(2016). 2016 Global Education Monitoring Report. Education for People and Planet: Creating Sustainable Futures for All. Paris: UNESCO.

제11장

김억수(2015) 환경교육 프로그램 개발을 위한 지역 생물문화다양성 조사 연구, 공주대학교대학원 환경과학 전공 석사학위논문.
기후변화정책연구소(2012) 녹색성장 국제적 확산을 위한 녹색 ODA 운영체계 구축 방안, 녹색성장위원회.

뉴턴 편집부(2014) 재앙 후쿠시마 원전 1000일의 기록, Newton: 74.
마리-모니크 로뱅 저, 이선혜 역(2009) 몬산토, 죽음을 생산하는 기업, 이레.
박인혜(2015) Goal 17-이행수단과 글로벌파트너십 강화. 한국국제협력단 연구보고서, 331-351.
이재영(2016) 사건 중심 환경탐구. 공주대학교출판부.
전영평(2003) 지방정부의 거버넌스 모형 구축 : 공익형 NGO의 형성 정도와 정책참여 수준을 중심으로, 행정논총 41(1): 47-71.
최윤철(2005) 우리헌법에서의 환경권조항의 의미, 환경법연구, 27(2): 373-399.
한국환경정책 · 평가연구원(2004) 국제 환경 협약 편람. 한국환경정책 · 평가연구원.
환경부(2006) 2006년 환경백서. 환경부.
IDMC (2017) Global Report on Internal Displacement 2017. Internal Displacement Monitoring Centre
Kassam, Karim-Aly S. (2009) Biocultural Diversity and Indigenous Ways of Knowing: Human Ecology in the Arctic, Calgary Press.
Krauss, K. (1992) The World's Languages in Crisis, Language Vol.68, No.1: 4-10.
Maffi, Luisa and Ellen Woodley (2010) Biocultural Diversity Conservation: A Global Sourcebook, Earthscan.
Meya, W. (2006) Letter to Financial Times, London, March 11, 2006.
Rhodes, R.A.W. (1996) The New Governance: Governing without government, Political Studies Vol. XLIV.
Wurm, S. A. (2001) Atlas of the World's in Danger of Disappearing, Paris, UNESCO.
대자연(2017) 환경난민의 발생 원인과 현황
http://www.greatnature.org/world/earth_walk/index.asp
몬산토 국제법정 http:// www.monsanto-tribunal.org/why-a-tribuna
신명호(2013) 거버넌스(governance)의 이해, 뉴스레터 38호, 시민참여연구센터, www.scienceshop.or.kr/newsletter/storage/Governance(1).pdf
유엔환경계획한국위원회(2015) 오존층 회복시킨 몬트리올 의정서, 피부암 억제 효과 가져와, http://www.unep.or.kr/sub/sub04_02.php?boardid=news&mode=view&idx=1185&sk=&sw=&offset=75&category=
장재연(2017) 중국발 미세먼지 어떻게 할 것인가". 장재연의 환경이야기,
https://blog.naver.com/free5293/220990048061
행정안전부 국가기록원 http://www.archives.go.kr
환경적 대안을 위한 시민과 과학자 모임 http://www.ucsusa.org

제12장

강인애, 정준환, 정득년(2007) PBL의 실천적 이해: PBL 수업을 위한 길라잡이. 문음사.
권영락, 이재영, 김찬국, 안재정, 서은정, 남윤희, 박은화, 최소영, 안유민(2015) 2015 개정 교과 교육과정 시안 개발 연구II: 환경 교육과정, 한국교육과정평가원.
남상준, 김대성, 김두련, 이상복, 한세일(1999) 환경교육의 원리와 실제, 원미사.
녹색교육사업단(2010) 환경과 녹색성장 모델교과서, 한국과학창의재단.
스테펀 트루질 지음, 이재영 역(1996) 환경문제의 겉과 속: 환경문제 해결의 걸림돌과 디딤돌, 신구문화사.
안동만, 김인호, 이재영, 김찬국, 채혜성, 이영, 민소영, 김민우(2009) 백두대간 대규모 훼손지의 통합적 유형구분을 통한 참여형 복원 시스템 개발-도입프로그램(생태교육,생태관광)을 중심으로, 한국환경복원기술학회지, 12(4): 11-22
이선경, 김희백, 박종석, 이경화, 이재영, 정병훈, 정원영, 주형선(2012) 과학중점학교에서 프로젝트 수행하기, 한국과학창의재단.
조경준(2008) 까치집 조사를 통한 우리 동네 생태계 모니터링 프로그램 개발 - 경기도 성남시 분당구 정자동 일대를 대상으로, 한국환경교육학회 2008년 상반기 학술발표대회 발표논문집: 54-59
환경과녹색성장교육과정개발팀(2010) 환경과 녹색성장 교육과정 해설서, 한국교육과정평가원.

찾아보기

지은이

정 철
대구대학교 과학교육학부 교수

임수정
(사)환경교육센터 선임연구원

김윤지
대구대학교 과학교육학부 교수

박종근
대구대학교 과학교육학부 교수

이규철
한국수자원공사 K-water융합연구원 수질연구센터 책임연구원

조성화
수원시기후변화체험교육관 관장

남영숙
한국교원대학교 환경교육과 교수

이상원
서울교육대학교 생활과학교육과 교수

신지혜
서울특별시교육청 학교보건진흥원

주형선
한국방송통신대학교 원격교육연구소 연구원

이재영
공주대학교 환경교육과 교수